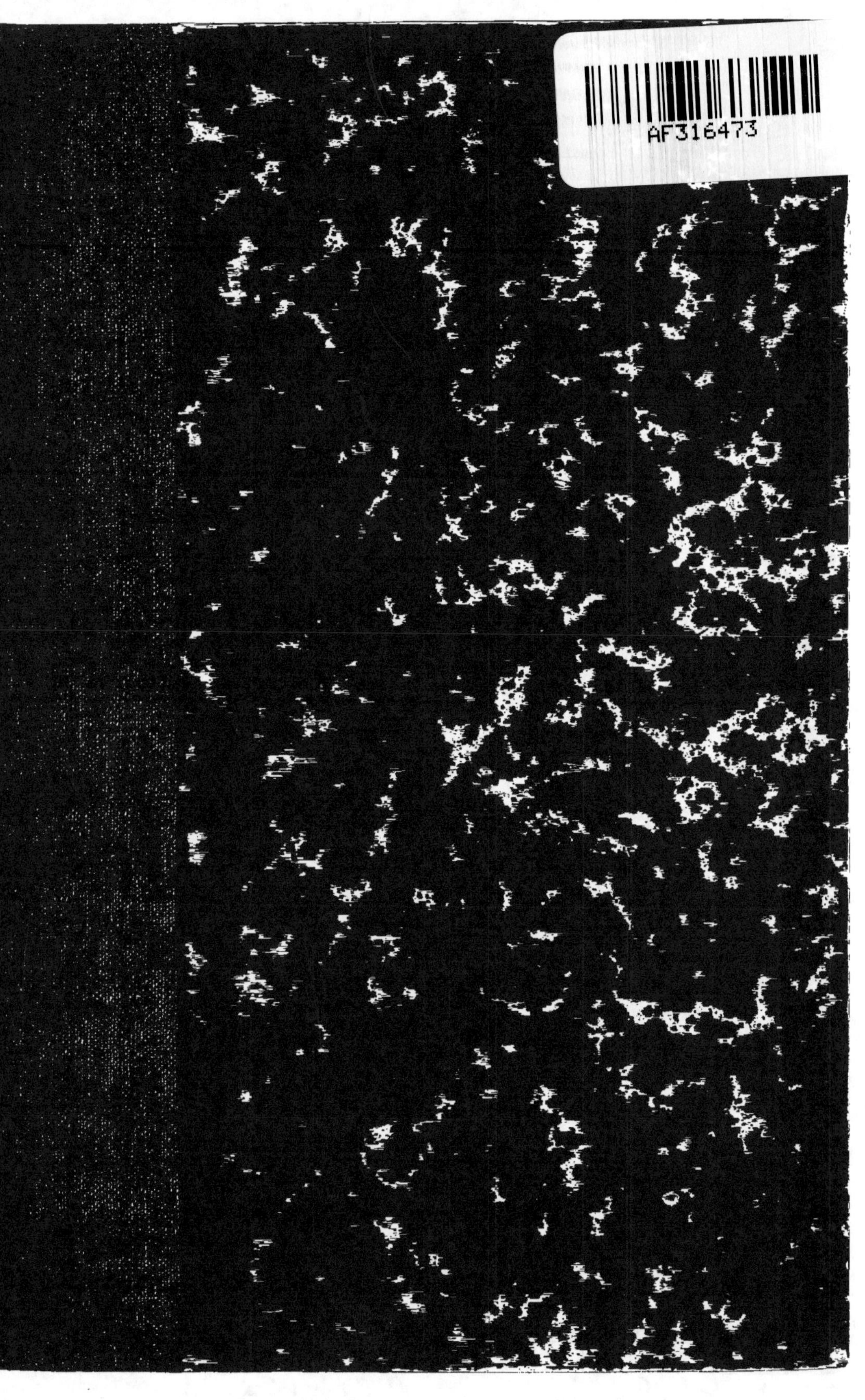

SOCIÉTÉ RÉGIONALE DE VITICULTURE DE LYON

CONGRÈS INTERNATIONAL

DE

DÉFENSE CONTRE LA GRÊLE

ET DE

L'HYBRIDATION DE LA VIGNE

Tenu à Lyon, les 15, 16 et 17 Novembre 1901

COMPTE RENDU

Publié avec les Encouragements du Ministère de l'Agriculture

TOME SECOND

L'Hybridation de la Vigne

LYON

IMPRIMERIE Paul LEGENDRE & Cie

14, rue Bellecordière, 14

1902

TROISIÈME

CONGRÈS INTERNATIONAL

De Défense contre la Grêle

ET

CONGRÈS de L'HYBRIDATION de la VIGNE

TOME SECOND

Congrès de l'Hybridation de la Vigne

Hybrid. — 1

SOCIÉTÉ RÉGIONALE DE VITICULTURE DE LYON

TROISIÈME
CONGRÈS INTERNATIONAL

DE

Défense contre la Grêle

ET

CONGRÈS de L'HYBRIDATION de la VIGNE

Tenus à Lyon, les 15, 16 et 17 Novembre 1901

COMPTE RENDU STÉNOGRAPHIQUE

TOME SECOND
Congrès de l'Hybridation de la Vigne

LYON

IMPRIMERIE Paul LEGENDRE et Cie

Ancienne Maison A. WALTENER

14, rue Belle-Cordière, 14

1902

M. E. BURELLE, Président
MM. BATTANCHON et CONDEMINAL, Vice-Présidents
M. C. SILVESTRE, Secrétaire général
M. MILLE, trésorier

CONGRÈS de L'HYBRIDATION de la VIGNE

PROGRAMME DU CONGRÈS

Allocution de M. F. GAILLARD, promoteur du Congrès.

Discours-Rapport de M. le Docteur MICHON, président de la Commission d'enquête, sur les producteurs directs de la Société des Agriculteurs de France :

Les producteurs directs, passés, présents et futurs.

M. P. CASTEL, ancien président de la Société centrale d'Agriculture de l'Aude :

Hybridation spéciale de la vigne.

M. G. COUDERC, ingénieur hybrideur :

Résultats généraux de l'Hybridation.

M. C. OBERLIN, directeur de l'Institut viticole de Colmar :

L'Hybridation à Beblenheim.

M. Prosper GERVAIS, secrétaire général de la Société des Viticulteurs de France et d'Ampélographie :

Le rôle de l'Hybridation dans la reconstitution des vignobles.

M. J.-M. GUILLON, directeur de la Station viticole de Cognac:

Les Hybrides producteurs directs dans les terrains calcaires.

M. J. ROY-CHEVRIER, conseiller régional de la Société des viticulteurs de France :

La vinification des Hybrides.

M. MILLARDET, correspondant de l'Institut, professeur à la Faculté de Bordeaux :

L'Hybridation sans croisement ou fausse Hybridation dans les vignes.

M. le Dr Armand GAUTIER, de l'Institut :

Les mécanismes moléculaires de la variation des races et des espèces.

M. L. DANIEL, maître de conférences de botanique appliquée à la Faculté des Sciences de Rennes :

Variations spécifiques dans la greffe.

M. RAVAZ, professeur de viticulture, et BOUFFARD, professeur d'Œnologie à l'Ecole nationale d'Agriculture de Montpellier :

Les Hybrides producteurs directs, cépages et vins à l'Ecole de Montpellier.

M. MATHIEU, directeur de la Station Œnologique de Bourgogne à Beaune :

Les dangers des analyses rapides des moûts et des vins.

Discussion générale de la valeur des hybrides producteurs directs mis en culture.

CONGRÈS de L'HYBRIDATION de la VIGNE

COMPTE-RENDU IN-EXTENSO DES SEANCES

PREMIÈRE SÉANCE. — *Vendredi 15 novembre 1901.*

PRÉSIDENCE DE M. le Dr MICHON.

Le comité d'organisation, délégué par la Société régionale de Viticulture de Lyon pour présider les séances du congrès, prend place au bureau.

M. le Dr MICHON, président de la Commission d'enquête sur les producteurs directs, de la Société des Agriculteurs de France, remplace au fauteuil de la présidence, M. P. Viala, inspecteur général de la viticulture, empêché.

Vice-présidents : M. F. GAILLARD, promoteur du congrès, M. le Dr Grandclément.

Secrétaire général du congrès : M. C. SILVESTRE, secrétaire général de la Société régionale de Viticulture de Lyon.

Secrétaires du congrès : M. A. JURIE et J. ROY-CHEVRIER.

M. le Président. — La parole est à M. Gaillard, promoteur du congrès :

Messieurs et chers Adhérents,

M. Viala, inspecteur général de la viticulture, devait présider ce congrès, un deuil récent le retient loin de nous, il nous a chargé de vous en exprimer tous ses regrets, nous lui adressons dans cette douloureuse circonstance l'expression de nos plus respectueuses condoléances. — (*Applaudissements.*)

La Commission des hybrides de notre société a cru devoir confier à son doyen l'honneur de souhaiter la bienvenue à vous tous, Messieurs, qui avez répondu en si grand nombre à notre appel et venez honorer nos travaux de votre présence.

Je suis certain d'aller au devant de vos désirs en vous priant de joindre vos remerciements aux nôtres pour les adresser à tous nos savants rapporteurs, MM. Armand Gautier, Millardet, Daniel, D' Michon, Prosper Gervais, Roy-Chevrier, Couderc, Castel, Oberlin, Guillon, Ravaz, Bouffard et Mathieu pour leur travaux si originaux et si instructifs. — (*Applaudissements.*)

Parmi ces rapporteurs, Messieurs, il y a l'ouvrier de la première heure, M. le professeur Millardet, qui, en 1886, au congrès de Bordeaux, apportait une grappe pleine d'espérances : celle d'un Pedro-Ximènes par Rupestris, ayant l'aspect d'un chasselas ; la duchesse de Fitz-James la déclarait franche de goût, seule la résistance des racines restait à déterminer. Plein d'enthousiasme, M. Millardet exposait les lois qui régissaient l'hybridation, je propose, au congrès, d'adresser au savant professeur un télégramme lui exprimant les regrets que nous cause son absence. — (*Applaudissements.*)

Unis par une commune origine, et un sentiment de solidarité pour le plus grand bien-être de tous, si nos collègues du congrès de défense contre la grêle, s'efforcent de préserver nos récoltes de ce terrible fléau, nous, Messieurs, de notre côté, nous nous efforcerons de produire des cépages indemnes de toute maladie, pour que leurs victoires ne soient point stériles; notre œuvre sera patiente et longue, elle sera la continuation de la voie dont ne s'est jamais départie la Société régionale de Viticulture de Lyon, la prudence.

La Commission des hybrides,plus que jamais convaincue que l'avenir appartiendra aux hybrides producteurs directs,vous dit : Soyez prudents et patients. — (*Applaudissements prolongés*).

M. Foëx. — Messieurs, il est inutile de dire avec quelle sympathie j'accueille le vœu qui vient d'être fait, d'envoyer un télégramme á M. Millardet, que je regarde comme un maître dans l'hybridation, mais il s'est glissé un mot qui prêterait à rectification : les premières hybridations faites à l'Ecole d'Agriculture de Montpellier datent de 1875; je tenais simplement à donner cette indication, dont les registres du laboratoire font foi.

M. le Président. — Messieurs, appelé inopinément, par votre bienveillance, à présider ce Congrès, je devrais avant tout me préoccuper de la lourde tâche que vous m'imposez, mais la sympathie de l'assemblée nombreuse qui m'entoure me permet de ne songer en ce moment qu'à l'honneur que vous m'avez fait.

Aussi bien cet honneur s'adresse bien moins à ma personne qu'au président de la Commission d'enquête sur les hybrides producteurs directs qu'a instituée la Société des Agriculteurs de France.

Et, cependant, après que M. Gaillard vous a dit en termes excellents, les regrets que le Comité ressent de l'absence de M. Viala, vous devez sentir combien vous perdez au change. M. Viala, était désigné pour diriger vos travaux moins encore par la haute situation officielle qu'il occupe que par son mérite personnel, et, dans une réunion où il va être tant parlé des vignes américaines, par l'étude si complète qu'il en a faite dans leur pays d'origine. M. Viala ne m'en voudra pas d'évoquer ces brillants souvenirs de sa jeunesse.

Mon premier devoir est de remercier, au nom de tous la Société régionale de Viticulture de Lyon et, en particulier le comité pris dans son sein qui a préparé pour notre instruction et aussi pour notre agrément, les grandes assises qui s'ouvrent aujourd'hui. Permettez moi d'associer dans notre gratitude le secrétaire général, M. Silvestre, dont le cabinet a été, depuis un mois, celui d'un véritable ministre — M. Silvestre connaît aujourd'hui tout le poids du pouvoir — et les deux secrétaires, l'un, M. Roy-Chevrier, dont vous allez entendre, et je suis sûr d'être bon prophète en disant, dont vous allez applaudir le remarquable rapport ; l'autre M. Jurie, dont les travaux toujours inspirés par une donnée scientifique, montrent de quel secours la science est à la pratique.

Vous, notre cher doyen, vous avez eu la première idée de ce Congrès. Après tant d'années pendant lesquelles vous avez travaillé en silence, vous avez pensé qu'au moment où tant de malheurs fondent sur la viticulture, il ne vous était pas permis, ni à vous ni à ceux qui ont travaillé dans le même ordre d'idées que vous, de garder plus longtemps le silence ; qu'il était temps que chacun apportât en commun le résultat de ses essais, le fruit de son expérience, de dire bien haut au monde viticole quelle voie féconde a ouverte l'hybridation de la vigne. Nous sommes tous d'accord sur ce qu'elle a déjà donné. Les hybrides porte greffes ne sont plus discutés par personne. Vous espérez, et nous espérons tous avec vous, que le rôle bienfaisant des producteurs directs va commencer.

Votre âge n'a pas ralenti votre ardeur. Vous n'êtes pas de l'avis de bon Lafontaine :

> Passe encore de bâtir, mais planter à cet âge !

Vous êtes comme ce vétéran des armées romaines, chanté par Virgile, qui, au milieu des discordes civiles, allait chercher la paix dans les travaux des champs :

Insere, Daphni, pyros carpent ea poma nepotes.

Vous mettez ces vers en action. Vous plantez, vous semez, vous greffez. Une autre génération cueillera les fruits et vous bénira.

C'est donc à vous, mon cher Monsieur Gaillard, que revenait tout naturellement la présidence de ce congrès.

Vous avez prétexté votre grand âge pour vous dérober. Allons donc, la présidence convient aux vieillards. La seule excuse que vous puissiez alléguer c'est votre verte jeunesse.

A votre défaut, je vois à mes côtés l'homme de tous les dévoûments, l'apôtre de toutes les causes généreuses l'amant passionné du bien public, le viticulteur le plus enthousiaste des hybrides producteurs directs, le Dr Grand-clément qui aurait dirigé vos travaux avec une parfaite compétence. Il a, sans doute, pensé qu'il était chez lui et que, d'après la loi de l'hospitalité antique il devait prendre pour lui toute la peine et laisser tous les honneurs à ses hôtes.

Parmi ces hôtes plusieurs sont illustres dans les annales de l'hybridation. Le comité d'organisation a pensé qu'il ne pouvait mieux leur rendre hommage qu'en vous proposant de les nommer présidents d'honneur de notre réunion. L'un d'eux est retenu loin de nous par sa santé. Il a voulu, du moins, pour nous prouver combien sa pensée est avec nous, nous envoyer un travail dont vous entendrez tout-à-l'heure la lecture. Depuis vingt-cinq ans, M. Millardet s'est consacré à l'étude de l'hybridation de la vigne, et encore hier il décrivait, avec cette précision scientifique qui est le cachet de ses œuvres, plusieurs nouveaux hybrides porte-greffes qu'il a créés.

Il suffit de nommer MM. Ganzin et Couderc. De quelque

pays que vous veniez vous les connaissez tous les deux. Je sais, par expérience, qu'il est impossible de s'occuper de l'hybridation de la vigne sans les rencontrer partout comme inspirateurs et comme guides.

Je vous demande donc, au nom du Comité d'organisation, d'acclamer MM. Millardet, Ganzin et Couderc comme présidents d'honneur.

Le Bureau du Congrès a eu la pensée de leur adjoindre M. Viala. Vous penserez, comme moi, que c'est le meilleur moyen de témoigner à M. Viala notre estime et de lui envoyer notre sympathie dans l'épreuve cruelle qui l'empêche d'être aujourd'hui au milieu de nous. (*Applaudissements*).

Nous avons maintenant à régler notre ordre du jour. Ce n'est pas la matière qui nous manque ; grand est le nombre des viticulteurs distingués qui ont répondu à notre appel. Comme nous voulons tous les entendre, votre président est obligé de leur demander une concision qui, bien entendu, ne puisse nuire en rien à la valeur de leurs communications. Le peu de temps dont nous pouvons disposer nous oblige à compter les minutes imparties à chacun. C'est pour épargner quelques-unes de ces minutes que, tout en vous laissant maîtres d'apporter à cet ordre du jour toutes les modifications qu'il vous conviendra, votre Comité vous a fait distribuer le projet que vous avez entre les mains. Une place importante est faite, vous le voyez, à la partie scientifique.

Vous savez quelle est l'importance de la question de l'hybridation dans les conceptions philosophiques du naturaliste. L'hybridation est, pour ainsi dire, une création nouvelle faite par l'homme et dont les lois ressortissent à la science expérimentale. Vous entendrez donc, avec grand intérêt, les hommes éminents qui développeront les théories scientifiques de l'hybridation et, entre tous, le grand savant qui, par la diversité de son savoir, l'ingéniosité de ses recherches, l'originalité de ses

conceptions est une des gloires de la science française :
M. le professeur Armand Gauthier (*Applaudissements*).

Un très grand nombre des membres du Congrès sont
des praticiens qui demandent volontiers à la science de
les guider, mais qui sont surtout pressés de profiter de
l'expérience d'autrui. Ils désirent entendre des praticiens
comme eux. A leurs yeux la science est une perle, sans
doute, mais, comme le coq de la fable, ils seraient portés
à dire, si la part faite aux communications pratiques
était trop restreinte :

> Mais le moindre grain de mil
> Ferait bien mieux mon affaire.

Et ici le grain de mil c'est l'indication, par des viticulteurs qui les ont cultivés chez eux, de cépages résistants
plus ou moins au phylloxéra, aux maladies dont la liste
s'allonge chaque année, depuis l'oïdium et le mildew qui
entrent encore en composition, jusqu'au black-rot et à la
pourriture grise qui, jusqu'ici, se rient de nos traitements.

Nous allons donc travailler en famille. Quand je dis en
famille, je n'oublie pas que notre Congrès est international et je n'ai garde d'omettre de souhaiter la bienvenue
aux étrangers qui sont accourus de partout, la plupart
à la voix du canon, mais quelques-uns aussi à l'appel
plus modeste des hybrideurs. La science, a-t-on dit, et
la science appliquée aussi bien que la science pure, n'a
pas de patrie, il serait plus juste de dire n'a pas de
frontières. Nous convions donc tous nos hôtes à prendre
part familièrement avec nous à ce grand labeur pour
lequel nous sommes tous également passionnés : la
défense et le progrès de la viticulture (*Vifs applaudissements*).

M. le Président. — Messieurs, je dois vous donner lecture
de l'ordre du jour, tel qu'il a été établi par le Comité. Du
reste, vous trouverez l'ordre du jour, pour les séances de
ce soir (c'est un peu tard pour aujourd'hui), de demain et

de dimanche, dans les journaux du matin. Voici l'ordre
du jour :

ORDRE DU JOUR

du Congrès de l'Hybridation de la vigne.

PREMIÈRE SÉANCE. — *Vendredi soir, 2 heures.*

Allocution de **M. GAILLARD**, promoteur du congrès.

Discours et Rapport de **M. le Dr MICHON**, président. — *Les producteurs directs passés, présents et futurs.*

M. CASTEL. — *Hybridation spéciale de la vigne.*

M. G. COUDERC. — *Résultats généraux de l'hybridation des vignes.*

M. OBERLIN. — *L'hybridation à Beblenheim* (Alsace).

2e SÉANCE. — *Samedi matin 9 heures.*

M. Prosper GERVAIS. — *Rôle de l'hybridation dans la reconstitution des vignobles.*

M. GUILLON. — *Les hybrides producteurs directs dans les terrains calcaires. Communications de M. Munson de Denison* (Texas) *et de M. Grimaldi* (Sicile).

M. ROY-CHEVRIER. — *Vinification des hybrides.*

M. MATHIEU. — *Dangers des analyses rapides du moût et des vins.*

3e SÉANCE. — *Samedi soir, 2 heures.*

M. MILLARDET. — *L'hybridation sans croisements.*

M. A. GAUTIER, de l'Institut. — *Le mécanisme de l'hybridation et l'origine des races.*

M. L. DANIEL. — *Variations spécifiques dans la greffe.*

4ᵉ SÉANCE. — *Dimanche matin, 9 heures.*

MM. RAVAZ et BOUFFARD. — *Les hybrides producteurs directs, cépages et vins à l'École de Montpellier. — Discussion ouverte sur la valeur des producteurs directs.*

5ᵉ SÉANCE. — *Dimanche soir, 2 heures et demie.*

Continuation de la discussion du matin et communications diverses.

Un Congressiste. — Monsieur le Président, je demande la parole pour faire remarquer qu'il y a beaucoup plus d'adhérents en dehors qu'en dedans de la salle; il faudrait nous procurer un local qui permette à chacun d'entendre les différents orateurs.

M. le Président. — Cette demande a été transmise aux membres du Comité.

M. le Président. — Messieurs, j'étais venu ici comme simple rapporteur, l'honneur dont vous m'avez revêtu m'impose donc une double charge, et je vais être obligé comme président, de me donner la parole comme rapporteur.

RAPPORT SUR LES HYBRIDES PRODUCTEURS

DIRECTS, PASSÉS, PRÉSENTS ET FUTURS

par M. Joseph MICHON

Membre du Conseil de la Société des Agriculteurs de France, Président
de la Commission d'enquête sur les hybrides producteurs directs.

MESSIEURS,

Ayant à vous entretenir des hybrides de vigne, producteurs directs,
je dois vous dire d'abord qu'il est assez difficile d'établir une division
marquée entre les passés, les présents et les futurs, et cela, non
seulement à cause de la conception de l'esprit humain qui confond
dans la minute même qui suit, le présent avec le passé, mais aussi
parce que, dans les sciences d'application surtout, sous des cendres
que l'on croyait éteintes, sommeille l'étincelle d'où jaillira le renouveau.

Si je voulais être complet en ce qui concerne le passé, j'aurais à
remonter bien haut dans les temps historiques et même dans ceux
qui ont précédé l'histoire. Les plantes que cultive pour ses besoins
l'homme civilisé ne seraient, en effet, d'après l'opinion de Pallas,
acceptée par Darwin, que le résultat d'hybridations fixées par la
sélection. La prodigieuse fertilité des hybrides du genre *vitis*, les
dispositions morphologiques de la fleur qui sollicitent les fécondations croisées nous permettent d'accepter pour la vigne plus que
pour toute autre plante l'hypothèse de Darwin.

Plus près de nous, l'Aramon ne serait qu'un hybride, et le plant
qui donne à notre sauterne son bouquet tiendrait son délicieux
parfum d'un ancêtre américain qui n'était que foxé.

Il y a moins d'un demi-siècle, les créations de M. Bouschet, que la
viticulture abandonne un peu dans ce moment, surtout à cause de
difficultés inhérentes à l'adaptation de certains de ces cépages, n'en
ont pas moins été un des éléments principaux de la formation de
notre incomparable vignoble du Sud-Est.

Je sais bien qu'on me dira : ces variétés sont des métis et non des
hybrides. Distinction d'école. Les métis sont le produit du croisement

de deux variétés, les hybrides de deux espèces. Soit, mais le signe
distinctif est précisément que les métis sont relativement féconds,
et les hybrides presque toujours stériles. Aussi Naudin (1), avec le
sens pratique qui, chez lui, doublait le savant, a montré la difficulté de différencier l'espèce de la variété, et j'ajoute l'inutilité
dans la question qui nous occupe, puisque ainsi que l'a, le premier,
fait remarquer M. Millardet, les hybrides de vigne, quelle que soit
leur complexité, se laissent croiser à leur tour soit entre eux, soit
avec leurs parents, soit même avec d'autres espèces et sont complètement féconds (2).

Au début de la crise phylloxérique, dès que l'on sut que l'insecte
destructeur nous était venu d'Amérique, on pensa naturellement à
reconstituer nos vignobles avec des vignes qui vivaient plus ou
bien dans le pays originaire du phylloxéra.

L'idée première des importateurs était, ne l'oublions pas, de trouver
des producteurs directs ; la pensée du greffage ne vint qu'après.
Elle souleva même les violentes objections que vous savez, objections
qui, heureusement, n'étaient pas fondées.

M. Millardet (3) a été le premier à émettre l'opinion que la plupart
des vignes importées d'Amérique, au début, étaient des hybrides.
Ainsi, l'enthousiasme qui s'est, il y a quelque vingt-cinq ans, produit
pour les producteurs américains, s'adressait à des hybrides soit
naturels, soit artificiels. Le Clinton, le Taylor, l'York Madeira, le
Jacquez, l'Herbemont, le Noah, sont des hybrides plus ou moins résistants au phylloxéra, selon que le sang de *Vinifera* et de *Labrusca*
prédomine dans le croisement avec les vignes sauvages, *Cinerea*,
Œlivalis, *Riparia*.

Les viticulteurs américains n'avaient pas eu en vue de trouver
des variétés résistantes au phylloxéra, qui n'était pas pour eux
le plus grand ennemi de la vigne, mais des variétés à grappes
et à grains plus gros que ceux produits par leurs vignes sauvages
améliorées, et aussi moins sujettes aux maladies cryptogamiques, qui
faisaient, chez eux encore, plus de ravages qu'elles n'en font aujour-
d'hui chez nous.

---

(1) Naudin. — Nouvelles recherches sur l'hybridation des végétaux,
Mémoire couronné par l'Institut, 1862.

(2) Millardet. — Essai sur l'hybridation de la vigne. Paris, Masson, 1891.

(3) Millardet. — Le présent, le passé et l'avenir dans la question des vignes
américaines. Opuscules divers, 1881.

En présence du black-rot, de la pourriture, qui s'ajoutent à l'oïdium et au mildew, nous aurons à nous inspirer beaucoup, dans l'avenir, des préoccupations des hybrideurs américains.

Quoiqu'il en soit, ces premiers hybrides, producteurs directs, dont on a vendu plus de bois que de vin, n'ont eu qu'une vogue éphémère. Qui s'occupe aujourd'hui des hybrides d'Arnold, de Wylie, d'Allen ou de Rommel ? qui plante encore, ailleurs que dans des collections, les Elvira, les Black Eagle, les Senasqua, les Triumph ?

Il y a cependant quelques survivants du naufrage. Le Jacquez a même, en ce moment, un regain de popularité. Dans la crise que nous traversons, son vin se vend plus cher que celui des meilleurs plants français et, n'était sa sensibilité extrême au mildew et l'instabilité de sa belle couleur, depuis que l'hygiène, ou, pour mieux dire, les hygiénistes ont proscrit absolument l'emploi du plâtre, il s'en ferait, en ce moment, d'importantes plantations dans le Midi.

Le Clinton, l'un des premiers arrivés de la pléiade américaine, a encore des partisans. Il y a des terrains, comme certains terrains de l'Ardèche, où sa résistance au phylloxéra ne faiblit pas. Il paraît qu'il y a aussi des palais qui s'habituent à son goût foxé, je dirais presque qui s'en délectent, si j'en juge par les éloges et la réclame dont bénéficie le plant des Carmes, qui n'est qu'un Clinton, sélectionné, je l'accorde ; en viticulture, la sélection refait, paraît-il, une virginité.

Le Noah est cultivé dans certains pays essentiellement vinicoles. C'est ainsi qu'il a droit de cité dans la basse Bourgogne, où il y a cependant des crus de vin blanc estimés. Plusieurs réponses lui sont favorables sans réserve dans l'enquête entreprise par la Société des Agriculteurs de France.

Enfin, l'Othello, cet hybride de Clinton et d'un cépage français, pour lequel nous avons assisté, il y a quelques années, à un engouement qu'ont dû tempérer la difficulté de le défendre contre les maladies cryptogamiques et la qualité plus que médiocre de son vin, ne semble pas perdre de terrain. Il a une végétation si luxuriante, une si riche production, un vin d'une si belle couleur ! Et l'on juge si souvent les gens sur la mine.

Je m'arrêterai là dans la revue des producteurs directs passés. Je tiens trop compte des conditions économiques si diverses auxquelles doit répondre le choix d'un cépage pour blâmer la fidélité de leurs défenseurs. Mais, j'estime qu'à l'heure qu'il est, nous avons mieux à offrir à ceux qui demandent des producteurs directs.

Tout d'abord, il ne faut pas espérer trouver un hybride producteur direct qui convienne à tous les terrains, à tous les climats. Nous ne demanderions pas ce prodige d'affinité à un vinifera.

Il convient donc, et c'est une recommandation sur laquelle je ne saurais trop insister, d'expérimenter chez soi le producteur direct choisi avant de l'admettre à la grande culture. Il faut tenir compte aussi des goûts et des besoins du pays. Ici, le nouveau cépage est appelé à fournir un vin de coupage ; là, il doit donner un vin de consommation courante. Peut-être, dans ce cas, suffira-t-il de quelques artifices de vinification pour remédier à l'excès de couleur que donne au vin la plupart des producteurs directs rouges. Un proverbe dit que des goûts et des couleurs il ne faut pas disputer. Ce proverbe n'est nulle part plus de mise que lorsqu'il s'agit d'apprécier un vin. Ne croyez pas, Messieurs, que ce soit de ma part une précaution oratoire pour vous prémunir contre des surprises désagréables, lors des épreuves pratiques qui ne seront pas la partie la moins intéressante de ce Congrès. M. Roy-Chevrier ne m'a pas communiqué son rapport, mais je suis convaincu qu'un certain nombre de vins d'hybrides producteurs directs auront trouvé grâce devant sa sévérité de fin Bourguignon.

Un des meilleurs sans contredit est le vin d'un hybride de père et de mère inconnus. Cet hybride est un enfant du hasard, trouvé, non sous une feuille de chou, mais dans une botte de boutures destinées à servir de porte-greffes. Qui l'a trouvé ? Là encore l'histoire est muette sur ce bâtard.

Il a de grandes qualités : il est robuste, il est rustique, il est fertile, et fait honneur aux parrains qui l'ont adopté et n'ont point rougi de lui accoler leur nom. Il a cependant un défaut, un vilain défaut pour un producteur : il est très sujet à la coulure. La sélection aura sans doute raison de la coulure, mais il est bien enclin à retomber dans son péché mignon.

Voilà le portrait que je puis vous tracer de l'Auxerrois-Rupestris, qu'il s'appelle Pardes, Lacoste, Soulage ou Scorraille.

Le plant Jouffreau, qu'a pris sous sa protection le plus zélé partisan des producteurs directs, M. Claudius Chenivesse, n'est, je crois bien, lui-même, qu'une sélection de l'Auxerrois-Rupestris. Il en a le port, la feuille, presque tous les caractères. Les grains semblent plus gros. Si ces grains étaient plus serrés, la production du Jouffreau serait considérable.

Le vin de Jouffreau a été analysé, l'an dernier, au laboratoire de la

Société des Agriculteurs de France, et l'analyse lui a été de tout point favorable. Cette année j'ai pu me convaincre que, malgré la petitesse relative de la grappe, il donnait une proportion de jus égale à celle des viniféras.

L'Alicante $\times$ Rupestris Terras n° 20 est d'une grande fertilité. Il est très résistant aux maladies cryptogamiques, mais il fléchit quelquefois sous les attaques du phylloxéra. La vinification du raisin est difficile à cause du manque d'acidité.

Nous arrivons aux hybrides, producteurs directs, de M. Couderc ; la série en est longue, parce que cet hybrideur de la première heure, dont les Castel et les Malègue se font honneur d'être les élèves, épris de cette étude qui devient chaque jour plus attrayante pour lui, à mesure que la science y prend plus de place, crée tous les ans de nombreux hybrides qui, dans les champs d'essais, paraissent supérieurs à leurs aînés.

Après le 4.401, hybride de demi sang, essayé un peu partout, le 126,21, le 132,11, parmi les rouges, le 199,88, le 117,3, le 82,12, le 82,32, parmi les blancs, se désignent à des essais de grande culture.

Je n'ose pas en dire davantage devant M. Couderc, que vous serez tous heureux d'entendre.

J'aurais même beaucoup désiré que M. Couderc eût accepté la lourde charge que vous m'avez imposée, sa parole aurait eu une toute autre autorité que la mienne. Ce qui me console d'avoir pris sa place, c'est de trouver l'occasion de rendre, dans ce Congrès international, hommage à l'œuvre et à l'auteur.

A Aubenas, dans ce berceau des producteurs directs, à côté du champ d'expériences de M. Couderc est celui de M. Seibel. Les hybrides de M. Seibel n'ont pas la même diversité d'origine que ceux de M. Couderc. Presque tous les croisements ont eu comme point de départ le Munson ou Lincecomii $\times$ Rupestris, 70 de Jæger. Ici je dois vous rappeler qu'au début des hybridations en France, M. Millardet, qui depuis bien des années a abandonné la recherche des producteurs directs pour celle des hybrides porte-greffes, signalait les différentes variétés de Lincecomii comme les types qui lui paraissent le plus propres à entrer dans la composition des producteurs directs ; encore aujourd'hui M. Munson (1) cherche souvent à assurer à ses hybrides la fertilité et la grosseur des grains par le sang de Lincecomii, dont

(1) MUNSON.—Investigation and improvement of american grapes. Texas 1900.

le Post Oack n'est qu'une variété. Tandis que les hybrideurs français se défient de la résistance de ce cépage au phylloxéra M. Munson lui donne des coefficients élevés de résistance.

Les producteurs directs de M. Seibel ont tous à peu près le même type et les mêmes qualités : grande fertilité, beauté des grappes et des grains, vin neutre de goût, végétation aérienne très résistante aux maladies cryptogamiques ; mais malgré la longévité des pieds-mères de ses collections, ils ont une résistance au phylloxera assez inconstante, pour que beaucoup de viticulteurs ne veuillent les employer que comme greffons.

Le Seibel numéro 1 est un des rares producteurs directs qui a déjà pris place dans la grande culture et qui donne satisfaction a un grand nombre de viticulteurs de l'Isère et de la vallée du Rhône. Il a assez de qualités pour que certains grands propriétaires, que la foi en les mérites des producteurs directs n'a pas encore touchés, l'essaient sur porte-greffes.

Après le n° 1, ceux qui paraissent mériter le plus l'attention des viticulteurs sont peut-être les n°ˢ 14, 156, 1020, 2044.

La collection de M. Castel est une des plus nombreuses de toutes. La multiplicité des souches chargées de beaux raisins est telle que le visiteur se trouve un instant embarrassé. M. Castel, à qui suffit la jouissance d'être le père de tant de créations intéressantes, ne veut pas le guider dans ses appréciations. Apprend-il qu'une des variétés qu'il s'est décidé à faire connaître n'a pas réussi, il ne s'en étonne pas, il s'étonnerait plutôt qu'on lui en vantât les mérites sans lui en signaler les défauts.

Cette réserve l'a longtemps empêché de mettre les viticulteurs à même d'essayer chez eux les variétés qui lui semblaient les meilleures ; il a presque fallu que des amateurs enthousiastes les lui arrachassent de force. Il semble que, jusqu'à présent, ce sont les variétés blanches qui sont les plus appréciées, telles que le 120, le 3.540, le 6.011.

M. Malègue est un modeste. Presque aucune de ses créations n'est encore sortie de chez lui et, par conséquent, aucune n'a fait ses preuves en dehors du champ d'expériences de Pezilla-la-Rivière. Faute d'une expérimentation plus large, nous sommes presque forcés de classer ses hybrides dans les hybrides de l'avenir. Et, cependant, si l'on s'en tenait à l'impression que donne la visite de son champ d'essai, on dirait volontiers que c'est chez lui que les partisans des producteurs directs vont, dès à présent, trouver l'oiseau bleu depuis si longtemps cherché. L'aspect général de ces hybrides et de leurs fruits rappelle beaucoup nos vignes et nos raisins français. Comme ils n'ont reçu qu'un seul traitement, on peut affirmer que leur résistance au mildew et à l'oidium est généralement bonne. Ils n'ont pas encore connu le black-rot. Le terrain de Pezilla n'est pas très phylloxérant, cependant M. Malègue a pu étudier comment leurs racines se comportent en présence de l'insecte ; la résistance d'un certain nombre paraît assez élevée ; quelques-uns présentent des tubérosités qui s'exfolient et guérissent. Je citerai seulement parmi les créations intéressantes de M. Malègue le 258.6, le 292.7, cépages blancs ; le 294.1, le 295.5, le 314.15, cépages rouges.

Producteurs directs de l'avenir, les hybrides de M. Oberlin, ceux de M. Rouget, ceux de l'infatigable vice-président de cette Société de Viticulture du Rhône, organisatrice de ce Congrès, M. Gaillard, ceux enfin de M. Jurie dans lesquels la conception scientifique laisse le moins de place possible au hasard.

J'en passe sans doute de très méritants, mais puisqu'il s'agit des productions de l'avenir, la liste n'est pas close.

Et puis je pense que ce que vous attendez de moi, ce n'est pas une nomenclature stérile à laquelle suppléeront facilement tous les catalogues, mais plutôt un examen des conditions économiques, des exigences culturales, des lois biologiques que le viticulteur ne doit pas perdre de vue.

C'est la partie la plus difficile, mais en même temps la plus utile, je crois, de ma tâche, pour laquelle je vous demande, bien plus encore que votre attention, votre indulgence.

II

La situation de la viticulture française n'est plus la même aujourd'hui qu'au moment où l'on pensait trouver le salut dans la vigne américaine directe.

Le greffage de nos variétés françaises sur porte-greffes qui, dans le début, a causé quelques déboires, mais dont le succès s'est affirmé lorsqu'on a eu recours, au Riparia d'abord, puis aux Rupestris, puis enfin aux hybrides, soit américo-américains, soit franco-américains, a permis de reconstituer la plus grande partie des vignobles français.

Le Midi a donné l'exemple, et plût à Dieu que la fortune eût mieux récompensé son initiative, sa persévérance et ses sacrifices !

Je ne me permettrai pas de vous parler des hybrides porte-greffes, puisque vous devez entendre M. Gervais. La Bourgogne, le Bordelais, les Charentes, la Vendée ont suivi l'exemple donné avec tant de succès.

Il reste encore à faire la reconstitution des vignes dans les pays qui ne sont pas exclusivement vignobles. Ce serait une erreur de les considérer comme une quantité négligeable.

A côté des vignes industrielles, si je puis ainsi parler, à côté des vignes de luxe, j'entends par là toutes celles dont les crus ont un nom, il y a la vigne du paysan.

C'était un bon temps, celui où dans chaque domaine, dans chaque métairie, presque dans chaque lopin de terre, des Pyrénées aux bords de la Loire, quelques pieds de vigne, sur une étendue plus ou moins considérable selon l'importance de la propriété, assuraient au paysan de France le vin de sa récolte qui le délassait de son labeur, le consolait de ses peines, qui lui donnait la vigueur, le bien-être et la gaieté par dessus le marché.

Les conditions économiques de la reconstitution par les vignes greffées ne permettent pas partout au paysan de replanter sa vigne d'autrefois. Ici donc, le rôle des producteurs directs est tout tracé; les services que, tels qu'ils sont, ils peuvent déjà rendre, sont assez grands pour que, sans tarder, nous nous mettions à l'œuvre.

J'ajouterai même que la rusticité et la résistance aux gelées de quelques-uns de ces producteurs directs permettra d'étendre cette culture de famille dans des régions montagneuses fermées à nos viniféras purs.

Je n'insiste pas sur le côté vraiment moral de la question. Vous le comprenez tous, et s'il en était besoin, il vous serait développé par notre collègue, M. de Malafosse, qui s'en est fait l'apôtre. Je ne voudrais pas empiéter sur son apostolat.

Je crois que, dans les conditions particulières de la petite culture, il est nécessaire, je ne dis pas indispensable partout, que le producteur direct soit résistant au phylloxéra. Il est bon de ne pas trop se laisser aller à une tendance qui me paraît dangereuse, celle de se contenter trop facilement d'un producteur direct qui ne l'est pas.

La greffe, avait dit, M. Ganzin, en 1881, sera toujours une opération coûteuse et gênante.

Au Congrès de Mâcon, en 1887, M. Couderc ajoutait : Il ne paraît pas douteux que la greffe ne diminue d'une façon notable la résistance comme le fait du reste toute opération entravant le libre échange entre les feuilles et les racines (1).

Le Jacquez, résistant franc de pied beaucoup plus que greffé, est un exemple frappant de cette vérité physiologique.

Je sais bien que les nouveaux porte-greffes, surtout les hybrides franco-américains avec lesquels l'adaptation est plus complète, remédient en partie à ce danger. Mais, quelle que soit l'adaptation du greffon au porte-greffe, il se produit toujours une certaine déséquilibration physiologique dont il est impossible de ne pas tenir compte, surtout après que des viticulteurs du mérite de M. de Salvo (2) et de M. Jurie (3) n'ont pas craint de faire entrer en ligne de compte cette déséquilibration, qui peut du reste se produire chez certains hybrides producteurs directs aussi bien que chez les vignes greffées, parmi les causes du nouveau fléau qui vous préoccupe tous à l'heure actuelle, la pourriture grise.

Il convient maintenant de bien spécifier ce qu'en viticulture on doit entendre par résistance. M. Gervais a eu un mot heureux lorsqu'il a dit qu'il ne fallait pas chercher au-delà d'une résistance pratique. J'ajouterai avec lui que cette résistance suffisante sera toujours relative. C'est pourquoi je regrette de lire souvent : Tel hybride résiste au phylloxéra, au mildew, au black-rot ; puis, quand il est mis en expérience, il est indemne ici, il est touché là, il succombe ailleurs. Lorsqu'on veut interpréter ces résultats différents, il faut toujours se rappeler la complexité des phénomènes biologiques, il faut se dire que, d'une part, le fléchissement peut être attribué à des causes propres à la variété ou à l'individu, mais surtout à des causes extérieures, que l'hygiène — et qu'est-ce que la bonne culture, si ce n'est l'hygiène agricole ? — aurait pu en partie prévenir.

Il est sans doute des terrains plus phylloxérants les uns que les autres à cause de leurs propriétés physiques, peut-être de leurs propriétés chimiques, mais surtout du manque d'affinité des cépages qu'on y plante.

D'ailleurs, au lieu de se contenter d'observations discordantes, faites dans des conditions non identiques et, par conséquent, peu

---

(1) COUDERC. — Etude sur l'hybridation de la vigne. Congrès national viticole de Mâcon, 1887.
(2) *Revue des Hybrides franco-américains*, juillet 1901.
(3) *Revue de Viticulture*, octobre 1901.

concluantes, il y aurait intérêt à avoir une échelle de résistance des producteurs directs dans les mêmes conditions de climat, de sol, de culture. Vous verrez qu'on peut dès à présent trouver cette échelle dans le tableau qui résume les belles observations faites par M. le professeur Ravaz à l'École de Montpellier; la disposition de son champ d'essai est irréprochable; les résultats y sont enregistrés avec l'exactitude la plus scientifique, et, en tenant compte, bien entendu, des différences de climat et de terrain qui peuvent amener quelques interversions, nous avons là le barême le plus sûr. Je dois cependant faire la réserve que, dans ce milieu très phylloxérant et de plus en plus phylloxéré, un grand nombre de producteurs directs périront qui, dans la culture ordinaire, auraient été suffisamment résistants, s'ils avaient été plantés dans de bonnes conditions culturales.

Je vous demande la permission de m'arrêter un instant sur ce que j'appelle de bonnes conditions. On sait que toute plante transplantée accomplit une période d'acclimatement pendant laquelle elle est plus délicate et, partant, plus accessible à ses ennemis. On sait aussi que tout être vivant est d'autant moins résistant qu'il est plus jeune. Ce sont des vérités incontestables.

Il faut donc que tout plant de vigne importé, raciné ou bouture, ait été désinfecté. Les moyens de désinfection sont nombreux, soit le sulfo-carbonate de potassium, comme les instructions ministérielles l'ont imposé à l'Algérie, soit simplement l'eau chaude comme l'a indiqué depuis plus de vingt ans Balbiani. Il faut aussi que le sol ne soit pas infesté. On ne plante pas toujours dans des terrains neufs ; si l'on plante, en remplacement de vignes détruites, il faut donc désinfecter préalablement le terrain. J'ai la conviction que beaucoup de nos producteurs directs auront une résistance suffisante, s'ils sont plantés avec ces précautions et entretenus bien portants par une bonne culture et les engrais que réclame leur luxuriante végétation.

Le vent, me dira-t-on, apportera toujours le phylloxéra. Il est certain que le vent transporte les phylloxéras ailés, mais remarquez que je parle surtout des vignes isolées, comme sont celles de la petite culture ; là l'infection se fait, plus souvent qu'on ne croit, par des importations contaminées ou des plantations en sol déjà phylloxéré.

Ce n'est pas sans appréhension, non plus, que j'ai vu, au milieu des vignes de l'Hérault, des hybrides porte-greffes, tels que le 3,309 couverts de galles phylloxériques. Les viticulteurs, confiants dans les racines de leur porte-greffe, ne semblent pas s'en inquiéter. Qu'ils y prennent garde. Soit que l'on considère avec Cornu, Balbiani, Boiteau, les gallicolles comme les produits de l'œuf d'hiver, soit que l'on n'y voie que des phylloxéras souterrains en villégiature, il est constant que les pondeuses contenues dans les galles ont une excessive fécondité et que, lorsqu'elles redescendent sous terre, leurs générations parthéno-génésiques rajeunissent la prolifération de l'insecte qui commençait peut-être à s'abâtardir.

Les producteurs directs doivent également être résistants aux maladies cryptogamiques. C'est ce que M. Millardet leur demandait déjà à la première heure, avant d'avoir doté la viticulture du remède spécifique contre le peronospora, les sels de cuivre. Il a, depuis, fait remarquer, et la plupart des hybrideurs ont constaté comme lui, que la résistance aux maladies cryptogamiques marchait de pair avec la résistance au phylloxéra. Aussi, n'est ce pas trop demander à ce producteur direct que notre imagination a le droit de représenter à son gré, puisqu'il est encore dans les limbes de l'avenir, de braver, non seulement le mildew, contre lequel nous pouvons encore le défendre, mais le black-rot qui met souvent nos traitements en déroute et la pourriture, vis-à-vis de laquelle nous sommes tellement désarmés que nous ne cherchons même pas à la combattre.

Cette espérance n'a rien de chimérique, parce que, selon moi, c'est moins encore à une structure particulière de leurs tissus, qu'à leur vigueur, à leur santé, que les producteurs directs déjà connus, doivent leur résistance plus ou moins grande, mais supérieure à celle de nos viniferas. J'ajoute en passant qu'ils doivent en grande partie leur vigueur à ce qu'ils sont issus de semis, tandis que nos anciennes vignes sont reproduites par voie asexuée, par bouture, depuis des siècles.

Certes, il ne faut pas oublier, que certains cépages américains doivent une partie de leur résistance phylloxérique à l'organisation de leurs racines qui réparent, par une sorte de pansement subéreux, les plaies que leur fait l'insecte. Mais cette structure particulière des tissus ne suffit pas, si elle n'est soutenue par une bonne santé. Cette bonne santé peut elle-même être altérée par un défaut d'adaptation ou par d'autres causes, comme on le voit chez certaines vignes greffées. C'est ainsi qu'il m'a été donné, cette année, de voir des vignes sur Riparia succomber au phylloxéra, comme de simples viniferas, sans que j'en aie été étonné ni autrement troublé, parce que la pathologie générale nous apprend que tout affaiblissement, toute défaillance même momentanée de l'organisme, que ce soit chez les végétaux ou chez les animaux, — la vie n'a pas des lois différentes selon les règnes, — est une porte ouverte à ces êtres inférieurs qui les guettent.

Ces considérations s'appliquent à toutes les maladies cryptogamiques, aussi bien qu'au phylloxéra, les mêmes causes produisant les mêmes effets.

L'endurance de la sécheresse mérite d'être prise en considération. La sécheresse n'est pas une maladie, sans doute. Mais M. F. Sahut, l'un des premiers pionniers de la reconstitution de notre vignoble, a montré, par des observations recueillies depuis vingt-cinq ans, l'influence considérable de l'humidité sur la végétation à certaines époques. La sécheresse ne peut pas causer peut-être des dommages bien considérables dans les vignes de la France continentale. Mais on s'occupe des hybrides ailleurs qu'en France et même qu'en Amérique. Nos hybrideurs ont fait école dans l'Europe méridionale, en Italie particulièrement, où les plus éminents viticulteurs vous diront l'importance qu'ils attachent à cette endurance.

III

Ces producteurs directs parfaits, que beaucoup d'entre nous ne verront qu'en espérance et dont le berceau doit être entouré des précautions que je vous ai trop longuement peut-être décrites, comment l'hybrideur doit-il les faire venir au monde ?

Les lois, bien qu'encore obscures, qui président à ces créations ont été entrevues par les maîtres dont nous admirons les travaux et devront guider leurs imitateurs.

L'idée première qui devait tout naturellement se présenter aux premiers hybrideurs, c'était de choisir deux espèces ayant au maximum les qualités dont on voulait doter l'hybride, et d'attendre de cette opération, qui n'était qu'un simple mélange, un produit dans lequel les caractères cherchés, bien qu'atténués par le mélange, seraient encore suffisants pour donner le résultat cultural désiré.

C'est ainsi qu'il y a plus de vingt ans, M. Ganzin hybridait le plus fertile de nos viniferas, l'Aramon, avec un Rupestris dont la résistance au phylloxéra était à peu près absolue.

Vous savez que le résultat pratique a été autre que celui prévu par l'hypothèse du savant. L'essai n'en fut pas moins utile pour la viticulture, puisqu'il nous a donné un des meilleurs porte-greffes, l'Aramon-Rupestris Ganzin.

Ce résultat inattendu faisait dire, dès 1881, à M. Ganzin (1) : « Dans les produits, soit naturels, soit artificiels, de l'hybridation, les combinaisons les plus variées se révèlent, amenées en apparence au gré du hasard. » Les phénomènes s'étaient trouvés plus complexes qu'il ne le croyait d'abord.

Dans le mémoire couronné par l'Académie, en 1862, Naudin (2) avait dit : « L'hybride, au moins à l'état adulte, est une aggrégation de parcelles homogènes et unispécifiques prises séparément, mais réparties également ou inégalement entre les deux espèces..... L'hybride serait une mosaïque vivante. » M. Ganzin (3) faisait l'application de cette loi lorsqu'il ajoutait : « Il y a, dans la vigne, des hybrides à caractères fusionnés ; il y en a, en plus petit nombre, à caractères juxtaposés.

Nous irons, aujourd'hui, plus loin et nous dirons, avec M. de Vriès : « L'hybride peut montrer une qualité du père et une autre de la mère sans mélange » (4).

C'est d'après ces données qu'ont été créés les hybrides de demi-sang. Mais il fallait toujours qu'un hasard heureux vînt faire cette juxtaposition de façon à ce que l'hybride qui en résultait eût précisément les qualités recherchées par l'hybrideur.

M. Couderc, M. Castel savent par expérience combien peu, parmi les nombreux semis qu'ils ont faits, ont répondu à ce qu'ils attendaient.

M. Munson nous dit, de son côté, que, dans ses premières hybridations, sur 75,000 sujets, il y en eut à peine un cent qui méritât d'être conservé (5).

C'est que, je l'ai déjà dit ailleurs, l'hybride producteur direct répondant à toutes les exigences de notre viticulture, sera toujours un être anormal, un monstre, c'est-à-dire qu'il devra à une déséquilibration extraordinaire des unités spécifiques qui le composent les qualités culturales qu'il sera seul à posséder entre des milliers d'êtres provenant de la même hybridation que lui.

Supposons maintenant l'hybride producteur direct idéal enfin créé par une combinaison savante, sans doute, mais dans laquelle a

---

(1) Ganzin. — *Revue Scientifique*, 30 juillet 1881.
(2) Naudin. — *Op. cit.*
(3) Ganzin. — *Op. cit.*
(4 Hugo de Vriès. — *Revue générale de Botanique*, juillet 1900.
(5) Munson. — *Op. cit.*

toujours une grande part, je le répète, un coup d'heureuse fortune.
Comment pouvons-nous le perpétuer?

Heureusement dans les végétaux et particulièrement dans la vigne,
les caractères d'un hybride obtenu de semis peuvent être reproduits
en dehors de la voie sexuée, par la bouture.

Est-ce à dire que la reproduction par bouture est à l'abri de toute
variation? Déjà Darwin (1) s'était occupé de la variation du bourgeon, surtout dans des variétés depuis longtemps fixées. Ces variations sont encore plus fréquentes dans les hybrides de création
récente.

Les variations par bourgeons, n'ont été étudiées que dans le
règne végétal, elles peuvent néanmoins s'observer chez un animal
composé, comme cela arrive chez les hydres (2).

Après Darwin, M. de Vriès (3) ajoute : « Les races héréditaires de
monstruosités sont loin de posséder la fixité des races ordinaires.

D'autres modifications peuvent encore se produire chez l'hybride
obtenu de semis, et l'une des plus remarquables est celle qui résulte
du greffage ; je n'ai pas à vous en entretenir, vous entendrez
M. Daniel.

M. Jurie pourrait aussi vous dire combien cette variation par la
greffe semble affecter particulièrement les hybrides de vigne. L'un
des hybrides qu'il a obtenus par les savantes combinaisons que vous
savez, entre plants américains et plants français, semble, non seulement au point de vue de la fertilité, mais aussi à celui de la précocité, du goût et de la forme du raisin, être profondément modifié par
la greffe. Ces modifications sont si profondes, sont tellement en
désaccord avec les idées reçues, qu'on penserait plutôt à les attribuer
à une variation du bourgeon pris pour greffon, variation qui se serait
produite de même, si le bourgeon eût été planté comme bouture. D'autres expériences que poursuit M. Jurie semblent montrer qu'on est en
présence d'un ordre de phénomènes encore non étudié.

Quoi qu'il en soit, la variabilité du bourgeon, de quelque cause
qu'elle provienne, si elle peut quelquefois améliorer les qualités de
l'hybride, nous impose, pour perpétuer les caractères qui en font le
mérite, une sélection attentive et continue.

---

(1) Darwin. — Variations of animals and plants under domestication.
(2) Darwin. — *Op. cit.*
(3) Hugo de Vriès.— *Revue générale de Botanique,* 1899.

Mais que d'années avait déjà demandées la création de l'hybride!
M. Castel estime, en effet, qu'on ne peut juger de la fécondité et de la
qualité du fruit qu'au bout de huit ans; M. Malègue en a fait aussi
l'épreuve. S'agit-il d'un hybride dérivé de quatrième ou de cinquième
degré, combien de lustres se seront écoulés quand on pourra apprécier ce qu'il vaut réellement! Même patience et longueur de temps
sont nécessaires pour la sélection. Et cela, non seulement dans la
vigne, mais toutes les fois qu'on a eu recours au croisement ou à
l'hybridation pour obtenir une race animale ou végétale. Nous
avons l'exemple d'une race animale qui a été créée sous nos yeux.
Les Anglais, après avoir, pour ainsi dire, composé suivant leurs
besoins la race bovine Durham (short horned), par une série de
croisements, ont mis plus d'un demi-siècle à la fixer par la sélection.
Maintenant encore, elle dégénérerait rapidement si la sélection
s'arrêtait.

Aussi, Messieurs, lorsque quelques-uns d'entre nous ont pensé que
l'étude des hybrides producteurs directs s'imposait à l'attention des
viticulteurs, — et l'affluence des viticulteurs de tous pays à ce Congrès nous prouve que nous ne nous étions pas trompés sur l'opportunité de cette étude — nous avons demandé à la Société des Agriculteurs de France d'entreprendre cette œuvre de longue haleine. Les
Sociétés ont ce que n'ont pas les individus, le crédit du temps.
C'est un grand honneur pour moi d'avoir été appelé à présider aux
premiers travaux; d'autres continueront et, grâce au concours de
compagnies comme la vôtre, les efforts de nos successeurs ne seront
pas stériles. La Société des Agriculteurs de France aura ainsi rendu
un service de plus à notre agriculture nationale. — (*Applaudissements*).

M. le Président. — La parole est à M. Castel pour la lecture de son rapport *sur l'Hybridation de la Vigne.*

CONSEILS PRATIQUES SUR L'HYBRIDATION DE LA VIGNE

Par M. P. Castel

Ingénieur des Arts et Manufactures,
Ancien président de la Société centrale d'Agriculture de l'Aude

Monsieur le Président,
Messieurs,

La Société régionale de Viticulture de Lyon m'a fait l'honneur de me demander de vous exposer les premiers principes de l'hybridation de la vigne ; je me suis empressé de me rendre à son invitation, car elle me permettait de faire part au public viticole de mes études et de mes travaux, et d'éviter ainsi à mes futurs collègues en hybridation les mécomptes des premiers débuts.

Théorie générale de l'Hybridation

On désigne, en viticulture, sous le nom d'hybrides, les nouveaux cépages obtenus par les croisements de deux espèces ou de deux variétés de vignes différentes, et l'on désigne, sous le nom d'hybridation, l'opération qui préside à la création des hybrides ; l'hybridation est accidentelle lorsqu'elle a lieu sous l'action des agents extérieurs ; elle est, au contraire, artificielle, quand elle est le fait de la main de l'homme.

Les hybrides présentent des caractères intermédiaires à ceux de leurs parents, et c'est dans le but de réunir sur un seul cépage les caractères de deux cépages différents que les viticulteurs ont recours à l'hybridation.

Dans le présent rapport, je me propose de vous donner quelques conseils pratiques sur l'hybridation de la vigne et de vous exposer ensuite les lois générales de l'hybridation qui doivent nous permettre de résoudre les quatre grands problèmes de la viticulture moderne :

1° Améliorer nos vieux cépages français ;

2º Trouver de nouveaux porte-greffes et, en particulier, pour les sols difficiles, compacts et crayeux;

3º Obtenir de nouveaux producteurs directs;

4º Obtenir des hybrides nouveaux, très résistants au black-rot et aux maladies cryptogamiques.

Toutes les plantes se couvrent de fleurs avant de porter des fruits; puis ces fleurs se fanent une à une et les fruits commencent à paraître; on dit alors que la plante a noué ses fruits.

Les fruits, eux-mêmes, ne tardent pas à se développer. Ils grossissent peu à peu, arrivent à maturité et portent des graines qui, par le semis, donnent naissance à de nouvelles plantes, qui assurent la propagation de l'espèce.

Mais, pour permettre à la plante de nouer ses fruits, il faut l'intervention de deux séries d'organes spéciaux qui se trouvent sur les fleurs elle-mêmes et dont le concours est nécessaire pour assurer sa fructification.

Ces organes, par suite des fonctions qu'ils sont appelés à remplir, sont désignés sous le nom d'organes reproducteurs.

Ils sont de deux sortes: les uns, désignés sous le nom d'organes mâles ou d'étamines, laissent échapper, au moment de l'épanouissement de la fleur, des grains d'une poussière jaune appelée pollen qui, en se répandant sur un second organe appelé femelle ou pistil, rend la fleur apte à nouer ses fruits, à la suite de l'acte de la fécondation. Si la fécondation ne se produit point, les fleurs se dessèchent et tombent; cet accident porte le nom de coulure.

En principe, pour croiser des plantes de même espèce entre elles et obtenir des hybrides, il faut porter le pollen des fleurs de la première plante sur le pistil des fleurs de la seconde.

A cet effet, si nous voulons croiser deux cépages entre eux, au moment où les fleurs de la souche prise pour mère sont sur le point de s'épanouir, avec de petites pinces on ouvre ses fleurs une à une et on enlève leur anthère, c'est-à-dire leur organe mâle, pour les empêcher de se féconder elles-mêmes; et puis l'on porte sur leur stigmate, c'est-à-dire sur l'extrémité supérieure de leur organe femelle, du pollen des fleurs de la souche prise pour père, et le phénomène de la fécondation se produit.

Les plantes issues du semis des pépins des raisins, dont les fleurs ont été ainsi fécondées portent le nom d'hybrides, et présentent, en général, des caractères intermédiaires à ceux de leurs parents.

Des Hybrides et des caractères qui leur sont propres

Avant de traiter du choix des cépages qui doivent intervenir dans l'hybridation de la vigne, en vue de la création des nouveaux hybrides réclamés par la viticulture moderne, je dois dire quelques mots des hybrides et de leurs propriétés.

On désigne sous le nom d'espèce tous les individus qui présentent des caractères communs et qui se reproduisent indéfiniment de graines en conservant l'ensemble de leurs caractères.

Tout changement de formes dans les individus de même espèce porte le nom de variations, et l'on nomme variétés les sujets qui présentent ces variations.

Toutes les plantes ont une tendance à se modifier à la suite de leur multiplication de semis ; les plantes sont sollicitées par deux forces contraires : l'une, qui les pousse au changement et à prendre des caractères personnels, porte le nom d'innéité, et l'autre, qui les sollicite à la stabilité et à conserver leurs caractères propres, porte le nom d'hérédité.

Un grand nombre de viticulteurs ont eu recours aux variations de semis pour obtenir des variétés nouvelles.

A cet effet, les pépins destinés à être semés doivent être choisis avec le plus grand soin sur les souches et sur les grains de raisins eux-mêmes qui présentent, au plus haut degré, les caractères cherchés ; quand on a obtenu de légères modifications dans le caractère de la plante, on tâche ensuite, par des semis successifs des pépins des nouvelles vignes qui présentent les variations les plus profondes, d'obtenir, par sélection, de nouvelles variétés. L'important consiste à chercher la stabilité de la plante ; ainsi on doit utiliser les graines issues d'une variation profonde, quand même cette variation serait produite à l'encontre des caractères cherchés.

Les plantes sont d'autant plus disposées à produire des variations qu'elles sont de création plus récente.

Les modifications apportées aux conditions de culture d'une plante, un excès de nourriture et, surtout, les changements de climat, prédisposent les plantes aux variations.

Les graines issues de plantes greffées sont plus sujettes aux variations que les plantes franches de pied.

Les bourgeons d'une plante présentent, comme les graines, une individualité propre et sont, comme ces dernières, susceptibles d'éprouver des variations sous l'influence des conditions extérieures.

Les plantes venues de boutures, comme celles venues de semis, sont sujettes à des variations insensibles qui en modifient les caractères en bien ou en mal; c'est pour se soustraire à cette dernière influence que l'on recommande, pour multiplier les vignes, de n'employer que des bois des souches les plus fructifères.

L'invidualité propre de chaque bourgeon est facile à constater sur les hybrides de création récente.

Si l'on plante, en plein champ, dans une vigne et, successivement, dans la même rangée, tous les sarments du pied-mère d'un hybride producteur direct, on constate que les souches auxquelles ces sarments donnent naissance, présentent entre elles de grandes différences sous le rapport de leur vigueur, de leur résistance au phylloxéra et aux maladies cryptogamiques, de leur fertilité et des caractères de leurs fruits.

En opérant ensuite, sur les sarments des souches qui sont les plus méritantes, comme on l'a fait pour les sarments du pied-mère, on pourrait, en partant d'un hybride de qualité médiocre, obtenir un excellent producteur direct. C'est là une méthode de sélection que je ne saurais trop recommander.

Les plantes adultes présentent, parfois, de brusques changements de structure et d'aspect et leurs fruits sont profondément modifiés au point de vue de leur grosseur, de leur couleur, de leur saveur et de l'époque de leur maturité.

Ch. Darwin, qui s'est occupé, d'une manière toute spéciale, de la production de ce phénomène, le désigne sous le nom de variation par bourgeons.

Darwin considère les variations par bourgeons comme le résultat direct des conditions extérieures auxquelles les plantes se trouvent exposées ; une culture soignée et longtemps prolongée et surtout un changement de climat, exercent une action des plus marquées sur la production de ce phénomène. Dans les variations par bourgeons les plantes font retour, par voie d'atavisme, aux caractères de l'un de leurs ancêtres.

Les modifications obtenues par variation de bourgeons sont, en général, permanentes, et l'on peut multiplier et propager de greffes et de boutures les bourgeons qui présentent ces divers caractères. Un grand nombre de fleurs et de fruits doivent leur origine à des variations par bourgeons.

Les cépages obtenus de variations par bourgeons, par suite même de la modification qu'ils présentent dans la stabilité d'une plante, doivent être utilisés avec succès dans les hybridations.

On doit avoir recours à la fécondation artificielle de la vigne quand on se propose de réunir sur une seule plante les caractères de deux cépages différents ; mais, pour arriver plus sûrement à ce résultat, on doit se conformer aux lois que régissent l'hybridation et dont je vais présenter une énumération sommaire.

Lois générales de l'Hybridation.

1ᵉʳ Principe. — **LES HYBRIDES PRÉSENTENT EN GÉNÉRAL DES CARACTÈRES INTERMÉDIAIRES A CEUX DE LEURS PARENTS.**

De ce premier principe découle comme règle que l'on doit d'abord bien arrêter dans son esprit les caractères des hybrides cherchés et prendre ensuite pour reproducteurs les cépages qui présentent au plus haut degré possible les caractères que l'on désire voir réunis sur les hybrides dont on poursuit la création.

En un mot, il en est de l'hybridation comme de l'élevage : pour obtenir de beaux produits, il faut prendre des reproducteurs de choix. Et, comme conséquence à cette règle, on ne peut se livrer avec profit à l'hybridation artificielle de la vigne qu'après une étude approfondie des vignes américaines et des vignes françaises, afin de bien en connaître les caractères.

2ᵉ Principe. — **QUAND ON CROISE DEUX VIGNES APPARTENANT A DEUX ESPÈCES DIFFÉRENTES, C'EST L'ESPÈCE QUI SE RAPPROCHE LE PLUS DE L'ÉTAT SAUVAGE QUI IMPRIME SES CARACTÈRES AVEC LE PLUS D'INTENSITÉ.**

Je citerai, à titre d'exemple, le caractère que présentent les vignes américaines sauvages, telles que le Cordifolia et le Rupestris, de donner, par leur croisement avec les vignes françaises, des hybrides qui ne peuvent être, en général, cultivés comme producteurs directs par suite des faibles dimensions de leurs grappes et de leurs graines.

3e Principe. — **QUAND ON CROISE DEUX PLANTES APPARTENANT A DEUX ESPÈCES DIFFÉRENTES, LES HYBRIDES QUI EN PROVIENNENT SONT, EN GÉNÉRAL, PLUS VIGOUREUX, PLUS RUSTIQUES ET PLUS FERTILES QUE LE PARENT LE PLUS VIGOUREUX, LE PLUS RUSTIQUE ET LE PLUS FERTILE QUI EST INTERVENU DANS LE CROISEMENT.**

Les mêmes caractères se retrouvent, mais avec un degré plus faible, quand on réunira deux plantes de même variété, mais venues dans des conditions différentes, ou cultivées sous des climats différents.

Mes champs d'expériences me fournissent la confirmation de ce troisième principe.

Tous mes hybrides franco-américains sont, en général, très vigoureux et à croissance rapide, tandis que tous mes hybrides de plants français entre eux sont, au contraire, chétifs et se développent lentement.

De ce troisième principe on doit conclure comme règle que, pour obtenir des hybrides très vigoureux et très fertiles, on doit croiser des cépages d'espèces différentes et, en cas de parenté, prendre tout au moins des cépages cultivés dans des milieux différents et sous des climats différents.

4e Principe. — **DES CÉPAGES BONS GREFFONS.**

Les cépages français qui présentent une grande affinité pour les porte-greffes américains, qui étendent leur aire d'adaptation avec le sol et que l'on désigne sous le nom de *bons greffons*, donnent, avec ces mêmes cépages américains des hybrides extrêmement vigoureux. Dans les hybridations on devra, par suite, de préférence employer les cépages qui passent pour être bons greffons.

5e Principe. — **DIFFÉRENCES ENTRE LES HYBRIDES PROVENANT DES SEMIS DES PÉPINS DE LA MÊME GRAPPE.**

Les hybrides provenant du semis des pépins d'une grappe fécondée artificiellement présentent un ensemble de caractères communs qui leur donne un air de famille et qui les différencient facilement des souches voisines ; mais, si l'on examine chacun de ces hybrides en particulier, on remarque qu'ils présentent entre eux, de l'un à l'autre, des variations très étendues, sous le rapport de la résistance à l'insecte et aux maladies cryptogamiques, de la vigueur, de la fertilité, de la couleur des raisins et des dimensions des grappes et des graines, de l'époque de leur maturité et de la saveur des fruits.

Ainsi, chez les hybrides provenant de la même hybridation, il se trouve des cépages résistants et non résistants, très fertiles et peu fertiles, à grosses et à petites grappes, à raisins noirs et à raisins blancs, à maturité précoce et à maturité tardive, à chair pulpeuse et foxée et à chair douce et sucrée.

Aussi, dans la désignation des hybrides, le nom des parents n'a qu'une importance secondaire, il faut surtout retenir le numéro d'ordre des hybrides qui auront été reconnus méritants ; c'est ce numéro d'ordre seul qui donne à l'hybride son individualité.

Plus seront étendues les variations que présentent entre eux les hybrides provenant du semis des pépins d'une même grappe, plus on aura de chance d'obtenir un hybride qui se rapproche des caractères cherchés ; de cette dernière observation on déduit la règle suivante :

Dans les hybridations on devra choisir les parents de manière à obtenir le maximum de variations ; c'est-à-dire opérer sur des hybrides, sur des plants dont la stabilité est déjà ébranlée, ou n'est pas encore fixée ; sur des plantes obtenues par variations de bourgeons, sur des plantes jeunes, sur des plantes greffées, ou encore sur des plantes cultivées dans des milieux différents dont les hybrides sont très sujets aux variations tout en étant très vigoureux.

6e Principe. — DE L'INFLUENCE EXERCÉE DANS L'HYBRIDATION PAR LE PÈRE ET LA MÈRE D'UN HYBRIDE

Dans l'hybridation de deux plantes hermaphrodites, chacune d'elles peut être employée, soit comme père, soit comme mère ; aussi le viticulteur est en droit de se demander si, au point de vue des caractères à transmettre, il existe un intérêt à employer une plante comme père plutôt que l'autre.

Pour résoudre ce problème, l'on fait choix d'une grappe sur chacun des cépages que l'on désire croiser entre eux et l'on féconde la première grappe avec le pollen de la seconde et réciproquement ; on donne ainsi naissance à deux séries d'hybrides que l'on désigne sous le nom d'hybrides réciproques.

Voici ma manière d'opérer : Sur chacun des raisins choisis pour obtenir des hybrides réciproques, je procède, d'après la méthode usuelle d'hybridation, à l'enlèvement de leurs corolles et de leurs anthères que j'ai le soin de recueillir sur une feuille de papier placée au pied des souches.

Puis je recouvre chacun de ces raisins par un sac en parchemin végétal pour prévenir toute fécondation accidentelle par le fait du vent ou des insectes.

Cette opération terminée je renferme les corolles et les anthères de chacune de ces grappes entre deux verres de montre et, rentré chez moi, après avoir séparé les corolles des anthères, je laisse ces dernières achever de murir leur pollen dans les verres de montre ; après vingt-quatre heures, quand le pollen a acquis sa complète maturité, j'opère la fécondation du premier raisin avec le pollen du second et réciproquement.

Plus tard je plante les hybrides issus de ces deux croisements suivant deux lignes parallèles en plaçant les hybrides du premier croisement dans la première ligne et ceux du second croisement, dans la seconde.

De l'examen attentif et comparé de mes hybrides réciproques j'ai fait les constatations suivantes :

Quand les parents d'un hybride appartiennent à deux espèces différentes, c'est le parent qui se rapproche le plus de l'état sauvage qui imprime toujours ses caractères avec le plus d'intensité, soit que ce cépage ait servi de père soit qu'il ait servi de mère.

Quand les parents de l'hybride appartiennent à deux variétés de même espèce, c'est toujours la même variété qui transmet ses caractères d'une manière prépondérante, soit comme père, soit comme mère.

D'après MM. Millardet et Viala chez les hybrides franco-américains et, en particulier, sur les Vinifera-Rupestris, le maximum de résistance à l'insecte aurait été obtenu en prenant le plant américain, le Rupestris. comme père ; par contre on obtiendrait de plus gros grains et de plus belles grappes en utilisant comme père le cépage français ; à la suite de constatations analogues, M. A. Carrière le savant et regretté directeur de la *Revue Horticole*, a écrit, dans ses ouvrages, que les hybrides ressemblaient en général plus à leur père, en ce qui concerne les caractères de leurs fruits, et ils se rapprochaient davantage de leur mère comme végétation, vigueur et tenue de la plante. D'après M. Munson, les hybrides, en général, ressemblent à leur mère par leur souche et à leur père par leur fruit.

7ᵐᵉ PRINCIPE. — DU ROLE DES CÉPAGES A FLEURS MALES DANS LES HYBRIDATIONS

Les cépages à fleurs mâles produisent une grande quantité de pollen et se prêtent, par cela même, à de nombreuses hybridations; mais une partie de leurs hybrides sont à fleurs mâles et infertiles, et leurs hybrides fertiles portent, en général, des grappes peu compactes, car une partie de leurs fleurs sont souvent imparfaitement constituées, avec un pistil rudimentaire, et coulent à la floraison.

Par contre, les hybrides des cépages à fleurs mâles présentent, en général, de plus grandes variations dans leurs fruits, que les hybrides obtenus par le croisement de cépages à fleurs hermaphrodites.

Ainsi, par exemple, les hybrides, de Rupestris à fleurs hermaphrodites donnent toujours des hybrides à raisins noirs. Les hybrides de Rupestris à fleurs mâles, comme les Rupestris Martin et Ganzin donnent parfois des hybrides à raisins blancs.

8ᵐᵉ PRINCIPE. — POUR OBTENIR DES HYBRIDES MÉRITANTS ON EST OBLIGÉ DE FAIRE UN TRES GRAND NOMBRE D'HYBRIDATIONS

Pour obtenir des hybrides méritants, et surtout de bons producteurs directs, on est obligé de faire de nombreuses hybridations, et cela pour deux motifs: d'abord parce que, au milieu d'un très grand nombre d'hybrides on trouvera toujours plus facilement un cépage qui réponde à la solution du problème cherché, et ensuite parce que l'on pourra ainsi faire un plus grand nombre d'observations que l'on utilisera plus tard, dans des hybridations nouvelles, pour obtenir des hybrides plus méritants.

Ainsi, par exemple, on devra croiser à nouveau les types de Rupestris qui nous auront donné les plus belles grappes avec les types des cépages français dont les hybrides avec les Rupestris nous ont donné les fruits les plus méritants. Car il est utile de constater que c'est toujours les mêmes cépages qui produisent les meilleurs hybrides; mais, ces derniers cépages, l'expérience seule peut nous les faire connaître.

Quand je me promène dans mes collections de pieds-mères et que je me livre à une enquête sur les parents de mes hybrides les plus intéressants, je trouve que c'est un petit nombre de cépages, et presque toujours les mêmes, qui sont intervenus dans ces hybridations.

9ᵉ Principe. — DE LA RÉSISTANCE AU PHYLLOXÉRA DES HYBRIDES FRANCO-AMÉRICAINS

D'après un des premiers principes exposés dans cette étude, j'ai déclaré que les hybrides présentent des caractères intermédiaires à ceux de leurs parents.

Cette règle exige quelques explications au sujet de son interprétation.

En déclarant que les hybrides présentent des caractères intermédiaires à ceux de leurs parents, il ne faudrait pas en conclure que chaque caractère des hybrides peut être représenté par une moyenne entre les caractères correspondants de leurs parents.

Aussi il ne faudrait pas en conclure *a priori* que la résistance à l'insecte sera diminuée de moitié sur les hybrides de Vinifera-Rupestris comme provenant d'un parent à haute résistance, comme le Rupestris, et d'un parent à résistance nulle, comme le Vinifera.

Le fait est inexact.

M. Naudin, récemment décédé, membre de l'Institut et ancien professeur de botanique, au Muséum d'Histoire naturelle, à Paris, qui avait consacré sa vie à l'étude de l'hybridation des espèces végétales entre elles, déclare, à la suite de très nombreuses constatations, que, chez les hybrides, les caractères de leurs parents ne se confondent point entre eux, mais qu'ils se subdivisent à l'infini et qu'ils se juxtaposent de manière à former **une véritable mosaïque**.

De cette loi je suis appelé à conclure qu'il doit pouvoir exister des hybrides franco-américains à très haute résistance à l'insecte par leurs racines et saveur française, par leurs parents.

Il suffit, en effet, pour cela, que la résistance des racines d'un des parents et que la saveur française de l'autre se trouvent avoir été transmises dans leur intégrité dans une même plante; cette double coïncidence se rencontre très rarement, mais se rencontre.

Mes champs d'expériences pour la culture de mes hybrides me permettent de vérifier l'exactitude de la loi énoncée par Naudin; quand les bourgeons d'un hybride commencent à se développer, si l'on examine l'extrémité de leur pousse, surtout sur leurs bourgeons adventifs qui viennent sur le corps de la souche, on constate que les uns présentent d'une manière frappante presque tous les caractères de leur père, les autres les caractères de leur mère. Plus tard, quand les sarments sont parvenus à leur entier développement, ces différences cessent de se manifester.

Cette remarque permet, au moment des premières pousses, de faire une sélection entre les sarments d'un hybride et de séparer ceux qui ressemblent au père de ceux qui ressemblent à la mère et qui doivent, par cela même, présenter des caractères différents.

Parmi mes hybrides franco-américains, je trouve également, sur mes champs d'expériences, quelques types, en petit nombre il est vrai, qui présentent une haute résistance à l'insecte et dont les fruits sont à saveur française, mais dont les graines sont presque toujours a dimensions si petites que leurs raisins ne sauraient être utilisés.

On désigne ces derniers hybrides sous le nom de producteurs directs à demi-sang.

On doit également comprendre parmi les hybrides demi-sang les hybrides obtenus par le croisement d'un hybride américo-américain par un vinifera; dans les hybridations en vue d'obtenir des producteurs directs, les hybrides américo-américains $\times$ vinifera doivent même être employés de préférence aux hybrides américains-vinifera, car le vinifera, en présence de deux espèces américaines, communique plus facilement et plus fortement ses caractères qu'il ne le fait en présence d'une espèce américaine seule. On peut encore ranger au nombre des hybrides à demi-sang les hybrides résultant du croisement de deux hybrides américains-vinifera entre eux. Ces derniers hybrides sont, en général, peu vigoureux et, par suite, peu employés.

10ᵉ Principe. — DU SEMIS DES PÉPINS DES HYBRIDES

Les pépins récoltés sur les raisins d'un hybride donnent, au semis, de nouvelles souches désignées sous le nom de retours d'hybrides. Ces retours d'hybrides donnent lieu à de nombreuses variations et font constamment retour, d'une manière irrégulière, au père et à la mère de l'hybride dont on a semé les pépins, mais toujours d'une manière prépondérante au parent qui se rapproche le plus de l'état sauvage.

Ce caractère des enfants de ressembler à leurs grands-parents est désigné sous le nom d'atavisme; on désigne sous le nom d'hérédité la faculté du père et de la mère de transmettre leur caractère à leurs enfants. Ce dernier phénomène se produit quand on sème, par exemple, un pépin de chasselas qui donne naissance, par hérédité, à un nouveau chasselas.

Les retours d'hybrides provenant du semis de pépins de producteurs directs sont, en général, moins vigoureux que leur mère, par suite d'absence d'élément nouveau dans la fécondation de ses fleurs.

Certains viticulteurs conseillent de semer des pépins d'hybrides, pour obtenir, par voie d'atavisme, de nouveaux producteurs directs et de nouveaux porte-greffes.

Les semis des pépins d'hybrides demi-sang ont rarement donné des plantes méritantes, à l'exception de quelques porte-greffes ; aussi je n'ai pas à les conseiller pour obtenir des producteurs directs.

11e PRINCIPE. — **DES HYBRIDES DÉRIVÉS, DITS A TROIS QUARTS DE SANG**

Quand on croise deux plantes entre elles, on obtient des hybrides de composition simple ; si on croise, plus tard, un hybride de composition simple avec une troisième plante, on obtient des hybrides désignés sous le nom d'hybrides dérivés de premier ordre ; si cet hybride dérivé de premier ordre est l'objet d'un nouveau croisement, on obtient des hybrides dérivés de deuxième ordre et ainsi de suite ; on peut obtenir une série d'hybrides dérivés d'ordre de plus en plus élevé et, comme un hybride se comporte, dans un croisement, comme une espèce pure, toutes les fois qu'il intervient un élément nouveau dans le croisement, si l'on a le soin de remplir toujours cette dernière condition, à chaque hybride dérivé nouveau correspondra un supplément de vigueur et de fertilité par rapport à ses parents, c'est-à-dire l'hybride dérivé de l'ordre précédent.

On doit donc ainsi, théoriquement, obtenir des hybrides extrêmement vigoureux et extrêmement fertiles.

Le croisement d'un hybride franco-américain avec un cépage américain donne des hybrides dérivés à trois quarts de sang américain ; le croisement d'un hybride franco-américain avec un plant français donne des hybrides dérivés au trois quarts de sang français.

Les hybrides dérivés présentent un très grand intérêt à raison des nombreux services qu'ils sont appelés à remplir d'après l'ensemble de leurs caractères.

Il est, à leur sujet, une remarque très importante à faire.

Dans une série d'hybridations successives, c'est toujours le dernier cépage qui intervient dans le croisement qui exerce une influence prépondérante. Ainsi, quand on croise un hybride franco-américain avec un Aramon, les hybrides à trois quarts de sang français qui proviendront de ce croisement se rapprocheront beaucoup plus de l'Aramon, dernier cépage qui est intervenu dans le croisement, que du franco-américain ; ce résultat était même à prévoir, puisque, dans cette dernière hybridation, les deux parents du premier hybride sont représentés chacun par un quart, tandis que l'Aramon est représenté par une demie.

La tenue de mes hybrides dérivés sur mes nombreux champs d'expériences démontre que toutes les lois qui régissent la transmission des caractères des parents aux hybrides simples, s'appliquent également aux hybrides dérivés et, notamment, les lois qui concernent la grande division et la juxtaposition des caractéres des parents, et la grande vigueur résultant du croisement de plantes non parentes.

C'est ainsi que je possède sur mes champs d'expériences des hybrides dérivés à trois quart de sang américain obtenus par le croisement à nouveau du Mourvèdre-Rupestris n° 1202 de M. Couderc avec le V. Berlandieri. Ces hybrides dérivés sont extrêmement vigoureux, d'une haute résistance à l'insecte, d'une reprise facile au bouturage et d'une adaptation particulière pour les sols calcaires ; de plus, par leurs tiges, leurs feuilles et leurs fruits, ils présentent d'une manière frappante tous les caractères du Berlanderi dernier cépage intervenu dans l'hybridation dérivée.

De même, je possède, dans mes divers champs d'expériences, de nombreux hybrides dérivés de Vinifera-Rupestris et de Vinifera-Riparia à trois quarts de sang français ; ces derniers hybrides portent des raisins à dimensions légèrement réduites qui reproduisent tous les caractères des fruits du dernier cépage français qui est intervenu dans le croisement, au point de présenter, avec les raisins de ce dernier, une ressemblance des plus grandes : même port de la grappe, même forme des grains, même saveur dans le fruit.

Plusieurs de ces derniers hybrides, malgré leurs raisins à saveur française, présentent des rameaux à port et à feuilles de Rupestris ou de Riparia et leurs racines sont aussi résistantes à l'insecte et aussi saines que les types des Rupestris ou des Riparia les plus résistants, ainsi que cela résulte de leur grande vigueur de végétation, malgré qu'ils se soient développés depuis leur semis, c'est-à-dire depuis huit à dix ans, en plein foyer de phylloxéra, dans un sol maigre, sans fumures et sans sulfatages.

J'ai même croisé à nouveau des hybrides à trois quarts de sang français par un vinifera et j'ai ainsi obtenu des hybrides au 7/8 de sang français, non pas pour les utiliser comme producteurs directs, mais pour semer leurs pépins et chercher si, parmi ces retours d'hybrides, il ne se trouverait pas des cépages méritants.

12e Principe. — DES HYBRIDES COMBINÉS

La description des hybrides dérivés m'amène à dire quelques mots d'une série d'hybrides que l'on désigne sous le nom d'hybrides combinés. On désigne ainsi les nouvelles plantes obtenues par le croisement de deux hybrides entre eux.

J'ai déjà fait connaître qu'un hybride se comporte, dans un croisement, comme une espèce pure, toutes les fois qu'un élément nouveau intervient dans le croisement; il s'ensuit que, chez les hybrides combinés, il devra résulter un supplément de vigueur et de fertilité, sur les formes parentes, toutes les fois que des cépages nouveaux interviennent dans le croisement.

Dans ces dernières années, M. G. Couderc a obtenu des hybrides producteurs directs très remarquables, en croisant des hybrides à trois quarts de sang français avec des hybrides à demi-sang, dans le but d'augmenter la résistance de ces hybrides trois quarts de sang au phylloxéra et aux maladies cryptogamiques, sans modifier sensiblement les dimensions de leurs grappes et de leurs grains.

En vue de réunir sur une seule plante les caractères des divers cépages, on a essayé d'employer, dans les hybridations, un mélange du pollen de ces divers cépages; mais l'expérience n'a point répondu à l'attente de l'opérateur.

Quand on opère une fécondation avec le mélange du pollen de divers cépages, le pollen de l'un d'eux prend l'avance et féconde seul les fleurs à hybrides, au détriment du pollen des autres et ce, en vertu d'une affinité particulière.

13e Principe. — DE LA PRODUCTION DU SUCRE CHEZ LES VIGNES GREFFÉES ET CHEZ LES PRODUCTEURS DIRECTS

Dans les vignes greffées dans le même sol, avec le même cépage, d'après le porte-greffe employé, on constate des écarts sensibles dans l'époque de la maturité de leurs grappes.

Il existe des porte-greffes qui avancent la maturité des fruits, d'autres qui la retardent et qui, par suite, augmentent ou diminuent leur production en sucre et, par contre, la teneur de leur vin en alcool. En général, les porte-greffes américains d'espèce pure et les hybrides américo-américains avancent la maturité des greffes. Les hybrides franco-américains, au contraire, la retardent.

Les hybrides franco-américains. qui retardent la maturité des raisins du greffon, pourront être employés comme porte-greffe des cépages hatifs des vignobles du nord dont on désirerait retarder la maturité dans les vignobles du midi pour permettre à leurs fruits de se développer normalement.

Les hybrides franco-américains producteurs directs et, en particulier, les franco-Rupestris, sont, en général, à maturité tardive; cette maturité est souvent plus tardive que celle de leur parent à maturité la plus tardive ; ce fait résulte de l'ensemble des constatations faites dans mes champs d'expériences sur mes nombreux producteurs directs.

Je possède un certain nombre d'hybrides producteurs directs qui me donneraient une entière satisfaction, si la maturité très tardive de leurs fruits ne s'oppose à leur culture. Aussi, il faut avoir le soin de ne faire intervenir dans les hybridations que des cépages à maturité précoce ou moyenne et ne pas renouveler la faute de tous les hybrideurs qui, pour compenser la faible dimension des espèces américaines sauvages les ont croisées avec les cépages orientaux à très grosses grappes et à très gros grains, mais à maturité tardive ; leurs hybrides n'ont pas des grains sensiblement plus gros que les hybrides des cépages d'Europe, mais ils sont, par contre, à maturité plus tardive.

De ces faits il semblerait résulter que la propriété des vinifera de donner une proportion élevée de sucre serait due, en partie, à une sélection prolongée et continue des souches qui présentent ce dernier caractère. Par des essais de culture sous un climat chaud et sec, en présence d'engrais riches en acide phosphorique, en potasse et en chaux, on devra chercher à augmenter la teneur en sucre des producteurs directs, et ne propager ensuite que les souches qui produiront les raisins les plus sucrés.

Je dois ajouter que la loi que je viens de formuler n'est point générale et qu'il existe, surtout parmi les trois quarts de sang de vinifera, des hybrides producteurs directs qui produisent des raisins très sucrés et qui donnent des vins très alcooliques.

Description des principaux caractères des Espèces Américaines utilisées dans les hybridations.

Avant de terminer cette étude sur l'hybridation de la vigne, il me reste à donner la description sommaire des espèces de vignes employées dans les hybridations et à faire connaître ensuite l'emploi qui en a été fait par nos grands hybrideurs dans la composition dans leurs hybrides les plus méritants.

On trouve en Amérique, dix-huit espèces différentes qui se font toutes remarquer par une résistance plus ou moins élevée au phylloxéra, qui sont, en général, très vigoureuses et très rustiques et qui sont de plus, moins sujettes que les vitis vinifera aux maladies cryptogamiques.

Sur ces dix-huit espèces de vignes américaines il en est seulement une douzaine qui peuvent être utilisées dans les hybridations.

Je vous présenterai de ces dernières espèces une description sommaire.

V. Riparia. — Souche vigoureuse, très résistante à l'insecte, bouturage facile, racines traçantes, se chlorose dans les sols qui renferment plus de 20 % de calcaire ; accepte facilement la greffe avec les cépages français; croissance inégale avec le greffon ; bourrelet au point de soudure ; porte-greffe très fertile. La vigueur et la fertilité des greffes auraient une tendance à s'affaiblir avec l'âge ; la fertilité des souches doit être entretenue par d'abondantes fumures ; le Riparia est le porte-greffe des terrains siliceux, frais et profonds ; il redoute la présence des eaux stagnantes sur ses racines qui entraîne la mort de ses greffes. Grappes de grosseur moyenne, à petits grains, noirs, à maturité précoce, à saveur sucrée et acide avec un arrière-goût de Cabernet.

Grappes très saines. Feuillage très sain. Les hybrides de Riparia présentent une très haute résistance aux maladies cryptogamiques, M. Oberlin, en Alsace, a obtenu des hybrides producteurs directs remarquables à base de Riparia, et recommande l'emploi de cette espèce dans les hybridations destinées à donner des producteurs directs.

V. Rupestris. — Souche vigoureuse, très fertile, très résistante à l'insecte. Bouturage facile, racines pivotantes; supporte sans se chloroser 30 °/₀ de calcaire dans le sol ; accepte assez facilement la greffe avec les plants français ; croissance uniforme avec le greffon ; pas de bourrelet au point de soudure ; porte-greffe très fertile ; la vigueur et la fertilité des greffes paraît se maintenir avec l'âge.

Le Rupestris est le porte-greffe des terrains caillouteux et des terrains argileux compacts et secs.

Grappes petites, à petits grains noirs, à maturité précoce, à saveur sucrée, mais manquant d'acidité et à goût plat. Souches très fertiles. Grappes saines, sujettes parfois à l'anthracnose et à l'oïdium.

Feuillage sain, sujet parfois à la mélanose et au mildiou. Les Rupestris entrent dans la composition d'un grand nombre d'hybrides producteurs directs et porte-greffes justement estimés. MM. Couderc, Jurie, Gaillard, Ganzin, Malègue, Millardet, Siébel et Terras, les ont utilisés avec succès dans de nombreuses hybridations.

Les hybrides de Riparia-Rupestris nᵒˢ 3306 et 3309, de M. Couderc et le 101-14 de M. Millardet, sont employés avec succès comme porte-greffes dans les sols argilo-calcaires.

V. Cordifolia. — Souche très vigoureuse, très résistante à l'insecte. Bouturage difficile, reprise 50 °/₀ ; racines traçantes ; se chlorose dans les sols qui renferment plus de 10 °/₀ de calcaire ; accepte facilement la greffe avec les plants français, croissance uniforme avec le greffon : porte des greffes très vigoureuses et très fertiles. Le Cordifolia est une espèce des régions chaudes de l'Amérique, où il croit dans les sols argilo-siliceux et secs ; ses racines sont sensibles à l'action des gelées ; à l'état d'espèce pure il est peu employé comme porte-greffe.

Les hybrides de Cordifolia-Rupestris et de Cordifolia-Riparia, de MM. Millardet, de Grasset, portent, dans les terrains argilo-siliceux et secs, des greffes d'une grande fertilité.

Grappes moyennes à petits grains noirs, à maturité moyenne, à saveur sucrée et acide, avec un arrière-goût acerbe qui ne passe pas dans le vin.

Grappes très saines. Feuillage très sain. Dans ces dernières années, M. G. Couderc, dans ses hybridations en vue d'obtenir des producteurs directs, a souvent utilisé le Cordifolia et en recommande l'emploi pour ce dernier usage.

V. Æstivalis. — Souche vigoureuse, fertile, d'une résistance moyenne à l'insecte ; reprise au bouturage 60 °/₀ ; se chlorose dans les sols que renferment plus de 30 °/₀ de calcaire.

Grappes moyennes, à petits grains, d'un noir vineux, à jus coloré, francs de goût et à maturité tardive. Les Æstivalis présentent, en général, une bonne résistance au mildiou et au black-rot. Dans les hybridations, les Æstivalis donnent des cépages au vin alcoolique, parmi lesquels se trouve un certain nombre de cépages blancs. MM. Couderc, Malègue et Siébel possèdent, dans leurs collections, des hybrides producteurs directs méritants, à base d'Æstivalis et, en particulier, d'Herbemont.

V. Lincecumii. — Souche vigoureuse, fertile, d'une faible résistance à l'insecte, que l'on trouve dans les sols argilo-siliceux des régions chaudes de l'Amérique.

Grappes de grosseur moyenne, à grains moyens noirs, à saveur astringente et à maturité tardive.

Les feuilles et les grappes du Lincecumii sont très résistantes aux maladies cryptogamiques. L'hybride n° 70 de Jœger (Lincecumii × Rupestris à fleurs mâles) a servi de base à M. Siébel, dans la création de ses nombreux hybrides producteurs directs à demi-sang français, parmi lesquels je citerai, comme les plus anciennement connus, ses hybrides n° 1, 2, 60, 156, 1021 et 2003.

M. Couderc a également employé avec succès l'hybride n° 70 de Jœger, dans la création de ses hybrides n°s 7104, 7106 et autres.

V. Labrusca. — Souches vigoureuses, très fertiles, à racines peu résistantes à l'insecte, à reprise au bouturage facile ; cultivées en Amérique dans les sols siliceux et argilo-calcaires frais.

Grappes grosses, à gros grains, à chair pulpeuse, à saveur foxée et à maturité hâtive. Les grappes du Labrusca offrent une bonne résistance au mildiou et au black-rot.

Dans leurs hybridations les Labrusca donnent des cépages alcooliques ; ils ont, de plus, une tendance à produire des cépages blancs. L'Othello, le Noah et l'York sont entrés dans la composition de quelques hybrides méritants de M. Couderc.

V. Berlandieri. — Souches vigoureuses, très fertiles, très bonne résistance à l'insecte ; ne reprend pas de bouture ; racines traçantes ; se développe lentement ; supporte sans se chloroser 90 % de calcaire dans le sol ; accepte très facilement la greffe avec les plants français ; croissance uniforme avec le greffon ; pas de bourrelet au point de soudure ; porte des greffes extrêmement fertiles.

Le Berlandieri est le porte-greffe des terrains crayeux ; il croit, en Amérique, dans les régions les plus chaudes et peut supporter sans en être incommodé les plus basses températures.

Grappe de grosseur moyenne ; grains très petits, noirs, sucrés et francs de goût. Maturité très tardive.

Le feuillage et les grappes des Berlandieri présentent une haute résistance au mildiou et au black-rot.

Les Berlandieri croisés avec les Riparia ont donné de très bons porte-greffes pour les sols crayeux.

Les Riparia $\times$ Berlandieri 157-11 de M. Couderc, 420. A de M. Millardet, 34 de l'Ecole d'Agriculture de Montpellier sont recommandés comme porte-greffes pour les sols crayeux peu profonds et, pour les sols plus profonds, on conseille, pour le même usage, les Rupestris-Berlandieri 301 et 219 de M. Millardet.

Le Berlandieri pourrait être également employé, à cause de sa grande fertilité, dans la création d'hybrides producteurs directs pour les pays chauds. Un hybride de Vinifera-Berlandieri, le Chasselas $\times$ Berlandieri n° 41. B., de M. Millardet, est employé avec succès comme porte-greffes dans le sol crayeux des Charentes.

V. Monticola. — Souche à faible végétation, peu fertile ; bonne résistance à l'insecte et bouturage assez facile, reprise 80 % ; racines pivotantes ; croît, en Amérique, dans les sols très calcaires ; présente une grande résistance à la chaleur et à la secheresse et offre, en même temps, une bonne résistance au froid ; accepte facilement la greffe avec les plants français. Grappes petites, à petits grains, noirs ou roses, à saveur douce et parfumée. Maturité tardive. Les greffes du Monticola sont très saines, ainsi que ses rameaux ; dans les sols humides ces derniers sont sujets à l'anthracnose.

Le Monticola, croisé avec le Riparia, a donné naissance à des porte-greffes extrêmement vigoureux.

Sous le nom de Calcicola, le V. Monticola entre dans la composition de certains hybrides de M. Couderc, recommandés par lui comme porte-greffes dans les sols calcaires. Ce sont, notamment : le 554-5, Monticola $\times$ Riparia-Rupestris, et le 132-05, Bourresquou-Rupestris 601 $\times$ Monticola. En Amérique, M. Munson a obtenu, avec le Morticola, de bons producteurs directs pour les pays chauds.

V. Cinerea. — Souche vigoureuse, peu fertile, feuillage très sain ; bonne résistance à l'insecte ; bouturage très difficile ; racines traçantes ; supporte sans se chloroser 30 % de calcaire dans le sol ; croissance lente. Le Cinerea, à l'état d'espèce pure, n'est point employé comme porte-greffe ; c'est une espèce des régions chaudes d'Amérique, intéressante par sa faculté spéciale de se développer dans les terrains marécageux et dans les sols argileux et humides.

Grappe moyenne, grains très petits, noirs, à saveur acide et à maturité tardive. Les hybrides de Cinerea et de Riparia, de Cinerea et de Rupestris sont utilisés comme porte-greffes pour les sols calcaires.

M. Couderc et M. Malègue ont obtenu, avec le Cinerea-Rupestris de M. de Grasset, des producteurs directs remarquables.

Je dois encore citer, parmi les espèces qui ont été utilisées en France dans les hybridations : les V. Candicans, le V. Arozonica, et V. Rotondifolia.

V. Candicans. — Souche très vigoureuse, peu fertile, au feuillage sain ; bonne résistance à l'insecte ; bouturage difficile ; croît, en Amérique, le long des rivières, dans les sols siliceux, compacts et humides.

Grappes petites, à gros grains pulpeux et très acerbes. Une série d'hybrides naturels de Candicans et de Rupestris a été désignée sous le nom de V. Champini. Des hybrides naturels de Candicans et de Riparia portent le nom de V. Nova Mexicana ; une de ses variétés a été sélectionnée, en France, sous le nom de Solonis et est souvent utilisée, et avec un grand succès, comme porte-greffe, dans les sols compacts et humides, et dans les sols salés.

V. Arozonica. — Souche de vigueur moyenne, peu fertile, à feuillage sain ; bonne résistance à l'insecte ; reprise difficile au bouturage ; croît dans les sols secs et calcaires de la Californie.

L'Arozonica a été utilisé en France dans la création d'hybrides porte-greffes dans les sols calcaires. Ces hybrides se sont montrés inférieurs aux hybrides analogues de Berlandieri et de Monticola et ont été abandonnés.

V. Rotondifolia. — Souche très vigoureuse qui croît, en Amérique, dans les sols siliceux et secs, très haute résistance au phylloxera, au mildiou et au black-rot, mais à reprise nulle au bouturage. Grappes très petites à très gros grains, blancs, francs de goût et à maturité très tardive.

M. Munson a obtenu, en Amérique, avec le Rotondifolia, quelques producteurs directs à très gros grains, mais à maturité très tardive.

Le Rotondifolia n'a donné, en France, aucun hybride remarquable.

Je viens de décrire, pour chaque espèce de vignes américaines, les caractères qui lui sont propres ; mais, parmi les nombreuses variétés de plantes de même espèce, il existe toujours quelques types plus méritants, que nous devons rechercher avec le plus grand soin pour les utiliser de préférence à tous autres, dans nos hybridations.

De la Création des producteurs directs de M. G. Couderc.

Mon vieil et excellent ami, M. Georges Couderc, le savant et distingué hybrideur d'Aubenas, a fait, l'année dernière, une importante communication à la section de Viticulture de la Société des Agriculteurs de France, sur ses études et sur ses travaux sur l'hybridation de la vigne.

Je vous présenterai une rapide analyse de cette communication. car elle renferme de précieux renseignements qui nous seront d'une grande utilité dans nos futures hybridations.

Au début de ses premières hybridations, M. G. Couderc a cherché à créer de nouveaux producteurs directs en croisant méthodiquement deux à deux les premiers producteurs directs que nous avait envoyés l'Amérique. Les hybrides ainsi obtenus en croisant entre eux l'Othello, le Jacquez, le Noah, l'Herbemont et autres, n'ont pas donné de cépages méritants. Les maladies cryptogamiques étaient alors peu répandues en France et les viticulteurs ne se préoccupaient que de la résistance au phylloxéra ; parmi les hybrides que M. Couderc a rejetés pour leur insuffisance de résistance à l'insecte, il s'en trouvait plusieurs qui, par leur haute résistance aux maladies cryptogamiques, auraient pu être utilisés avec succès comme greffons.

M. Couderc a ensuite croisé les espèces sauvages américaines avec nos principaux cépages français.

Les hybrides dits à demi-sang, résultant de ces croisements, présentent une bonne résistance au phylloxéra et aux maladies cryptogamiques, mais les faibles dimensions de leurs grappes et surtout de leurs grains, n'en ont pas, en général, permis la culture comme producteurs directs. M. G. Couderc a cherché à obtenir, de préférence, des hybrides demi-sang américo-américain-vinifera ; car, ces derniers hybrides reproduisent plus facilement les caractères du vinifera que les hybrides simples provenant d'un croisement d'une espèce américaine pure.

M. Couderc rappelle ensuite que les hybrides à demi-sang provenant du croisement de deux hybrides franco-américains ne lui ont pas, en général, donné des cépages méritants.

M. Couderc a croisé à nouveau avec les cépages français, les hybrides à demi-sang les plus vigoureux et les plus résistants à l'insecte. Les hybrides ainsi obtenus, dits à trois quart de sang de vinifera, présentent une grande résistance au phylloxéra, tout en offrant pour leurs fruits une grande ressemblance avec le dernier parent français qui est intervenu dans le croisement. La résistance de leur feuillage et de leurs fruits aux maladies cryptogamiques, tout en étant plus élevée que pour les cépages français, est cependant, en général, plus faible que sur les hybrides à demi-sang.

M. Couderc conseille de planter les hybrides producteurs directs à trois quarts de sang, viniféra, sur les coteaux secs et arides, où le mildew est, en général, peu intense et où ces hybrides peuvent se prêter à l'ancienne culture sommaire et extensive de la vigne, telle qu'elle était pratiquée autrefois dans les régions méridionales et moyennes de la France et où ces coteaux restent nus et désolés, étant impropres à toute autre culture que celle de la vigne. M. Couderc recommande particulièrement pour cet usage, ses hybrides n° 126-21 et 86-3.

Les hybrides à trois quarts de sang de vinifera sont encore d'excellents porte-greffe pour les sols secs et arides où ils donnent, tous les ans, sans fumure d'aucune sorte, une abondante récolte.

Leur affinité avec les greffons qu'ils portent est presque absolue ; ils tiennent du vinifera la résistance à la sécheresse et la propriété bien connue de se passer des fumures copieuses indispensables aux américains.

Pour augmenter la résistance aux maladies cryptogamiques de ces hybrides à trois-quarts de sang de vinifera, M. Couderc les a croisés à nouveau avec des demi-sang. M. Couderc a ainsi obtenu des hybrides très remarquables, ayant un feuillage à faciès américain, n'ayant pas tout-à-fait la résistance aux maladies des demi-sang, mais à peu près, et des raisins presque semblables à ceux des trois-quarts de sang, c'est-à-dire à faciès et à goût français. C'est, d'après M. Couderc : « La voie la plus féconde de l'hybridation, celle qui est appelée à avoir une longue carrière. »

Résumé et Conclusions

Pour résumer cette étude sur l'hybridation de la vigne, je vais rappeler rapidement les règles que l'on doit suivre pour obtenir la solution des quatre grands problèmes viticoles que l'hybridation artificielle de la vigne est appelée à résoudre.

La fécondation artificielle de la vigne ne présente aucune difficulté opératoire ; après quelques minutes d'essais, on peut devenir un bon opérateur. Tout le mérite des hybrideurs consiste à **bien choisir leurs reproducteurs**. Et pour faire cela, on n'a qu'à se conformer aux règles suivantes :

1º On doit prendre pour reproducteurs les cépages qui présentent au plus haut degré possible les caractères que l'on désire voir réunis sur les hybrides dont on poursuit la création.

2º On doit choisir pour reproducteurs les sujets qui doivent donner le maximum de variations au semis.

3º On devra choisir pour reproducteurs des cépages qui ont entre eux une grande affinité afin d'obtenir des hybrides très vigoureux.

3º Dans la composition d'hybrides complexes, on devra chercher à obtenir le maximum de vigueur et de fertilité en faisant intervenir dans le nouveau croisement des espèces non parentes ou des variétés différentes, ou, tout au moins, des variétés élevées dans des milieux et sous des climats différents.

5º Le croisement de ces reproducteurs entre eux devra être combiné de manière à utiliser au mieux pour chacun d'eux les caractères visés ; ainsi on devra, dans la création d'hybrides à trois quarts de sang, faire intervenir le dernier, le cépage dont on désire tout particulièrement reproduire les caractères à cause de l'action prépondérante exercée dans le croisement par ce dernier facteur.

A présent que j'ai rappelé les règles qui régissent l'hybridation, je vais m'occuper successivement des quatre grands problèmes que l'hybridation artificielle de la vigne est appelée à résoudre.

I. — Améliorer nos vieux cépages français.

Dans le but d'améliorer nos vieux cépages français, on peut chercher à réunir sur une seule plante les caractères de deux cépages méritants.

On pourra, par exemple, croiser entre eux nos principaux raisins de table : le Portugais bleu avec le Franckental ; le Franckental avec le Chasselas.

Dans le but d'améliorer le vin de nos principaux cépages du Midi, j'ai croisé l'Aramon, la Carignane, l'Alicante, le Terret et le Piquepoul avec les cépages qui donnent les vins de nos grands crus, tels que le Malbeck, le Cabernet, le Pinot, le Gamay, la Syrrah, le Semillo, le Chenin blanc et la Folle.

On doit, avant tout, comme raisin de cuve, chercher à obtenir de nouveaux cépages dont le vin réponde aux besoins actuels du commerce à fin d'en assurer plus tard la vente.

II. — **Trouver de nouveaux porte-greffes et, en particulier, pour les sols difficiles, argileux, compacts et crayeux.**

On a commencé par demander aux porte-greffes une grande résistance au phylloxéra.

Puis une grande résistance à la chlorose calcaire.

Et, enfin, une grande affinité pour les cépages français, dans le but d'obtenir des greffes extrêmement fertiles.

Je leur demanderai plus encore et, en plus des qualités ci-dessus, je leur demanderai d'avancer la maturité des raisins de leurs greffes et d'augmenter aussi leur teneur en sucre et, plus tard, celle de leur vin en alcool. Pour moi, le meilleur de tous les porte-greffes, pour un sol donné et pour un cépage donné, est celui qui produit d'une manière régulière, continue et en temps utile, le maximum de sucre à l'hectare ou, mieux encore, le maximum de degrés alcooliques à l'hectare.

Pour obtenir des hybrides porte-greffes qui offrent les qualités mentionnées ci-dessus, on devra faire intervenir, dans ses hybridations, les cépages qui présentent au plus haut degré possible les caractères suivants :

1o Grande résistance au phylloxéra.

2o Adaptation spéciale au sol dans lequel l'hybride est appelé à se développer : siliceux, argileux, compact on crayeux.

3o Grande affinité pour les cépages français.

4o Tendance à favoriser la maturité des grappes et à augmenter leur teneur en sucre.

5o Présenter des conditions culturales favorables : reprise facile au bouturage, développement rapide, greffage facile, grossissement uniforme avec le greffon, prompte mise à fruit, végétation vigoureuse, résistance élevée à la chaleur, à la sécheresse, à l'humidité et au froid ; grande résistance en présence des accidents culturaux, grande résistance aux maladies parasitaires, aoûtement facile des bois, etc.

D'après les conditions particulières du programme que l'on cherche à résoudre, en se rapportant aux caractères des principales espèces américaines, et en appliquant les règles qui régissent l'hybridation, on pourra, assez facilement obtenir des hybrides qui répondent à la solution de ce problème.

Pour donner plus de précision à mes paroles, j'indiquerai sommairement la composition des principaux porte-greffes qui conviennent en général à chaque nature principale de sol.

Sols crayeux, peu profonds : les hybrides de Riparia-Berlandieri, Riparia-Monticola.

Sols crayeux plus profonds : Rupestris-Berlandieri, Rupestris-Monticola, Berlandieri-Vinifera.

Sols argilo-calcaires : Riparia-Rupestris, Riparia-Vinifera, Rupestris-Vinifera, Cinerea-Rupestris, Cinerea-Riparia.

Sols argilo-siliceux : Cordifolia-Riparia, Cordifolia-Rupestris.

Sols humides, siliceux : Cinerea-Riparia.

Sols humides argilo-calcaires : Cinerea-Solonis.

Mais ce n'est que, par des expériences directes et comparatives, effectuées en grande culture, avec les porte-greffes les plus estimés qui se trouvent actuellement dans le commerce, que l'on pourra se rendre compte de la valeur de ces nouveaux hybrides.

III. — Obtenir de nouveaux producteurs directs.

Ces nouveaux producteurs devront présenter les caractères suivants :

1º Grande résistance à l'insecte.

2º Adaptation au sol du vignoble.

3º Teneur élevée en sucre.

4º Grande fertilité, grappes nombreuses, bonnes dimensions des grappes et des grains.

5º Une maturité précoce.

6º Une grande résistance aux maladies cryptogamiques.

7º Grande pureté de goût.

8º Coloration des grappes : raisins noirs, à jus très coloré, ou raisins blancs.

9º Conditions de culture favorables : reprise facile au bouturage,

débourrement tardif, grande résistance au froid, à la chaleur, à la
sécheresse et à l'humidité ; résistance aux accidents de végétation,
absence de coulure, port des sarments, aoûtement facile des bois.

Il résulte de l'ensemble des règles que je vous ai fait précédemment
connaître que ces producteurs directs seront donnés par des hybrides à trois quarts de sang français, à base de Rupestris, de Riparia,
de Cordifolia, de Berlandieri et de Cinerea, dans lesquels ces dernières espèces seront intervenues, soit seules, soit croisées entre
elles, ou croisées avec le Lincecumii, le Labrusca et l'Estivalis qui ne
sont pas suffisamment résistants au phylloxéra pour pouvoir être
employés seules dans les hybridations.

Pour obtenir une plus grande résistance aux maladies cryptogamiques, ces hybrides à trois quarts de sang de Vinifera, pourront
être croisés à nouveau par des hybrides à demi-sang,

Dans toutes ces hybridations on devra employer de préférence les
hybrides à demi-sang de Vinifera résultant du croisement d'un hybride américo-américain par un Vinifera, car ces derniers hybrides
se laissent plus facilement influencer par les cépages français dont
ils reproduisent plus facilement les caractères, que les hybrides à
demi-sang américo-vinifera provenant du croisement d'une espèce
pure.

Et, en faisant intervenir comme derniers facteurs dans ces croisements, les cépages de nos grands crus dont nous devons chercher
à reproduire les caractères, tels que le Malbeck, le Cabernet, le Pinot,
la Syrrah, le Gamay et la Folle, ou de cépages de table à maturité
très précoce, on doit obtenir des producteurs directs devant nous
donner, avec des dimensions légèrement réduites, des grappes qui,
par leur aspect général et par la saveur de leurs fruits, offriront une
grande ressemblance avec les raisins de ces cépages, tout en présentant le port, les sarments et les feuilles de leur parents américains avec la haute résistance de leurs racines à l'insecte.

IV. — Obtenir des cépages nouveaux résistants
au black-rot

La raison d'être des producteurs directs est d'être très rustiques,
de présenter une grande résistance aux maladies cryptogamiques et
en particulier, au black-rot, et de pouvoir se défendre par eux-
mêmes, sans traitements, ou avec de légers traitements aux sels de
cuivre, dans les milieux défavorables où les cépages français, malgré

les soins les plus minutieux, ne peuvent conserver leur récolte.

Il n'est pas nécessaire que ces hybrides nouveaux, résistant au black-rot, soient également résistants à l'insecte, puisque l'on pourra toujours les utiliser comme greffons.

Aussi on a proposé de désigner ces derniers hybrides sous le nom de producteurs directs résistants.

Pour obtenir des cépages doués d'une grande résistance au black-rot, tout en suivant les règles établies ci-dessus pour obtenir de bons producteurs directs, il faut n'employer, dans les hybridations, que les cépages les plus résistants au black-rot.

Voici, d'après M. G. Couderc, la liste des cépages français qui, dans le Gers et l'Aveyron, en plein foyer de black-rot, se sont montrés les plus résistants : La Blanquette du Lot-et-Garonne, le Jurancon, le Tannat, le Clairet du Gers, ou Saint-Jacques, cépage blanc précoce à grains ronds ; viennent ensuite le Canut rouge, le Rousset de la Drôme, la Clairette blanche du Languedoc, le Saint-Laurent précoce, la Mondeuse et le Malvoisie du Bordelais.

Parmi les anciens producteurs directs américains, M. Couderc place en première ligne le Cunningham, le Clinton, le Noah, puis le Senasqua, l'Othello et le Jacquez.

Enfin on devra avoir recours, pour obtenir de nouveaux hybrides résistants au black-rot, aux hybrides producteurs directs à très gros grains et à très grosses greffes dus aux patientes recherches de nos savants hybrideurs et dont on peut toujours chercher à améliorer la qualité en les faisant intervenir dans un nouveau croisement.

Il y a lieu de faire ici une remarque importante. Les essais de culture des hybrides n'ont de la valeur que pour la région où ils ont été faits ; il ne faut pas juger un hybride d'après sa tenue sur un seul champ d'expérience ; il peut être très beau dans une région et médiocre dans une autre ; de plus, les bases d'appréciation sont souvent différentes, car un viticulteur, pour juger un hybride, se place toujours en présence des conditions viticoles particulières de la région qu'il habite.

Il ne faut pas préjuger de la résistance d'un hybride au black-rot et aux maladies cryptogamiques, en général, d'après ses premières années de culture ; il faut attendre, pour le juger, que son pied-mère soit parvenu à l'état adulte et, en attendant, il faut le défendre contre les maladies cryptogamiques par des traitements appropriés, de peur que ces maladies ne lui enlèvent de la vigueur et n'altèrent sa résistance.

Il en est de même quand un hybride se trouve transporté dans une nouvelle région ; on ne pourra réellement se rendre compte de sa valeur qu'après une période d'accoutumance au sol et au climat du vignoble, durant laquelle il devra être l'objet de soins assidus.

Enfin, on ne doit pas se prononcer sur la fertilité et les qualités des fruits d'un hybride avant sa troisième récolte, c'est-à-dire avant qu'il ne soit parvenu à l'état adulte et que ses caractères soient devenus définitifs.

Mais les caractères du fruit et de la souche sont insuffisants pour faire juger de la valeur réelle d'un hybride qui ne peut être reconnue et appréciée que par la dégustation et l'analyse de son vin.

J'arrive à la fin de ma conférence et je me considèrerai comme largement rémunéré de mes efforts si mes conseils pratiques sur l'hybridation de la vigne me donnent de nombreux imitateurs. Je dirai à ces hybrideurs de la dernière heure : Ayez confiance dans l'avenir; ne vous laissez pas détourner de votre tâche, car, en travaillant au relèvement de notre viticulture moderne, vous travaillez à assurer la grandeur et la prospérité du pays.

Et, en terminant, qu'il me soit permis de citer, à l'appui de cette thèse, les paroles, au Congrès de Mâcon, de Pulliat, notre vénéré et regretté maître en viticulture :

« L'avenir, nous en sommes persuadé, appartiendra aux vignes de
« semis et la période de reconstitution par la greffe ne sera qu'une
« époque pénible et passagère au bout de laquelle on rentrera dans
« le vieux mode de multiplication et de culture, lorsqu'on aura
« obtenu des vignes résistantes, aussi bonnes, sinon meilleures, que
« nos cépages indigènes ». — *(Applaudissements)*.

M. le Président. — Au nom du Congrès, je remercie M. Castel de son rapport où il résume si bien la théorie et la pratique de l'hybridation de la vigne.

Je donne la parole à M. Couderc sur les *résultats généraux de l'Hybridation des Vignes*.

RÉSULTATS GÉNÉRAUX DE L'HYBRIDATION DES VIGNES

Par M. G. COUDERC

Ingénieur-hybrideur

MESSIEURS,

Je vous prierai tout d'abord de vouloir bien m'excuser si je reste au-dessous de la tâche que j'ai à remplir dans un sujet aussi difficile et aussi complexe que les résultats généraux de l'hybridation de la vigne ou plutôt des vignes ; car c'est un grand nombre d'espèces botaniques de vigne qui ont été utilisées par les hybrideurs français dans la suite déjà longue de leurs travaux.

Un deuil récent m'avait empêché, il y a trois mois, d'accepter la si aimable invitation de votre comité d'organisation de faire un rapport pour ce Congrès et c'est hier seulement que j'ai accepté de suppléer M. Viala qui devait traiter lui-même ce sujet.

Avant d'aborder les résultats généraux de l'hybridation, vous me permettrez de faire une observation préliminaire. Pendant les trois jours que va durer ce Congrès, on va parler constamment de fusion d'espèces, de création de variétés, de variations soit par bourgeons, soit sur l'influence de la greffe et cependant tout cela n'est qu'exception dans la Nature ; il me semble donc bon de placer, pour ainsi dire au seuil de ce Congrès et en opposition avec tout ce qui y sera dit, la grande loi qui domine la biologie successive des êtres vivants : cette loi est la stabilité, la permanence de l'Espèce, c'est-à-dire de la moyenne des formes des individus qui la composent. Je voudrais que cette grande idée de stabilité plane constamment sur le Congrès, et que dans nos discussions nous l'ayions tous et toujours présenté à l'esprit. Les variations ne sont que d'excessivement rares exceptions. Mais ces variations, par cela même qu'elles sont très rares, par cela même qu'elles violent la loi naturelle de stabilité et de permanence, frappent nos esprits, tandis que les faits normaux et journaliers, par leur vulgarité même, ne nous frappent plus ; nous sommes portés à les oublier. Qui s'étonne, par exemple, de voir des milliers de plants d'Aramon, des milliers de Gamays, d'immenses champs de blés être tous semblables à eux-mêmes et semblables à ceux qui les ont précédés et à ceux qui leur succèderont? C'est là pourtant le fait étonnant, le fait capital qui devrait nous frapper, plus que l'unique courson d'Aramon qui sur des milliards de coursons semblables se mettra tout à coup à varier, et cependant c'est tout le contraire qui arrive ; on écrira un volume sur ce courson qui aura varié et personne ne s'occupera des milliards de ceux qui seront restés dans la règle.

Si nous nous occupons tant de quelques rares variations et que nous oublions l'immense généralité des êtres qui se reproduisent de générations en générations à peu près identiques à eux-mêmes, c'est que nous sommes en même temps des égoïstes et des ingrats : des égoïstes, parce que nous savons que parfois, bien rarement, ces variations pourront nous fournir quelques variétés meilleures que le type dont elles dérivent ; des ingrats, car qu'arriverait-il, par exemple, et pour nous borner à la vigne, si chaque pied d'Aramon, de Gamay, etc. variait constamment, si chacun d'eux différait de son voisin par la fertilité, la couleur du fruit, le degré alcoolique, l'époque de maturité, etc... ? Réjouissons-nous donc que la stabilité des individus, des races et des espèces soit la grande loi du monde et ne l'oublions jamais.

Je dis encore des ingrats, parce que nous perdons de vue que c'est grâce à la grande loi de permanence que nous parvenons à fixer ces variations accidentelles et à les rendre assez stables pour pouvoir les utiliser ensuite en sécurité. Oui, c'est grâce à cette loi toujours présente, même quand elle semble défaillir, que nous pouvons utiliser les variations, c'est-à-dire les exceptions à cette loi même. Les variations soit spontanées, soit provoquées par la culture ou l'hybridation, sont utilisées par l'homme en choisissant celles qui lui sont favorables et, en les fixant, ce qui se fait soit par la multiplication directe (bouturage ou greffage) de l'individu qui a varié, soit par des semis de ses graines et le choix parmi les produits, des sujets qui tendent de nouveau vers la forme utile cherchée. Une série de semis fixe la forme nouvelle (la variété, comme on dit pour les plantes, la race, comme on dit pour les animaux), et nous sommes en possession à peu près définitive d'une nouvelle conquête utile ou agréable.

On peut comparer une Espèce (j'entends une bonne espèce, sans sous-espèce ou variété, et admise comme telle par tous les botanistes), on peut comparer, dis-je, une telle espèce dans l'ensemble et la

succession génésique des individus qui la composent à des molécules libres dans une sphère bosselée, dont l'Hérédité serait la force
centrale d'attraction ; diverses forces secondaires, dépendant du
milieu et de la concurrence vitale : la nourriture, le climat, etc., peut-
être aussi une force naturelle de variation due à une origine commune,
tendent constamment à entraîner certains individus de l'espèce et leur
descendance vers les bords de la sphère et à les réunir en bosselures à
sa surface, c'est-à-dire à les éloigner de la moyenne morphologique
de l'Espèce ; mais une grande force, l'Hérédité, tend aussi constamment à les ramener vers le centre de gravité du système, c'est-à-dire à
la moyenne morphologique de la généralité des individus qui la composent. C'est par l'auto-fécondation que l'Hérédité, c'est-à-dire la force
d'attraction, soit générale de l'ensemble, soit spéciale des bosselures
gagne en puissance et en permanence ; c'est par la fécondation croisée
que les différences individuelles ou celles des bosselures se fusionnent
avec la masse et que l'homogénéité de l'Espèce est assurée en même
temps que son perfectionnement insensible mais continu.

Si par l'influence d'une sphère semblable, voisine, c'est-à-dire
d'une autre Espèce morphologiquement rapprochée, quelques individus sont entraînés hors des deux centres d'attraction, on dit qu'il y
a *hybridation proprement dite;* mais alors un nouveau facteur intervient, la stérilité de la descendance des hybrides, soit absolue (et les
individus égarés s'éteignent faute de postérité), soit relative (ils ne
sont féconds que fécondés par l'espèce père ou l'espèce mère); et alors
la descendance de ces individus égarés rentre dans un des centres d'attraction d'où il était sorti, pour s'y fusionner et y apporter un élément
très léger, il est vrai, par rapport à la masse, mais un élément puissant
de variations et de modifications presque insensibles, mais qui ne
doit pas être indifférent à la marche morphologique de l'Espèce dans
le temps et à sa plasticité génésique. Les Espèces à sous-espèces et à
races, espèces moins fixes et très plastiques dont nous allons nous
occuper, n'ont peut-être pas d'autre origine que des fusions d'hybrides proprement dits souvent répétées dans la suite des temps.

Supposons que, dans la nébuleuse que nous venons de considérer, la force centrale héréditaire d'attraction vienne à diminuer,
balancée par les forces spéciales d'attraction dues aussi à la fixation
héréditaire des groupes qui subissent les influences de milieu
précédemment citées, influences qui tendent constamment à diffluer
pour ainsi dire de l'Espèce, c'est-à-dire à la résoudre en sphé-
roïdes autonomes, nous aurons, à ce stade, quelque chose d'analogue

à notre système solaire, c'est-à-dire un ensemble général relié par des liens morphologiques évidents, mais formés d'autre part de groupes morphologiquement discernables. Nous aurons ainsi l'image des Espèces dites linnéennes et des sous-espèces, variétés, formes dans lesquelles on peut les décomposer. Avec un émiettement plus grand ce sera l'image des espèces domestiques (y compris l'espèce humaine), avec le nombre infini de races et de variations individuelles qu'elles comprennent.

A quoi est dû cet émiettement continu ? A une différence capitale entre les *hybrides* proprement dits issus du croisement de deux bonnes Espèces voisines et les produits issus du croisement de formes, races ou variétés d'une même Espèce, produits auxquels on a donné le nom de *métis* (Disons en passant qu'ils devraient toujours porter ce nom, les hybrides des horticulteurs et du langage vulgaire n'étant en général que des métis; une telle confusion de langage est très regrettable).

La différence capitale entre les hybrides proprement dits et les métis, est que les hybrides proprement dits sont, soit absolument stériles, soit féconds seulement fécondés par leur père ou leur mère, c'est-à-dire qu'ils s'éteignent d'eux-mêmes ou se fondent dans les espèces composantes, tandis que les métis sont féconds par eux-mêmes et dans leurs croisements successifs et ainsi capables, si les circonstances de milieu dans lesquelles ils vivent les favorisent, de donner naissance, par fixation héréditaire, à des groupes nouveaux stables, plus ou moins intermédiaires entre les groupes composants, c'est-à-dire à des sous-espèces, races, variétés, etc., qui, parfois, si elles sont mieux adaptées aux conditions biologiques, prendront la place d'une ou des deux espèces composantes moins favorisées. C'est ce qui est arrivé notamment pour les Espèces originaires de quelques-unes de nos plantes et animaux domestiques les plus anciennement domestiqués : le froment, le chien, etc., les Espèces primitives en paraissent éteintes ou tellement fusionnées qu'elles ne sont plus discernables aujourd'hui.

Que fait l'homme quand il crée des races ou des variétés nouvelles ? Il lance lui-même une petite planète, soit en saisissant un ou plusieurs individus, ceux situés tout à fait au sommet d'une des bosselures, c'est-à-dire ceux qui tendent à s'écarter le plus de la moyenne de l'espèce, ceux qui varient, comme on dit (c'est ce qu'on appelle *sélectionner*), soit en unissant entre eux des individus d'astres voisins (c'est ce qu'on appelle *hybrider* ou *métisser*). Il lance donc une petite planète, planète fragile qui, livrée à elle-même, ne tarderait pas à se dissocier ou à se fondre dans les astres voisins; mais l'homme est là pour la maintenir et la diriger dans la voie qu'il a choisie et il le fait par ce qu'on appelle *la culture* et *la sélection continue*

Telle est, Messieurs, l'origine de nos plantes économiques et horticoles, de nos races domestiques. Elles ont été quelques-unes fabriquées, la plupart perfectionnées par l'homme; toutes sont conservées par ses soins constants; elles s'éteindraient vite sans son secours. La grande loi de la Nature étant la permanence et la fixité, ne l'oublions pas, toutes nos sélections tendent naturellement à retourner au type primitif, à s'abâtardir, disons-nous, suivant notre habitude de tout rapporter à nous-mêmes, et cette expression est tout le contraire de la vérité. Elles s'abâtardissent pour nous, elles rentrent dans la règle pour la nature.

Le Président. — La parole est à M. Jurie pour une courte communication.

Plusieurs voix. — M. Couderc n'a pas fini.

Le Président. — M. Couderc s'étant assis, j'ai cru qu'il avait fini. Monsieur Couderc, l'assemblée est très heureuse de vous entendre, nous vous écouterons tout le temps que vous voudrez bien nous consacrer.

M. Couderc. — Je remercie l'Assemblée et le président de sa bienveillance; le sujet est ardu et difficile et paraît peu intéressant, mais je ne le crois pas sans utilité, même pratique. Rien ne paraît plus simple que l'hybridation de la vigne; on verra par la suite de cet exposé que rien n'est botaniquement plus compliqué et aussi plus curieux.

(M. Couderc n'ayant pu rédiger complètement sa communication, nous en donnons simplement un résumé.)

Depuis 1880, date de ses premiers travaux jusqu'à 1902, il a semé 333.600 pépins provenant de 2.675 hybridations. 17 espèces botaniques de Vitis ont été employées. Ces 333.600 pépins ont donné environ 220.000 pieds de semis. Tout a été conservé et cette masse de semis est un livre toujours ouvert pour les observations et les constatations. Il fait remarquer l'importance de ce fait: la conservation d'un tel ensemble de semis, ne serait-ce que pour l'étude des variations possibles avec l'âge ; la plupart des plantes sur lesquelles ont porté les expériences des principaux hybrideurs sont en effet des plantes annuelles, ou bien, quand ils se sont adressés à des plantes vivaces, des nécessités diverses les ont forcés de les détruire peu après les observations faites.

Quant aux résultats généraux de cette immense série d'hybridations, ils peuvent se résumer en quelques mots. 1° Toutes les Espèces de la section des Euvitis de Planchon se croisent entre elles avec la plus grande facilité et leurs hybrides sont indéfiniment féconds. M. Couderc n'a pu, au contraire, réussir l'hybridation d'aucune Espèce d'Euvitis avec celles de la section des Muscadiana, ni avec les Cissus, Ampélopsis, Ampélocissus ou autres Ampélidées. 2° Les diverses Espèces d'Euvitis ont donné dans leurs combinaisons, soit deux à deux, soit trois à trois, soit de complication quelconque, des hybrides qui *se comportent plutôt comme des métis que comme des hybrides*. L'hybridation de la vigne ressortit donc plutôt des lois du métissage que de l'hybridation proprement dite.

M. Couderc attribue ce fait à ce que les divers Euvitis, quoique étant des Espèces très tranchées, sont des espèces à la fois pseudo-dioïques et multiformes qui sont adaptées de temps immémorial à la fécondation croisée obligatoire et au croisement avec les Espèces voisines. Elles ont acquis, par ces croisements successifs, une sorte de plasticité et sont devenues ainsi aptes à se laisser impressionner, presque normalement, même par les espèces de régions éloignées avec lesquelles elles n'avaient jamais eu de rapports sexuels (1).

M. Couderc propose le nom nouveau de *Bâtardage* pour le croisement d'Espèces très tranchées, mais dioïques ou quasi dioïques et multiformes, *dont les produits sont plutôt des métis que des hybrides*. Ces produits seraient appelés bâtards, et on dirait bâtards de premier sang, bâtards dérivés, bâtards à 3/4 de sang, bâtards complexes, etc. Le bâtardage serait en tête de l'hybridation proprement et la relierait au métissage. Bien que tous les passages existent entre le bâtardage et l'hybridation proprement dite, son importance pratique justifie, selon lui, cette distinction. M. Couderc fait remarquer que le mot de bâtard, dans le vieux français, n'évoque aucune idée d'infériorité ni de déchéance, au contraire ; on en prend fièrement

---

(1) Voir plus loin la note relative aux ancêtres géologiques des vignes de chaque région.

le titre : le bâtard d'Orléans ; on met une croix de bâtardise dans ses armes. C'est qu'on attribuait aux bâtards, nés de l'amour, une exagération de force physique et de courage plus appréciée alors qu'aujourd'hui, et on avait peut-être raison. La vieille impression d'exagération de qualités attachée au mot bâtard convient donc très bien à l'exaltation de la vigueur et de la fertilité qui est le propre du métissage et du bâtardage. Quant à l'expression abâtardir, elle veut dire qui n'est plus bâtard, qui l'a été, mais ne l'est plus ; tels les semis auto-fécondés de bâtards.

M. Couderc croit devoir rappeler les conséquences principales des règles du métissage applicables au croisement des vignes avec les différences qui distinguent le bâtardage du métissage et le rapprochent de l'hybridation proprement dite.

1º Le pollen étranger, qu'il provienne d'une autre Espèce ou d'un bâtard, aussi complexe qu'on le voudra, devance et annihile le pollen de la vigne-mère. Ceci permet le croisement quasi industriel des vignes ; c'est-à-dire que l'apport en temps utile de pollen étranger suffit et qu'il est presque inutile d'enlever au préalable les étamines; les expériences comparatives que j'ai faites ne laissent aucun doute à cet égard. On sait que, dans l'hybridation proprement dite, la castration est de rigueur. L'immense majorité de mes hybridations a été faite cependant après castration préalable.

2º La fertilité botanique des bâtards est complète à tous les degrés de croisement. Nous verrons plus loin comment cette observation a pu être méconnue à cause de l'action des pseudo-mâles agissant et comme espèce et comme état floral pour amener des atrophies d'ovaires chez certains bâtards.

3º La vigueur est exagérée dans les croisements binaires et ternaires, mais conservée seulement dans les croisements quaternains, dérivés, complexes, etc., tandis que, dans les métis, elle croit, en général, avec les croisements successifs.

4º Certaines Espèces sont prépondérantes sur d'autres, qu'elles soient employées comme père ou comme mère, et, chez elles, l'influence du père et de la mère paraît égale, c'est-à-dire que les bâtards strictement inverses sont identiques. D'autres Espèces se balancent ; ce sont celles qui sont morphologiquement le plus voisines. La règle de l'équivalence génésique des Gamètes est, chez ces dernières, peut-être un peu moins marquée que chez les premières ; le père y a une influence prédominante dans le bâtard tout jeune ; puis à l'âge adulte le balancement s'accentue ; enfin, en vieillissant, le bâtard ressemble plus à sa mère ; mais ces différences, quoiques fréquentes, ne sont pas constantes. Dans les générations successives l'influence de la mère paraît prépondérante, tandis que dans les bâtards dérivés c'est celle du père. Ces nuances, je le répète, ne sont sensibles, que quand les Espèces unies se balancent presque complètement : Labrusca et Vinifera, Riparia et Rupestris ; elles s'effacent devant la prédominance d'une Espèce sur l'autre : Vinifera et Rupestris ; et alors l'Espèec prédominante l'est aussi bien dans les générations lointaines que dans les premiers sangs, pourvu que les composants y soient au même degré de filiation et cela qu'elle ait figuré comme père ou comme mère.

5° Le croisement d'un bâtard de demi-sang par son père ou sa mère donne des résultats qui tiennent plus de l'hybridation que du métissage et, ce qu'il y a de curieux, c'est que la prépondérance des Espèces ne ressort plus comme dans les premiers sang et la généralité des croisements successifs. Ainsi un Bourrisquou ✕ Rupestris, croisé par un Bourrisquou donne des Vinifera presque purs qui meurent régulièrement du phylloxéra. Le même Bourrisquou ✕ Rupestris hybridé par le Rupestris qui a servi de père donne des produits où le Bourrisquou n'est pas toujours aussi annibilé que le Rupestris dans le croisement précédent. La vigueur, tout en étant grande, ne l'est pas plus ou l'est moins que celle du demi-sang Rupestris générateur, ce qu'on peut expliquer par la vigueur moins grande du Rupestris que du demi-sang. En somme, les bâtards dans les croisements par leur père ou leur mère se comportent plutôt comme des hybrides que comme des métis, tout en différant des uns et des autres.

6° Non seulement les formes, variétés ou sous-variétés de chaque Espèce, croisées entre elles, suivent les mêmes lois que les Espèces elles-mêmes, mais chaque *état floral* d'une Espèce se comporte comme une Espèce vis-à-vis des autres états floraux soit de la même Espèce, soit des autres Espèces. C'est pour cela que les Vitis sont qualifiés, par M. Couderc, de pseudo-dioïques. Quelques exemples sont nécessaires : si on croise nos Vinifera cultivés entre eux on obtient des femelles (ét. courbes) et des hermaphrodites (ét. droites), mais jamais de mâles analogues aux vignes sauvages mâles de nos forêts ; de même, si on croise un Rupestris femelle (ét. courbes) avec un Vinifera cultivé (herma. à ét. droites) on obtient uniquement des femelles (ét. courbes) et des hermaphrodites (ét. droites) et jamais de mâles, bien que le Rupestris femelle ait eu évidemment un père mâle puisqu'il n'y a pas d'hermaphrodites chez les Rupestris ; si on croise un Vinifera (herm. ét. droites) avec un Rupestris mâle on obtient tous les passages entre la femelle (ét. courbes) et le mâle pur, c'est-à-dire entre la prépondérance absolue du pistil et des caractères corrélatifs de la grappe et la prépondérance absolue de l'androcée et de la conformation corrélative de la grappe. Parmi ces passages se trouvent les curieux *mâles à pistil*, à grappe de mâle, à pistils rudimentaires et à graines microscopiques, à peu près sans albumen, mais susceptibles de germer et de reproduire la forme mâle à pistil, qui se trouve ainsi fixée.

Le seul état floral qui ressort toujours, quels que soient les états floraux croisés, est l'état femelle (ét. courbes), mais il est toujours en petite proportion, proportion variable d'ailleurs, suivant qu'on a employé comme père un état mâle ou un état hermaphrodite.

Quand on emploie un état mâle, cet état est toujours très prépondérant dans l'état floral des semis où les mâles sont en grande majorité, absolument comme un Rupestris est prépondérant sur un Vinifera.

M. Couderc fait remarquer qu'en dehors du Vinifera il n'a jamais réussi la pollinisation avec le pollen de fleurs vraiment femelles d'Espèces pures, ce qui aurait été très intéressant pour produire des bâtards strictement inverses. Ses nombreux essais ont été infructueux et il n'a réussi qu'en s'adressant a des vignes déjà croisées (Vialla, etc.) ou à des Vinifera dont les étamines ne sont pas absolument courbes (gros Ribier, Schiraz, etc.). On sait que c'est seulement avec l'âge du cep que les étamines courbes des fleurs dites femelles arrivent à renfermer des grains de pollen bien conformés et susceptibles d'émettre leurs tubes.

7º Dans l'hybridation proprement dite, c'est surtout sur le pollen que portent les atrophies ou les arrêts de développement dus au croisement. Dans le bâtardage, l'organe mâle non seulement est conservé, mais toujours mieux développé que dans les deux composants. Ainsi dans les bâtards de vigne, les femelles (herm. à ét. courbes) ont toujours les filets moins grêles et le pollen mieux développé que dans les Espèces pures ; il apparaît des hermaphrodites proprement dits dans des croisements d'Espèces qui, pures, n'en présentent pas ; enfin on voit toute la série continue des *femelles, hermaphrodites femelles, hermaphrodites proprement dits, mâles à pistil, mâles*, que j'ai signalés depuis longtemps. C'est sur l'organe femelle, au contraire, que le bâtardage paraît influer moins favorablement. La raison en est que, dans le croisement d'une femelle (ét. courbes) d'une Espèce, par un mâle (ovaire plus ou moins atrophié), d'une autre Espèce, il y a fusion de caractères non seulement du feuillage mais aussi d'état floral ; exemple : considérons l'hybridation d'un Vinifera femelle par un Rupestris mâle; nous constaterons que, dans le semis, il y a tous les passages entre l'ovaire atrophié du Rupestris et l'ovaire exagéré du Vinifera femelle. D'où les bâtards à grains atrophiés à divers degrés. Pour l'organe mâle, la série des passages est similaire ; mais il faut remarquer que, si on part d'un côté d'une étamine exagérée, celle du Rupestris mâle, on part, de l'autre, d'une étamine simplement mal nourrie par suite de la faiblesse des filets chez le Vinifera femelle. Il n'est donc pas étonnant que, dans les produits, aucune atrophie proprement dite des étamines ne se constate et que les moins développées le soient encore plus que celle de l'auteur qui les a le plus mal, le Vinifera femelle.

En somme, les Vitis sont des plantes en voie de différenciation dioïque par avortement de leurs macro ou micro-sporanges et exagération corrélative du sporophore antagoniste. Le bâtardage arrête cette évolution et tend à rétablir le balancement des sporophores. Au point de vue botanique, c'est une sorte de déchéance et, par là, le bâtardage rentre bien dans l'hybridation proprement dite ; mais, au point de vue pratique, c'est tout le contraire, parce que nous n'utilisons que les vignes hermaphrodites les mieux équilibrées, celles à ovaires bien conformés et à filets moyens, forts et dressés, c'est-à-dire à conformation favorisant le mieux l'auto-fécondation.

8° M. Couderc insiste sur l'importance agricole des bâtards ternaires, c'est-à-dire des produits du croisement d'un bâtard de premier sang par une troisième Espèce différente des composantes. La vigueur est extraordinaire et l'adaptation très élargie. Comme porte-greffe, le croisement d'un Vinifera × Américain par un troisième américain donne des résultats extrêmement remarquables, et d'autant plus que les trois espèces sont morphologiquement plus éloignées. Comme producteurs directs, les résultats ne sont pas moindres; mais il faut que deux au moins des trois Espèces unies soient à gros grains : ex. Linsecomii-Rupestris par Vinifera × Vinifera (Labrusca × Riparia).

9° Dans l'espèce de trinité considérée ci-dessus, deux formes d'une même Espèce peuvent jouer le rôle d'Espèce et elles le jouent d'autant mieux que ces formes sont morphologiquement plus éloignées. C'est surtout le Vinifera qui a donné, dans cette voie, les résultats les plus remarquables, soit comme porte-greffe, soit comme producteur. Les

différents cépages jouent d'autant mieux le rôle d'Espèce qu'ils diffèrent plus entre eux. Ainsi un Pineau × Rupestris, croisé par un
Pineau, donne des résultats médiocres comme vigueur et nuls comme
résistance ; croisé par un Gamay, cépage voisin du Pineau, des résultats presque aussi médiocres ; mais croisé par un Bourrisquou,
cépage très éloigné du Pineau, des variations très étendues et
quelques sujets (2/1000) très résistants. C'est là l'origine de ce qu'on
appelle les 3/4 de sang. Si on possède un excellent Bourrisquou
× Rupestris ou Carignan × Rupestris, comme racines et grains, on
peut, en l'hybridant par un Pineau, un Gamay, un Muscat, un Cabernet, obtenir de vrais sosies de ces derniers cépages, et parfois,
parmi eux, quelques uns ayant une très bonne résistance phylloxérique.

10° Les produits des demi-sang hybridés entre eux, contrairement
à ce qui se passe pour les vrais métis, sont moins vigoureux que
chacun des demi-sang mis en présence. Ils sont assez uniformes et
intermédiaires entre leurs parents. Il n'y a jamais disjonction des
caractères ancestraux des espèces ancestrales, ni conjonction de certains seulement de ces caractères. On pouvait espérer beaucoup dans
cette voie ; elle n'a rien donné de bien fameux. Il faut distinguer
cependant si les quatre composants n'appartiennent qu'à deux
espèces, ou à trois ou à quatre. Dans le premier cas (Bourrisquou × Rupestris) × (Aramon × Rupestris), les variations sont
très limitées, la vigueur très diminuée et la résistance phylloxérique fort uniforme et intermédiaire entre celle des composants.
Dans le deuxième cas (Bourrisquou × Rupestris) × (Aramon × Riparia), la vigueur est meilleure et les variations plus étendues à tous
les points de vue. Enfin, dans le troisième cas (Bourrisquou × Rupestris) × (Linsecomi × Riparia), par exemple, la vigueur est presque
égale à celle du composant le plus vigoureux et les variations sont
très étendues.

11° L'introduction de nouvelles Espèces n'augmente pas la vigueur
qui paraît maximum dans les demi-sang et les bâtards ternaires.
Ainsi un bâtard ternaire, croisé par une quatrième Espèce, ne donne
pas des produits aussi vigoureux, soit que la mère, soit que le père ;
l'espèce employée en regard de l'hybride ternaire est, d'ailleurs, très
prépondérante sur l'hybride. Quant à la fécondité, elle est conservée
intacte. M. Couderc est arrivé ainsi à réunir neuf espèces de Vitis dans
le même bâtard sans altérer la fécondité, mais sans résultats pratiques très saillants.

12º Le croisement de 3/4 de sang très résistants et à beaux fruits par des demi-sang très résistants et fertiles donne, au contraire, des résultats très remarquables au point de vue producteur direct. Le fruit des 3/4 et leur vigueur peuvent être presque conservés, et le feuillage acquérir les qualités de résistance aux maladies cryptogamiques des demi-sang ; certains hybrides, dits complexes, 272-60, 343-14, en sont des exemples.

13º Les semis de graines autofécondées de Bâtards de demi-sang n'ont jamais donné les variations désordonnées signalées chez les hybrides proprement dits. Ces semis, que j'appelle des *retours de bâtards*, tournent autour du demi-sang semé, mais tous dirigés, en général, vers l'Espèce prépondérante : ils s'en rapprochent manifestement plus ou moins, sans jamais retourner vers l'autre Espèce, ni même y tendre.

Exemple : on sème des grains auto-fécondés de Bourrisquou × Rupestris 603 par exemple, les pieds des semis rappelleront tous 603, mais en se rapprochant beaucoup plus du Rupestris que 603; aucun ne sera mâle cependant, bien que le Rupestris qui a hybridé le Bourrisquou fût mâle ; enfin aucun ne retournera au Bourrisquou ni manifestement vers le Bourrisquou.

Ces constatations ont été faites sur des milliers de pieds de semis, et les espérances qu'on avait conçues de ce côté doivent être abandonnées. Cependant quelques semis de demi-sang auto-fécondés peuvent avoir de la valeur. Ex. 74-17. La vigueur des retours de bâtards est, en général, assez uniforme et médiocre, quand on a eu soin d'assurer une stricte auto-fécondation. Dans le cas contraire, il ressort quelques pieds de vigueur excessive, mais ce sont des bâtards ternaires, issus de fécondation d'aventure. On remarque chez les retours de bâtards, et chez eux seuls, de nombreux cas de rachitisme et d'assez nombreux cas de pelories, d'avortement des ovaires et autres monstruosités.

Pour résumer les résultats généraux du bâtardage, ils concordent d'une façon générale avec ceux du métissage, mais ils en diffèrent surtout : 1º En ce que la vigueur est maximum dans les croisements binaires et ternaires et qu'elle décroît dans les croisements plus complexes; 2º en ce que les combinaisons impaires, sauf les demi-sang, paraissent supérieures aux combinaisons paires, ce qui est tout le contraire de ce qu'on a observé jusqu'ici soit dans le métissage, soit dans l'hybridation; 3º en ce que, pour les Vitis du moins, la prépondérance des Espèces les unes sur les autres rejette au second plan toutes les autres constatations (influence du père, etc.)

M. Couderc signale, en finissant, que les caractères les plus fugaces, les plus botaniquement insignifiants, sont conservés dans les croisements et se retrouvent dans de lointaines générations ; par exemple : la coloration violette du Chasselas rose, la coloration des Bouschet. La Nature ne distingue pas entre ce que nous appelons les caractères botaniques essentiels, sur lesquels sont basés notre systématique, et ceux que nous regardons comme secondaires ou insignifiants. Chaque être est un tout, qui les transmet tous génésiquement, certes plus ou moins atténués, mais jusque dans les générations les plus éloignées.

Au contraire, certains des caractères qui pour nous sont primordiaux, ne le sont pas du tout pour la Nature. Le croisement peut dans les Vitis détruire des caractères qui sont pour nous des caractères non seulement de genre, mais même de famille. Ainsi les Ampélidées et les familles voisines ont leurs ovaires formés de deux ou plusieurs carpelles, mais toujours biovulés ; eh ! bien, le simple croisement de deux espèces de Vitis suffit pour faire multiplier les ovules dans les carpelles, et détruire, chez ces bâtards, le caractère fondamental du genre de la famille, et même de tout le groupe des familles naturelles voisines. Certains bâtards de vignes ont des carpelles tri et quadriovulés, c'est-à-dire 5, 6, 7, 8 pépins par grains de raisins. Ce cas est fréquent dans les bâtards de Labrusca et de Linsecomii.

En somme, le croisement des vignes, l'hybridation de la vigne, comme on dit, a donné, et rapidement donné, des résultats que nous n'étions pas en droit d'attendre, si le croisement des Vitis avait suivi les lois de l'hybridation proprement dite. Nous devons ce succès inespéré à ce que nous avons pris en main un travail depuis longtemps commencé dans la Nature et auquel les Vitis étaient pour ainsi dire habitués. Leur plasticité génésique était depuis longtemps élargie, et nous n'avons eu qu'à la diriger dans un sens conforme à nos désirs et à nos intérêts. C'est pour cela qu'en vingt ans, ce qui n'est rien dans la durée de l'évolution d'une plante, les hybrideurs ont obtenu des résultats déjà si remarquables, et que de bien plus beaux sont en perspective *(Applaudissements)*.

M. Ravaz. — Je demanderais à M. Couderc, de vouloir bien répondre, s'il n'est pas trop fatigué, à la question suivante : On admet que plusieurs lois peuvent régir la composition des hybrides : la loi de la fusion, la loi de la superposition et la loi de la mosaïque. Quelle est celle de ces lois qui, pour M. Couderc, régit l'hybridité chez les vignes ? M. Couderc a dû faire à ce sujet d'importantes observations, qui pourraient peut-être modifier les lois établies pour d'autres végétaux.

M. Couderc. — Je répondrai que, chez les Vitis, la règle très générale est la fusion dans l'hybride de tous les caractères des composants.

Cette règle est absolue pour les demi-sang, c'est-à dire pour les hybrides issus du premier croisement de deux espèces de Vitis. Dans les hybrides de demi-sang, tantôt une des espèces est prépondérante sur l'autre, le Rupestris sur le Vinifera par exemple, et cela que cette espèce ait servi de père ou de mère ; tantôt les espèces se balancent plus ou moins complètement, Riparia et Rupestris, Vinifera et Labrusca ; mais, dans un cas comme dans l'autre, la fusion des caractères morphologiques et anatomiques des espèces composantes est absolue; on retrouve chez tous les hybrides et dans toutes leurs parties, les caractères des composants, dans la proportion même de la prépondérance relative des espèces composantes l'une sur l'autre, mais toujours fusionnées, et également fusionnées dans tous les organes de l'hybride. Jamais je n'ai vu de superpositions morphologiques et encore moins de mosaïque. Il en est de même chez les hybrides complexes et chez les ternaires. Il en est de même aussi chez les retours d'hybrides, c'est-à-dire chez les semis de graines d'hybrides auto-fécondés. J'ai déjà dit que les cas tératologiques existaient seulement chez ces derniers. Ces hybrides monstrueux eux-mêmes ne m'ont jamais présenté soit des juxtapositions d'organes, soit des superpositions de caractères, pouvant être rapportées manifestement à des auteurs différents. Chez les rares retours d'hybrides qui retournent en plein à l'un des ancêtres, on retrouve les caractères de l'autre, presque effacés il est vrai, mais constants, et au même degré dans toutes les parties de la plante.

Cependant on peut voir une superposition dans l'apparition de caractères ataviques botaniquement insignifiants dans des hybrides de générations éloignées. Exemple : on hybride un Chasselas violet $\times$ Rupestris par un Rupestris; on obtient ainsi une série d'hybrides se rapprochant du Rupestris pur par tous leurs caractères botaniques, mais dont quelques-uns ont encore dans le pédoncule, la râfle, le grain, etc., des traces de la coloration violette du Chasselas violet. Hybridons de nouveau un de ces hybrides par un Rupestris, nous obtiendrons une série de sujets qui, pour tout botaniste, seront des Rupestris purs et, cependant, quelques-uns d'entre eux, tout en étant à peu près aussi Rupestris que les autres, présenteront une coloration violette intense de toutes leurs parties vertes, notamment du grain encore vert, quelquefois plus intense que celle du Chasselas violet lui-même, cependant ils ne contiennent que 1/16 de sang de Chasselas violet !

Mais, en examinant avec soin ces hybrides violets, on remarque que d'autres caractères vinifera s'y retrouvent plus nettement que dans le reste du semis, mais tellement atténués, eu égard aux caractères Rupestris et à la teinte violette, que le fait n'en demeure pas moins très curieux.

On pourrait voir aussi un cas de juxtaposition de caractère dans la non-coïncidence qui existe parfois, dans l'ensemble d'un semis, entre les divers maxima de ressemblance avec l'un ou l'autre des auteurs, maxima de ressemblance du feuillage, des graines, des racines, de l'état floral. En général ces maxima de ressemblance coïncident ; les exceptions seraient des cas de juxtaposition.

Je conclus en disant que la fusion est la règle générale, presque absolue chez tous les hybrides de Vitis, qu'ils soient simples ou complexes.

M. Ravaz. — Comment M. Couderc explique-t-il la composition des 126-21 qui est, par ses fruits, un Vinifera, et par ses racines, semble-t-il, un Américain ? Les racines ont, en effet, une résistance élevée et une structure qui le rapprochent des vignes américaines. N'y-a-il pas, là, une image de la mosaïque ?

M. Couderc. — Je ne demande pas mieux que de voir, là, un cas de mosaïque.

Pour le public je dois entrer dans quelques détails et rappeler ce que j'ai exposé au Congrès d'Angers et, depuis, dans mes circulaires.

La plupart des espèces américaines : Riparia, Rupestris, résistent au phylloxéra, parce que celui-ci attaque peu leurs grosses racines qui sont dures et à écorce uniformément subérisée (allure générale cylindrique des racines et couche génératrice de l'écorce presque cylindrique et à prolifération lente, ce qui permet au liège de se tasser et de ne s'exfolier que difficilement et superficiellement) ; tandis qu'il attaque de préférence leurs extrémités radiculaires qui sont tendres et assez longtemps sans protection. Chez le Vinifera, au contraire, ce sont les grosses racines qui sont tendres et à suber moutonné, et s'exfoliant entièrement en lanières longitudinales (allure générale conique des racines avec arcs générateurs de l'écorce très cintrés et à prolifération active) ; le phylloxéra les attaque de préférence et, les faisant pourrir, entraîne le dépérissement et la mort de la vigne, tandis que les radicelles, vite cutinisées, sont, en général, beaucoup moins attaquées. En somme, le phylloxéra est un malin, il préfère le gâteau ou le pain mollet au biscuit militaire. Or, chez le Rupestris, ce sont les grosses racines qui sont le biscuit et les petites le gâteau ; chez le Vinifera ce sont les grosses racines qui sont le gâteau et les petites le biscuit.

Un hybride mosaïque serait celui qui emprunterait au Rupestris ses grosses racines et au Vinifera ses petites, de sorte qu'il y serait tout biscuit, c'est-à-dire à peu près inattaqué du phylloxéra.

C'est ce qui arrive chez certains demi-sang, 93-5 par exemple, et là surtout on pourrait bien, à toute force, voir un cas de mosaïque. C'est ce qui arrive aussi, pour 126-21 et 84-3, etc., 3/4 de sang vinifera qui ont cependant un faciès de Vinifera presque pur. Leur haute résistance au phylloxéra n'est pas niable, et est à juste titre un sujet de surprise et d'admiration pour l'hybrideur.

On peut donc voir là un cas de la mosaïque de Naudin ; mais les questions de résistance phylloxérique sont si complexes, dépendent de tant de choses que je ne puis sur ce seul fait admettre l'existence de la mosaïque dans les hybrides de vignes.

Pour être convaincu, il me faudrait au moins un cas de mosaïque morphologique extérieure. Une objection s'impose d'ailleurs : si 126-21, 84-3, etc., ont un système radiculaire mosaïque, pourquoi cette mosaïque n'est-elle pas générale et ne ressort-elle pas dans quelques autres organes extérieurs de la plante : feuillage, fruits, etc... ?

Je serais plutôt porté à chercher ailleurs l'explication de la haute résistance phylloxérique de certains 3/4 de sang : 126-21, 84-5, 124-20, 226-58, etc... J'y vois un retour atavique à une forme de Vinifera qui serait résistante au phylloxéra et dont la résistance se combinerait à celle du plant américain pour le renforcer. Remarquons d'abord que les 3/4 de sang résistants sont extrêmement rares, deux par mille pieds de semis à peine. Remarquons ensuite que ces rares exceptions sont exceptionnelles non seulement par leur résistance mais par leurs caractères extérieurs. Elles sortent absolument de la moyenne morphologique du semis, quels que soient les composants, et présentent entre elles des caractères communs, quelque divers qu'aient été les Vinifera employés comme auteurs.

Ces 3/4 de sang résistants, quels que soient, je le

répète, les Vinifera qui ont servi de père et d'aïeul ou de mère et d'aïeule, présentent, en général, un faciès et des caractères communs; ils semblent issus d'une même souche commune qui ressortirait par atavisme. Ce sont des cépages, en général, très tardifs, souvent bien plus tardifs qu'aucun des Vinifera cultivés en Europe. Ils ont des grains ovoïdes (souvent très gros), pulpeux, peu sucrés: la plupart sont blancs, même quand tous les composants sont noirs. Ceux, beaucoup moins nombreux, qui sont noirs, sont peu colorés.

En somme ce sont, pour la plupart, des porte-greffes plutôt que des producteurs. Cependant il y a des exceptions, et 126-21, par exemple, bien que présentant les caractères communs au groupe résistant de grains ovoïdes et pulpeux, est extrêmement précoce, beaucoup plus que chacun de ses composants; d'autres, tels que 124-20, 87-32 ont le grain rond, et quoique un peu pulpeux, mûrissent bien et peuvent être utilisés; d'autres enfin, tels que 202-75, 252-14 sont d'admirables producteurs, mûrissant bien, aussi fertiles, à raisins et à grains aussi gros que les Vinifera les plus fertiles.

La viticulture est donc actuellement en possession, grâce à l'hybridation, et je peux bien le dire, non sans orgueil, grâce à moi qui les ai maintenus malgré vents et marées, d'une nombreuse série de sosies de nos Vinifera, sosies très fertiles, quelques-uns utilisables dès maintenant, et dont la résistance au phylloxéra n'est pas douteuse.

Certes, il y a encore énormément à trouver, à perfectionner; mais qui aurait pu même entrevoir, il y a 20 ans, un tel résultat?

Pour me résumer, un examen attentif de l'ensemble des 3/4 de sang très résistants, épars, je le répète, à titre de rares exceptions dans les combinaisons les plus diverses, me porte à attribuer cette résistance à l'influence atavique d'un ancêtre commun Vinifera, très résistant, ou, du moins, plus résistant que tous les Vinifera que nous connaissons. Cette hypothèse me semble plus justifiée que celle de la mosaïque des racines, ou que celle qui consisterait à regarder comme juxtaposé un appareil végétatif Vinifera à un appareil radiculaire Américain.

M. le Président. — La parole est à M. Jurie.

M. Jurie. — Messieurs, à plusieurs reprises j'ai exprimé l'opinion que les résultats insuffisants obtenus par l'hybridation en vue de la création des hybrides producteurs directs tenaient à un défaut d'affinité entre le V. Vinifera et les vignes sauvages d'Amérique; que ce défaut d'affinité provenait des modifications profondes qu'avait subies le V. Vinifera depuis son origine, par le fait de la culture et par l'affaiblissement dû à un prolongement indéfini au moyen du bouturage, alors que les vignes sauvages d'Amérique, elles, au contraire, ont continué à vivre dans leur lieu d'origine sans autres fonctions nouvelles que leurs fonctions primitives, perpétuer l'espèce et créer de nouvelles races par hybridations naturelles.

De cette différence d'existence, malgré une commune origine, sont sorties d'une longue habitude deux espèces ayant entre leurs organes une différenciation si grande qu'il n'y a plus entre elles l'affinité nécessaire à une bonne adaptation.

La domestication et le développement de la fertilité ont forcé certains organes à se modifier pour subvenir aux besoins de la fonction qui les régit. La somme de vie de la plante s'est répartie différemment qu'elle ne l'était au début, créant ainsi des points faibles qui, à la longue, sont devenus des points pathologiques par où se sont introduits les micro-organismes, guettant toujours la moindre fissure pour envahir les êtres organisés; par ce fait le Vinifera est devenu un être débile et contaminé perdant toute valeur comme générateur, et ne pouvant apporter à l'être futur que sa faiblesse. Si nous voulons créer des cépages nouveaux, il faut remonter à la source primitive, nous en approcher le plus possible, revenir à des conceptions analogues à celles de Regel qui définit le V. Vinifera, par la formule bien connue : V. Vinifera = V. Vulpina × Labrusca. C'est là que le croisement doit porter ses efforts, refaire à nouveau des cépages harmoniques, par conséquent résistants à toutes les maladies.

Le cours de nos travaux nous dira si ces idées ont quelque justesse.

M. le Président. — La parole est à M. Roy-Chevrier, pour lire le rapport de M. Oberlin.

M. Roy-Chevrier. — Je regrette l'absence de M. Oberlin, que la maladie retient loin de nous ; il habite l'Alsace, néanmoins, il se serait fait un grand plaisir de venir à ce Congrès, et c'est en qualité de collègue et à titre d'ami, qu'il m'a prié de vouloir bien vous présenter son rapport.

L'HYBRIDATION A BEBLENHEIM

Par Ch. OBERLIN

Directeur de l'Institut Viticole de Colmar.

MESSIEURS,

Permettez-moi de remercier MM. les organisateurs du Congrès d'avoir bien voulu songer à un ancien compatriote qui compte près d'un demi-siècle de services en viticulture et qui est heureux de pouvoir assister à ce tournoi pacifique.

Je tiens avant tout à vous faire part des résultats d'une étude que j'ai entreprise, il y a vingt ans, sur les vignes sauvages de la vallée du Rhin et qui me paraît être d'une grande importance pour la création des hybrides, et pour la viticulture de l'avenir. J'ai exploré, à différentes reprises, le pays, depuis Bâle jusque vers Mayence et j'ai découvert dans les forêts de la plaine, le long du fleuve, en quantité quelquefois assez considérable, des vignes de nature sauvage, grimpant sur les arbres les plus élevés, afin d'étendre au soleil, leurs pampres verts et leurs grappes de dimensions assez restreintes, garnies de petits grains sphériques qui, sans exception, sont rouge foncé ou noirs, tandis que les vignes cultivées en Alsace, dans le grand-duché de Bade et dans le Palatinat sont presque toutes de couleur blanche. Ce fait, déjà, tendrait à prouver que ces vignes forestières sont réellement sauvages ; il y a mieux que cela : les vignes sauvages du Caucase, dont je possède plusieurs types, ressemblent en tous points aux vignes sauvages de la vallée du Rhin : même végétation, même feuillage, mêmes raisins, etc. Ce qu'il y a de singulier, c'est que, dans les montagnes boisées des Vosges, parallèlement au Rhin, la vigne sauvage fait complètement défaut.

J'ai étudié, à plusieurs reprises et sur place, ces types forestiers ; je les ai toujours trouvés parfaitement sains et vigoureux, quoique végétant sans culture quelquefois dans le fouillis des arbres de la forêt et, fait remarquable, les maladies cryptogamiques sont inconnues sur les vignes de cette nature et elles résistent aux froids les plus intenses. De mémoire d'homme on n'a eu, en Alsace, un hiver rigoureux comme celui de 1879-1880 ; le thermomètre est descendu à 23 degrés au-dessous de zéro ; les vignes cultivées ont gelé jusqu'à mi-côte ; il a fallu les couper. Les vignes sauvages, au contraire, ont résisté parfaitement quoique se trouvant dans des conditions plus défavorables et dans un milieu bien plus froid, en plaine, dans le voisinage du Rhin. N'en est-il pas ainsi des vignes résistantes de l'Amérique qui sont capables de supporter un froid de 30 degrés et plus ?

Ce fait acquis, mon étude a été poussée plus loin. J'ai collectionné toutes les variétés sauvages que j'ai pu trouver, et je les ai plantées dans un terrain du vignoble. Les ceps ont été soumis à une taille régulière et on leur a appliqué les soins culturaux en usage dans le pays. L'expérience a duré quinze ans et le résultat de cette séquestration s'est fait sentir aussitôt. La résistance a diminué rapidement, et les maladies cryptogamiques et parasitaires ont fini par maltraiter ces vignes tout comme celles de la grande culture.

N'en serait-il pas ainsi en ce qui concerne la résistance au phylloxéra ? Je n'ai pu le constater, la contrée en étant encore indemne, mais j'ai reçu, à ce sujet, des nouvelles d'un correspondant de Tifflis, desquelles il résulte que les vignes sauvages des forêts du Caucase sont envahies par le phylloxéra et que, malgré la présence de l'insecte sur leurs racines, elles se portent à merveille et continuent à végéter comme si de rien n'était. Il est, du reste inutile, de se transporter dans le Caucase pour constater l'exactitude de ce fait. On sait que les vignes en hautains et celles qui grimpent sur les arbres dans l'Italie septentrionale ne se soucient guère de l'insecte. Il y a mieux que cela : en Savoie la vigne est cultivée sous trois formes très différentes : il y a les vignes basses, les treilles ou espaliers et les hautains sur arbres. Les premières ont disparu il y a longtemps ; l'insecte les a rasées complétement ; les treilles existent encore et n'ont pas l'air d'être bien incommodées ; quant aux hautains ils se portent à merveille.

Ces faits ainsi que d'autres que je crois inutile de citer, sont certainement de la plus haute importance. Ils prouvent tout simplement que la vigne sait résister à ses ennemis quand elle pousse librement, sans être contrariée par la main de l'homme et que, même si elle est soumise à une taille régulière, elle est en état de résister au phylloxéra d'une manière suffisante si on la laisse se développer à grande arborescence. N'est-on pas en droit, après cela, de se demander si l'homme n'est pas involontairement le plus grand ennemi de la vigne ?

En Alsace, les vignes sont taillées et palissées à mi-vent sur trois cercles ou arcs. Cette disposition procure déjà à l'arbrisseau une certaine liberté ; aussi tous les foyers phylloxériques dont on a pu déterminer exactement la date de l'origine avaient-ils dix années d'âge quand ils sont devenus visibles. Cela dit, je vais citer un fait de nature à prouver que si la vigne, cultivée d'après le système alsacien, possédait seulement une résistance relative, même minime, elle serait en état de se défendre contre les attaques de l'insecte pour ainsi dire indéfiniment. Ce fait, le voici :

C'est en 1876 que le premier foyer phylloxérique a été découvert en Alsace, sur 67 pieds que le grand horticulteur Aug.-Napoléon Baumann, de Bollwiller, avait reçu directement de l'Amérique, dix années auparavant. Cette petite plantation était composée des variétés suivantes : Rebecca, Creveling, Allen's hybride, Union, Village, Delaware, Herbemont, Concord et Clinton. Ainsi résistance très médiocre, variant, d'après la table de MM. Viala et Ravaz, de 3 à 12. Le phylloxéra, qui, sur ces plants avait été introduit directement de l'Amérique, a été constaté sur tous les pieds ; il a eu toute liberté d'action pendant dix ans et, fait remarquable, il n'a pas occasionné le moindre trouble dans la végétation. Les Labrusca se sont maintenus très beaux ; le Delaware et le Concord ont été magnifiques ; l'Herbemont et le Clinton d'une vigueur extraordinaire.

Quoique ces faits soient à méditer, mon intention n'est pas, en les relatant, de proposer à la France un autre système de culture ; mais l'Alsace saura très certainement en tenir compte quand le moment sera venu d'introduire chez nous le système cultural pour lequel nous faisons des études depuis des années. Avec notre méthode de culture à grande extension, la question capitale réside dans la création de producteurs directs résistant aux maladies crypto·gamiques d'une manière complète. La résistance au phylloxéra pourra n'être que relative.

Le système d'extinction qui est appliqué en Alsace depuis 1875, nous a rendu jusqu'à présent de très grands services. La surface totale qui a été extirpée pendant cette période de vingt-cinq ans, ne comporte que 18 hectares sur une surface de 26,000 hectares de vignes en culture.

Pourrons-nous résister encore longtemps ? Nul ne saurait le dire.

J'aborde maintenant la question de l'hybridation.

Mes travaux ne reposent sur aucun fait acquis. Je n'ai point étudié les auteurs qui ont écrit sur la matière. Je me suis créé une méthode à moi qui est basée uniquement sur les lois de la nature dont je ne me suis écarté que le moins possible.

La vigne sauvage, tant en Europe qu'en Asie et en Amérique, produit, en ce qui concerne les organes sexuels, des fleurs de trois types différents. Le type bisexuel est celui où le pistil et les cinq étamines sont réguliers et nettement formés, ce qui permet une fécondation complète dans chaque fleur. La plupart de nos vignes cultivées font partie de cette série ; à l'état sauvage, au contraire, les vignes bisexuelles ne se rencontrent que rarement. Le deuxième type, auquel, dans mon étude sur l'hybridation, j'ai donné le nom de faux bisexuel femelle, a l'ovaire, le style et le stigmate régulièrement formés, tandis que les étamines sont courtes, recourbées en arrière et, par suite, à peu près impuissantes ; aussi la fécondation n'a-t-elle lieu que rarement et les variétés de cette série sont-elles sujettes à une coulure régulière quand on ne les féconde pas artificiellement. La Bicane, la Madeleine angevine et quelques autres variétés, que l'on trouve dans la grande culture, en fournissent la preuve. Quand on plante les vignes de cette série en mélange avec d'autres espèces, ce qui a lieu dans mes collections, on n'obtient pas une fécondation plus complète, de sorte qu'il n'est pas admissible que le pollen se transporte d'une variété sur l'autre par le vent, par les insectes, etc. D'autres expériences, qui ont été spécialement tentées dans ce but, en fournissent la preuve. Les fleurs du troisième type, auquel j'ai appliqué le nom de faux bisexuel mâle, n'ont qu'un ovaire imparfait :

c'est une petite calotte sphérique autour de laquelle sont disposées les cinq étamines assez longues et parfaitement développées. Le style et le stigmate manquent et les grappes disparaissent dès que la floraison est terminée. Le pollen de ces vignes est employé avec beaucoup de succès pour la fécondation artificielle d'autres variétés.

Tous ceux qui pratiquent l'hybridation savent parfaitement que les variétés nouvelles qui sont créées par ce procédé appartiennent toujours à l'un ou à l'autre de ces trois types, que l'on opère par sauvage sur cultivé ou *vice versa*. Malheureusement la grande majorité des hybrides sont des faux bisexuels, soit mâles, soit femelles; or, quand on a la production directe en vue, les premiers sont à rejeter purement et simplement; quant aux seconds, ils sont toujours plus ou moins sujets à la coulure. On trouve bien, dans chaque grappe, une certaine quantité de grains bien formés, mais qui sont entre-mêlés d'un grand nombre de petits grains non fécondés et qui, la plupart du temps, restent verts. C'est à tort que l'on a voulu introduire quelques-unes de ces variétés dans la culture, car elles ne sauraient fournir qu'un produit défectueux ou de qualité inférieure. Il arrive, toutefois, que les petits grains avortés de certains faux bi-sexuels femelles arrivent à maturité, même très complète, et que, par suite, ces variétés peuvent être utilisées parfaitement pour la vinification.

L'hybrideur consciencieux ne devra propager, dans tous les cas, que des variétés franchement bisexuelles ou bien des types faux bisexuels femelles dont les petits grains mûrissent complètement. Tous les autres hybrides sont à rejeter impitoyablement.

Hybrides producteurs directs Oberlin

Pendant de longues années la viticulture a subi les effets désastreux d'un insecte qui, aujourd'hui, a envahi presque tous les vignobles de l'Europe. Les récoltes ont été minimes, le vin s'est vendu cher. Aujourd'hui que les vignes sont reconstituées en grande partie, les récoltes deviennent abondantes, mais les prix tombent à tel point que dans beaucoup de localités à petit vin, le métier du vigneron cesse d'être rémunérateur.

On ne songe plus de nos jours qu'à la quantité; la qualité est généralement négligée et l'on arrive fatalement à un trop-plein que l'on ne peut écouler qu'avec perte.

Il est temps de sortir de cette mauvaise voie, autrement les grands vins finiront par ne plus exister que de mémoire.

Le greffage a très certainement rendu les services les plus considérables à la viticulture, mais cette opération ne peut et ne doit être considérée que comme mesure transitoire. L'avenir de la viticulture est dans les producteurs directs, dans les hybrides qui résistent non seulement au phylloxéra, mais aussi aux nombreuses affections cryptogamiques qui causent au vigneron tant de soucis et tant de déboires.

Je crois, toutefois, que c'est en vain que l'on cherche le salut dans les croisements du Rupestris : il ne s'y trouve pas ; le vin de la plupart des hybrides de cette variété est fade, non corsé et de qualité inférieure. Au début j'ai suivi les mêmes errements ; presque toujours je n'ai pu constater que des insuccès. Je me suis adressé au Riparia et, au bout de dix-huit années de travail, j'ai obtenu, à ma grande satisfaction, des résultats plus que surprenants.

Mes pieds-mères ont tous été produits par semis. En Allemagne il est impossible de se procurer les types américains d'une autre manière. Les pépins proviennent de différentes sources, mais c'est surtout grâce aux bons soins de M. Millardet, qui a eu l'obligeance de m'envoyer des pépins d'un certain nombre de variétés résistantes, que j'ai eu la bonne fortune d'obtenir, de semis, un type de Riparia glabre, à végétation splendide, dont les petits grapillons sont de première maturité, ce qui, pour notre climat alsacien, est un point essentiel à prendre en considération. J'ai donné à ce type le nom de Riparia Millardet ; il a été le point de départ d'un grand nombre de mes hybrides.

Le Riparia sauvage est un petit raisin insignifiant, mais qui possède à très haute dose les qualités d'un raisin à grand vin. La couleur rouge foncé du moût est splendide ; l'acidité ne fait pas défaut ; le sucre s'y trouve en quantité très grande, puisque certains de mes hybrides sont allés, l'année dernière, jusqu'à 17 degrés au glucomètre Guyot ; il n'est pas à supposer en défalquant le non sucre, que ce chiffre tombe au niveau de nos cépages d'Europe. Quant au bouquet, il est tellement prononcé qu'il devient désagréable. Si ce bouquet *sui generis*, mais nullement de nature foxée, est réduit par un croisement judicieux dans de justes proportions, on arrive à obtenir très exactement le goût des raisins de Bordeaux. N'est-il pas au moins singulier que les raisins des grands vins de cette région se caractérisent tous par un bouquet particulier de figues sèches que l'on ne trouve pas dans les autres variétés cultivées ? Aussi est-on tenté de se poser la question de savoir ce qu'était le monde il y a une cinquantaine de siècles. Les vignes de la Gironde n'auraient-elles pas dans leurs veines une certaine dose de sang américain ?

Dans tous les cas, je défie l'ampélographe le plus savant, comme aussi le gourmet le plus fin, de trouver une différence entre certains de mes hybrides de Riparia et un Cabernet, un Merlot, une Carmenère, etc., ou bien de les distinguer l'un de l'autre.

Le bouquet du Riparia, toutefois, ne domine pas toujours dans l'hybride. Souvent il s'efface et disparaît même quelquefois pour ainsi dire complétement, de sorte que certains hybrides de Riparia-Pinot, ou *vice versa*, peuvent prendre assez sensiblement le caractère du cépage des grands vins de la Bourgogne. C'est un fait qui n'arrive pas fréquemment, mais il est certain, et les preuves ne manquent pas, qu'il suffit d'une seule variété pour faire la réputation d'un pays entier.

Ces considérations et les résultats qui ont été obtenus jusqu'à ce jour m'autorisent à admettre que les producteurs directs pourront arriver, dans un avenir qui n'est peut-être pas éloigné, à figurer dignement à côté des variétés de raisins à grands crûs et que, sans doute, ils finiront peu à peu par les remplacer.

Comme il n'a pas été possible de faire, en ce qui concerne la résistance de mes hybrides au phylloxéra, un essai en Alsace, on a soumis 18 variétés à l'épreuve en les plantant, au printemps de 1898, dans le champ d'expériences de Larrey, à Dijon. En outre, M. Roy-Chevrier a bien voulu se charger d'une étude sur la résistance de ces plants et, à cet effet, 20 variétés lui ont été expédiées, en 1900 et 1901, pour être plantées dans sa belle propriété du Péage en Saône-et-Loire. Enfin M. Guillon, directeur de la station viticole de Cognac, a reçu au printemps de 1901 également 20 variétés de producteurs directs et 32 variétés de porte-greffe pour être essayées en terrain calcaire.

Les nouvelles de Dijon sont très bonnes ; voilà quatre ans que mes vignes résistent parfaitement. Au Péage il n'est pas encore possible de se prononcer, mais M. Roy-Chevrier m'écrit que tous mes plants sont très jolis. Quant aux maladies cryptogamiques elles ne manquent pas en Alsace, de sorte qu'il est facile de constater ici-même la résistance des hybrides sous ce rapport.

Le tableau suivant donne des renseignements sur les qualités et les défauts de chaque cépage. La fertilité, la vigueur, l'intensité de l'oïdium, du péronospora et de la jaunisse, sont indiquées par des chiffres de 0 à 9. La maturité se divise en 9 périodes, savoir : hâtive = h 1, 2, 3, moyenne = m 1, 2, 3 et tardive = t 1, 2, 3.

Hybrides Oberlin pour la production directe

Nos	VARIÉTÉS	FERTILITÉ	MATURITÉ	GLUCOMÈTRE	VIGUEUR	OIDIUM	PERONOSPORA	JAUNISSE	OBSERVATIONS
	Raisins noirs, genre Bordeaux								
535	Riparia-Cuningham...	5	h. 3	12.50	8	0	0	2	Goût de Cabernet, feuillage sain, résiste à Dijon.
541	— —	5	m.2	13.50	8	0	0	0	— —
611	— Pinot noir...	5	h. 3	13.00	7	0	0	0	Bon, doux, feuillage sain.
351	Madeleine royale-Riparia...	6	m.2	12.00	9	0	0	0	Bon, acidulé, feuillage sain, résiste à Dijon.
363	— —	7	m.3	9.50	6	0	2	0	Bon, acidulé, goût de Cabernet, feuillage sain
374	— —	5	h. 3	14.00	7	0	0	1	Bon, doux, genre Cabernet, feuillage sain.
675	— —	5	h. 2	14.00	7	0	0	3	— —
714	Gamay - Riparia	6	t. 1	13.00	8	0	0	1	Acidulé, goût de figues, feuillage sain.
716	— —	7	m.1	13.50	8	0	0	2	— —
812	Madeleine royale-Taylor....	8	m.2	11.00	8	0	1	1	Beau, léger, goût de figues, assez sain.
	Raisins noirs, genre Bourgogne ou Beaujolais								
555	Canada - Solonis.....	5	m.3	12.00	8	0	0	0	Franc, bon, genre Pinot, feuillage sain.
595	Riparia - Gamay.....	6	h. 3	14.00	8	0	0	0	Franc, relevé, bon, feuillage sain, résiste à Dijon.
604	— —	6	m.1	13.00	8	0	2	0	— —
605	— —	6	m.1	13.50	8	0	0	0	— —
645	Pinot - Riparia.......	5	m.1	13.50	9	1	1	0	Bon, genre Pinot, feuillage sain.
646	— —	5	m.2	12.00	8	1	0	0	Bon, acidulé, genre Pinot, assez sain.
652	Madeleine royale-Riparia...	7	h. 2	12.25	8	0	0	1	Beau et bon, perd les feuilles.
661	— —	8	m.1	11.50	7	1	0	0	Beau, acidulé, feuillage sain.
701	Gamay - Riparia	9	m.1	11.50	9	0	0	0	Bon, genre Gamay, feuillage sain, résiste à Dijon.
702	— —	9	m.1	12.50	9	0	1	0	— —
705	— —	8	m.3	12.00	9	0	0	1	— —
706	— —	6	m.2	16.00	7	0	0	0	Bon, acidulé, assez sain.
881	Rupestris-Pinot hâtif.	6	m.2	10.50	7	1	0	0	Beau, assez bon, assez sain, résiste à Dijon.
892	— —	6	m.2	10.50	6	1	0	0	— —
F63	— —	6	m.1	11.00	7	0	1	0	Bon, genre Pinot, relevé, feuillage sain.
	Raisins blancs								
94	Riesling Missouri-Pinot blanc.	5	m.1	12.50	6	1	2	2	Doux, fin, aromatique, assez sain.
142	Kniperle-Secretary....	8	m.1	13.00	5	1	1	1	Bon, doux, franc, assez sain.
782	Chasselas Jalabert-Taylor...	9	m.1	11.50	8	1	1	1	Bon, genre Chasselas, assez sain, résiste à Dijon.
306	Madeleine royale-Taylor....	4	h. 2	16.00	8	2	3	0	Fin, très doux, assez sain.
	Raisins de table								
571	Yorks Madeïra-Madel.-royale.	5	h. 1		5	0	2	5	Doux, fin, aromatique, feuillage peu sain.
572	— —	5	h. 3		6	1	2	3	Doux, bon, assez sain.
573	— —	5	h. 3		5	0	2	3	Doux, bon, peu sain.
755	Muscat fleur d'orange-Solonis.	5	m.2		7	2	4	4	Très bon, musqué, peu sain.

Beblenheim (Haute-Alsace), le 25 Septembre 1901.

Oberlin.

M. Roy-Chevrier. — Messieurs, je ne veux pas faire de commentaires, mais je dois vous dire que si ces plants tiennent leur promesse pour la résistance au phylloxéra, s'ils sont suffisamment fertiles, si leur ramage répond à leur plumage, ce seront les oiseaux bleus de demain.

M. le Président. — Personne ne demande la parole?

M. Ravaz. — Messieurs, il me semble que le goût du cépage Cabernet trouverait son explication dans les faits cités par M. Jurie ; il n'y a rien d'étonnant, par conséquent, à ce que ce goût de Cabernet, se retrouve dans les hybrides de Riparia et de Vinifera.

M. Roy-Chevrier. — J'abonde dans le sens de M. Ravaz. La résistance phylloxérique de certains Vinifera indique un atavisme américain.

M. Couderc. — J'ai compris le Riparia dans mes premières hybridations, et je l'ai employé depuis sur une grande échelle, soit comme facteur de demi-sang Vinifera, soit de 3/4 de sang, soit d'hybrides complexes. Le Riparia a toujours, même à petites doses, communiqué à ses hybrides un goût particulier épouvantable, un peu atténué, il est vrai, chez quelques-uns des blancs qui sont nombreux, on sait, parmi les hybrides de Riparia. J'ai publié depuis longtemps ces résultats. Quant à retrouver un goût de Riparia dans les Cabernets et les Sauvignons, je ne peux regarder une telle ironie que comme une bonne plaisanterie d'un Bourguignon, qui ne doit pas voir sans ombrage qu'il existe un château Laffitte et un château Yquem, en face d'un clos Vougeot et d'un Montrachet, et cela à l'aide de raisins dont le goût lui paraît étrange comparé au Pineau.

L'origine des vignes cultivées a été très discutée; les uns admettent une importation, les autres les font descendre directement des ampélidées quaternaires ou postquaternaires, dont on retrouve les restes dans certains dépôts lacustres locaux, ou dans les tufs de formation préhistorique ou historique (1). Il est certain, pour moi, que la plupart des cépages d'une même région viticole sont nés sur place de semis de hasard.

J'ai hybridé entre eux un grand nombre de nos cépages, et j'ai été étonné de voir le Cabernet-Sauvignon, par exemple, donner dans ses semis des Sauvignons blancs, le Pinot de Bourgogne, des Gamays, etc.; chaque groupe régional de cépage a donc, en général, une origine commune et locale, ce qui n'empêche pas que l'ensemble des groupes ait pu avoir un ancêtre commun. Cependant, certains d'entre eux sont évidemment importés. J'ai dit hier, à propos des 3/4 de sang résistants, qu'ils présentent tous un faciès commun, quels que soient les cépages Français composants. Or, ce faciès se retrouve dans tout un groupe de cépages, dont l'origine asiatique est certaine ou probable : la Perse, l'Afghanistan ou les pays voisins, paraissent être leur pays d'origine.

Les caractères communs de ces cépages asiatiques sont : un grain ovoïde plus ou moins pulpeux; des pépins petits, de forme allongée, à bec long et grêle ; un feuillage souvent glauque et découpé, toujours à denture longue et très aiguë; des sarments cylindroïdes dès la base et souvent aplatis.

Ils se divisent en deux sous-groupes : les blancs et les rouges, qui, d'ailleurs, se reproduisent les uns par les

---

(1) Je ne partage pas l'opinion de ceux qui croient voir des Vitis se rapprochant du V. Cordifolia Mich. (Riparia) dans les Ampélidées de la craie supérieure, de l'éocène, du miocène, etc. J'y vois plutôt des espèces affines du Vinifera ou des Vitis de l'Extrême-Orient. Ainsi le V. Sezannensis se rapproche bien plus du V. Cognetiæ que du V. Cordifolia ou du V. Riparia. Quant aux Vitis quaternaires, ils me paraissent les ancêtres directs de nos vignes cultivées. Ainsi, les feuilles et les graines des dépôts pleistocènes et quaternaires de l'Ardèche : Charray, Rochessauve, le Teil, me paraissent très semblables aux feuilles et aux graines des Vinifera sauvages croissant actuellement dans la région. Du reste, les feuilles sont tellement variables, dans les Vitis, qu'on ne peut guère se fier qu'aux graines.

autres, c'est-à-dire qu'on trouve des cépages de la forme rouge dans les semis de cépages du groupe blanc, et réciproquement.

C'est dans la forme blanche que la résistance au phylloxéra est plus habituellement cantonnée.

La forme rouge, en plus des caractères communs au groupe, est caractérisée par un degré alcoolique élevé et une saveur spéciale, la saveur du Cinsaut, saveur délicieuse et pour le vin et pour la table.

On peut rapporter à la forme rouge :

1° *Shiraz* (semis de Schiradzouli de Perse), cépage des plus précoces, à grains moyens, à parfum spécial de Cinsaut, mais beaucoup plus prononcé — résistant au phylloxéra à peu près comme le Colombeau ; malheureusement les étamines sont courbes.

2° Le *Gros Ribier du Maroc*, très gros grains, ovoïdes à saveur de Cinsaut très prononcée ; ce cépage, quoique à étamines courbes, donne, à cause de la grosseur de ses grains, un produit suffisant.

2° Les *Persans* ou *Etraire* (extraterranei), à grains, pointus, ovoïdes, etc.

4° La *Syrah*, trop connue pour insister.

5° L'*Œillade* ou *Marocain*, très connu aussi.

6° Le *Cinsaut*, encore plus connu.

D'autres cépages pourraient certainement y être rapportés, notamment la *Persagne* ou *Mondeuse*, le *Pulsart*, le *Petit Ribier*, la *Mérille* ou *Boudhalès*, etc.

A remarquer que les noms confirment souvent les rapports morphologiques et l'origine asiatique.

Le second groupe, celui des cépages blancs ou plutôt blancs fort jaunes, présente des cépages à gros grains ovoïdes, pulpeux, ne prenant leur sucre qu'à maturité outrepassée ; il comprend :

1° Le *Schiradzouli* de Perse (type du groupe) à grains moyens ovoïdes, malheureusement à étamines courbes ; résistance au phylloxéra du Colombeau.

2º Le *Chasselas Miller* ou, mieux *Miller* tout court, car il n'a absolument rien du *Chasselas* ; semis de Schirad-zouli du Dʳ Miller, grains ovoïdes, durs, blancs, très jaunes, très sucrés à parfaite maturité ; résistance au phylloxéra atteignant presque celle du *Jacquez*.

3º La *Grèce blanche*, cépage du Gers, d'une excessive vigueur.

4º Un groupe de cépages blanc que j'ai reçu autrefois de Tiflis (Caucase) avec étiquettes effacées et que j'appelle pour cette raison *Tiflis*.

5º Plusieurs cépages orientaux des collectionneurs,

C'est du groupe des vinifera plus ou moins directe-ment sortis de la Perse qu'on peut rapprocher les 3/4 de sang très résistants au phylloxéra dont j'ai parlé plus haut, 84-3, 126-21, etc. Ceux de ces 3/4 de sang qui sont blancs s'y rapportent absolument, mais ceux qui sont rouges ne présentent pas le parfum particulier aux cépages *Persans*.

Je ferai remarquer que les partisans de la mosaïque pourraient m'objecter que j'ai employé surtout et, dès le début de mes hybridations, les cépages français les plus résistants, le *Portugais bleu*, le *Colombeau*, l'*Ugni noir* ou *Psalmodi*, l'*Ugni blanc*. le *Chasselas Rose*, l'*Argant*, etc., et qu'il n'est pas étonnant que les caractères d'un ancêtre commun résistant ressortent dans le cours des généra-tions hybrides. Je n'y contredis pas, car les 3/4 résistants sont plus nombreux dans ces combinaisons, mais ils existent aussi dans les autres ; aussi je ne prétends pas que tous les cépages européens aient un ancêtre commun résistant, mais quelques-uns en ont un certainement, c'est indubitable. Je me propose d'étudier, du reste, les quelques 3/4 de sang résistants, tels que 85-113 qu'on ne peut faire entrer dans la catégorie que j'appellerai Per-sane, qui est celle de la généralité des 3/4 de sang résis-tants.

Je n'ai pas besoin d'ajouter que depuis que j'ai eu en

ma possession les cépages Persans proprement dits et leurs congénères, je les ai employés largement dans mes hybridations.

M. Ravaz. — Quel genre de résistance phylloxérique présente le groupe des cépages que vous appelez *Persans ?* Ne résistent–ils pas seulement à cause de leur grande vigueur ?

M. Couderc. — Dans le groupe des cépages dits *Persans*, il y a des cépages de résistance nulle, surtout parmi les rouges : le *Cinsaut*, le *Gros Ribier*, etc.; d'autres de résistance sensible : la petite *Syrah*, les *Etraire*; d'autres enfin manifestement résistants : la *Grèce Blanche*; très résistants; le *Schiraz*, le *Schiradzouli*, le *Miller*, ce dernier bien en tête. La résistance de ces cépages est du genre de celle du Colombeau ; grosses racines, plus ou moins suffisantes, et radicelles bonnes ou très bonnes.

M. Ravaz. — Je vous ferai remarquer que le Colombeau est un cépage extrêmement vigoureux.

M. Couderc. — Certainement quelques-uns d'entre eux sont aussi extrêmement vigoureux : la Grèce blanche, le Miller ; mais d'autres sont de vigueur très moyenne, le *Schiradzouli*, ou de petits cépages, le *Schiraz*. La résistance du Miller me paraît égale à celle du Jacquez, quand le phylloxéra les attaque comparativement, alors qu'ils ont pu déjà se développer librement en dehors de son action, c'est-à-dire âgés de 15 ans au moins. On sait que, dans ces conditions, la durée de tous les Vitis et surtout des Vinifera est très augmentée. Mais si la résistance d'une vieille vigne française est bien plus longue que celle d'un jeune plantier, nous savons trop qu'elle n'en succombe pas moins. Le *Miller*, dans ces conditions, paraît, au contraire, résister indéfiniment. Quand il est planté directement en terrain phylloxéré, sa résistance est moindre, mais encore très élevée et me paraît égale à celle du *Cunningham*.

M. Ravaz. — C'est déjà très joli.

M. le Président. — L'ordre du jour est épuisé, avant de nous séparer, je dois vous donner un renseignement: par votre nombre, vous avez mis en défaut la vigilance des organisateurs. Mais, à partir de demain, nous trouverons une salle, à l'hôtel de ville, qui nous permettra d'avoir 200 auditeurs de plus, de sorte que tout le monde pourra trouver de la place.

DEUXIÈME SÉANCE. -- *Samedi 16 novembre (matin)*.

M. le Président. — Messieurs, la séance est ouverte.

Hier, je n'ai pas rempli complètement mon rôle de président. Au nom du bureau du Congrès, je prie les deux délégués étrangers qui nous font l'honneur d'assister à la séance : M. de Candolle et M. de Istvanffi, de bien vouloir prendre place au bureau.

La parole est à M. Prosper Gervais :

ROLE DE L'HYBRIDATION

DANS LA RECONSTITUTION DES VIGNOBLES

Par P. GERVAIS

Secrétaire général de la Société des Viticulteurs de France
et d'Ampélographie.

Les organisateurs de ce congrès m'ont fait le très grand honneur de rappeler une partie de mes conclusions au congrès international de viticulture de 1900.

« Si la question des porte-greffes, disais-je, peut être considérée « comme close, celle des producteurs directs reste ouverte... S'il

« est vrai que les vignes sauvages d'Amérique aient ouvert la voie de
« la reconstitution, c'est le génie français qui l'a élargie et assurée
« par les sélections rigoureuses auxquelles il a présidé, par l'apport
« de ces hybrides Américo-Américains et Franco-Américains qui
« sont son œuvre, et dont l'emploi tend à se généraliser chaque jour
« davantage dans notre pays et à l'étranger. »

En forgeant dans le creuset de l'hybridation des cépages capables
de prospérer dans tous nos sols, de répondre à tous nos besoins, de
résoudre toutes les difficultés, de surmonter tous les obstacles, les
hommes qui sont l'honneur de la viticulture française ont assumé et
accompli une tâche digne de notre admiration et de notre reconnaissance ; et c'est parce que j'ai trouvé ici une nouvelle occasion de
leur rendre un public hommage, que j'ai accepté la mission d'étudier
devant vous, et avec vous, le *rôle de l'hybridation dans la reconstitution des vignobles*.

Peu de questions agricoles ont soulevé plus de passion, plus de
controverses, ont présenté plus d'intérêt que la question des
hybrides. Elle a été envisagée par un certain nombre de viticulteurs,
elle est considérée encore par eux comme le nœud de la viticulture
nouvelle. On peut dire de cet intérêt que, loin de s'affaiblir et de
diminuer avec le temps, il n'a fait que s'accroître, parce qu'à leurs
yeux les hybrides ont paru contenir en germe la solution des difficultés d'ordre divers qui naissent à chaque pas devant nous.

Qu'il s'agisse de replanter les sols difficiles, de parer aux maladies
cryptogamiques et de se défendre plus aisément contre elles et à
moins de frais, qu'il s'agisse d'apporter à nos vins communs des
éléments qui leur font défaut, d'améliorer enfin, de parachever
l'œuvre de la reconstitution, c'est vers les hybrides qu'on tourne les
regards comme s'ils renfermaient les vertus cachées, nécessaires à
toutes ces circonstances.

Est-ce là un pur mirage ? Une illusion décevante ? Est-ce, au contraire, une vérité ou une parcelle de vérité ? Dans quelle mesure les
hybrides méritent-ils cette confiance ? Dans quelle mesure la
justifient-ils ? Sur quels faits acquis, sur quelles données positives
peut-on s'appuyer pour leur prêter de tels avantages ? A quelles
conclusions les observateurs impartiaux peuvent-ils s'arrêter ? Et
quelles solutions peuvent-ils offrir au public viticole qui les
écoute ?

La question des hybrides est née — en France — avec la vigne américaine elle-même : elle est, comme celle-ci, le fruit de la crise phylloxérique et des efforts déployés pour en triompher. Dès qu'il fut manifeste que l'emploi des vignes américaines n'était point, à lui seul, capable de résoudre le problème et de répondre victorieusement à toutes les exigences de la reconstitution, on sentit l'impérieuse nécessité de créer de toutes pièces des cépages susceptibles de les suppléer.

Un groupe d'hommes d'une rare intelligence et d'un grand savoir, au premier rang desquels il faut citer MM. Millardet et de Grasset, M. Couderc, M. Ganzin, M. Foex et l'Ecole d'agriculture de Montpellier, cherchèrent, par le croisement de nos vignes indigènes avec les vignes sauvages d'outre-mer, à produire des types nouveaux, intermédiaires aux unes et aux autres, empruntant à celles-ci leur résistance à l'insecte, à celles-là leurs fruits. Tous visaient plus particulièrement l'obtention de producteurs directs, c'est-à-dire d'hybrides se rapprochant le plus possible de nos cépages français, mais résistant au phylloxéra.

Dès 1876, l'éminent professeur à la Faculté des sciences de Bordeaux, M. Millardet, soumettait à l'Académie des Sciences l'idée d'utiliser par l'hybridation « la propriété de résistance qui doit être « héréditaire comme les particularités de structure ou de composi- « tion chimique auxquelles elle est certainement liée. » Il pensait que « ces données seraient d'une application immédiate à la produc- « tion, par l'hybridation, de nouveaux cépages tenant d'un de leurs « parents la propriété de résistance au phylloxéra, et de l'autre, les « qualités nécessaires pour produire un bon vin. »

Ce but, on le sait, ne fut pas atteint, à raison de la prépondérance exercée par le cépage américain employé soit comme père, soit comme mère, et des caractères imprimés par lui à la grappe et au fruit (extrême petitesse du grain et goût plus ou moins foxé). En revanche, quelques-uns de ces types présentèrent une telle vigueur et se comportèrent si bien vis-à-vis du phylloxéra qu'ils semblèrent pouvoir être utilisés comme porte-greffes. Les *Aramon* × *Rupestris* de M. Ganzin, le *Gamay-Couderc* et le *1202* de M. Couderc, les *33* de MM. Millardet et de Grasset, pour ne citer que ceux-là, n'ont pas d'autre origine.

La double voie que devait suivre l'hybridation fut, dès lors, nettement tracée et, en même temps qu'elle poursuivait, par d'autres combinaisons, la recherche des producteurs directs, elle s'appliquait à mettre au jour des porte-greffes répondant à la variété de nos sols, de nos climats, de nos cépages-greffons.

Cet historique des travaux de l'hybridation de la vigne ne saurait trouver place ici ; il sortirait du cadre qui m'a été tracé ; il entraînerait à des développements, à des retours en arrière sans utilité pour l'exposé pratique que je me propose. Il importe pourtant de noter qu'aux hybrideurs de la première heure d'autres n'avaient pas tardé à se joindre, — tels le docteur Davin, M. Castel, M.Malègue, M. Seibel, M. Terras. M. Gaillard, M. Jurie, et bien d'autres — dont les créations sont venues s'ajouter à celles de leurs prédécesseurs et, pour quelques-unes, rivaliser avec elles.

Elles constituent les acquisitions nombreuses qu'au cours de ces vingt dernières années a faites la viticulture, et dont nous avons à établir la réelle importance. Pour bien préciser celle-ci, et dresser le bilan de l'hybridation, divisons les hybrides en deux classes essentielles, nettement distinctes : la classe des porte-greffes ; la classe des producteurs directs.

Dans la voie des *porte-greffes*, qu'a obtenu l'hybridation ?

Dans la voie des *producteurs directs* qu'a-t-elle réalisé ?

A-t-elle acquis, ici et là, des résultats assez positifs pour s'en armer comme d'une conquête, avantageuse aux intérêts viticoles ?

C'est ce que nous allons examiner.

I

1° L'HYBRIDATION AU REGARD DES PORTE-GREFFES

Au regard des porte-greffes, l'hybridation a été particulièrement heureuse, particulièrement féconde. Elle a donné naissance à deux catégories de cépages : les *Américo-Américains* ou hybrides de d'Américains entre eux ; les *Franco-Américains* ou hybrides de Vinifera par Américain.

Les hybrides étant en général intermédiaires aux espèces qui ont concouru à leur formation, offrent le plus souvent les caractères, les propriétés, les aptitudes de celles-ci. Mais cela n'est point toujours vrai et, parfois, un caractère nouveau apparaît qui n'appartenait en propre à aucun de leurs générateurs. C'est que l'hybridation n'a point fondu les caractères des parents ; elle les a plutôt juxtaposés, superposés l'un à l'autre, formant, suivant l'heureuse expression de Naudin, de véritables mosaïques. Il suit de là que, pour juger des aptitudes d'un hybride, il ne suffit point de connaître celles des ascendants. Il faut l'étudier lui-même, parce qu'il possède une somme de qualités et de défauts par où il se caractérise et s'affirme. Il s'ensuit encore que les produits d'une même hybridation présenteront de grandes variations entre eux ; ce serait une grave erreur que de leur prêter à tous, sur le simple énoncé de leur filiation, les mêmes propriétés culturales. C'est pourquoi lorsqu'il s'est agi de déterminer l'adaptation des porte-greffes aux différentes natures de sols, il a été nécessaire de préciser, pour chacun d'eux en particulier, l'aire de cette adaptation et les conditions de son meilleur emploi pratique. Il ne saurait être question de reprendre aujourd'hui cette étude. Mais, pour arriver à mettre en lumière le rôle que joue l'hybridation dans la reconstitution du vignoble, il est indispensable, sans entrer dans le détail, de marquer en quelques mots les traits distinctifs des hybrides ou des groupes d'hybrides, et les avantages qu'ils apportent avec eux.

A ce point de vue, tous sont loin d'offrir le même intérêt : la pratique a consacré les plus méritants, et ce sont ceux-là, qui sont aussi les plus connus, qu'il importe de retenir.

Les *Américo-Américains*, comprennant de nombreux hybrides. où sont intervenus tour à tour les variétés sélectionnées des principales espèces de vignes américaines.

Ils forment autant de groupes qu'ils ont d'origines différentes : groupe des *Riparia* × *Rupestris*; groupe des *Solonis* × *Riparia* ; des *Monticola* × *Riparia* ; des *Cordifolia* × *Rupestris* ; des *Berlandieri* × *Riparia*, etc., etc., et dans chaque groupe, ils sont plus particulièrement représentés par un ou plusieurs types qu'une sélection rigoureuse a isolés et en qui se résument les plus hautes qualités du groupe tout entier.

Si, dans la reconstitution proprement dite du vignoble, on a dû, après des éliminations successives, se restreindre, dans la généralité des cas, à l'emploi du *Riparia* et du *Rupestris* — et rarement jusqu'ici du *Berlandieri*, — en revanche, dans l'hybridation, on a fait appel aux sources inexplorées ou reconnues inutilisables dans la pratique. En adoptant, en conservant le *Riparia* ou le *Rupestris* comme base, on y a joint des espèces moins connues, moins répandues : *Berlandieri, Cordifolia, Monticola*, toutes les fois que l'on a eu en vue d'apporter au *Riparia* ou au *Rupestris* des facultés qui leur manquent, ou d'atténuer leurs défauts, et de les faire servir ainsi les uns et les autres à la plantation de sols difficiles que, pris isolément, ils eussent été impuissants à aborder.

On a engendré ainsi des cépages, fils de *Riparia* ou de *Rupestris*, doués de facultés nouvelles, appelés par là à compléter l'œuvre inachevée de leurs ascendants, à la perfectionner, à la parachever en des points où, sans eux, elle fût demeurée boiteuse, instable et précaire.

A les envisager dans leur ensemble, on constate que le *Riparia* a transmis à tous les qualités essentielles qui l'ont placé au premier rang des porte-greffes venus d'Amérique, et qui lui ont valu la vogue dont il a joui et jouit encore aujourd'hui : grande facilité de reprise au bouturage et au greffage ; abondante fructification. Le *Rupestris* lui a transmis ses qualités de rusticité et d'endurance.

La juxtaposition de ces caractères essentiels de ces deux espèces se manifeste avec une extrême netteté dans le groupe des *Riparia* × *Rupestris*. Ils conviennent mieux que le *Riparia* aux sols qui souffrent un peu de la sécheresse ; ils sont essentiellement les porte-greffes des terrains intermédiaires où ne se plaisent ni le *Riparia* ni le *Rupestris*. C'est d'eux que M. Millardet a écrit : « Dans quelques « cas, un résultat à peu près inattendu s'est produit par l'apparition, « chez les hybrides, de propriétés qui manquent à leurs parents ; « c'est ainsi que les hybrides entre *Riparia* et *Rupestris* ont une « haute résistance à la chlorose calcaire, alors que chacune de ces « deux espèces prise séparément est très sensible à cette affection. « Les hybrides entre *Rupestris* × *Arizonica* semblent être dans « le même cas. » — C'est d'eux aussi que M. Couderc disait en 1894 : « Il y a peu de terrains calcaires qui ne puissent se reconstituer « avec les *Riparia* × *Rupestris*. Dans presque tous les autres terrains, ils ont d'ailleurs des avantages marqués et sur le *Riparia* « et sur le *Rupestris*, dont ils ont la plupart des qualités combinées « sans les défauts majeurs. » C'est d'eux encore que M. Verneuil écrivait dans le *Progrès Agricole*, en 1895 : « Je crois notamment « que les bons *Riparia* × *Rupestris* donneront des vignes plus « vigoureuses et plus régulièrement fructifères que celles greffées « sur *Riparia* Gloire de Montpellier ou Grand Glabre, cela dans les « terres à *Riparia*. » Rien n'est plus exact ; et c'est par là, en effet, que se caractérisent, même en dehors des terrains calcaires, les formes sélectionnées de *Riparia* × *Rupestris*, telles que *3309, 3306 101*[14]. Les vignes greffées sur ces porte-greffes sont plus vigoureuses, *plus régulièrement fructifères* que celles greffées sur

Riparia ; elles sont moins sujettes que celles-ci aux accidents de végétation (folletage, etc.).

Le groupe des *Solonis* × *Riparia* constitue, de son côté, une amélioration sensible du *Riparia* ; ils s'accommodent mieux que lui de l'excès d'humidité. Par cette hybridation, on a doté le *Solonis* de la résistance phylloxérique qui lui fait défaut ; on a étendu aux sols humides l'aire d'adaptation du *Riparia*. On a, en même temps, augmenté l'affinité de ce dernier pour certains de nos cépages. On sait, par exemple, que le *Riparia* est un porte-greffe fort médiocre du *Gamay* ; — or, les *Solonis* × *Riparia* portent, en Saône-et-Loire et en Auvergne, des greffes de *Gamay* très vigoureuses et très fruitées. La *fécondité des greffes* sur *Solonis* × *Riparia* a été si régulièrement constatée partout qu'elle peut être considérée comme la caractéristique de ce groupe.

Les *Solonis* × *Rupestris du Lot* et les *Solonis-Riparia* × *Rupestris du Lot* de M. Castel méritent une mention spéciale. Ils valent d'être mieux connus : d'une vigueur extrême, ils vont plus loin que les *Solonis* × *Riparia* dans les sols humides, et surtout dans les sols compacts ; ils craignent moins le calcaire ; de telle sorte qu'ils pourront être une utile ressource pour certains sols à la fois humides et compacts, peu ou moyennement calcaires ; ils offrent, à ce point de vue, une amélioration des *Solonis* × *Riparia*. Il est possible, en revanche, qu'ils n'aient pas, au moins au début, la fécondité des simples *Solonis* × *Riparia*.

Les hybrides de *Monticola* × *Riparia* forment un groupe extrêmement variable par les origines, les aptitudes, la valeur pratique des sujets qui le composent. Les créations de M. Couderc, de M. Castel, de M. Ravaz figurent dans les collections, mais n'ont pas encore été employées en grande culture. Il faut en excepter le *554-5* de M. Couderc qui s'est montré, dans les Charentes et ailleurs, très résistant à la chlorose et à la sécheresse. Les *Colora tos* et le *Taylor-Narbonne* qui paraissent pouvoir être rattachés au groupe des *Monticola* × *Riparia* sont des plantes venues de semis ; leur emploi est fort limité. Le *Monticola* étant une plante des calcaires crayeux très secs, son hybridation avec le *Riparia* devait, semblait-il, donner naissance à des porte-greffes parfaitement adaptés à ces natures de sols. Jusqu'ici, et hormis pour le *554-5*, ces prévisions ne se sont pas réalisées.

Il n'en va pas de même du groupe des *Berlandieri* × *Riparia*, où l'hybridation a amené les résultats les plus complets, les plus concluants. Elle a rendu facilement utilisables et mis à la portée de tous les facultés éminentes qui distinguent le *Berlandieri*, et il n'est peut-être pas de point où elle ait rendu à la viticulture de plus important service. Par ces cépages, la question de reconstitution des terrains très chlorosants ou les plus chlorosants s'est trouvée résolue, en dehors de l'intervention même du *Berlandieri* pur, à l'extension duquel de nombreux obstacles n'ont cessé de s'opposer. Et elle a été résolue de la façon la plus heureuse, en ce que, en conférant à ces hybrides la facilité de reprise au bouturage et la rapidité de mise à fruit du *Riparia*, elle les a en même temps investis de la haute résistance à la chlorose du *Berlandieri*, et des qualités de fructification qui classent ce cépage hors de pair. Les reproches qui ont pu être adressés avec raison au *Berlandieri* tombent d'eux-même vis-à-vis des *Berlandieri × Riparia*. Ici, *plus de difficulté au bouturage* ; *plus de lenteur d'évolution*. En revanche, même fécondité, même *fructification abondante et soutenue*, même *perfection dans le développement et la maturation des fruits*.

Les hybrides de *Berlandieri* ont ceci de remarquable que tous participent plus ou moins à ces qualités essentielles d'affinité et de fructification ; chez aucuns, cependant, elles ne s'accusent avec plus de netteté que chez les *Berlianderi × Riparia*. De nombreux exemples ont établi que ces porte-greffes communiquent à leurs greffons les qualités dont je parle, et que, dans la plupart des cas, ils avancent la maturité de quelques jours sur les autres porte-greffes, même sur les *Riparia × Rupestris*. Comparativement aux *Franco-Américains*, et notamment aux *Franco-Rupestris*, cette avance n'est point inférieure à une huitaine de jours ; précieux avantage sur lequel nous aurons à revenir tout à l'heure pour en tirer les conséquences pratiques qu'il comporte!

Nous le retrouvons, bien qu'à un moindre degré, chez les hybrides de *Cordifolia*. Les *Cordifolia × Riparia* — dont le n° 125 de la collection de MM. Millardet et de Grasset est à peu près seul à retenir — jouissent, eux aussi, de cette *beauté dans la fructification* et dans les fruits, de cette *maturité hâtive*. Le *Cordifolia* étant une des plus grandes espèces de vignes des États-Unis, une de celles qui supportent le mieux la sécheresse du climat et l'aridité du sol, il est naturel que ses hybrides soient désignés pour les sols ingrats, secs, surtout argileux, où le *Riparia* ne peut venir. Il en est de même des *Cordifolia × Rupestris* et tout particulièrement du *Riparia × Cordifolia-Rupestris* n° 106⁸ de la collection Millardet, merveilleusement adapté aux sols compacts, durs, secs, d'une pénétration difficile. Il est regrettable que ces groupes d'hybrides soient si peu connus, si peu employés.

A ces groupes d'hybrides, il convient d'ajouter les hybrides *Rupestris* × *Berlandieri* ; d'*Æstivalis* × *Riparia* ; d'*Æstivalis* × *Rupestris* ; de *Cinerea* × *Rupestris* ; de *Rupestris* × *Arizonica* ; enfin quelques hybrides complexes tels que les *Solonis* × *Cordifolia-Rupestris* et les *Riparia-Rupestris* × *Berlandieri* des collections de M. Malègue et de M. Daignière.

Passons maintenant à la seconde catégorie des porte-greffes hybrides, celle des *Franco-Américains*. Nous y trouvons beaucoup d'appelés et peu d'élus.

La base de cette série d'hybridations a été la règle suivante formulée par M. Couderc au Congrès de Mâcon en 1882 : « L'hybrida-« tion d'un cépage non résistant par un cépage indemne ou très « résistant peut produire des individus indemnes. » Règle consacrée plus tard par le Congrès de Montpellier (1893). « L'hybridation d'une « espèce résistante avec une espèce de résistance nulle peut donner « le plus souvent des variétés non résistantes et, dans des cas « exceptionnels, des hybrides bien résistants. »

L'expérience, suivant l'expression de M. Millardet, a réalisé ces promesses théoriques, et tout le monde connaît aujourd'hui le porte-greffes *Franco-Américains* qui, après de longues années d'expérimentations et d'épreuves diverses, ont fini par être admis dans la grande culture.

Le nombre, à la vérité, en est petit, et quand on considère le prodigieux effort auquel ils sont dus, on est tenté de penser que, sur les centaines de milliers de semis pratiqués par nos hybrideurs, le chiffre de ceux qui ont survécu est insuffisant. On oublie que, sur cette masse de créations, quelque méthodiques qu'elles aient pu être, la sélection naturelle d'abord, puis les perquisitions, les recherches, les études se sont tour à tour exercées, éliminant impitoyablement tout ce qui ne paraissait pas répondre de façon parfaite à l'objectif visé. Y a-t-il là rien qui soit de nature à faire suspecter ceux qui ont été conservés ? En quoi leur valeur pourrait-elle en être diminuée ? Est-ce que la masse des vignes sauvages qui nous sont venues d'Amérique ont été adoptées telles quelles ? N'a-t-il pas été nécessaire de procéder à des éliminations successives, pour isoler les formes les plus pures ou les meilleures, et s'en tenir finalement à celles-là ?

Parmi les hybrides Franco-Américains, il faut distinguer entre le *demi-sang* ou hybrides de première génération, et les *trois-quarts de sang* ou hybrides de la seconde génération

Les premiers peuvent être ramenés à trois groupes principaux : les *Vinifera Riparia* ; — les *Vinifera Rupestris*; — les *Vinifera-Berlandieri*.

Les *Vinifera Riparia*, dont quelques types seulement, tels que les *Aramon×Riparia*, de M. Couderc et de MM. Millardet et de Grasset et les *Alicante-Bouschet × Riparia* de MM. Millardet et de Grasset ont été essayés sur divers points, ont montré une grande résistance à la chlorose calcaire, une excellente affinité avec nos cépages indigènes. Mais ils n'ont pris aucune extension parce qu'ils ont moins bien répondu que les *Vinifera × Rupestris* aux desiderata des viticulteurs : ils ont presque partout cédé le pas aux *Vinifera-Rupestris*.

Ceux-ci se sont affirmés, en effet, dès le début, par des qualités de premier ordre : adaptation parfaite à tous nos sols et à tous nos greffons ; bonne résistance à la sécheresse ; grande rusticité ; vigueur extrême. Tout le monde connaît les variétés de ce groupe que leurs aptitudes particulières ont fini par imposer à l'attention de tous et ont fait accepter non seulement sur les divers points de la France viticole, mais encore partout à l'étranger. Ce sont les *Aramon × Rupestris* de M. Ganzin ; le *Mourvèdre × Rupestris n°* 1202, et les *Bourrisquou × Rupestris n°*s 601 et 603 de M. Couderc ; les *Cabernet × Rupestris n°* 33 de MM. Millardet et de Grasset.

On a reproché à ces cépages de communiquer à leurs greffons une fructification souvent irrégulière, toujours moins précoce que celle des greffes sur *Riparia* ; on leur a reproché aussi de retarder la maturité d'une façon sensible, comparativement aux greffes sur *Riparia* ou hybrides américains de *Riparia*. Sur le premier point, il convient d'observer que l'excès de vigueur des *Franco-Rupestris* retarde évidemment la mise à fruit, et qu'il faut demander à une taille appropriée les récoltes que l'on est en droit d'en attendre ; au surplus, le fait n'est pas exact toujours et partout, et l'expérience a prouvé que, dans certains cas d'une affinité toute particulière, la fructification ne laissait rien à desirer. Exemples : L'affinité de l'*Aramon × Rupestris n°* 1 pour le « chasselas », celle du *1202* pour « l'Aramon », celle du *603* pour le « Muscat » de Frontignan. Avec l'âge, d'ailleurs, la fructification des greffes sur *Franco-Rupestris* se régularise et s'accroît. Sur le second point, il faut se borner à en constater l'exactitude ; nous essaierons tout à l'heure de déterminer qu'elle est la portée réelle de ce retard dans la maturité, et l'importance qu'il convient de lui attribuer.

Les *Vinifera Berlandieri*, créés en vue de la reconstitution des terrains les plus chlorosants, ont bien réellement réalisé ce but ; ils viennent partout greffés, même dans les sols crayeux, aussi bien que la vigne française franche de pied : ils portent des greffes très fertiles, à maturité plus hâtive que celles des *Franco-Rupestris*, très voisine de celles sur *Riparia*. Le sang de *Berlandieri* a imprimé ici encore ses caractères habituels d'*affinité* et de *fructification*. La seule variété de ce groupe qui soit cultivée en grand est le *Chasselas-Berlandieri n° 41 B* de MM. Millardet et de Grasset. Le *Cabernet × Berlandieri n° 333* de l'École d'Agriculture de Montpellier a été abandonné, bien qu'il ait fait preuve, sur quelques points, des plus sérieuses qualités.

Il est hors de doute que si la résistance phylloxérique des Franco-Américains n'avait pas été discutée, ou même niée, ces cépages auraient pris une extension qu'a paralysée la crainte de les voir succomber aux attaques de l'insecte. Cette crainte — au moins pour les variétés selectionnées qui viennent d'être citées — me paraît chimérique ; j'ai dit ailleurs les raisons qui militent en faveur de cette résistance et je n'ai point à y revenir. Une semblable discussion serait ici sans objet. Sans doute, envisagés dans leur ensemble, les Franco-Américains ne présentent qu'une résistance insuffisante, mais comme la résistance, il est bon de le rappeler, est un attribut de l'individu dans l'espèce et non de l'espèce toute entière, il n'est pas surprenant que certains Franco-Américains puissent être déclarés par leurs auteurs, M. Millardet, M. Couderc, M. Ganzin, M. Castel, aussi résistants dans la pratique que les *Riparias* ou les *Rupestris*.

Et cette *résistance pratique* que j'ai définie, en en fixant les termes, il n'est pas niable que quelques très rares Franco-Américains ne la possèdent tout entière.

Théoriquement, elle devait être plus élevée encore dans les hybrides de seconde génération, c'est-à-dire dans les trois-quarts de sang américain ; mais, précisément parce que la résistance est une propriété individuelle, rien n'est venu jusqu'ici démontrer qu'il en soit ainsi.

Comme, dans une série d'hybridations successives, c'est toujours le dernier et nouveau cépage qui intervient dans le croisement qui exerce une influence prépondérante, il était naturel de reprendre les meilleurs hybrides Franco-Américains de première génération par un Américain pur, de façon à leur imprimer un caractère nouveau emprunté à celui-ci. C'est ainsi qu'ont été créés un grand nombre d'hybrides dérivés à 3/4 de sang américain, dont quelques-uns commencent à être connus ; signalons par exemple les hybrides de *1202* × *Berlandieri*, de *Vinifera-Rupestris* × *Berlandieri*, de *Vinifera-Rupestris* × *Riparia* Gloire de la collection de M. Castel ; — les *601* × *Monticola* et les *Gamay Couderc* × *Riparia* Gloire de la collection de M. Couderc ; — Enfin les *Berlandieri* × *Aramon-Rupestris* n° 1, de la collection de M. Malègue. Ces derniers hybrides méritent une mention particulière : très vigoureux, très résistants à la chlorose et à la sécheresse, très fructifères, d'une bonne reprise au bouturage et au greffage , ils paraissent appelés à rendre de réels services. Ils constituent, avec les *Berlandieri* × *Riparia-Rupestris gigantesque*, du même hybrideur, dont j'ai parlé plus haut, d'excellents porte-greffes qu'il serait bon d'essayer à côté des autres hybrides de *Berlandieri* plus anciennement connus. S'il m'était permis d'apporter à ce Congrès un fait nouveau, je dirais qu'il le faut chercher dans ces hybrides de M. Malègue et aussi dans le groupe des *Solonis* et *Solonis-Riparia* × *Rupestris du Lot* de M. Castel qui, à un autre point de vue, sont dignes également de trouver place dans la reconstitution.

En somme, au regard des porte-greffes, l'hybridation nous a dotés de deux catégories de cépages : les Américo-Américains, les Franco-Américains, doués, les uns et les autres, de propriétés particulières qui les caractérisent, les personnifient, les distinguent et les désignent, suivant les cas, au choix des viticulteurs.

La supériorité que présentent, d'une façon presque constante, les hybrides sur les Américains purs, tient essentiellement à leurs facultés d'adaptation et d'affinité. S'il est vrai que cette supériorité ne soit pas commune à tous les hybrides de la même génération, qu'elle soit personnelle, particulière à chacun et réponde à une qualité pour ainsi dire exaltée en lui, on s'explique qu'elle varie d'un groupe à un autre, mieux encore, d'une catégorie à une autre et que, suivant les circonstances ou les conditions culturales, il la faille chercher tantôt chez les Américo-Américains, tantôt chez les Franco-Américains. Les uns et les autres sont, le plus souvent, la solution d'un même problème, ils jalonnent des routes parallèles conduisant, semble-t-il, au même but et entre lesquelles il est permis d'hésiter. Pour *l'adaptation* les Américo-Américains offrent, au même degré que les Franco, des ressources pour tous les sols, pour tous les climats ; tout se résume, dans la plupart des cas, en une question de nuances négligeables dans la pratique. Mais, pour *l'affinité*, il est manifeste qu'elle est plus étroite, d'une façon générale, avec les Franco-Américains qu'avec les autres. Cette supériorité découle toute entière des principes mêmes de l'affinité : *la plus grande affinité est celle qui se traduit par un état tel que le cépage régète et se comporte comme s'il était franc de pied* ; et cet état se produira d'autant plus sûrement que le porte-greffe ayant du protoplasma, de la sève de vinifera, se rapprochera davantage de nos vignes indigènes : c'est le cas pour les porte-greffes Franco-Américains. On s'explique, dès lors, aisément que, chez certains Franco-Américains, spécialement chez les *Franco-Rupestris*, la fructification soit moins abondante *durant les premières années*, et moins régulière que sur les Américo-Américains, pareillement que la maturité soit moins hâtive que chez ces derniers. L'affinité plus parfaite fait que la vigne greffée sur Franco tend à se comporter presque de la même manière que si elle était franche de pied : or, le Vinifera franc de pied ne fructifie régulièrement qu'au bout de quelques années. Le point est donc de savoir si cette fructification plus régulièrement abondante et cette maturation plus hâtive chez les Américo-Américains constituent en leur faveur un avantage qui doive, dans la plupart des cas, les faire préférer aux Franco-Américains ? Je ne crois pas que la question ait jamais été posée avec cette netteté, et ce serait pour ce congrès un résultat sérieux que de la résoudre.

Antérieurement (1), j'ai émis l'avis que, pour les pays à grande production, tels que nos départements du Sud-Est, les Américo-Américains seraient, *en général*, préférables, mais que, dans les régions à grands vins, la situation étant différente, il pouvait en être autrement. Je ne suis pas mieux en mesure aujourd'hui d'apporter la solution du problème.

Mais en voici quelques éléments :

A mesure qu'on est entré plus avant dans l'étude de nos nouvelles vignes greffées et des conditions qui, réglant leurs rapports avec leurs porte-greffes, président à leurs modes de végétation et de fructification, on s'est aperçu que, pour un seul et même cépage greffon, la fertilité varie d'après le porte-greffe ; que le porte-greffe exerce

---

(1) Congrès de Saumur (1897); Congrès de Lyon (1898); — Congrès international d'agriculture de Lausanne (1898).

une influence sur la constitution, le développement, la croissance, la beauté du fruit et sur la maturité des raisins; qu'il augmente ou diminue leur teneur en sucre et que, par conséquent, il a un effet sur le produit final, c'est-à-dire sur les qualités du vin.

Mon éminent collègue et ami M. Castel, dans les rapports qu'il a présentés à notre Société des Viticulteurs de France, a mis en lumière ces faits — j'allais dire ces vérités. — Je les ai moi-même signalés au Congrès international de Viticulture de 1900, et ils n'ont point soulevé de contradiction. Qu'il me soit permis de les rappeler : « Non seulement, disais-je, la teneur en sucre, l'état de maturité, la « perfection dans le développement et la maturation du fruit varient « d'un porte-greffe à un autre, mais encore il en est qui impriment « à leurs greffons certaines modifications dans la forme du fruit et « l'aspect général, alors que d'autres conservent à leurs greffons « leur physionomie originale, et reproduisent celle-ci d'une manière « aussi exacte que si le greffon était franc de pied ; tel est le cas, par « exemple, de l'*Aramon* greffé sur *1202* et sur *Aramon* × *Rupes-* « *tris* n° *1* ; et c'est pourquoi j'ai dit de ces deux cépages qu'ils « étaient, dans les sols qui leur conviennent, d'admirables porte- « greffes de l'*Aramon*. Il y a, suivant moi, dans cette reproduction « identique du type de greffon par le porte-greffe une indication — « la plus haute peut-être — d'une excellente affinité ! J'ai observé, « par contre, que le *Rupestris du Lot* modifiait quelque peu le fruit « de l'*Aramon* : la grappe en devient plus lâche, plus allongée ; « pareille observation a été faite en Bourgogne, au clos Vougeot, pour « le *Pinot...* »

Aussi, serai-je très porté à considérer le *Rupestris du Lot* comme un des porte-greffes les plus médiocres pour les régions à grands vins.

Par contre, si l'on se rappelle ce qui a été dit ci-dessus des hybrides de *Berlandieri* et des qualités éminentes qui les distinguent et les caractérisent, savoir : fructification abondante et surtout perfection dans le développement et la maturation du fruit, on est amené à penser que, abstraction faite de l'adaptation, ces hybrides devraient être les porte-greffes types des *cépages à grands vins*, à raison de l'influence qu'ils ne sauraient manquer d'exercer sur la qualité du produit. Il en devrait être de même, suivant moi, bien qu'à un moindre degré, avec les hybrides de *Cordifolia* qui n'ont pas encore, à ma connaissance, été signalés à ce point de vue.

Dans son étude sur le *Berlandieri et ses hybrides*, M. Guillon, directeur de la station viticole de Cognac, a insisté sur ce fait que les greffes sur hybrides de *Berlandieri* ont toujours une maturité régulière et précoce, et que les fruits qu'ils portent mûrissent très sensiblement avant ceux obtenus sur d'autres porte-greffes. M. Guillon, à l'appui, cite entre autres l'observation suivante : « A Mars- « ville, alors que les raisins sur *1202* se présentaient sous l'aspect « verdâtre ordinaire de la Folle, les raisins de ce dernier cépage sur « *34 Ecole* étaient beaucoup plus dorés. Cet aspect, qui caractérisait « une richesse en sucre plus abondante chez l'un que chez l'autre, « était très nettement indiqué par l'analyse du moût. Le moût des « greffes sur *1202* décélait au mustimètre une richesse en sucre qui « correspondait, pour le vin fait, à 8° 8 d'alcool, alors que celui des « greffes sur *34 Ecole* donnait 10° 5 d'alcool. L'inverse se produisait « naturellement pour l'acidité. L'acidité exprimée en $SO^4 H^2$ était, « pour le *1202* de 8.58 et pour le *34 Ecole* de 7.28... Ces différences « entre les greffes de *1202* et de *34 Ecole* ont été observées sur des « greffes de 5 ans, placées évidemment dans les mêmes conditions, « dans un sol dosant 55 °/₀ de calcaire ».

J'espérais apporter moi-même au congrès quelques documents à ce sujet ; je m'étais promis d'effectuer, au cours des vendanges, des analyses comparatives entre des moûts de greffes d'*Aramon* sur *157-11*, sur *3310*, sur *3309*, *1202*, *1616*, sur *Taylor-Narbonne* et *Riparia Gloire*, plantés côte à côte parallèlement et comparativement dans un de mes champs d'expériences des Causses. Par malheur, nos vendanges se sont faites dans des conditions si défavorables que je n'ai point eu le loisir de réaliser ce projet. Ces analyses seront pratiquées ultérieurement et publiées. Ce que je puis dire, c'est que mes observations personnelles au point de vue de l'avance et de la perfection de maturation, confirment en leur entier celles de M. Guillon. Cette avance est, dans l'Hérault, de 8 à 10 jours pour le *Berlandieri* et ses hybrides américains comparés aux *Franco-Rupestris*, et de 4 à 5 jours pour ces mêmes porte-greffes comparés aux *Riparia* × *Rupestris*. Le fait est de médiocre importance peut-être sous le climat du Midi, et négligeable au point de vue cultural, mais, dans les régions du Nord-Est, du Centre et de l'Ouest, en est-il de même ?

Si l'on pose la question aux viticulteurs de ces régions, ils sont pour ainsi dire unanimes à répondre que cette avance de maturité, encore plus sensible sous leur climat, constitue, à leurs yeux, un avantage des plus sérieux ; ils ajoutent que la qualité du produit n'en reçoit aucune atteinte. Ils inclineraient à attribuer, de ce chef, une certaine supériorité aux hybrides *Américo-Américains* et *Franco-Américains*.

M. Couderc, devant la haute autorité et la compétence de qui tout le monde s'incline avec déférence, a, dans une publication récente, formulé publiquement son avis sur cette question. « Les *Américo-* « *Américains*, écrit-il, ont l'avantage de porter beaucoup et rapide- « ment leurs greffons au fruit et d'en hâter la maturité ; par « contre, la couleur et le degré alcoolique final, la vinosité et la « saveur, c'est-à-dire la qualité du vin, est sensiblement diminuée...

« Le greffage produit un effet analogue à l'incision annulaire, et « d'autant plus que greffon et porte-greffe ont moins d'affinité : 1° « augmentation du volume du grain et, par là, raisin plus gros, plus « serré, s'aérant, se colorant mal et plus sujet à pourrir ; 2° matura- « tion hâtée et brusque ; 3° accumulation des matières albuminoïdes « dans le fruit. On sait la vogue qu'a eue jadis l'incision annulaire, « vogue qui, périodiquement, renaît sous l'impulsion de quelque « apôtre nouveau, pour être de nouveau condamnée par la pratique. « L'apôtre, en général, appuie son enthousiasme d'une analyse ; il a « incisé la moitié des bras d'un cep et non les autres, il a cons- « taté les différences de grosseur et de maturité sus-indiqués, alors « il dose le sucre sur les bras incisés comparativement aux autres « et trouve plus de sucre dans les raisins du premier. Ceux qui déni- « grent, à l'aide d'analyse, les *Franco-Américains*, ne font pas autre « chose que des analyses comparatives de cet acabit, tandis que le « problème vrai consiste à chercher le maximum de sucre dans « chaque porte-greffe et l'époque de ce maximum, c'est-à-dire, à « faire une série de dosages régulièrement espacés. Pour l'incision « annulaire, comme pour le greffage comparatif sur *Américains* et « *Franco-Américains*, on trouve alors que le maximum arrive plus « tard, mais est plus élevé pour le cep non incisé ou pour le porte- « greffe le plus affiné à son greffon, c'est-à-dire le *Franco-Améri-* « *cain* ou l'hybride tel que le *Vialla* dans lequel un des compo- « sants joue le rôle de *Vinifera*.

« *Les trop fortes fumures* altèrent la qualité du vin ; on s'en « abstenait soigneusement autrefois dans les vignobles de quelque « mérite. Les *Américains* et les *Américo-Américains* ne peuvent « s'en passer sous peine de dépérissement rapide.

« Quand une vigne souffre de la *sécheresse* en été, la qualité du « vin est presque aussi diminuée que par l'excès d'humidité de l'air

« ou du sol ; or, les *Américains* et les *Américo-Américains* crai-
« gnent tous la sécheresse. Les *Vinifera* ne la craignent pas du tout
« et les *Franco-Américains* ont hérité plus ou moins de cette pré-
« cieuse qualité.

« Le vin des anciennes vignes s'améliorait de plus en plus avec
« *l'âge* de celles-ci, celui des greffes sur *Américo-Américains* a
« tout de suite sa qualité, bien médiocre d'ailleurs, et le vignoble
« greffé passe sans transition de la jeunesse à la décrépitude, si de
« fortes fumures n'interviennent pas.

« En résumé, les greffes sur *Franco-Américains* se rapprochent
« plus des anciennes vignes que celles sur *Américo-Américains* et
« participent dans une mesure plus ou moins grande de leurs qua-
« lités : venir dans tous les terrains, résister à la sécheresse, se
« passer de fortes fumures et faire des vins divers et non uniformes,
« ayant toute la qualité que le cépage et la situation du vignoble
« comportent. »

On me pardonnera cette citation un peu longue peut-être, mais
que je me serais fait scrupule d'abréger, de crainte d'affaiblir la
portée des observations de M. Couderc, et du jugement porté par lui
sur la valeur des hybrides *Américo-Américains* et *Franco-Américains* au point de vue de la qualité des produits.

Je soumets ces opinions différentes et ces diverses considérations
à l'examen du congrès. Sans vouloir prendre parti entre elles, je
persiste à penser plus que jamais que, *pour les vignobles à grande
production du midi de la France et, d'une façon générale*, la
voie des *Américo-Américains* est préférable à celle des *Franco-
Américains*.

II

L'HYBRIDATION AU REGARD DES PRODUCTEURS DIRECTS

Je me reprocherais d'empiéter sur le terrain réservé à mon
excellent collègue et ami, M. le docteur Michon, qui doit traiter ici,
et en son entier, la question des producteurs directs passés, présents
et futurs.

Il ne m'est pas possible cependant, sous peine d'être trop incom-
plet, de ne pas dire au moins quelques mots de ces hybrides, et de
ne pas marquer, en quelques traits rapides, le rôle de l'hybridation
à leur égard.

Si, de ce côté, l'hybridation n'a pas été moins active que du côté des porte-greffes, il faut reconnaître en toute sincérité qu'elle a été moins heureuse. Le but était aussi plus difficile à atteindre.

Si, théoriquement, il n'est pas impossible d'obtenir des hybrides à très haute résistance à l'insecte par leurs racines et à saveur française par leurs fruits — parce que la résistance des racines d'un des parents et la saveur française de l'autre peuvent avoir été transmis dans leur intégrité à une même plante — pratiquement ces conditions ne se sont *peut-être* réalisées nulle part encore d'une manière absolument complète, et la question reste en suspens.

D'autant mieux qu'à ces premières exigences sur la résistance à l'insecte et la saveur du fruit sont venues, par la suite, s'en ajouter de nouvelles ; on a demandé aux hybrides producteurs directs de résister aux maladies cryptogamiques en même temps qu'à l'insecte ; on a accru ainsi les difficultés de la tâche au point que quelques-uns, dans la hâte d'aboutir, ont fini par sacrifier la résistance à l'insecte pour s'en tenir au fruit et à la résistance aux maladies cryptogamiques. Pour ces viticulteurs, l'obtention de *producteurs-greffons* était jugée suffisante.

On ne peut qu'admirer l'ingéniosité, la souplesse, la diversité des combinaisons auxquelles l'hybridation a fait appel, la merveilleuse fécondité dont elle a témoigné : hybrides de première génération ou de *demi-sang* ; hybrides de seconde génération dits à *trois-quarts de sang Vinifera* ; croisements de demi-sang entre eux ; hybrides ternaires (*Américo-Américains* $\times$ *Vinifera*) ; croisements des 3/4 de sang par les 1/2 sang ; croisement des hybrides américains entre eux, elle a tout mis en œuvre, tout tenté, tout essayé, semant à pleines mains, avec les graines de ses produits, les trésors d'intelligences d'élite acharnées à leur œuvre et qu'aucun insuccès n'a pu rebuter ou abattre. Voici que la moisson lève. Déjà, quelques épis mûrs ont été cueillis : sont-ils bien ce qu'on attendait ?

D'après M. Castel, les producteurs directs doivent présenter les caractères suivants : 1º Grande résistance à l'insecte ; — 2º Adaptation au sol du vignoble ; — 3º Teneur élevée en sucre ; — 4º Grande fertilité, grappes nombreuses et dimensions des grappes et des grains ; — 5º Maturité précoce ; — 6º Grande résistance aux maladies cryptogamiques ; 7º Finesse de goût ; 8º Coloration des grappes ; — 9º Conditions de cultures favorables, reprise facile au bouturage débourrement tardif ; résistance aux gelées ; résistance aux accidents de végétation, absence de coulure, port des sarments, aoûtement facile des bois.

M. Castel pense que ces producteurs directs nous seront donnés par des hybrides à trois-quarts de sang français. M. Couderc le croit aussi ; mais il ajoute que la voie où l'hybridation lui paraît devoir être la plus féconde (1) est celle qui consiste à hybrider les trois-quarts de sang les plus résistants au phylloxéra par des demi-sang. On obtient ainsi des produits qui ont un feuillage à *faciès* américain, n'ayant pas tout à fait la résistance aux maladies des demi-sang mais à peu près, et des raisins presque semblables à ceux des trois-quarts de sang, c'est-à-dire à *faciès* et à goût français.

En ce qui concerne la résistance aux maladies cryptogamiques et plus particulièrement à la plus redoutable d'entre elles, au black-rot, M. Castel souligne l'importance qu'il y attache : « La raison d'être « des producteurs directs, écrit-il, est de présenter une grande « résistance au black-rot et de pouvoir se défendre d'eux-mêmes « avec de légers traitements au sels de cuivre, dans des milieux « défavorables où les cépages français, malgré les soins les plus « minutieux, ne peuvent conserver leur récolte. Si nous ne pouvions « compter, chez les producteurs, sur leur haute résistance au black- « rot, il conviendrait de les abandonner et de continuer à cultiver, « sur de bons porte-greffes, nos vieux cépages français qui ont fait « la réputation de nos vins. » Et il ajoute que « pour obtenir des « hybrides résistants au Black-rot, il faut prendre pour point de « départ un hybride de *Vinifera-Rupestris* déjà doué d'une « grande résistance à cette maladie et l'hybrider de nouveau avec « un cépage très résistant. »

Ainsi définie, l'œuvre à réaliser est complexe, touffue, de longue haleine, et l'on s'explique facilement qu'elle n'ait pu être achevée du premier coup.

C'est surtout du *Rupestris* que nos hybrideurs se sont servis comme facteur américain, à raison de sa grande vigueur, de sa rusticité, de sa résistance à l'insecte, de son feuillage sain et résistant aux maladies cryptogamiques, de ses raisins à saveur franche et sucrée. Pourtant M. Couderc a obtenu des produits si remarquables avec le *Cordifolia* que, depuis quelques années, il fait intervenir ce cépage dans presque toutes ses hybridations.

---

(1) Communication à la Société des Agriculteurs de France, 1900.

On sait que M. Seibel a pris pour base principale de ses croisements le *Lincecumii* × *Rupestris*, et pour ses hybrides à trois-quarts de sang Vinifera l'*Aramon* × *Rupestris Ganzin* nº 1.

M. Oberlin est le seul peut-être qui se soit adressé le plus souvent et de préférence au *Riparia*.

En tout cas, les producteurs directs actuellement les plus répandus sont des hybrides du *Rupestris* ou des dérivés de *Rupestris*.

Dans la collection de M. Couderc, on peut citer les nᵒˢ 132-11 ; — 28-112 : — 126-21 ; — 4,401 ; — 82,32 ; — 117-3 ; — 199-88, etc.

Dans la collection de M. Seibel, on peut citer également les nᵒˢ 1 ; — 14 ; — 14 ; — 29 ; — 128 ; — 156 ; — 209 ; — 2,044, etc.

Dans celle de M. Castel : les nᵒˢ 13-317 ; — 13-320 ; — 3-917 ; — 11-115 ; — 11-113, etb.

Dans celle de M. Ganzin : la *Clairette dorée* et l'*Alicante Ganzin*, cultivables seulement sous le climat de l'olivier.

Puis l'*Alicante* × *Rupestris Terras* nº 20 ; enfin, à côté de ces produits de l'hybridation savamment conduite, les gains que le hasard nous a procurés ; un seul vaut une mention spéciale, l'*Auxerrois* × *Rupestris*, très vanté, beaucoup trop vanté sans doute, et que sa coulure persistante a un peu déconsidéré ; des sélections ont été faites de cet hybride, où ce défaut semble s'atténuer ; M. Chenivesse croit à l'avenir de son *Jouffreau* à grappes plus compactes, à raisins plus beaux, plus précoces que ceux du véritable *Auxerrois-Rupestris*. Un travail de sélection est encore nécessaire de ce côté avant de permettre une appréciation définitive.

J'arrête là cette brève nomenclature que M. le Dʳ Michon aura soin de reviser, de compléter, de mettre au point. On peut dire sans exagération qu'aucun de ces cépages ne réalise complètement le programme tracé par M. Castel.

Tel quel, le tableau de nos producteurs directs est nettement encourageant ; c'est, si l'on veut, un magnifique lever de rideau, rien de plus. Le merveilleux oiseau bleu dont la gracieuse image a été évoquée ici même par notre éminent ami Roy-Chevrier, se tient toujours discrètement caché au fond de son bois épais, et il est permis de se demander s'il n'en va pas de lui comme de l'oiseau bleu de la fable ou de la légende, mystérieux symbole que nos pères nous ont transmis, gage d'espérance, légende à la fois charmante et naïve qu'il faut pieusement conserver comme toutes les légendes, parce qu'elles sont le fond des vagues et intraduisibles aspirations de l'humanité vers les réalités qui lui échappent.

En résumé, si les vignes sauvages d'Amérique ont été le point de départ de l'évolution gigantesque que subit la viticulture, l'hybridation en aura été le levier puissant et l'instrument le plus fécond, en même temps qu'elle en sera très vraisemblablement l'expression finale et définitive.

La vigne américaine n'apparaîtra plus, en ce moment, que comme l'un des facteurs du problème que le génie de nos hybrideurs sera parvenu à résoudre.

Ainsi se trouverait justifiée cette parole de Pulliat — dont il me plaît d'évoquer la belle figure, ne fût-ce que pour rendre hommage à la Société régionale de Viticulture de Lyon dont il fut l'un des membres les plus éminents — prophétisant que le greffage de la vigne sur porte-greffe américain ne serait qu'une période de transition, au bout de laquelle de nouveaux cépages résistants, issus de l'hybridation ou du semis, asseoiraient définitivement une ère nouvelle.

On peut douter de la réalisation de ce rêve. Ce qui n'est pas contestable, c'est le progrès apporté par l'hybridation aux nouvelles méthodes de culture de la vigne basées sur l'emploi des cépages américans, qu'elle a perfectionnés, transformés, pliés à toutes les exigences de nos sols, de nos climats et de nos cépages. Ainsi que l'a dit Dutailly : « Toutes les fois qu'un hybride se forme, le type « primitif fait un progrès puisqu'il fait un pas dans la voie de « l'adaptation ; mieux un être est accommodé aux conditions de « milieu, moins il court le risque d'être détruit par elles. »

Pour qui s'applique à juger les choses d'un peu haut, avec impartialité et sans parti-pris, le rôle de l'hybridation dans la reconstitution des vignobles apparaît, dès lors, comme essentiellement salutaire et bienfaisant, apportant et entraînant avec lui tout un cortège d'améliorations pratiques qui font de la viticulture nouvelle quelque chose de bien plus compliqué, mais de bien plus parfait aussi que l'ancienne.

Si je ne craignais d'être mal compris, j'oserais presque dire qu'il n'est pas jusqu'à la crise dont nous souffrons aujourd'hui si cruellement, qui ne puisse, en quelque mesure, y trouver un léger remède. S'il est vrai que l'exagération des plantations, la surabondance des récoltes, la poursuite des gros rendements, la pléthore d'une production mal réglée, en désaccord manifeste avec la consommation, soient au nombre des causes essentielles qui ont entraîné cette crise et menacent de la perpétuer, il n'est pas niable que le premier et important effort de la viticulture doive tendre, sur tous les points, à l'amélioration du produit, c'est-à-dire avant tout et par-dessus tout à la qualité du vin. Pour cet effort utile et nécessaire, l'hybridation offre des ressources variées et nombreuses; désormais, il ne suffirait pas seulement de choisir des cépages-greffons de qualité, il conviendrait encore de leur adjoindre des porte-greffes capables d'assurer cette qualité, même de l'accroître. Pour les producteurs directs, la recherche de ceux susceptibles de donner des vins distingués devrait primer les autres préoccupations.

Le rôle de l'hybridation deviendra ainsi, de plus en plus, véritablement prépondérant. Si, du côté des porte-greffes il a produit tout ce dont il était susceptible, du côté des producteurs directs, il n'a pas dit son dernier mot. L'enfantement y est plus laborieux, plus lent, parce que la gestation y est plus ardue, plus difficile encore et plus complexe. En tout cas, ce n'est pas un avortement, et si, jusqu'à cette heure, le but cherché n'a point été pleinement atteint, il a été entrevu et serré de près. L'avenir, sur ce point, reste plein des plus alléchantes promesses. Il se peut que nous n'en voyions pas la réalisation ; d'autres la verront après nous. C'est le patient effort des générations qui, sur le terrain agricole comme sur tous les autres, unit l'humanité tout entière dans une commune recherche d'améliorations constantes et de progrès.

M. le Président. — Messieurs, vos applaudissements me disent que je suis votre interprète fidèle en remerciant M. Gervais de son remarquable travail ; il nous a beaucoup charmés et beaucoup instruits et, de plus, il a posé, avec la précision de son esprit, des questions que ce serait un grand honneur pour nous de voir résoudre par ce Congrès. Je donnerai donc la parole aux savants et aux praticiens qui ont étudié plus particulièrement la question au point de vue scientifique et pratique, qui ont acquis l'expérience indispensable et qui voudront bien résoudre les questions posées par M. Gervais ; je donnerai donc la parole à qui la demandera.

M. Guillon. — Je ne puis qu'approuver largement.

M. Couderc. — Puisqu'on veut que je prenne la parole après le rapport si clair, si lumineux de M. Gervais, et que lui-même m'a aimablement interpellé en me citant longuement, j'insisterai sur trois points qui seront : 1° la résistance au phylloxéra des porte-greffes demi-sang et trois quarts de sang ; 2° l'influence du porte-greffe en général sur la qualité du vin ; 3° ce que c'est qu'un bon vin *pour le producteur* et en quoi consiste pour lui et la Viticulture en général, un mauvais vin.

1° La résistance au phylloxéra des demi-sang 3103, 1202, 93-5, Aramon × Rupestris Ganzin, 33 A et B, de M. Millardet, etc., est aujourd'hui hors de doute, des milliers d'hectares étant reconstitués sur eux ; il est inutile d'insister. Je remarquerai, cependant, qu'il ne faut pas croire, ni que les demi-sang très résistants soient très nombreux ni qu'ils soient très rares. Ils sont fort rares si on considère le nombre des graines semées, bien que certaines hybridations de la même mère par le même père aient donné parfois un nombre considérable de pieds résistants, et parfois fort peu, fait jusqu'ici inexpliqué. Ils sont fort nombreux dans un ensemble de semis, tels que les miens où presque tous les Vinifera intéressants à un titre quelconque, ont été systématiquement hybridés avec les américains les plus résistants. Ceux qui ont parcouru mon champ d'expérience de Tout-Blanc, près Cognac (Charente), où plus de 40.000 hybrides sont à l'essai dans la craie pure, ont pu constater que si je voulais proposer des porte-greffe de demi-sang, j'en aurais un grand nombre à proposer, certainement plus de 300 ; mais pourquoi embrouiller la viticulture, déjà si compliquée ? Si la plupart valent 1202, ils ne valent pas mieux ; pour simplifier, je m'en tiens donc à 1202 ; cependant, quelques-uns, tel que 93-5, sont si évidemment supérieurs à 1202, que j'ai cru utile de faire une exception en leur faveur. Voici en quoi consiste cette supériorité. Il y a, dans les Franco-Américains de

demi-sang, deux sortes de résistance : 1° la résistance
que je qualifierai d'immédiate, c'est elle qui se manifeste
de 4 à 7 ans, dans le semis serré en place, alors que
la plupart des pieds se rabougrissent et que quelques-
uns restent merveilleux de vigueur. Il y a ensuite une
résistance spéciale, *très rare*, qui se manifeste seulement
avec l'âge ; cette dernière résistance n'est peut-être que
la faculté que certains pieds tiennent du Vinifera de se
passer de fumures ; car je ne l'ai constatée que dans les
carrés de semis restés absolument sans fumier, depuis
20 ans. Elle consiste en ceci. Dans ces carrés, depuis
longtemps privés de tout apport d'engrais, vers 15 à
20 ans, alors que les pieds résistants ordinaires, tels que
3103, 1202, 601, etc., sans diminuer de vigueur précisément, restent stationnaires, certains d'entre eux, très
rares, augmentent tout à coup de vigueur et vont ensuite
constamment en croissant. Ces rares hybrides de demi-
sang qui manifestent ainsi, avec l'âge, la propriété d'augmenter de vigueur, tandis que, vers 20 ans, tous les
américains, Riparia, Rupestris, etc., perdent la leur, sont
évidemment très précieux pour assurer la durée du
vignoble. Il en est ainsi de 93-5 et c'est pour cela que je l'ai
proposé, malgré l'abondance des porte-greffes que nous
avons actuellement et la règle que je m'étais imposée de
ne pas encombrer la Viticulture.

La raison pour laquelle les hybrideurs avaient uni
ensemble les principaux cépages français était l'idée
préconçue, et qui paraissait rationnelle, qu'un Aramon
devait être mieux adapté à un Aramon × Rupestris, un
Chasselas à un Chasselas × Rupestris, un Gamay à un
Gamay × Rupestris, etc. ; l'expérience n'a pas confirmé
cette vue théorique. D'un côté, certains hybrides, 1202 en
tête, se sont montrés des porte-greffes supérieurs à peu
près pour tous les greffons auxquels ils donnent une
vigueur et une fertilité merveilleuses. D'un autre côté,
certains greffons, Carignan, Syrah, Pineau, Chenin, etc.,

se sont montrés supérieurs à tous les autres greffons, sur quelque porte-greffe qu'ils soient greffés, et d'autres : Mourvèdre, Petit Bouschet, etc., inférieurs sur tous les porte-greffes en général et passables seulement sur les porte-greffes supérieurs, tel que 1202.

Ainsi, d'un côté, porte-greffes sur lequel tous les greffons sont beaux ou suffisants, de l'autre greffons beaux sur tous les porte-greffes. Il était donc inutile de compliquer en proposant des séries de porte-greffes : Aramon × Rupestris, Pineau × Rupestris, Chasselas × Rupestris, Chenin × Rupestris, Cabernet × Rupestris, etc. ; c'est ce que j'ai fait en me bornant à 1202. Ceux qui ont visité mon champ d'expériences de Tout-Blanc, où une série considérable de porte-greffes sont greffés par rangées séparées, chacun avec un même cépage témoin, la Folle, et chacun aussi avec le cépage qui est la mère ou le père de l'hybride porte-greffe, tout ceux, dis-je, qui ont visité et étudié comparativement ces greffes, ont pu se rendre compte de la généralité du fait énoncé. Il a fait, du reste, l'objet de mon rapport au Congrès de Lyon de 1894. Je prie le public de s'y reporter. Les greffes avaient alors 6 ans ; l'âge n'a fait que confirmer les résultats.

Pour les quelques 3/4 très résistants qui peuvent servir de porte-greffe, la vigueur donnée au mauvais greffon est encore plus remarquable que chez les demi-sang. La faculté spéciale de se passer de fumures et de croître en vigueur avec l'âge, signalée dans 93-5, est portée au maximum ; elle est d'ailleurs générale chez eux, au lieu d'être cantonnée dans quelques rares sujets comme chez les demi-sang. Ceux qui ont visité Tout-Blanc ont pu se rendre compte de la vigueur extraordinaire, de la régularité et de la fertilité des greffes de Folle sur 84-3, greffes qui n'ont reçu, comme tout le champ d'ailleurs, aucune fumure depuis 10 ans. A défaut de 84-3, on peut employer 126-21 comme porte-greffe.

2° J'arrive au second point, la question de l'influence

du porte-greffe sur la qualité du vin, question sur laquelle M. Gervais m'a directement interpellé, interpellation bienveillante, dont il a eu l'amabilité de me prévenir hier ; je l'en remercie ; car j'ai eu ainsi le temps d'interroger des producteurs de grands vins, et je puis vous apporter des affirmations toutes récentes et compétentes.

Le sujet est délicat à traiter ; car ceux qui ont reconstitué des vignobles à grands vins sur les porte-greffes ordinaires avouent difficilement qu'ils ne font pas des vins comparables à ceux d'autrefois, ou, s'ils en conviennent, ils accusent l'âge de leur greffe, le temps, le botrytis, que sais-je? et ne veulent pas voir la vraie raison, la maturité intempestivement hâtée par le porte-greffe employé et son peu de résistance à la sécheresse.

Tous les grands vins sont faits avec des cépages mûrissant lentement et tard dans la région où ils sont cultivés ; ces mêmes cépages, transportés dans des régions plus chaudes, ne font que des vins médiocres, même dans les terrains les plus similaires de ceux où, sous le climat qui leur convient, ils font les meilleurs vins. Je citerai les Pineaux, les Cabernets, la Syrah qui, au sud de leurs régions, font des vins de peu de valeur et surtout sans parfum. Ces vins-là n'ont rien de commun avec les vins de Bourgogne, de Bordeaux, des Côtes du Rhône.

Ceci était vrai même du temps de la vigne franche de pied ; ce l'est encore plus depuis le greffage et d'autant plus que le porte-greffe hâte plus la maturité et résiste moins à la sécheresse

J'ai fait, il y a bientôt dix ans, des essais comparatifs en vinifiant, dans mon cru de Montfleury, des Syrah greffées d'un côté sur Riparia et de l'autre sur Gamay-Couderc et autres Franco-Américains. Le degré alcoolique (quand on attend de chaque côté le maximum de sucre), la couleur, le tannin sont à peu près pareils, mais la différence de parfum est frappante. Dans ce crû, et pour les greffes sur Riparia, ce sont les années pluvieuses qui sont devenues les bonnes années, comme parfum du moins, alors qu'autrefois c'était les années chaudes où on avait à la fois parfum et alcool.

Je m'empressai d'en informer la Société Vigneronne de Beaune, dont j'ai l'honneur d'être membre honoraire. Elle inséra ma lettre dans son bulletin et je crois que tout en est bien resté là.

Les préjugés sont si forts et il est si agréable de voir mûrir son raisin quelques jours plus tôt ou, du moins, qu'il paraisse mûrir; car, réellement, si on appelle maturité l'accumulation dans le fruit de tout ce qu'il peut tirer des réserves de la plante, la maturité sur Riparia n'est hâtive que parce qu'elle est incomplète.

Il est curieux de voir les gens du Nord constamment à la recherche de cépages précoces (celui qui mûrirait au soleil d'août serait leur idéal !), alors que c'est leur climat qui fait toute leur force et qu'ils ne doivent qu'à lui de pouvoir lutter contre le Midi. Les meilleurs esprits, tels que M. Pulliat, s'y sont laissé tromper : il reprochait au Jura ses cépages de deuxième époque !

Que les viticulteurs du Nord réfléchissent à ce fait que le Commerce paye, 2 francs le degré leurs vins, alors qu'il ne paye que 1 franc les vins similaires du Midi et ceci est vrai non seulement pour les vins de France, mais pour ceux d'Italie et de chaque pays viticole. Or, le Commerce sait ce qu'il fait et ne débourse qu'à bon escient. Ce qu'il paye en plus dans les vins du Nord, c'est l'acidité et le parfum, résultat d'une maturité lente et successive ; conservons-la avec soin puisqu'elle a une valeur qui se traduit en argent. C'est seulement une vraie grappe qui fait le bon vin, une vraie grappe qui ne mûrit pas toute à la fois, qui reste une vraie grappe au point de vue botanique et qui n'est point changée, par le greffage, en une inflorescence écourtée ou surchargée suivant les cépages (Hermaphrodite femelle, ou Hermaphrodite mâle). Les Franco-Américains ne retardent pas, du reste, la maturité de chaque cépage, comme on le dit, bien à tort ; ils en rétablissent seulement, et même pas complètement, la maturité normale, c'est-à-dire celle qu'avait le cépage franc de pied à l'âge considéré. Le greffage sur Riparia, Solonis et similaires, hâte cette maturité et cela aux dépens de la qualité. On a prétendu que c'était un bien et que cette maturité précoce améliorait les grands crûs eux-mêmes. On a été trompé par les jeunes greffes sur Riparia qui ne font jamais de meilleur bon vin que quand elles sont jeunes, parce que dans la terre encore meuble du défoncement, elles ne craignent pas la sécheresse, et que les greffes jeunes ayant toute leur vigueur mûrissent leurs fruits avec une certaine lenteur relative. C'était une naïveté de vouloir perfectionner *Magnificat* et, quant à moi, moins ambitieux, j'estime très suffisant de conserver la qualité et de pouvoir compter sur un Richebourg, un Vosne, un Meursault semblables à ceux d'autrefois. Or, cette qualité on la retrouve seulement avec les greffes sur porte-greffe à 1/2 sang Vinifera et, très probablement, encore mieux sur porte-greffe à 3/4 de sang Vinifera ; et d'autant mieux conservée que les dits porte-greffes mûrissent plus lentement leurs fruits et supportent mieux la sécheresse, c'est-à-dire se rapprochent le plus de nos vignes franches de pied.

Mais, en grande culture, peut-on trouver une confirmation du fait annoncé ? Oui. Ainsi les régions viticoles qui ont le mieux retrouvé la qualité de leurs anciens vins sont le Beaujolais et le Mâconnais, où le Vialla est le cépage dominant. Or le Vialla est un Labrusca × Riparia dans lequel le Labrusca joue le rôle de Vinifera, c'est-à-dire que les greffes sur Vialla ont leur maturité retardée, leurs grappes moins serrées et normales, etc., comme les greffes sur franco-américains.

Pour les grands vins, je viens d'interroger MM. Petiot, frères, dont l'autorité et la compétence sont hors de discussion, et qui possèdent, en Bourgogne, les plus vieilles greffes de Pinot sur Gamay-Couderc et sur 1202. Ils ont fait à part le vin de ces greffes et celui de celles sur Solonis et Riparia du même âge, le tout provenant de leur Clos du Roi. Ils viennent de me dire et de m'autoriser à apporter leur affirmation au Congrès que : *le vin des greffes sur franco-américains est aussi alcoolique, mais a plus de finesse, et surtout plus de parfum, que celui des greffes sur amérıco-américains.*

3° J'arrive au troisième point qui me tient fort à cœur : c'est ma toquade depuis deux ans. Quel est le meilleur vin pour la masse des viticulteurs, pour nous tous producteurs ? C'est celui qu'on vend le plus facilement; celui qu'on vend le plus facilement est celui dont on boit le plus; celui dont on boit le plus est celui qui ne fait pas mal au plus grand nombre d'estomacs ; *celui qui ne fait pas mal est celui qui n'est pas drogué.* Si la viticulture souffre, s'il y a mévente, c'est à la drogue qu'on le doit et, je le dis hautement, à la drogue prétendue inoffensive et officiellement inoffensive, à la drogue autorisée, à la drogue légale, à la drogue patronnée par les stations œnologiques, les professeurs d'agriculture, par les journaux agricoles, les chroniques agricoles des journaux politiques, les agendas viticoles, les almanachs, etc., enfin par toutes les voix de la publicité.

Ces trois drogues officielles sont : l'acide tartrique, le tannin et le sucre.

L'acide tartrique existe certes dans les vins naturels; mais, même là, quand il reste trop abondant (raisins mal mûrs) il fait mal et beaucoup d'estomacs ne peuvent le supporter. Croyez-vous que la pratique, presque générale dans le Midi, depuis 20 ans, d'en additionner plus ou moins le vin naturel n'a pas été pour quelque chose dans la diminution de la consommation du vin et le discrédit jetés par un grand nombre de médecins sur une boisson naturellement saine et salutaire ?

Le tannin (même ceux des raisins), quand il est trop abondant donne des vins excellents, mais auxquels beaucoup d'estomacs sont rebelles. Je possède moi-même, le cru de Montfleury le plus tannifère de France. Parfois, manquant de vin d'ordinaire, il m'est arrivé de boire, à mes repas, plusieurs jours de suite, du vin de Montfleury, vin excellent et, certes, inoffensif bu en petit verre ; eh ! bien, chaque fois que l'expérience s'est trop prolongée, j'ai constaté des crampes et des gonflements d'estomac chez moi-même et chez les membres de ma famille. Que penser lorsque, au lieu de tannins de raisins, c'est du tannin de chêne qu'on introduit dans le vin ?

Et le sucre ! c'est peut-être des trois drogues la plus mauvaise. Oui le sucre blanc en pains, introduit dans le moût, ne reste plus l'aliment excellent que nous consommons de tant de manières. La fermentation du sucre de canne produit de l'alcool identique à celui provenant du sucre de raisins, c'est vrai ; mais elle produit autre chose que ne produit pas la fermentation du sucre de raisin ; cette autre chose, l'acide *succinique*, donne au vin sucré cet arrière-goût amer particulier qui le fait reconnaître par tout dégustateur habile. Or, l'acide succinique et ses éthers sont essentiellement nocifs. Ils amènent des céphalalgies particulières, une sorte de cercle douloureux. J'ai signalé, depuis longtemps, et M. Henri Marés a signalé, de son côté, de nombreux cas de folie chez les gens qui buvaient en excès des vins de seconde cuvée. On voit aussi beaucoup de consommateurs de ces vins renoncer, au bout de quelques années, à l'usage du vin, parce qu'il leur fait mal, disent-ils. Ce n'est pas le vin qui leur a fait mal, mais l'eau sucrée fermentée qu'ils ont bue sous le nom de second vin. Quelle aberration que le sucre destiné au sucrage des vendanges soit encore protégé par l'exemption de l'impôt ! La porte est maintenue ainsi grandement ouverte à toutes les fraudes, alors que nous regorgeons de vins naturels et hygiéniques ! Et je ne protesterais pas. Et nous ne protesterions pas, nous tous, producteurs de vins !

Nos trois grands ennemis sont donc : l'acide tartrique, le tannin et le sucre; j'y joindrai une drogue nouvelle, les bisulfites de potasse ou de soude, sels essentiellement altérables et d'ailleurs rarement purs dans le commerce. Comme traitement du vin, pourquoi ne pas s'en tenir à la vieille mèche soufrée de nos pères, qui, dans les propor- tions en usage, n'a jamais fait de mal à personne ? Elle suffit amplement, d'ailleurs, à assurer la conservation du vin. (La mèche soufrée ou l'acide sulfureux employé d'une façon plus moderne pour les grands vignobles).

Mais les vins malades, me direz vous, ne faut-il pas les guérir? Ah ! les vins malades, c'est la plaie de la Viticul- ture! On a un vin malade, on va consulter le professeur d'agriculture ou la station œnologique, ou simplement son journal ou son almanach; on le tartrise, on le tannise, on le colle, puis, vite, on le vend à tout prix, et il trouve acheteur le premier parce qu'il est à rien. Voilà donc le vin guéri ; ce vin guéri fera mal à celui qui le boira, on appellera un médecin qui guérira le malade, je le veux bien, mais lui ordonnera de ne plus boire de vin ; et qui reste malade de cette double guérison? La Viticulture, malade de ses prix avilis par le vin guéri, malade de consommateurs perdus peut-être sans retour.

Oui, Messieurs, si je suis partisan de l'hybridation de la vigne, je ne le suis pas de l'hybridation du vin par des drogues, même permises, même officiellement permises et recommandées. Si vous avez besoin d'hybrider votre vin, faites-le par la vieille méthode des raisins mélangés à la cuve. Pour faire du bon vin, pas besoin ni de chimie, ni de méthodes œnologiques perfectionnées. Il suffit de mettre de bons raisins dans un récipient propre quel- conque, ni trop grand ni trop petit, de les laisser fermen- ter plus ou moins suivant les coutumes locales, et de soutirer suivant l'usage du pays. Voilà le dernier cri de celui qui, depuis vingt ans, a tout essayé, pour en revenir en fin de compte et tout bêtement, si vous le voulez, aux usages séculaires de sa région. Il ne peut que vous conseiller d'en faire autant.

En agissant ainsi, nous ferons du vin naturel, du vin qui ne fait pas mal, même pris en excès ; nous reverrons, dans nos campagnes, les vieux ivrognes de notre jeunesse, ces vieux ivrognes au nez rouge, chancelants et titubants, ces vieux ivrognes que j'aime, parce que, vieux et ivrognes à la fois, ils sont un témoignage permanent de l'innocuité du vin. Car l'ivrogne n'est pas le sombre alcoolique qui ne devient jamais vieux, lui, ni sa descendance. Je vous prie, Messieurs, de m'excuser d'être sorti, en apparence, de l'objet de notre réunion, mais, à quoi bon faire des hybrides et les étudier, si nous ne pouvons plus vendre nos vins ?

M. Ravaz. — Je voudrais ramener la discussion sur un point énoncé tout à l'heure par M. Gervais. M. Gervais insiste sur l'importance de l'affinité entre le greffon et le sujet. Or, les faits que vient de citer M. Couderc (Mourvèdre greffé sur 1202, etc.), montrent qu'il n'y a aucun rapport entre le développement d'un greffon et son affinité pour son sujet.

M. Gervais. — Je n'ai pas eu à examiner la question d'affinité.

Il y a un point certain, comme M. Couderc l'a déclaré, c'est qu'il y a des cépages bons greffons, d'autres mauvais greffons, au point de vue de l'affinité ; lorsqu'il s'agit de franco-américain, cette qualité subsiste, et si les greffons étaient mauvais, ils resteront mauvais ; ainsi, un petit Bouschet greffé sur un Riparia se chlorose jusqu'au rabougrissement, parce que c'est un mauvais greffon, et qu'il se comporte comme un mauvais greffon.

M. Ravaz. — Je vous ferai remarquer ceci, c'est que ce

que vous attribuez à l'affinité peut être attribué, avec autant de raison, à la nature du greffon. Autre exemple : M. Gervais nous dit que les vignes greffées sur franco-américains étaient sujettes à la coulure et il attribue cet accident à l'affinité. Or, les vignes greffées sur Rupestris coulent autant sinon plus, et ici pourtant l'affinité est aussi faible que possible.

M. Gervais. — J'ai dit qu'elles l'étaient pendant les premières années, mais que, régulièrement, il y a très peu de coulure sur les franco-américains ; c'est un accident de végétation partielle; les vignes greffées sur des américains ont des fruits en abondance. J'ai appelé l'attention du Congrès sur un fait nouveau et très intéressant ; il est certain que, dans d'autres réunions, tout ce qui concerne l'adaptation a été résolu, mais les questions pratiques ont été à peine effleurées, et il me paraît intéressant d'insister sur cette question de la maturité et de la beauté,que certains porte-greffes donnent à leurs greffons ; de tous les hybrides greffés, il n'y en a pas qui avancent plus la maturité et qui donnent un plus beau développement à leurs greffons que les hybrides de Berlandieri.

Voilà le fait sur lequel je voulais appeler l'attention du Congrès, et je voulais lui poser la question : étant donné qu'il y a des porte-greffes qui donnent à leurs greffons une maturité en avance de quelques jours sur d'autres porte-greffes y aurait-il intérêt de se servir plutôt des porte-greffes qui avancent la maturité ? Je réponds qu'en ce qui concerne le Sud-Est, il n'y a pas de doute : nous aimons mieux ceux qui avancent la maturité.Dans d'autres régions, il n'en est peut-être pas de même, je demande à ce qu'on le dise et qu'on l'établisse par des explications.

Y a-t-il intérêt à se servir de porte-greffes qui avancent la maturité et donnent aux raisins un développement qui n'a jamais été égalé et surpassé ? Voilà la question très nette que je pose.

M. le Président. — Vous avez compris ce que vient de dire M. Gervais, mais je crois, cependant, que, si la question n'a pas été résolue par lui, elle risque de n'être pas résolue par d'autres.

M. de Candolle. — Je voudrais citer un seul fait, qui a été constaté par quelques-uns : le Fendant roux, ou Chasselas, n'est nullement un mauvais greffon ; en Suisse, nous l'avons greffé sur 8 à 10 porte-greffes américains ; il réussit parfaitement, notamment sur le Riparia-Solonis, sur le Riparia-Rupestris, il a une affinité qui paraît bonne. Lorsque nous l'avons établi sur les hybrides Couderc, Chasselas-Rupestris, je pensais que c'était l'oiseau bleu, puisque, grâce à M. Roy-Chevrier, on parle tant d'oiseau bleu ; pas du tout, le Chasselas greffé sur les hybrides de Chasselas-Rupestris ne se comporte pas plus mal et pas mieux que sur des Solonis-Riparia 1616 et autres.

Voilà un fait que je voulais citer à l'appui de ce qu'a dit M. Ravaz.

M. Ravaz. — Pour conclure on peut dire qu'un excès d'affinité est nuisible. C'est très bien !

M. Couderc. — Je veux opposer M. Ravaz à lui-même.

Il a fait une explication excellente, il me semble, de ce qu'on pourrait dire au sujet de l'affinité : que nous avons des cépages greffés sur tous les porte-greffes et qu'il est inutile d'avoir des quantités de porte-greffes ; nous avons des cépages excessivement précieux, tels que la Folle-Blanche ; j'en citerai d'autres qui sont tous mauvais greffons, c'est sur ces cépages-là que doit porter l'essai des porte-greffes nouveaux.

M. Bouffard. — Messieurs, je ne voudrais pas envenimer le débat, mais je ne puis laisser passer le reproche fait, par M. Couderc, à l'œnologie, sans protestation ; je dirais même que ce serait manquer de reconnaissance vis-à-vis d'elle.

Il est certain qu'il serait agréable d'avoir du bon vin, quelles que soient l'année et les circonstances ; on aurait alors trouvé le fameux oiseau bleu et ce titre ne serait plus suffisant, il faudrait en choisir un autre, ce serait l'arc-en-ciel ; peut-être M. Couderc l'a-t-il parmi ses hybrides, ou nous le prépare-t-il ? En attendant, il faut être plus prudent et ne pas prêter le flanc à des reproches qui peuvent aller plus loin qu'ici et nous porter un grave préjudice. Nous sommes là pour donner des conseils, mais nous sommes aussi là pour nous instruire.

Quant à cette quantité fantastique d'acide tartrique, je ne sais trop qui a pu la mettre ; je crois qu'à Lyon on avait aussi parlé d'arsenic dans le vin, mais il ne faudrait pas le laisser croire, et je crois que c'est un grand tort d'insister sur des faits de ce genre, sans avoir les documents en mains, et je proteste très énergiquement.

L'œnologie a rendu des services et peut en rendre encore, mais il s'agit de distinguer entre un médecin et un empirique.

M. Couderc. — Je demande la parole.

M. le Président. — Avant de donner la parole à M. Couderc, je crois devoir dire à l'Assemblée que M. Bouffard répond au nom des œnologues ; je ne crois pas que M. Couderc ait voulu attaquer les savants œnologues ; il a protesté contre les fausses applications, mais il n'a pas voulu donner au public une idée qui n'est ni la sienne, ni la nôtre.

M. Couderc. — J'ai parlé de l'hybridation du vin au lieu de celle de la vigne, je n'ai jamais voulu attaquer l'œnologie, mais je protesterai toujours contre cette addition de substances qu'on se permet de mettre dans le vin. Il n'y a rien qu'il soit permis de mettre dans le vin, excepté du raisin.

M. le Docteur Grandclément. — Nous avons empiété sur une autre question.

Il y a, là, une question d'œnologie très importante à traiter, nous pourrons la discuter à la fin du rapport de M. Roy-Chevrier.

M. le Président. — La parole est à M. Guillon.

LES HYBRIDES PRODUCTEURS DIRECTS
EN TERRAIN CALCAIRE

Par J.-M. GUILLON,
Directeur de la station viticole de Cognac.

MESSIEURS,

On m'a prié de traiter la question des hybrides producteurs directs en terrain calcaire. Après les considérations théoriques exposées avec beaucoup d'autorité par MM. Castel. Couderc et Prosper Gervais, je me tiendrai constamment dans le domaine de la pratique. Je vais simplement m'efforcer de donner les résultats des observations que j'ai pu recueillir dans les terrains crayeux de la région de Cognac et, plus spécialement, dans mon champ d'expériences de Marsville, c'est-à-dire dans un terrain superficiel d'une profondeur de 15 à 20 cent. et dosant une moyenne de 50 à 55 % de carbonate de chaux. Les producteurs directs expérimentés se trouvent donc dans de très mauvaises conditions et, partant de ce proverbe : « Qui peut le plus, peut le moins », ceux qui se comportent bien dans ces milieux ont donc une certaine valeur.

Mes expériences ont porté sur une centaine de variétés environ, mais comme un grand nombre d'entre elles sont beaucoup trop jeunes pour qu'il soit donné sur leur compte une appréciation sérieuse, je ne parlerai que de celles qui sont âgées de 5 ans. Ce sont les suivantes :

124-20	C	3/4 sang Vinifera.
126-21	C	601 × Gamay.
71-06	C	Linsecumii-Rupestris × Vinifera.
85-113	C	3/4 sang Vinifera.
87-115	C	3/4 sang Vinifera.
89-23	C	3/4 sang Vinifera.
136-4	C	Hybride complexe.
85-1	C	Hybride complexe.

85-16　C　3/4 sang Vinifera.

101　　C　Aramon $\times$ Rupestris.

84-61　C　603 $\times$ Eparse.

88-13　C　3/4 sang Vinifera.

82-32　C　3/4 sang Vinifera.

28-112　C　Emily $\times$ Rupestris.

71-61　C　Linsecumii-Rupestris $\times$ Vinifera.

84-10　C　3/4 sang Vinifera.

503　C　Rupestris $\times$ Petit Bouschet.

4401　C　Chasselas rose $\times$ Rupestris Martin.

3701　C　Bourrisquou $\times$ Rupestris.

Alicante-Rupestris-Terras nº 20.

Seibel nº 1.

Hybride Franc.

Auxerrois-Rupestris-Pardes et Lacoste.

Il y a lieu d'examiner :

1º Leur résistance à la chlorose.

2º Leur résistance au phylloxéra.

3º Leur fructification.

4º Leur résistance aux maladies.

1º **Résistance à la chlorose**. — La résistance à la chlorose des producteurs directs est généralement élevée et cela n'est pas surprenant, étant donné la présence du sang de Vinifera.

Voici, d'ailleurs, comment on peut les classer à ce point de vue.

a). Producteurs directs très résistants à la chlorose :

Hybride Franc.

J.503　C

84-61　C

82-32　C

88-13　C

85-113　C

136-4　C

b). Producteurs directs résistants à la chlorose :

Seibel nº 1	85-16　C
Alicante-Terras nº 20	101　　C
37-01　C	87-115　C
28-112　C	121-20　C
126-21　C	Auxerrois-Rupestris.
85-1　C	

c). Producteurs directs sensibles à la chlorose :

4401 C

84-10 C

7106 C

d). Producteurs directs très sensibles à la chlorose :

71-61 C

89-23 C

2° **Résistance au phylloxéra**. — L'étude de la résistance au phylloxéra des producteurs directs est loin d'être complète. Il faut encore des années pour être fixé, à ce point de vue, sur la valeur de chacun d'eux. Il en est quelques-uns qui, dans mes champs d'expériences, se sont montrés très nettement insuffisants. C'est d'abord le Seibel n° 1, dont plusieurs pieds sont complètement rabougris et improductifs par suite des tubérosités que portent leurs racines. L'Alicante Terras n° 20 et le 4401 de M. Couderc sont moins atteints que le Seibel n° 1, mais ils sont aussi affaiblis par suite de la présence de l'insecte. Il est vrai de dire que, dans cette partie, le terrain est très superficiel. Il est possible qu'en terrain profond et frais, la marche du phylloxéra soit moins rapide et moins sensible. La plupart des autres variétés se sont maintenues jusqu'à maintenant.

Fructification. — J'ai étudié la fructification de ces différents producteurs directs en exécutant chaque année des pesées au moment de la récolte. Voici le tableau de ces pesées pendant les années 1900 et 1901. Lorsque des cépages ont été affaiblis par le phylloxéra, nous n'avons pesé la récolte que sur les pieds encore indemnes.

Numéros des hybrides	Poids de la récolte par pied en 1900	en 1901	Titre alcoolique de vin en 1901
124-20 C	0.425	0.875	6.0
126-21 C	(mangé par les guêpes)	1.400	7.0
7106 71-32 C	0.240	0.625	7.2
85-113 C	1.025	2.125	6.3
87-115 C	0.764	1.625	8.9
89-23 C	0.116	0.575	(mangé en partie)
136-4 C	0.490	1.125	6.5
85-1 C	1.070	1.500	9.6
85-16 C	1.110	1.750	7.9

Numéros des hybrides	Poid de la récolte par pied		Titre alcoolique
	en 1900	en 1901	de vin en 1901
101 C	0.890	3.375	7.6
84-61 C	1.270	1.500	7.8
88-13 C	2.025	2.500	6.8
82-32 C	0.230	0.550	5.0
28-112 C	0.970	3.000	7.9
71-61 C	(Très rabougri)	0.200	
84-10 C	0.790	2.500	8.2
J. 503 C	1.820	2.750	8.1
4401 C	0.230	0.750	(Très pourri)
3701 C	1.830	3.750	7.9
Alicante-Terras no 20	2.440	2.800	(Très pourri) 9.3
Seibel no 1	2.440	2.250	7.5
Hybride Franc	1.500	2.125	10.8
Auxerrois-Rupestris	»	0.287	(Pied de deux ans)

En 1900, ces producteurs étaient à leur quatrième année, et en 1901
à la cinquième année. Pour se rendre un compte exact de leur fructification, il faudrait comparer ces pesées avec celles exécutées dans
une plantation voisine, placée dans les mêmes conditions, et dont les
porte-greffes étaient des hybrides de Berlandieri surtout. Alors que
la majeure partie des producteurs directs arrive à 1 ou 2 kilogr.,
quelquefois 3 kilogr., dans la partie greffée sur hybrides de Berlandieri, très peu de pieds n'ont que 2 k. 500, tous les autres ont 3 et
4 kilogr., quelques-uns en ont eu 5.

Et pour être absolument impartial dans ces comparaisons, il
faudrait mettre en relief la différence qui existe au point de vue du
rendement en moût entre les raisins de vigne française comme la
Folle-Blanche et les raisins provenant de producteurs directs. Dans
les nombreux essais faits à la Station Viticole de Cognac, la Folle-
Blanche donne sur 100 kilogr. de vendange environ 80 kilogr. de
moût. Pour les producteurs directs cette proportion oscille entre
57 et 67 0/0.

	Rendement en jus 0/0
124-20 C	63.2
126-21 C	69.2
7106 C	62.5
85-113 C	59.4
89-23 C	(mangé en partie)

		Rendement en jus 0/0
136-4	C	57.3
85-1	C	58.6
85-16	C	60.7
101	C	66.8
84-61	C	60.4
88-13	C.	61.9
82-32	C	65.0
28-112	C	60.0
71-61	C	»
84-10	C	61.0
J. 503	C	67.1
4401	C	(Trop pourri)
3701	C.	59.0
Alicante-Terras nº 20		64.5
Seibel nº 1		65.1
Hybride Franc		57.9
Auxerrois-Rupestris		63.1

Comme rendement en moût, il y a donc une grande différence en faveur des vignes greffées.

Il faudrait, maintenant, parler de la qualité. Je ne crois pas que, pour ce qui concerne l'eau-de-vie, aucun d'eux soit capable de donner des produits semblables aux vieux cépages de la Charente comme la Folle-Blanche, notamment. Mais ils peuvent, dans certains cas, donner des vins de consommation courante. J'ai examiné, pour chacun d'eux, la coloration des moûts avant la fermentation. Il en est quelques-uns de très colorés. Parmi ceux-là je puis citer l'Hybride Franc, l'Alicante-Rupestris-Terras nº 20, le J. 503 Couderc, le 101 Couderc, le Seibel nº 1, le 3701 Couderc, etc. Cette coloration peut être utilisée pour les coupages.

Il est bon d'ajouter que le titre alcoolique s'est montré un peu plus élevé pour les producteurs directs que pour les vignes greffées placées dans les mêmes conditions.

4º **Résistance aux maladies.** — Pour ce qui concerne la résistance aux maladies cryptogamiques, je n'ai pu étudier que la résistance au mildiou. D'une façon générale, cette résistance est insuffisante pour permettre de supprimer tout traitement. Parmi les producteurs dont il a été question, il n'y en a guère que 2 ou 3 qui aient bien résisté. Ce sont l'Hybride Franc et le 503 Couderc. Viennent

ensuite le 3701, le 4401, le 71-61, le 101, Couderc et l'Auxerrois
Rupestris. Tous les autres ont été complètement dépouillés de leurs
feuilles par suite de la présence de mildiou pendant l'année 1901.

Voici, d'ailleurs, les notes qui leur ont été attribuées le 18 septembre
et le 9 octobre.

Cépages		18 septembre	9 octobre
124–20	C....................................	4	1
126–21	C....................................	5	1
7106	C....................................	7	3
85–113	C....................................	4	1
87–115	C....................................	4	1
89–23	C....................................	.	2
136–4	C....................................	5	2
85–1	C....................................	6	2
85–16	C....................................	2	0
101	C....................................	8	6
84–61	C....................................	0	0
88–13	C....................................	4	1
82–32	C....................................	1	1
28–112	C....................................	6	3
71–61	C....................................	7	3
84–10	C....................................	5	2
J. 503	C....................................	9,5	7
4401	C....................................	8	6
3701	C....................................	7	5
Alicante-Terras....................		4	2
Seibel nº 1......................		6	3
Hybride Franc....................		9	7
Auxerrois-Rupestris....................		7	5

RÉSUMÉ

Tel est le résumé des observations recueillies à Marsville. De cette
étude sévère, mais exacte, il ne doit pas résulter l'abandon complet
des producteurs directs. Tous les terrains ne sont pas calcaires, tous
ne sont pas superficiels et secs et, par conséquent, la résistance
phylloxérique n'a pas besoin d'être toujours très élevée pour que le
cépage se maintienne. La résistance aux maladies peut être intéressante sans être complète, si, par exemple, au lieu de sulfater, 3 ou 4 fois,
on ne sulfate qu'une, c'est déjà un premier point. D'autre part, on se
montre beaucoup moins exigeant sur la qualité des produits et sur
la quantité lorsque ces derniers ont nécessité pour leur obtention
des frais d'installation et d'entretien peu élevés.

Quoi qu'il en soit les producteurs directs ne sauraient, en aucun
cas, se substituer aux vieilles variétés françaises qui ont fait la répu-

tation universelle de nos produits. Leur place est dans les milieux difficiles sous le rapport de la culture et du climat. Les producteurs directs se défendent, en effet, très bien contre les dégâts de la gelée.

De ces diverses observations on peut donc tirer les conclusions suivantes :

CONCLUSIONS

1º Les producteurs directs sont, d'une façon générale, très résistants à la chlorose ;

2º Un grand nombre d'entre eux n'ont pas une résistance phylloxérique suffisante ; il en est cependant qui peuvent pratiquement résister au phylloxéra, surtout dans les terrains profonds et frais ;

3º Le rendement est généralement inférieur à celui des vignes greffées. Il y a cependant lieu de tenir compte que les frais de culture sont aussi moins élevés ;

4º La qualité des produits est généralement inférieure à celle des vignes greffées, néanmoins plusieurs d'entre eux sont bons pour la consommation. Un assez grand nombre de producteurs directs fournissent des vins alcooliques et colorés, pouvant servir pour les coupages ;

5º La résistance aux maladies cryptogamiques est rarement complète. Cependant elle est presque toujours suffisamment élevée pour qu'il soit possible de les défendre contre les maladies, avec des traitements moins nombreux que pour les vignes greffées ;

6º Actuellement, tout au moins, la culture des producteurs directs ne semble devoir être recommandable que dans les milieux difficiles, sous le rapport du climat, et dans les exploitations où l'on veut obtenir du vin sans grands frais, ni préoccupation ;

7º Si les producteurs directs sont, dans beaucoup de vignobles à culture intensive, inférieurs aux vignes greffées, les résultats obtenus sont trop encourageants pour que l'étude n'en soit pas poursuivie avec la plus grande activité.

M. le Président. — Un membre ayant fait observer que les expériences de M. Guillon ont été faites sur un espace trop restreint pour qu'on puisse faire voter ses conclusions par le Congrès, le président répond que le Congrès n'a pas de résolution à prendre ni de vote à émettre.

M. Guillon. — Messieurs, les membres du Comité d'organisation me prient, vu leur connexité avec l'objet de mon rapport, de vous présenter deux communications : l'une de M. Munson, des Etats-Unis, l'autre de M. Grimaldi (Sicile).

M. Grimaldi émet une opinion des plus intéressantes. On admettait, jusqu'ici, en France, que le phylloxéra se développait d'autant mieux que le terrain était plus sec. M. Grimaldi a constaté que lorsque la sécheresse devient intense et la température très élevée, le phylloxéra se trouve arrêté dans son développement, qu'il tombe dans une espèce de léthargie et qu'il meurt même ; qu'ainsi certains cépages, non résistants en France, le deviennent en Sicile par le fait de la très grande sécheresse. M. Grimaldi appelle l'attention des viticulteurs sur cette faculté qui pourrait être utile pour les vignobles de l'Algérie et de la Tunisie.

M. Munson de Denison (Texas), dit combien est grande l'affinité du Berlandieri avec le Vinifera et signale la haute résistance de leurs hybrides à la chlorose dans les terrains très secs. Ces observations coïncident avec ce que j'ai observé à Cognac. M. Munson indique comment, par de bons hybrides, on peut s'exonérer de la lourde charge du greffage et des sulfatages et combien les hybrides de Lincecumii-Rupestris Vinifera sont appelés à être de bons producteurs directs.

Dans ces deux communications, vous trouverez, Messieurs, d'utiles renseignements.

M. Ravaz. — Ce que dit M. Guillon, au nom de M. Grimaldi, a été formulé pour la première fois par M. Pacarini, savant italien.

M. le Président. — Messieurs, vous venez d'entendre le résumé de M. Guillon, et l'observation de M. Ravaz ; je vous propose de remercier ces savants étrangers, qui bien qu'étant loin de nous, ne nous ont pas oubliés.

SUR LA RECONSTITUTION DES TERRAINS SECS
PAR LES HYBRIDES
Par C. Grimaldi

I

Dans une note que j'ai présentée au Congrès international de
Viticulture de Paris, en 1900, j'ai appelé l'attention des viticulteurs
sur la résistance à la sécheresse des vignes américaines, et j'ai fait
remarquer que cette qualité, nécessaire dans les climats méridionaux, manquait à beaucoup d'entre elles et que le *V. Vinifera* et le
V. Berlandieri étaient les seules espèces qui avaient cette qualité
au plus haut degré. J'ai dit aussi qu'elles la communiquaient à leurs
hybrides.

J'ai présenté au même Congrès un tableau de résistance de plusieurs vignes américaines à la sécheresse, en terrains argileux et en
terrains siliceux. Ces observations avaient été faites en 1899 et je
n'ai pu les répéter en 1900, parce que la saison n'a pas été favorable
à cause des pluies estivales.

Ce n'est que dans le courant de cette année que j'ai pu reprendre
mes études, favorisées par un été absolument sec, ce qui arrive bien
souvent ici, et les observations que je viens de faire confirment
presque exactement celles de 1899 ; je crois donc inutile de publier à
nouveau mon tableau, mais je mettrai ces résultats en relation
avec des remarques que j'ai faites sur la résistance au phylloxéra
et je me flatte d'en tirer des conclusions qui auront quelque utilité
pratique dans la reconstitution des terrains secs.

II

C'est un fait acquis, sur lequel on ne discute plus, que l'humidité
entrave la marche du phylloxéra et que, étant égales toutes les
autres conditions, plus les terrains sont humides, moins les vignes
ont à craindre les ravages du phylloxéra. Moi aussi j'accepte ce fait,
assurément vrai ; mais j'ose affirmer qu'il n'est vrai que *jusqu'à une
limite*, qui est l'*optima* pour le phylloxéra. Au delà de cette limite,
et lorsque les terrains deviennent secs, le développement du phylloxéra est de nouveau entravé et les vignes y deviennent plus résistantes.

Ce fait est assuré par un grand nombre d'observations que j'ai faites. Tous ceux qui ont étudié le phylloxéra dans les climats méridionaux savent très bien que lorsque l'été est avancé on trouve l'insecte en très petit nombre, même sur le *V. Vinifera* ; il a donc un *repos estival*, c'est-à-dire que sa vie est entravée, soit par le manque d'humidité. soit par l'excès de chaleur. Il en meurt un grand nombre et les individus qui survivent tombent en léthargie. Cet arrêt est bien plus frappant dans les terrains secs. On conçoit que les vignes tirent avantage de cet arrêt et l'expérience m'a démontré qu'elles deviennent plus résistantes.

J'ai observé maintes fois deux terrains de nature égale, ne différant que dans la quantité d'humidité ; le plus frais avait toujours un pouvoir phylloxérant bien supérieur au plus sec. Chez nous on trouve les terrains les plus meurtriers seulement dans les argileux-calcaires frais ni trop secs ni trop humides où le phylloxéra a une étonnante force.

Nous cultivons depuis longtemps la plus grande partie des hybrides franco-américains ; un grand nombre flétrissent ou meurent dans les terrains que je viens d'indiquer. Les mêmes hybrides végètent admirablement dans les terrains de nature semblables mais plus secs.

Par exemple, le 1305 de M. Couderc est considéré en France comme insuffisamment résistant ; je l'ai planté depuis dix ans dans un terrain argileux-calcaire très phylloxéré ; il y résiste et s'y développe admirablement, je suis sûr que cela arrive, rien que parce que ce terrain est sec.

Le 41 de M. Millardet, qui résiste très bien en France dans les terrains humides, chez nous souffre un peu du phylloxéra dans les terrains frais et résiste bien par contre dans les terrains secs.

J'ai fait la même observation dans les nombreuses sélections de mes hybrides, expérimentés dans des terrains variés.

III

La constatation de ce fait n'a pas d'importance pratique pour la plus grande partie de France viticole, parce que les pluies estivales y sont fréquentes et elles entretiennent dans le terrain la fraîcheur suffisante au développement du phylloxéra. Mais en Sicile, en Algérie, en Tunisie et dans la plus grande partie du bassin méditerranéen c'est bien différent, car dans ces contrées la sécheresse estivale n'est presque jamais adoucie par la pluie. Je dirai d'après mes observations que chez nous une pluie estivale, quelque abondante qu'elle soit, n'a plus d'influence sensible sur la résistance des vignes ; au contraire elles acquièrent une nouvelle force et le phylloxéra n'a pas le temps de se développer, cela parce que le soleil brûlant et l'atmosphère très sèche favorisent l'évaporation rapide du terrain, qui présente de nouveau un milieu peu favorable au développement du phylloxéra.

Dans les localités méridionales et dans les terrains secs la reconstitution est difficile, parce que les vignes américaines manquent presque toutes de résistance à la sécheresse. Voilà pourquoi nous avons eu en Sicile des milliers d'hectares de vignes mortes. Je crois que, dans ces conditions, on doit préférer les vignes même moyennement résistantes au phylloxéra pourvu qu'elles soient bien résistantes contre la sécheresse. Les hybrides de V. Vinifera et de V. Berlandieri sont les seules vignes fortement résistantes contre la sécheresse ; ils seront je crois ceux que l'on employera à l'avenir dans la reconstitution des terrains secs.

Parmi les hybrides de V. Vinifera faits en France, l'Aramon $\times$ Rupestris Ganzin, le 601, 603, 1.305 de M. Couderc, le 33 A' de M. Millardet, donnent les meilleurs résultats dans les terrains secs. Je crois tous ces hybrides suffisamment résistants au phylloxéra pour être employés avec confiance dans ces terrains.

Je me permets d'ajouter mes 88 et 125 se comportant très bien dans les terrains secs même calcaires. Cela n'étonnera pas car la sélection de mes hybrides a été faite dans un climat sec et dans des terrains secs ; la résistance de mes hybrides contre la sécheresse doit être nécessairement élevée.

Avec les hybrides Vinifera-Américains que je viens de nommer, je crois qu'on peut reconstituer tous les terrains secs à l'exception de ceux qui sont excessivement calcaires.

IV

Il est utile de rappeler que les terrains secs n'ont jamais un pouvoir chlorosant très élevé ; on peut employer dans leur reconstitution, même s'ils ont beaucoup de calcaire, des hybrides qui ne résistent pas excessivement à la chlorose.

J'ai observé que les meilleurs hybrides de Berlandieri (420 A, 157-11, 34 EM, 219 A) ne se chlorosent pas dans les terrains secs fort calcaires où Aramon $\times$ Rupestris-Ganzin et 1202 se chlorosent.

Je cultive depuis quelques années plusieurs hybrides de Berlandieri dont je suis très satisfait. Je préfère le 420 A de M. Millardet, qui est très résistant à la sécheresse, vigoureux et reprend de bouture un peu plus aisément que les autres.

La reprise au bouturage de ces hybrides laisse quelque peu

à désirer dans les terrains secs, mais elle est en tout cas plus grande que n'importe quel Berlandieri pur.

On peut aisément employer tous les hybrides de Berlandieri, en les faisant raciner dans une pépinière en terrain frais, ou en les plantant par racinés-greffés. Ceux-ci s'obtiennent très bien par les greffes-boutures faites comme d'habitude.

A l'exception de la reprise au bouturage dont je viens de parler, 157-11 de M. Couderc, 219 A, de M. Millardet, 34 de l'Ecole de Montpellier donneut des résultats satisfaisants.

Tous ces hybrides de Berlandieri ne se développent pas très rapidement dans les premières années, mais ce défaut en eux est bien moindre que dans les meilleurs Berlandieri purs.

Dans leur ensemble je crois les Américo-Berlandieri des hybrides ayant une valeur pratique réelle et les seuls qu'on doit préférer dans les terrains secs et très calcaires où se chlorosent les Vinifera américains.

Des hybrides Vinifera-Berlandieri, le 41 de M. Millardet ne résiste pas trop à la sécheresse; au contraire le Tisserand (333 E.M.) se développe bien et résiste au phylloxéra et à la sécheresse; peut-être a-t-on eu un grand tort d'enterrer cet hybride.

Je fais depuis quelques années la sélection de mes hybrides Américo-Berlandieri et Vinifera-Berlandieri, mais je ne crois pas devoir en parler encore.

Dans cette petite note je n'ai pas parlé de l'affinité; dans les hybrides de Berlandieri elle est satisfaisante avec plusieurs de nos variétés, mais nous avons en Sicile tant de déceptions là-dessus, que je n'ose risquer aucune considération générale; à chacun le soin d'en faire l'expérience chez soi.

Modica (Sicile) (Italie), octobre 1901. C. GRIMALDI.

SUR L'AFFINITÉ DU V. VINIFERA AVEC LE V. BERLANDIERI
Communication de M. J.-V. MUNSON

Denison (Texas), 11 septembre 1901.

M. A. Jurie, secrétaire, Millery (Rhône) France.

Cher Monsieur,

J'ai l'honneur de vous accuser réception de votre lettre du 26 août, m'invitant à prendre part au troisième Congrès International contre la grêle, et à celui de Viticulture qui doivent se tenir en novembre prochain. Ce serait un très grand plaisir pour moi d'y prendre en personne une part active, mais la distance et mes très grandes occupations de la saison m'en empêchent.

C'est avec plaisir que je satisfais à votre demande de contribuer par mes observations et mes opinions à l'étude de l'affinité entre le Vitis Berlandieri et le Vitis Vinifera, et à l'appréciation de la résistance phylloxérique des hybrides de ces deux espèces.

J'ai dû être très réservé dans l'emploi du Vinifera dans mes hybridations, connaissant bien la loi générale, que la progéniture des parents hybridés hérite plus ou moins de leur faiblesse à la résistance phylloxérique et à celle des maladies.

J'ai, cependant, trouvé entre les Viniferas une grande différence de résistance aux maladies cryptogamiques, de même qu'une différence de résistance au phylloxéra. Par exemple, le Carmenet du Médoc est plus résistant que la Perle d'Anvers, le Muscat d'Alexandrie, le Chasselas Violet, le Malaga, etc.

Le Grisa de Piémont, le Quagliano, le Calabrian résistent assez bien aux maladies cryptogamiques, tandis que toutes les variétés de Perse se défendent très faiblement contre elles.

Il est certain que les descendants d'hybrides partagent le caractère de résistance des parents, mais cette résistance est toujours compromise par la faible résistance des ascendants.

Comme le Berlandieri est une de nos espèces les plus résistantes aux maladies, approchant aussi près que possible de l'immunité phylloxérique, sa facilité très marquée à s'unir au Vinifera par l'hybridation et par la greffe, son peu de sensibilité au calcaire du sol, sa grande résistance à la sécheresse en font la meilleure espèce pour l'hybridation avec le Vinifera, en vue de créer des producteurs directs tout-à-fait résistants sur leurs propres racines et pouvant servir de porte-greffes. Mais le Rupestris $\times$ Berlandieri serait bien préférable pour la greffe, à cause de sa grande résistance au phylloxéra. Les qualités du Berlandieri pour la vinification sont bonnes, étant donné que c'est un raisin sauvage, mais bien en dessous du Rupestris.

La fertilité beaucoup plus grande du Berlandieri me fait penser que, théoriquement, les hybrides Berlandieri $\times$ Vinifera peuvent, avec une rigoureuse sélection des ascendants, donner les meilleurs résultats dans la création des producteurs directs. A l'appui de ma théorie j'ai peu de choses à dire, ce peu de choses est un lot soigneusement fait d'hybrides d'un des meilleurs Berlandieri avec grandes grappes et gros grains, fécondés par le Guarliano (Vinifera espagnol). Ce groupe montre plusieurs sujets très vigoureux et d'une santé parfaite, les ceps portent de longues grappes et des grains dépassant un centimètre de diamètre, donnant un vin de première qualité. Je n'ai pas ces vignes en terrain phylloxéré, mais, à l'examen des racines et à l'aspect général des ceps, je les crois parfaitement résistants, en tout cas beaucoup plus que le Jacquez.

Les grains sont beaucoup plus gros et plus doux que ceux du Jacquez, la maturité de deux à trois semaines plus tardive; ils sont destinés aux climats chauds, comme le sud de la France, l'Espagne, l'Algérie et le Texas.

Une combinaison de ces deux espèces avec le Rupestris associé dans les meilleures formes du Lincecumii, me semble capable de donner un groupe de vignes à vin des meilleures, et pouvant aller en concurrence avec n'importe quel cépage. Il y a sans doute des variétés françaises de Vinifera d'un meilleur caractère pour l'hybridation avec le Berlandieri que ceux que j'ai employés, et il y a certainement, pour les hybrideurs français, un grand champ plein de promesses.

La lourde charge du greffage et du sulfatage est trop considérable, et doit être laissée de côté. J'ai pleine confiance qu'avec les éléments des vignes françaises et américaines, sagement combinés, on arrivera à un très bon résultat et que l'on évitera cette lourde charge.

Dans mes vignobles, par des hybrides sélectionnés, j'ai pu supprimer entièrement les sulfatages, là où, précédemment, nous n'avions aucune récolte sans trois ou cinq sulfatages. Ces hybrides sont absolument résistants au phylloxéra. Ce résultat a été obtenu par l'emploi de variétés sélectionnées de Rupestris et de Lincecumii, avec le Vinifera alternativement. En agissant ainsi, mes vignobles me donnent du profit, alors qu'avec les Labrusca et les hybrides de Labrusca et Vinifera, ils me donnent très peu ou rien.

Souhaitant à votre Congrès de Viticulture un grand et constant succès, et vous remerciant de votre courtoise invitation, je suis avec grand respect.   J.-V. MUNSON.

M. le Président. — La parole est à M. Roy-Chevrier.

M. Roy-Chevrier. — Messieurs. Je regrette que mon rapport n'ait pas pu vous être distribué avant la séance. L'examen des 398 analyses de moûts et de vins d'hybrides qu'il contient vous aurait probablement permis de diriger la discussion sur quelques points précis et particulièrement intéressants. Obligé de venir vous résumer rapidement un aussi long travail, je sollicite toute votre indulgence et vous promets de ne pas abuser de votre bienveillante attention.

J'ai à vous parler de la *Vinification des Hybrides :*

VINIFICATION DES HYBRIDES
Par J. Roy-Chevrier

Que faut-il entendre par ce titre : *Vinification des Hybrides* ? Est-ce l'utilisation pratique, c'est-à-dire industrielle et chimique, des raisins de n'importe quels hybrides fertiles, infirmes à béquilles œnologiques, ou bien la mise en vedette, par l'étude consciencieuse de leurs vins faits *nature*, de cépages capables de se contenter de soleil et de futailles propres pour donner à nos vignerons, comme jadis le Gamay et l'Aramon, une boisson hygiénique et abondante.

Envisagée sous l'une ou sous l'autre de ces faces, la question ainsi posée peut sembler au premier abord manquer d'opportunité.

Eh quoi, sera-t-on tenté de dire, c'est lorsque notre reconstitution est achevée et que nos caves sont pleines, que nos vins ont péniblement maintenu dans le monde entier leur antique réputation, au moment où, ruiné par une mévente persistante — la production dépassant la consommation — le viticulteur découragé attend je ne sais quel fléau providentiel qui détruise les vignes de ses voisins, sans toucher aux siennes, bien entendu, que vous entreprenez d'élargir l'aire des plantations viticoles en signalant des cépages rustiques, à résistance aérienne meilleure et à adaptation plus large que les vinifera, capables, en un mot, de couvrir les terres à blé et à pommes de terre ! C'est de la démence économique. Que ferons-nous alors de nos coteaux à bons vins ? Non contents d'avoir poussé, par la culture intensive, à la propagation des greffons d'abondance au détriment des cépages de qualité, voulez-vous donc nous faire descendre jusqu'au bout la pente funeste de la médiocrité vinicole et nous abaisser à un nivellement désolant, nous condamner à une production sans cachet, sans bouquet, sans finesse, qui changera la France, jadis la plus belle salle à boire de l'univers, en vulgaire auberge de barrière où l'on viendra seulement se désaltérer, peut-être se griser, mais plus jamais sacrifier pieusement au culte national du bon vin.

Hélas ! ces dangers sont moins chimériques qu'on se l'imagine. Mais comment les conjurer ? Les révolutions n'ont-elles pas brisé toutes les résistances les plus généreuses et les mieux inspirées ? On ne remonte pas plus les courants politiques, économiques ou sociaux, que les remous d'un fleuve débordé. La sagesse consiste à guider sa barque à travers les écueils du torrent en suivant le fil de l'eau, sous peine de la voir disparaître dans le gouffre.

Tout en demeurant au bien-être et au luxe, la tendance actuelle est surtout à l'extrême bon marché et, même, à la camelote qui n'est que la contrefaçon du bon marché. Notre vin de greffe est trop coûteux à produire. Il est grevé de trop de soufre, cuivre, fer, mercure et autres ingrédients pharmaceutiques dont étaient dispensés nos pères. Dès que les hybrides donneront, d'une façon certaine et constante, à frais moindres, un produit accepté du public et des médecins, les greffeurs seront bien obligés de changer leur fusil d'épaule, c'est-à-dire leur sujet de greffon, ou de garder le vin cher en cave.

L'heure des bons tyrans, qui sauvegardaient le délicat Pinot par l'arrachage obligatoire du déloyal Gamay, est passée. Le souverain juge aujourd'hui est le consommateur : force est de nous incliner devant ses arrêts, alors même que nous en trouverions les considérants discutables, et de lui servir, à vil prix, le vil breuvage qu'il réclame.

D'ailleurs, hâtons-nous de dire, pour expliquer l'importance croissante que reconnaissent à l'étude des hybrides les esprits les plus distingués de la viticulture française, que ces nouveaux-venus, *désauvagés* par l'infusion de sang de vinifera, sont loin de faire, tous, du vin médiocre et banal. Il est plusieurs d'entre eux qui, par leur richesse en alcool, en extrait sec et en couleur, peuvent être considérés comme d'utiles éléments de coupage pour nos vins de greffe. Ce seront, dans bien des cas, des compléments précieux qui nous délivreront d'un lourd tribut payé à l'étranger et surtout des béquilles de la chimie anti-hygiénique. C'est à nous, planteurs de vignes greffées, à les suivre attentivement, à constater par de minutieux essais leurs propriétés spéciales et à les utiliser au mieux de nos intérêts.

HYBRIDES ANCIENS

Avant d'aborder la longue et brillante théorie des derniers enfants de nos semeurs, il n'est pas hors de propos de dire un mot des anciens hybrides dont les défauts et les exigences de vinification mettront en relief la supériorité incontestable de leurs successeurs.

Nous remplirons ainsi brièvement la première partie de notre programme, savoir : l'utilisation industrielle des raisins d'hybrides quelconques.

La plupart des hybrides venus d'Amérique n'ont pris aucune extension en France. Sans parler de leur faible résistance au phylloxéra qui s'est chargé d'éliminer bien des variétés flatteuses, leur goût de *Foxiness*, chéri des Américains mais désagréable à nos palais plus affinés, a toujours barré la route aux producteurs d'outre-mer et a empêché la réalisation des espérances du regretté Champin, voyant déjà les hybrides de Labrusca prendre place sur nos tables et ne pas tarder à produire « quand nous saurions les bien faire, non seulement de bons vins d'ordinaire, mais des vins fins pour les huîtres, les rôtis et les desserts » (1).

Il est probable que nous n'avons jamais su les faire ; car les vins de Duchess, de Delaware, d'Autuchon, de Naomi, et même de Triumph, dont le châtelain de Salettes annonçait prématurément le triomphe, ne sont guère responsables de l'encombrement actuel de nos caves et de nos chais.

Seuls, l'Othello, le Noah, le Clinton, l'Herbemont et le Jacquez ont couvert, et couvrent encore, quelques milliers d'hectares avec tendance à céder la place aux nouveaux hybrides.

Voici, d'après le professeur Perraud (2), l'analyse des vins américains récoltés à la *Station viticole de Villefranche*. (Voir le tableau page 4.)

En général, ces vins sont pauvres en alcool, mais assez frais. Pour les livrer à la consommation il eût fallu sucrer tous ceux qui n'attei-

---

(1) Aimé CHAMPIN. — *Plantations du Château de Salettes*, p. 6.
(2) *Revue trimestrielle de la Station viticole de Villefranche*, année 1891, n° 1, p. 41.

gnent pas 8°. Ce tableau un peu pessimiste donne une idée assez
exacte des vins américains dans notre région. Sauf peut-être le Noah
et le Bacchus qui se sont montrés, dans bien des endroits, plus sucrés
qu'à Villefranche, tous ces producteurs ont donné de fort maigres
résultats à leurs planteurs, en Beaujolais et en Bourgogne. Dans le Midi

CÉPAGES	ANNÉES	ALCOOL	ACIDITÉ EN SO⁴ H²	EXTRAIT SEC
Othello	1890	4°8	8.5	20.5
Othello	1888	6°2	9.4	23. »
Senasqua	1890	6°45	7.1	18.8
Senasqua	1888	5°85	8.3	22.2
Cornucopia	1890	7°7	8.5	28.4
Cornucopia	1888	7°7	7.2	22.8
Canada	1890	7°1	6.7	21.6
Canada	1888	8°1	6.2	21.2
Noah	1890	8°4	8.8	21.5
Noah	1888	8°3	5.9	17.6
Elvira	1890	6°75	6.6	22. »
Elvira	1888	6°85	6.1	19.4
Cynthiana	1890	5°15	11.1	25. »
Black-Defiance	1890	4°5	9.9	22.3
Huntingdon	1890	5°	6.2	16.4
Secretary	1890	5°2	7.5	21.2
Elsinburg	1890	7°9	5.9	20. »
Bacchus	1890	4°7	6.1	23.6
Saint-Sauveur	1890	5°8	8.2	23.2
Duchess	1890	9°4	5.6	16.2

et le Sud-Ouest, où ces raisins un peu tardifs ont trouvé plus de
chaleur, il aurait pu en être autrement. Si leur fox eût été moins
tenace, leur vendange plus abondante et leurs racines plus solides,
nul doute qu'ils n'eussent fait une rude concurrence aux plants
greffés. Leur teneur alcoolique, à consulter les nombreuses analyses
publiées, il y a dix ans, par M. Bouffard, est largement suffisante;
mais c'est l'acidité qui leur fait défaut. C'est là un vice capital, une
lacune constitutionnelle qui entraîne une vinification spéciale dont il
est bon de signaler les dangers.

ACIDIFICATION. — Tout a été dit sur l'emploi de l'acide tartrique. Au Congrès de Lyon de 1894, nous avons assisté à une joute mémorable où le Dr Cazeneuve, au nom de l'hygiène, a essayé de sauver le sucre en tuant l'acide tartrique sur le dos de son ami et collègue, le professeur Bouffard. Mais les acides et les œnologues ont la vie dure. Nous avons le plaisir d'applaudir à nouveau, ici, M. Bouffard; et, dès 1898, le regretté Bernard (1), de Cluny, a réhabilité l'acide tartrique en nous conseillant l'acidification rationnelle de nos moûts, après leur essai au calcimètre. Ses instructions, à la fois si savantes et si sensées, n'ont soulevé aucune protestation. Comprise ainsi, c'est-à-dire à très faible dose et à l'état d'accident passager, la pratique de l'acidification est parfaitement recommandable, mais elle n'a rien de commun avec celle qui est adoptée par quelques industriels du Midi, pour la coloration intensive du moût de certains producteurs directs. Pour eux, il s'agit surtout de teindre et de parvenir au summum de teinture avec le minimum de dépense. On ne s'inquiète guère de faire des vins de table, mais un produit de coupage qui tient le milieu entre l'encre violette et le sang de bœuf, matière première recherchée par le commerce, parce que son emploi lui permet d'utiliser fructueusement les très petits aramons qu'il a payés fort bon marché. Cette industrie, qui rappelle plus la manufacture de produits chimiques que le chai viticole, est loin de faire honneur aux régions qui s'y livrent.

Le Jacquez, parmi les anciens hybrides, et l'Alicante-Terras, parmi les nouveaux, sont les types de raisins à acidité insuffisante, mais à coloration puissante et instable dont les tendances bleues ont besoin, chaque année, pour se maintenir au rouge, d'une quantité exagérée d'acide tartrique.

On estime, en général, dans le Midi, et ce sont à peu près les chiffres donnés ici par notre ami Coutagne (2), que, si pour être d'une acidité normale, un moût de vinifera blanc doit contenir au moins 5 grammes d'acidité exprimée en acide sulfurique (3), un moût de vinifera noir

---

(1) A. Bernard. — Congrès viticole de Lyon, p. 55. Paris, Masson, 1898.

(2) Coutagne. — Congrès viticole et agricole de Lyon. p. 118.

(3) L'acidité du vin s'évalue en acide sulfurique (SO⁴ H²) ou en acide tartrique. L'acidité en acide sulfurique $\times$ 1.53 = acidité tartrique, et inversement celle-ci $\times$ 0,653 = acidité sulfurique.

La *Règle acidimétrique, L. Mathieu*, construite par Dujardin à Paris, donne mécaniquement, par un index à coulisse, ces équivalences, et même celles de l'acide citrique, de l'acide acétique, du tartrate neutre de potasse et du carbonate de chaux.

à jus incolore 6 grammes, et celui de vinifera teinturier 7 grammes, il faut au Jacquez un minimum de 9 grammes, sous peine de voir sa couleur parcourir toute la gamme de l'arc-en-ciel en passant par le bleu ou le jaune pour arriver au noir.

Vendangez de bonne heure, a-t-on dit aux méridionaux, et vous aurez dans votre raisin, moins sucré, l'acidité suffisante. Excellent pour les vinifera, le conseil ne s'applique pas au Jacquez. On a reconnu, en effet, que la couleur du Jacquez à peine mûr était encore plus instable que celle du Jacquez trop mûr (1).

' Qu'on le veuille ou non, pour la coquetterie de son vin, le Jacquez a soif d'acide auxiliaire ; il lui en faut coûte que coûte, mais au prix actuel du vin, l'achat de l'acide tartrique devient du luxe.

Entre des mains moins honnêtes que celles des viticulteurs du Var, ce cépage se prêterait à des fraudes analogues à celles dont les vins d'Espagne ont été trop souvent l'objet. Ce sont ces vins exotiques à la couleur fixée par les régénérateurs « inoffensifs et introuvables à l'analyse » contre lesquels a tonné avec indignation le professeur Degrully (2), qui, déconsidérant des crûs jadis renommés, ont permis au savant clinicien de la Pitié, Albert Robin, d'affirmer que la Bourgogne n'avait connu la dyspepsie, provoquée par l'usage, ou plutôt, par l'abus du vin, que le jour où le phylloxéra, détruisant son vignoble, elle avait été réduite à consommer des vins étrangers (3).

En Provence, heureusement, les fabriques de teintures intensives auxquelles nous venons de faire allusion sont l'exception, comme le sont, en Bourgogne, les sucreries viticoles. Les vins du Var ont conservé leur réputation méritée.

Chez bon nombre de propriétaires de Brignoles et de Draguignan le Jacquez, additionné seulement de 3 à 400 grammes d'acide tartrique, fait un très beau vin de 13 à 15º. Ce vin-là est très buvable, mais sa couleur n'a pas une intensité qui permette le mouillage. Coupé de vins légers c'est même une boisson agréable.

M. Roos recommande, avec raison, l'emploi de l'acide tartrique à la cuve et non dans le vin (4). M. Bouffard attache moins d'importance à cette distinction (5). Il nous semble, cependant, plus logique de réserver

---

(1) DEGRULLY. — In *Progrès agricole et viticole*, 2 sept. 1900.
(2) *Loc. cit.*
(3) L'*Illustration*, 12 octobre 1901.
(4) L. ROOS. — *L'Industrie vinicole méridionale*, p. 67, Coulet, 1898.
(5) BOUFFARD. — Congrès œnologique de Toulon, p. 52, Coulet, 1899.

l'acidification du vin aux vins cassables et d'essayer de prévenir cette
casse en acidifiant la vendange. La dépense supplémentaire, qui résulte
de la perte du sel qui s'attache aux rafles, est largement compensée par
la régularisation de la fermentation (1). Pour évoluer complètement
et transformer tout le sucre, il faut aux levures un milieu acide; dans
un milieu neutre les saccharomyces vieillissent vite et s'épuisent;
dans un milieu alcalin ils meurent ou s'endorment. L'acide tartrique,
apporté dans le moût qui en a besoin, augmentera son degré d'alcool
et assurera la santé future de son vin.

Au Congrès œnologique de Toulon de 1898, où j'ai eu le plaisir de
boire d'excellents vins de vigne greffée, un vent favorable soufflait
du côté des directs. C'était à qui tirerait de sa poche sa petite
fiole d'encre rouge et s'extasierait sur la puissance colorante de tel
ou tel numéro. Aujourd'hui, l'enthousiasme semble calmé, et même
le plant local, l'Alicante-Terras n° 20, enfant du Var, ne trouve pas
grâce devant ses compatriotes. Le vin de ce cépage a été récemment
le sujet d'une polémique violente dans un journal de Toulon (2), à
travers laquelle, abstraction faite des personnalités et des exagérations inhérentes à tout plaidoyer chaleureux, on peut glaner des
indications précises sur les difficultés de sa vinification.

Le professeur départemental, M. Chapelle, venait de terminer, à la
mairie de La Cadière, une conférence écoutée avec beaucoup d'attention par un sympathique et nombreux auditoire, lorsque le maire lui
posa à brûle-pourpoint cette question : « Que pensez-vous de
l'avenir de l'Alicante-Terras chez nous ? » Léger embarras de l'orateur qui se croit, par politesse, obligé de faire l'éloge de ce plant
qu'il n'estime pourtant qu'à sa juste valeur ; mais, apercevant dans
la salle, un notable de l'endroit très au courant de la question
des hybrides, il lui passa adroitement la parole.

— Si c'est pour faire du vin qu'on plante le Terras, répond le propriétaire interpellé, il est temps de s'arrêter ; mais si c'est pour du
vinaigre, je reconnais que ce plant a beaucoup d'avenir. »

C'était net et justifié, dit-on, par de nombreuses cuvées piquées.
La vinification du Terras est, en effet, plus délicate encore que celle
du Jacquez. Si elle est difficile, elle n'est pas impossible, répond
M. Latière, un de ses partisans.

---

(1) MARTINAND. — *Manuel de vinification*, p. 91.
(2) *La Petite Revue agricole et horticole*, n°s du 31 décembre 1899,
14 janvier 1900, 28 janvier 1900, 18 février 1900.

,« Le Terras, dit-il, doit être égrappé et ne cuver que 36 heures ou
« 48 heures au plus ; il est encore nécessaire de lui ajouter environ
« 200 gr. d'acide tartrique par hectolitre et de soutirer le vin obtenu
« au moins deux fois après le décuvage et à deux ou trois semaines
« au plus d'intervalle. »

D'après MM. Bonnet frères, de Tarascon, mieux vaudrait le laisser
cuver quinze jours, après avoir préalablement ajouté, pour 3,000 kil.
de vendange, 6 kilog. 150 gr. d'acide tartrique, 525 gr. d'œno-tannin
et 3 kilog. de levures sélectionnées et faire cuver, si possible, ce
cépage avec un tiers ou moitié de raisins français.

C'est ce genre de coupages de vendanges, mais avec une cuvaison
rapide, que pratique M. Henri Paul, un planteur de la première heure
qui, reconnaissant au Terras de grands mérites culturaux, lui passe
ses petites exigences de vinification et continue à faire avec lui du
très beau vin en jetant ses raisins sur des pieds de cuve d'hybrides
Bouschet ou de Tokay. Il est vrai d'ajouter que M. Paul lui préfère
l'Alicante-Ganzin et le Seibel n° 1. Ces deux cépages donneraient,
d'après lui, de superbes vins dans le Var.

Au Pradet, chez M. Meunier, domaine modèle de culture et de vinification, la cuvée de Terras s'est piquée et le vin a dû être brûlé. Au
surplus, les plants y périssent du phylloxéra, ainsi que l'ont constaté
MM. Ravaz et Lagatu, et le propriétaire les arrache sans regret.

L'Alicante-Terras n'aura donc été qu'un plant de transition. Comme
le Jacquez, il nous aura enseigné la méfiance œnologique. Attendons
d'être suffisamment documentés pour leur trouver un successeur. Il
est probable que les hybrides à coloration franchement rouge et non
pas bleue, comme le Jacquez ou le Terras, sont destinés à rendre de
grands services dans le Midi, dont le pâle Aramon irrigué a besoin de
couleur. Le Seibel n° 1, l'Alicante-Ganzin et beaucoup d'autres, pourront faire, comme l'indique M. Roos (1), et comme l'avait indiqué
avant lui Pierre de Crescence (2), des pieds de cuve, sur lesquels
on jettera la vendange peu colorée des greffes. Ce qui me permettra de
modifier la formule de M. Douysset : « Tout propriétaire prévoyant
doit avoir le quart de son vignoble en Jacquez (3) », en ceci : « Tout

---

(1) L. Roos. — *Progrès Agricole*, 2 juin 1901.

(2) « Si l'on met grappes noires au fons de la cuve quant le vin devra
« bouillir le vin en sera plus rouge » *Livre des Prouffits champestres et
ruraulx*, compilé par Maistre PIERRE DES CRESCENS. Lyon 1539, chap. 4.

(3) Paul DOUYSSET. — In *Progrès Agricole*, 7 avril 1901.

propriétaire de vins communs sans grande coloration doit greffer le quart de son vignoble en hybrides directs à jus rouge, vraiment rouge. »

Et, s'il me répondait : Vous seriez bien aimable de m'indiquer ce merle rouge », je lui dirais : « C'est votre affaire, trouvez-le vous-même. Celui de la Bourgogne ne sera certainement pas celui de la Provence et du Languedoc. »

SUCRAGE ET MOUILLAGE. — Plus favorisés que le Midi avec son Jacquez, le Centre et le Nord-Est ont utilisé l'acidité naturelle de l'Othello pour transformer son vin, par un léger sucrage, en un élément de coupage et de couleur de premier ordre. Défoxés par une maturité incomplète et par le lavage des pluies diluviennes de nos deux dernières vendanges, les raisins d'Othello ont donné à ceux qui les ont *procédés* un vin vif et pourpre foncé, qui a eu toutes les faveurs du commerce. Et nul besoin n'a été, pour le réussir, de suivre la recette humoristique donnée à notre dernier Congrès, où l'on a dit : « Avec l'Othello, il paraît que le meilleur vin est celui qui est « formé avec un lit de raisins d'Othello, un lit de sucre alternative-« ment et ainsi de suite, de sorte que le vin est alors d'autant meil-« leur qu'il renferme proportionnellement moins de raisin (1). »

Cinq à six kilogs de sucre par hectolitre ont suffi pour faire un vin auquel négociants et consommateurs se sont plu à reconnaître des qualités de fraîcheur et de franchise qu'on ne trouvait pas toujours dans les Gamays.

L'Othello est un de ces morts qu'il faut qu'on tue, mais il a tant d'extrait sec qu'il n'est pas étonnant de le voir renaître de ses cendres. Sa petite résistance au black-rot et sa résistance considérable au botrytis, jointes à sa merveilleuse fertilité en font, aujourd'hui que l'on se résigne à greffer les directs, un hybride ancien qui en vaut beaucoup de nouveaux. Il est bon de le vendanger vert et de le sucrer en conséquence.

Le *Noah* qui a, lui aussi, de grands mérites culturaux, est beaucoup moins souple de vinification. Il se plie plus difficilement que l'Othello à jouer le rôle de vinifera. Naturellement alcoolique et doué de beaucoup d'extrait sec — ce qui lui imprime un cachet d'âpreté caractéristique — le vin de Noah a été souvent mouillé, avec ou

---

(1) *Congrès viticole de Lyon* de 1898, p. 156.

sans sucre, mais toujours avec bénéfice, par des intermédiaires peu scrupuleux. Comme le Pomino, il laisse la bouche sèche (1). Mais, pour être réussie, sa vinification exige, avant toute chose, le défoxage.

Le *Cynthiana* est le type du raisin épais, confiturier, très riche en extrait, qu'un mouillage discret améliore, sans faire courir aucun risque à l'opérateur, et qu'un coupage savant peut transformer parfois en vin de qualité. M. Robin, à Lapeyrouse-Mornay, s'était fait une spécialité de vin de Cynthiana. Notre vénéré doyen, M. Gaillard, de Brignais, prétend améliorer sensiblement ses vins de Gamays en les mélangeant à son vin de Cynthiana (2).

DÉFOXAGE. — Une des principales préoccupations des vinificateurs d'hybrides a été de substituer à leur bouquet propre, soit foxé avec les labrusca, soit plat et âpre avec les rupestris, une saveur de vinifera.

Le terrain, le climat et le degré de maturité exercent une certaine influence sur le fox des cépages. L'Othello des terrains siliceux du Centre et du Nord-Est est beaucoup plus neutre que celui du Midi ou des coteaux calcaires. Jeté sur un pied de cuve de vinifera en fermentation, son raisin se laisse levurer facilement et donne un bon produit.

Le Noah et le Clinton sont infiniment plus difficiles à défoxer. La stérilisation des moûts avant fermentation par l'appareil Rosenstiehl, avec ensemencement de levures pures, a très bien réussi pour l'Othello, alors qu'elle échouait totalement pour le Noah et le Clinton.

Dans ses essais de levurage, M. Perraud a signalé (3) l'affinité de la levure de Sauternes pour le Noah ; il a obtenu, dans l'échantillon levuré, avec une augmentation d'alcool, une réelle amélioration de goût. Mais je ne sais si ce défoxage a été de longue durée. L'exemple que j'ai cité moi-même, dans l'*Agriculture Nouvelle* (4), me permet d'en douter. Au bout de quelque temps les levures sauvages réapparaissent, envahissent le milieu, chassent le Sauternes et redonnent le fox initial ; ou, si les saccharomyces ne sont pas en cause, puis-

---

(1) Grazzi-Soncini. *Le vin*, p. 115.

(2) *Congrès viticole de Lyon* de 1898, p. 51.

(3) J. Perraud. — In *Revue trimestrielle de la Station viticole de Villefranche*, 2ᵉ année, p. 98.

(4) *Agriculture Nouvelle*, du 10 août 1901.

qu'il n'y a plus fermentation, ce sont les éthers qui se chargent de la chose et le résultat est le même : le vin est foxé.

Dans le raisin, le fox dont est imprégnée la pulpe a son siège dans l'intérieur de la pellicule ; les levures propres au cépage, qui sont à l'extérieur et principalement dans la pruine, en contiennent aussi. Les pluies continues qui lavent la fleur de la grume en enlèvent donc une partie.

La constatation de ce fait a amené les vignerons à ne pas presser immédiatement leurs·Noahs. Ils les rentrent le soir dans des paniers et les arrosent copieusement, les laissant ainsi toute la nuit couverts de cette rosée artificielle. Le lendemain matin une odeur infecte, véritable essence de fox, s'exhale de ces paniers. Les raisins sont alors pressés sur de la rape de vinifera et le moût coupé de suite avec du vin blanc de greffe encore en fermentation. En tout cas, jamais on ne doit faire cuver le Noah ; ce serait le plus sûr moyen de le rendre jaune et très foxé.

L'emploi des levures pures a donné parfois d'excellents résultats. On peut en trouver la preuve dans les travaux si remarquables de MM. Kayser, Martinand, Jacquemin, etc., etc. Mais, à notre avis, le rôle des levures est beaucoup plus de perfectionner la fermentation des vinifera et d'affiner le bouquet de chaque crû que de chercher à masquer la saveur sauvage des américains.

Si l'on veut ensemencer des moûts d'hybrides de levures sélectionnés, il ne faut pas craindre de forcer la dose, 1 kilog par 6 hectos, et joindre aux levures a bouquet la levure alcoolisatrice 118 de l'Institut La Claire (1). Si cela ne fait pas de bien, en tout cas cela ne fera pas de mal. Mais c'est surtout au point de vue du défoxage des cépages américains que nous partageons le doux scepticisme de M. Mathieu, laissant entendre « qu'il ne faut pas toujours prendre au pied de la lettre les élogieux rapports sur les effets des levures » (2).

Le Clinton est un des américains les plus foxés et les plus rebelles aux levures. Si ce grand cuirassé, qui mûrit de Narbonne à Dijon, faisait du vin neutre, il serait bien inutile de chercher un autre cépage pour alimenter Bercy. Dans l'Ardèche et dans la Drôme, il fait un très bon vin, commun, mais très corsé, supérieur au Jacquez En Bourgogne, son parfum spécial s'atténue après plusieurs souti-

---

(1) G. Jacquemin. — *Les Fermentations rationelles*, p. 265.
(2) L. Mathieu. — *Actualités vinicoles*, p. 34.

rages ; sa couleur tombe et ce n'est plus qu'un petit vin aigrelet et insignifiant.

En résumé, le meilleur défoxage est le mouillage à l'eau sucrée.

Ce serait évidemment abuser de votre attention que de nous attarder plus longtemps à cette revue d'œnologie rétrospective. Ce n'est pas qu'elle soit dépourvue de tout intérêt, puisqu'elle nous montre les conséquences fâcheuses qu'a eues, dans plus d'un cas, l'adoption trop hâtive de cépages inconnus, et elle nous prouve ainsi la nécessité des précautions dont doit s'entourer notre étude ; mais j'ai hâte d'arriver, avec vous, aux nouveaux oiseaux bleus, et je les souhaite rouges bon teint, de façon à les trouver blancs de tout reproche. Notre patriotisme tricolore aura ainsi plus de plaisir à les aborder.

HYBRIDES NOUVEAUX

La vinification des hybrides nouveaux est fort simple, puisque tout le monde convient qu'elle doit avoir lieu sans béquilles, sans acide dans le Midi et sans sucre dans le Nord. Reste à déterminer les plants capables de ces merveilles.

Préciser la valeur œnologique d'un cépage quelconque est une œuvre de longue haleine qui exige la collaboration ininterrompue de plusieurs générations d'expérimentateurs. L'encépagement d'une région est plutôt le résultat d'un patient empirisme que la conséquence de brèves et savantes analyses. Voyez le Gamay, qui est un des vinifera de cuve les plus répandus et les plus connus. Selon le climat et le sol, la culture et les années, ce protée vinicole donnera à ses adorateurs du Fleurie ou du Brindas, du 1865 ou du 1866, c'est-à-dire du nectar ou du vinaigre.

Vergnette-Lamotte, qui le connaissait bien ce déloyal Gamay — puisqu'il était du pays où ce plant, condamné à mort, s'était vengé en faisant la fortune de ses bourreaux — nous signale, dans une série d'analyses muslimétriques des oscillations qui vont, pour ce cépage, de 4° à 10° d'alcool (1).

De tels écarts chez les directs nous laisseraient très perplexe. Aussi serait-il téméraire de rechercher la valeur œnologique

---

(1) DE VERGNETTE-LAMOTTE. — *Le Vin*, p. 141, Paris, 1868.

absolue des très nombreux hybrides, aux aptitudes si diverses, dont nos semeurs enrichissent annuellement leurs catalogues respectifs. Notre ambition et nos besoins sont plus modestes. Il nous suffira de connaître leur valeur œnologique **relative**, c'est-à-dire la proportion exacte des éléments de leur vin et la constitution chimique de certains de ces éléments pour discerner, parmi eux, ceux qui nous permettront de récolter du vin normal, abondant, solide, naturel et marchand. Tels sont nos principaux desiderata. Le reste est du luxe et regardera chaque propriétaire; car il est évident que, avec les hybrides comme avec le Gamay, les uns continueront à faire du bon vin à Fleurie et les autres du pistroullis à Brindas.

Cette étude, assez minutieuse, de l'équilibre des éléments utiles dans les raisins d'hybrides, sera grandement facilitée par les laboratoires des Stations œnologiques, des Écoles d'agriculture et des associations agricoles qui se mettent si volontiers à la disposition des viticulteurs.

On peut procéder de deux manières : soit par l'analyse du moût, soit par celle du vin. Celle-ci est, évidemment, plus concluante que celle-là, mais plus difficile aussi à réaliser sans causes d'erreurs, parce qu'elle suppose la vinification réussie de très petites quantités de moûts, les cépages en expérience n'existant souvent, dans les collections, qu'à l'état de un ou deux pieds.

Nous allons les passer toutes deux successivement en revue.

ANALYSE DU MOUT. — Après les expériences de vinification en petits récipients dont j'ai donné, en 1893, le compte rendu à la *Société régionale de Viticulture de Lyon* (1), frappé des difficultés opératoires du procédé pour un praticien dénué d'outillage spécial et surtout manquant du temps nécessaire pour surveiller ces petites cuvées si impressionnables, je revins à la mustimétrie, corrigée au besoin et complétée par le dosage chimique.

C'est ainsi que, en 1898, je confiai à M. Jacquin, chimiste à Chalon, l'étude du moût, sucre et acide, les deux facteurs principaux de toute vinification, de huit raisins d'hybrides auxquels j'attribuais, à ce moment-là, pour ma région, un certain intérêt cultural. Voici ces analyses:

---

(1) *Vigne Américaine,* avril 1893.

Moûts de Charrecey (Saône-et-Loire)
Analyses de M. Jacquin.

Noms des Cépages	Sucre réducteur	Alcool correspondant	Acidité en SO⁴H²
Seibel n° 1	119.04	7°5	10.08
Couderc 1101	114.94	7°2	6.61
— 1401	121.95	7°6	10.67
— 84-18	109.28	6°8	11.86
— 84-61	88.49	5°5	15.34
— 89-23	125.00	7°8	12.71
— 28-112	92.59	5°8	13.89
— 173-38	148.14	9°3	12.45

Mais le prélèvement des échantillons, fait sur des souches d'âge divers, éloignées les unes des autres et, par conséquent, en sol différent, ne m'avait pas permis de tirer de ce tableau des enseignements certains.

Cette année, 1901, grâce à la bienveillante collaboration de M. Mathieu, le distingué directeur de la Station œnologique de Bourgogne, j'ai repris cette expérience sur une plus grande échelle et avec plus de rigueur scientifique.

Dans une collection d'hybrides greffés sur Solonis $\times$ Riparia 1616, sujet fructifère et précoce, j'ai cueilli, dans mes champs d'expérience du Péage, un kilogramme de raisins de chaque numéro. Tous ces échantillons furent constitués par des grappes moyennes d'aspect et de volume. Cette récolte a eu lieu le 10 septembre dernier, en pleines vendanges, c'est-à-dire au moment psychologique de la maturité en Bourgogne. Suivant leur époque propre de maturité, certains hybrides étaient bien sucrés; d'autres auraient gagné à attendre quelques jours sur la souche, si les intempéries et leur résistance au botrytis l'eussent permis.

Pour avoir un terme de comparaison, j'ai cueilli également 1 kilog. de deux variétés de vinifera plantées dans le voisinage immédiat. Il m'a semblé que, au lieu de choisir du Pinot et du Chardonnay, dont la haute teneur en sucre n'aurait pas eu de peine à éclipser les moûts d'hybrides, il était plus rationnel de s'adresser à des cépages communs, producteurs abondants de nos vins ordinaires. Pour le rouge, j'ai donc pris le Fréaux, cépage bien connu et assez apprécié à cause de sa fertilité et de sa couleur, et le Melon qui nous donne nos plus petits vins blancs. Mais les deux rangées de ces vinifera n'étaient pas greffées sur 1616. Le Melon se trouve sur Rupestris du Lot et le Fréaux sur 1202, d'où infériorité probable en sucre comparativement aux autres plants greffés sur 1616.

D'après M. J.-M. Guillon, de Cognac (1), et les remarques de plusieurs viticulteurs de la Côte-d'Or, le Mourvèdre × Rupestris 1202, et le Rupestris du Lot sont lents à sucrer leurs moûts. La maturité de leurs greffons est plus tardive et leurs raisins moins gonflés que ceux sur Riparia ou hybrides de Riparia.

Remis de suite aux mains de M. Mathieu, les échantillons ont donné les résultats suivants : (Voir le tableau p. 16.)

OBSERVATIONS. — Rendement en jus. — La première question, semble-t-il, que doit se poser tout importateur de cépage d'abondance — et, jusqu'à présent, les partisans des hybrides directs ne peuvent guère prétendre à d'autres titres — est celle-ci : Combien ce raisin donnera-t-il de vin par 100 kilogs de vendange ? Car les pépins, les rafles et même les pellicules épaisses sont d'un petit revenu en viticulture. C'est pourquoi, après une pesée très scrupuleuse de 1.000 grammes, les raisins furent pressés en évitant toute déperdition de liquide.

La première colonne du tableau donne le rendement en moût par le pressoir, sans excès de pression, c'est-à-dire sans avoir extrait d'autre jus que le jus de la pulpe qui a été asséchée, comme dans le pressurage en blanc. Les raisins n'ayant pas été broyés mais simplement écrasés à la main avant le pressurage, il ne peut donc y avoir qu'une portion bien minime du jus des rafles ou des peaux.

A noter que ce volume comprend : 1º le liquide sucré ; 2º la bourbe formée de débris solides dont la quantité n'est pas négligeable. De sorte que, en représentant par V le volume sous la goulotte du pressoir, par v le volume des particules solides et par Vm le volume du moût, on a :

$$V = Vm + v$$

---

(1) *Revue de Viticulture* du 12 octobre 1901.

Analyses de M. Mathieu

Directeur de la Station œnologique de Bourgogne.

NOMS DES CÉPAGES	Rendement en litres par 100 k. de raisins, bourbe comprise	Alcool possible calculé d'après		Acidité totale en $SO^4 H^2$	Intensité colorante Le Fréaux = 1
		Le mustimètre Salleron	la liqueur de Fehling		
				grammes	
Couderc 4401	77.5	7°2	7°5	8	0.80
— J. 201	77.5	7°7	7°4	11.90	0.74
— J. 503	68.5	6°8	5°7	10.70	0.32
— 28-112	76.0	7°4	6°5	8.90	0.64
— 82-12	75.0	7°6	7°6	5.60	
— 82-32	68.0	6°4	6°1	9.50	
— 89-23	75.0	7°7	7°05	8.10	
— 117-3	66.5	11°3	10°6	3.25	
— 126-21	67.0	7°7	6°7	7.30	0.20
Seibel 1	79.0	5°8	5°7	8.40	0.44
— 47	69.0	8°9	7°5	7.90	0.90
— 48	74.0	5°6	5°0	12.70	0.20
— 80	77.5	7°4	7°4	6.50	0.40
— 150	67.0	10°3	8°85	8.20	0.54
— 156	75.5	7°2	7°5	11.10	1.92
— 1004	75.0	5°5	5°7	11.00	0.70
— 182	67.0	10°7	9°0	5.9	0.78
— 1007	73.0	6°6	6°3	10.90	0.44
— 1013	69.5	7°8	6°0	10.70	0.20
Alicante-Terras n° 20	71.0	9°2	7°9	6.10	0.24
Auxerrois ✕ Rupestris	75.0	9°2	7°85	8.30	0.54
Plant des Carmes	67.0	10°0	8°7	15.00	0.62
Hybride Franc	67.5	7°8	7°5	10.20	1.56
— Fournié	71.5	9°5	8°5	13.80	0.76
Jurie 580	70.0	7°8	7°05	14.70	0.68
Gaillard n° 2	65.0	12°1	10°9	8.60	1.10
Rouget 22-1	69.0	10°9	9°4	7.80	0.84
Melon sur Rupestris-du-Lot	80.1	9°9	9°75	4.70	?
Fréaux sur 1202	82.4	8°1	8°85	7.90	1.00

Or v disparaît avec la lie; ce qui fait au moins 5 litres. Vm diminue également pendant la fermentation d'une manière assez sensible, au moins de 2 %. Il ne reste donc au maximum que 93 litres de vin pour 100 litres de moût. Ainsi, en prenant le chiffre moyen de 75, comme rendement de jus, on a une diminution de :

$$75 \times 0,07 = 5,25$$

Soit, en définitive, une perte de 5 à 6 litres dans le vin.

Les témoins donnèrent le rendement des bonnes pressées de vinifera, 80 à 82 0/0, un peu plus que n'a trouvé M. Caille dans un essai analogue (1). Certains hybrides, dont le rendement pratique m'est connu, puisque j'en vinifie une trentaine d'hectolitres depuis bientôt dix ans, tels que le 4401, me surprirent par un résultat bien supérieur à ce que j'avais constaté à la cuve. Cela tient, je suppose, à ce que les raisins greffés étaient plus beaux, plus gonflés, plus juteux que ceux récoltés auparavant par moi sur leurs propres racines. Preuve que, en bon terrain et avec de larges fumures, ces cépages bien portants pourraient même, à l'état direct, atteindre ces coefficients élevés.

A signaler l'excellent rendement du Seibel 1 qui donne 79 et l'insuffisance du Gaillard n° 2 qui n'a que 65, ainsi que du 117-3 Couderc qui n'atteint pas 67 Cette infériorité de rendement pourrait être compensée, au point de vue cultural, par une fertilité plus grande. Mieux vaudrait, par pieds, récolter 2 kilogs à 65 qu'un seul kilog à 79. Mais la production totale par pied est presque toujours parallèle au rendement en jus.

Sucre et Alcool. — La comparaison de l'évaluation du sucre à l'aide du mustimètre Salleron d'un côté et, de l'autre, avec le dosage chimique, est intéressante, bien que les écarts ne soient pas aussi sensibles, cette année, que d'autres à cause de la grande humidité qui a gonflé les raisins et dilué leur matière pectique et mucilagineuse. Inutile, je pense, de revenir sur cette question que tout le monde connaît et sur laquelle j'ai cru devoir, il y a quelque temps, attirer spécialement l'attention du monde viticole.

« Etant donné, ai-je dit, qu'un flotteur plongé dans une solution « sucrée s'enfoncera d'autant moins que le liquide est plus dense, « c'est-à-dire plus sucré, d'ingénieux constructeurs ont cru pouvoir

____

(1) CAILLE. — *Vigne Américaine* de juillet 1901, p. 221.

« établir des aéromètres gradués de telle sorte que leur niveau de
« flottaison indiquât de suite la quantité volumétrique de sucre d'un
« moût et, par conséquent, son degré alcoolique futur Exactes dans
« l'eau sucrée, les indications de ces appareils ne donnent plus, dans
« le moût, que des renseignements très approximatifs. Car il y a autre
« chose dans le moût que de l'eau sucrée : la matière azotée du
« non-sucre exerce, elle aussi, sa pression de bas en haut sur le
« flotteur, d'où des inexactitudes saccharimétriques fatales et propor-
« tionnelles à l'importance du non-sucre spécial à chaque cépage (1). »

Le mustimètre ne saurait être un appareil de laboratoire ; c'est un
outil de vigneron, très utile sans doute, et très commode pour suivre
la progression du sucre dans le raisin, et indiquer la date de la
vendange, mais incapable de donner le poids exact de ce sucre à
quelque moment que ce soit.

Cet instrument a des bizarreries inexplicables pour celui qui
ignore la formation et la composition de l'extrait sec des différents
cépages (2). Ainsi, dans le tableau ci-dessus, pour trois numéros
d'hybrides 4401, 156 et 1004, et pour le Fréaux, il donne une densité
qui est inférieure à leur teneur réelle en sucre. Pour tous les autres,
il varie en trop depuis quelques dixièmes de degré jusqu'à près de
deux degrés, quantité qui est loin d'être négligeable.

Mais, l'analyse chimique elle-même, par le dosage du sucre à la
liqueur de Fehling, nous indique-t-elle bien réellement l'alcool
possible ? Pas absolument. Sans parler des accidents de fermentation,
des levures propres à chaque cépage qui peuvent être plus ou moins
vigoureuses et plus ou moins alcoolisatrices, il y a encore lieu de
prévoir une perte d'environ 5 % du sucre initial pour la formation
de la glycérine, de l'acide succinique et de la cellulose nécessaire aux
parois des nouvelles cellules qui naissent pendant la fermentation (3).

En tenant compte de ces observations, on voit qu'un raisin
d'hybrides, tel que le 1013 Seibel, par exemple, qui, au mustimètre
laisse espérer un vin de 7°8 n'en donnera qu'un de 5°7 au grand
maximum. La différence est sensible et mérite d'être prévue dans une
bonne vinification.

Ces réserves étant faites et les corrections nécessaires établies, on
voit, par l'inspection de la colonne du dosage à la liqueur de Fehling

---

(1) *Bulletin de la Société Nationale d'Agriculture*, t. LXI, p. 189.
(2) Mathieu. — *Actualités vinicoles*, p. 21.
(3) Portes et Ruyssen. — *Traité de la vigne*, t. II, p. 216.

qu'un certain nombre de cépages ont une précocité suffisante pour être vinifiés avec succès sous le climat de la Bourgogne. Les témoins donnent la moyenne alcoolique des vins communs de 1901 dans la côte Châlonnaise, 8 à 9º. Ce n'est point un degré bien élevé, mais il est suffisant pour la bonne tenue de nos vins et supérieur, en tout cas, à celui de l'an dernier.

Un cépage très précoce, trop précoce peut-être, le 126-21 de Couderc, avait ses raisins fendus et délavés par la première période de pluie subie au commencement du mois de septembre. Il n'atteint que 6º7. Peut-être avec des raisins en meilleur état, cueillis plus tôt, aurait-on obtenu davantage.

Les numéros de cette collection qui tiennent la tête au point de vue de l'alcool sont le Gaillard nº 2, les Seibel 150 et 182, le Plant des Carmes, l'Hybride Fournié, l'Auxerrois $\times$ Rupestris, le Rouget 22-1, et le 117-3 de Couderc.

Le 4401 du même hybrideur est, avec 7º5, dans sa moyenne habituelle. Je l'ai vu rarement dépasser 8º chez moi, même en bonne année.

L'Alicante-Terras, avec 7º9, est plus beau qu'il n'a jamais été. C'est la première année où il m'a permis de le vendanger. Chant du cygne, hélas!

Il y a lieu de tenir compte aussi du poids total de la vendange de chaque souche. Certaines variétés, comme le Seibel 1 et le Terras, avaient une abondance de raisins si extraordinaire que cette surcharge a dû abaisser fatalement leur titre alcoolique, de même qu'un Gamay taillé long et produisant 150 hectos à l'hectare donne un moût moins sucré que les mêmes Gamays en gobelet rapportant seulement 50 hectolitres.

Il est à remarquer, en outre, que la grosseur des grains et le nombre des pépins semblent être en raison inverse de la richesse gluco-métrique. Le grain millerandé, le petit grain apyrène et ceux de certains hybrides à petites grappes et petits grains, tels que les Rouget et les Oberlin, sont beaucoup plus sucrés que les autres et confirment absolument ce qui a été dit à ce sujet, pour les vinifera, par de sagaces observateurs (1).

Acidité et couleur. — L'acidité des vins de Bourgogne de 1901 est très variable. Selon que la vendange s'est effectuée par la pluie ou

(1) De Vergnette-Lamotte, *op. cit.*, p. 349. — Muller-Thurgau et Sannino, in *Revue internationale de viticulture et d'œnologie*, t. I, p. 437.

par le soleil, il y a, dans les mêmes crus, et avec les mêmes cépages, des écarts considérables qui, d'après M. Mathieu, bon juge en la matière, puisqu'il a eu en mains plusieurs centaines d'échantillons, descendent de 8 grammes jusqu'à 3 grammes. On sait que, dans les années normales, les Pinots bien réussis ont de 3 gr. 5 à 4 gr. 5 d'acidité totale, et les Gamays de 4 gr. 5 à 5 grammes. Dans les arrière-côtes, un peu froides, les Gamays teinturiers, Rouge de Bouze et Fréaux, atteignent fréquemment 6 et 7 grammes.

L'acidimétrie des moûts de notre tableau est loin de donner la teneur en acidité des vins que ces moûts eussent produits. Néanmoins, ces dosages, faits avec soin et exprimés en acide sulfurique, sont toujours une indication précieuse ; car, si on risque de trouver beaucoup moins d'acide dans le vin fait que dans le moût, on est certain, par contre, de n'en trouver jamais davantage, ce qui permet d'éliminer, *a priori*, des raisins notoirement insuffisants en cet élément.

La quantité d'acide qui passe du moût dans le vin dépend, en général, du titre alcoolique final du vin qui agit pour précipiter la crème de tartre; mais, avec des vins peu alcooliques, dont l'acidité est formée de beaucoup d'acide tartrique, il peut ne pas y avoir de précipitation, cas fréquent, cette année, au dire de M. Mathieu.

Du moût au vin, M. Berthelot a signalé des pertes approchant de 3 grammes ; mais ce chiffre peut être considéré comme exceptionnel.

« D'après nos observations, dit M. le professeur Bouffard, faites sur « de la vendange aussi identique et homogène que possible, l'acidité « totale, prise sur les liquides débarrassés de leur gaz carbonique, a « indiqué, pour le vin rouge cuvé, une perte de 25 % de l'acide du « moût. Pour le vin blanc, cette perte est plus faible et plus souvent « nulle. En résumé, la différence absolue entre le moût et le vin varie « de 1 à 2 grammes d'acide sulfurique (1). »

Une des causes de cette diminution, d'après le savant œnologue, serait la présence des rafles et des pellicules à la fermentation, parce que leurs liquides sont moins acides que le moût (2). Alors, s'il en est ainsi, je me demande pourquoi nous n'égrappons en Bourgogne, ainsi que le constate Ladrey (3), que les années à vin vert, à maturité tardive et incomplète. L'inverse semblerait plus logique. Mais M. Bouffard raisonne pour la rafle mûre et lignifiée du Midi, et Ladrey

---

(1) Bouffard, in *Congrès œnologique de Toulon*, p. **48**.
(2) Id., *loc. cit.*
(3) Ladrey, *L'art de faire le vin*, p. **117**.

pour la rafle verte et herbacée de la Bourgogne. Comme toujours, ce sont les pratiques séculaires de l'empirisme intelligent qui ont résolu la question, laissant à la science le soin d'en expliquer les raisons.

« La valeur de l'acidité totale pour le vin, dit encore M. Bouffard, « dans sa remarquable communication au Congrès œnologique de « Toulon, varie suivant le cépage dont ce vin provient; elle doit être « d'autant plus élevée que le vin est plus coloré et plus alcoolique. « C'est généralement l'inverse qui se produit. »

Les recherches poursuivies par M. Caille sur l'acidité des moûts d'un grand nombre de cépages de la vallée du Rhône, vinifera et franco-américains, aboutissent aux mêmes constatations et nous donnent pour les plus colorés d'entre eux des chiffres bien minimes : 5 gr. 41 pour le 4.401, et 4 gr. 78, pour l'Alicante-Terras, en SO^4H^2. Il n'y a qu'un seul vinifera moins acide qu'eux, c'est le Portugais bleu, mais qui est loin d'avoir un excès de couleur à maintenir. On sait, d'ailleurs, combien en France, son vin cuvé en rouge est plat et manque de tenue (1).

Les règles, posées à propos de la vinification du Jacquez, vont trouver ici leur application. On doit étudier parallèlement la couleur et l'acidité, l'une étant fonction de l'autre.

Nous avons tenté de déterminer l'intensité colorante de ces divers moûts, y compris la couleur ajoutée par la pressée vigoureuse de leurs déchets. Ne pouvant pas rapporter avec exactitude ces jus troubles à la gamme de Chevreul du vino-colorimètre Salleron, M. Mathieu s'est servi pour les comparer entre eux du colorimètre Houton-Labillardère modifié par lui-même.

Prenant pour unité le témoin Fréaux dont la couleur de moût est bien connue, il a pu exprimer le degré d'intensité des autres numéros. C'est ainsi qu'est apparue la puissance colorante extraordinaire des jus de Seibel 156, de l'hybride Franc et du Gaillard n° 2.

Il est évident que cela ne prouve rien pour la teinte définitive du vin, puisque c'est la fermentation qui doit dissocier le tissu qui renferme le pigment de la pellicule, et que c'est l'alcool qui doit en dissoudre la majeure partie. Cela donne cependant une idée de la masse colorante soluble dans l'eau (2), de celle qu'il sera le plus difficile de maintenir en suspension et en bel état de vivacité. Par

---

(1) CAILLE. — *Vigne américaine* de juillet 1901.
(2) ARMAND GAUTIER. — Le mécanisme des races, in *Revue de viticulture*, Paris, 1896.

conséquent, la relation de la colorimétrie du moût avec son acidimétrie, sans être rigoureuse, n'est point inutile à connaître.

Peut-être y aurait-il deux catégories de nuances à établir dans ces jus d'hybrides, les moûts rouges à tendance bleue, d'une part, et, de l'autre, les moûts rouges à tendance jaune, les premiers demandant plus d'acide que les seconds. Cette distinction n'a pu être faite, elle est à reprendre.

Nous livrons donc tels quels les chiffres trouvés comme indication, mais en faisant observer qu'il sera prudent d'assimiler au Jacquez plusieurs de ces numéros; par conséquent, au lieu des 7 à 8 gr. suffisant au moût témoin pour assurer sa bonne vinification, il faudrait exiger de plusieurs variétés, toutes celles à tendance bleue, un minimum de 9 grammes, à moins que l'hybridation n'ait modifié leur constitution au point de les doter d'une teinte vinifera, genre Bouschet ou Fréaux.

Ainsi, il est permis de se demander si, pour le 4.401, dont le vin est si sujet à la casse bleue, 8 gr. en Bourgogne et 5 gr. dans la vallée du Rhône seront suffisants pour assurer sa fermentation et sa solidité future. Lorsque j'ai affirmé la fixité de sa couleur (1), c'est que je venais de le vendanger en mélange avec des vinifera blancs peu mûrs et forcément très acides. Depuis, en le vinifiant seul et nature, j'ai reconnu aisément son point faible : il n'est, en somme, qu'une sorte de Jacquez amélioré.

Les Seibel 80, 182 et l'Alicante-Terras sont dénués d'acide et exigent la tartrisation ou l'abstention. Entre les deux maux les intéressés doivent choisir le moindre, c'est-à-dire le premier mode de faire, s'ils en ont déjà planté, et le second, s'ils ont eu la sagesse d'attendre.

On pourrait, à la rigueur, utiliser ces plants en mélange avec d'autres plus acides, mais à quoi bon ? Les hybrides qui accusent la plus forte acidité, tels que le plant des Carmes, le Jurie 580, l'Hybride Fournié, le Seibel 48 et le Couderc 201, pourront, en mûrissant plus complètement sous des cieux plus cléments, voir leurs éléments s'équilibrer et faire des vins harmonieux et agréables.

A chaque région incombe le soin de chercher le cépage idéal adapté à ses besoins et propre à faire, à lui seul, du vin normal.

Moûts du Jura. — Je dois à l'obligeance de M. Jouvet, professeur départemental d'agriculture du Jura, communication d'une musti-

---

(1) Congrès œnologique de Toulon, p. 60.

métrie bien dressée et qui contient plus d'un enseignement pour les vignerons franc-comtois. La voici :

Analyses de M. Houdet

Directeur du Laboratoire départemental de Poligny.

NOMS DES CÉPAGES	SUCRE probable par litr. d'après		SUCRE réel par litres à la liqueur de Fehling.	ALCOOL possible d'après		ACIDITÉ en acide tartriq.	SAVEUR du Raisin
	Le Mustimet. Salleron	Le Gleucomét. Guyot		La Musti-métrie.	le dosage chimique.		
	grammes	grammes	grammes			grammes	
Auxerrois ✕ Rupestris.....	»	135	118.1	7o9	6o9	14.25	Franche
Hybride Franc	122	130	113	7o2	6o6	13.84	—
Couderc 3907...........	108	115	113	6o3	6o6	12.30	—
— 4401...........	122	130	108.3	7o2	6o3	13.10	—
— 6301...........	»	140	108.3	8o2	6o3	12.50	—
— 503...........	92	100	96.2	5o4	5o6	13.90	—
— J. 201...........	98	105	89.6	5o7	5o3	15.47	un peu amère
— 3801...........	138	142	92.8	8o1	5o4	12.95	franche
Seibel 1...............	74	90	92.8	4o4	5o4	14.85	—
— 14...............	84	90	78.7	5o0	4o6	13.10	—
— 29...............	111	120	104	6o5	6o1	13.10	un peu foxée
— 128...............	108	117	100	6o3	5o9	13.00	franche
— 156...............	146	147	113	8o6	6o6	14.52	—
— 254...............	108	120	108.3	6o3	6o3	12.30	foxée
Rupestris producteur direct.	84	97	96.2	5o	5o6	11.8	franche

Les échantillons ont été prélevés dans la vigne d'expérience de Conliège par M. Jouvet lui-même, aidé du propriétaire de la vigne, M. Clément. Cette plantation, qui comprend de 25 à 50 souches par variété, prend sa quatrième feuille. La récolte a eu lieu le 5 octobre et a consisté en une douzaine de grappes d'aspect moyen pour chaque numéro. Ces raisins, portés immédiatement au laboratoire départemental de Poligny, ont été analysés par son directeur, M. Houdet.

On regrettera peut-être l'absence de tout témoin vinifera. En présence de la pauvreté en sucre de la plupart de ces hybrides, il eût été curieux de connaître le degré comparatif des vieux cépages d'abondance locaux, tels que Foirard, Enfariné, Mondeuse, etc.

Les écarts d'évaluation du sucre entre les densimètres et le dosage à la liqueur de Fehling sont considérables, mais ne correspondent pas exactement aux nôtres, ce qui prouve l'impossibilité de dresser, en quelque sorte, la *tare* mustimétrique universelle des cépages américains. Ainsi, pour le Seibel 156, le mustimètre donne, au Péage 0,3 en dessous, et, à Conliège 2° en dessus.

J'ai respecté, dans le tableau de M. Jouvet, les appréciations de la saveur du raisin, parce qu'elles rentrent dans notre étude ; elles sont à la dégustation du vin, ce qu'est l'analyse du moût à celle du vin, mais j'ai cru devoir, par discrétion, supprimer les observations culturales, et cela malgré leur vif intérêt, de crainte d'empiéter sur le domaine d'autres rapporteurs, mes collègues.

Moûts du Rhône. — M. Revol, professeur de chimie à l'Ecole pratique d'agriculture d'Ecully, me signale, dans les moûts d'expériences de la *Société régionale de viticulture de Lyon*, des écarts non moins considérables entre l'alcool possible, calculé d'après le mustimètre et l'alcool réel dosé après fermentation achevée.

Société Régionale de Viticulture de Lyon.— Analyses de M. Revol, chimiste-expert

ANNÉES	NOMS DES CÉPAGES	ALCOOL possible d'après le Mustimètre	ALCOOL réel du vin fait	Acidité tot. en SO^4H^2 du Moût	Acidité tot. en SO^4H^2 du Vin
				grammes	grammes
1900	Couderc 88-12	7o	6o2	8.90	6.20
—	— 199-88	7o5	8o	6.60	5.40
—	— 28-112	9o2	8o3	9.05	5.10
—	Castel 3917	6o2	5o5	12.20	7.60
—	— 4233	6o8	6o2	13 »	7.30
—	Lincecumii × Rupestris (3e génération)	9o3	8o3	8.50	4.90
—	Gaillard 35	10o6	8o8	9.50	4.65
—	— 2	10o5	8o9	10.05	5.50
—	— 98	9o	8o7	5.50	4.10
—	Seibel 2003	6o	6o2	10.75	5.60
1901	Gaillard 161	9o6	7o9	9.60	5.80
—	— 264	10o	8o4	8 »	6 »
—	— 31	9o6	8o7	6.50	4.90
—	— 2	10o3	9o6	9.60	7.60
—	— 160	9o8	9o8	7.20	5.60
—	— — (greffé)	9o3	9o	7.60	6.50
—	— 173	11o	10o	7.65	7 »

Dans les vins de 1900, il y a, pour un vin blanc, le 199-88, un écart en moins à noter, 7°5 d'après le mustimètre et 8° à l'alambic Salleron, après vinification. C'est ce qu'on peut appeler une surprise heureuse.

Moûts de la Côte-d'Or. — Bien que la présence des hybrides directs en Côte-d'Or semble une anomalie, un barbarisme œnologique, il faut considérer que certaines vallées et revers au nord de cette fameuse Côte-d'Or sont tout au plus en bronze et peuvent, sans déchoir, s'intéresser à la question.

J'ai reçu du professeur Berget, l'éminent ampélographe de Pontailler, la pesée mustimétrique, rapportée au Gamay, de deux hybrides que je regretterais de passer sous silence.

Clos des Moines à Pontailler-sur-Saône (Côte-d'Or)
Analyses de M. Adrien Berget

ANNÉE	NOMS DES CÉPAGES	DENSITÉ	POIDS du sucre par litres (grammes)	Alcool possible	Acidité en SO⁴ H² (grammes)
1901	Auxerrois × Rupestris...............	1.063	138	8°1	8.5
—	Seibel 156.....................	1.057	122	7°2	8.3
—	Gamay greffé (témoin).............	1.056	119	7°0	8.3

Il s'agit, là, de producteurs directs à leur deuxième feuille et chargés d'une récolte de 150 hectolitres à l'hectare. Ces résultats, très encourageants, ont vivement impressionné les populations environnantes du Val de Saône. Il est certain que, dans cette région de la haute Côte-d'Or, les nouveaux cépages peuvent faire une rude concurrence au Noah et à l'Othello.

Moûts du Sud-Ouest. — D'un savant rapport publié l'an dernier par M. le Docteur de Lapeyrouse, nous tirons quelques chiffres qui nous permettront de suivre jusqu'à Toulouse, cette terre promise des hybrides directs, les allures capricieuses des densimètres appliqués à la pesée utile des moûts.

Le second tableau provient des analyses de M. Vincens, directeur de la Station œnologique de Toulouse.

Société d'Agriculture du département de la Haute-Garonne
Expériences de 1900

NOMS DES CÉPAGES	Date de la vendange	Mustimètre	Glucomètre	Alcool d'après les densimèt.	Alcool d'après le vin fait
Auxerrois × Rupestris..........	20 sept.	1.072	17.5	9o5	8o75
Seibel 20.................	—	1.067	15.2	8o7	7o5
Couderc 4401................	21 sept.	1.075	17.5	10o	9o5
— 87-115.............	—	1.050	12.0	6o	7o1
— 7104...........	—	1.060	14.0	7o6	7o5
— 7104, 4401 et 87-115....	—	1.061	15.0	7o8	7o35
Auxerrois-Pardes	22 sept.	1.070	16.0	9o2	9o15
Terras no 20.................	—	1.070	18.0	9o2	8o4
Couderc 603.................	—	1.062	14.2	7o9	6o6
— 503.................	—	1.068	16.0	8o9	7o25
— 4401.................	—	1.085	13.0	11o5	9o7
Seibel 1.................	—	1.070	13.0	9o2	8o6
Auxerrois × Rupestris	27 sept.	1.080	18.0	10o8	10o8
Lacoste.................	—	1.080	18.0	10o8	9o5
Couderc 4401.................	—	1.070	17.5	9o2	8o8
Auxerrois × Rupestris..........	2 octobre	1.070	16.5	9o2	8o4
Pinot × Rupest. Castel et Seibel 2003	8 octobre	1.060	15.0	7o6	7o5

Société Centrale d'Agriculture de la Haute-Garonne
Expériences de 1900

CÉPAGES	ALCOOL probable d'après le Mustimètre	ALCOOL réel du Vin fait	ACIDITÉ en SO^4H^2 du Moût	ACIDITÉ en SO^4H^2 du Vin
Auxerrois × Rupestris	10o3	9o7	6.85	5.04
Terras 20.................	11o0	9o4	5.02	4.09
Couderc 4401	10o8	9o32	6.13	4.47
Duranthon	13o3	10o85	12.01	6.28
Hybride Lacombe.............	10o2	9o35	6.26	4.47
Seibel 2003.................	10o8	8o6	9.27	4.66
» 38.................	4o3	10o25	7.96	4.47
» 14.................	9o1	10o15	8.61	5.52
» 1077.................	9o2	8o55	7.70	6.95
» 128.................	11o0	10o	7.83	6.85
» 215.................	8o4	6o3	7.18	8.18
Couderc 7104	9o5	9o65	5.28	4.75
» 28-112.............	10o1	9o4	6.12	4.28
» 503.................	7o0	4o85		5.52
Castel 12914.................	7o6	6o9	7.57	5.14

Moûts de l'Ecole de Montpellier. — Pour clore ce recueil, forcément monotone bien qu'instructif, des essais mustimétriques, je ne trouve rien de mieux que de publier les notes prises, en 1900, dans les riches collections américaines et franco-américaines de l'Ecole par MM. Bouflard et Ravaz.

Dans le but de permettre au lecteur de juger plus rapidement, soit les différences de l'alcool prévu par le mustimètre avec l'alcool réalisé par la fermentation, soit la perte d'acide du moût au vin, j'ai traduit les densités du moût en alcool probable, d'après le tableau de Salleron et les acidités tartriques du moût en acidités sulfuriques pour les rendre plus facilement comparables à celles du vin.

J'adresse mes plus sincères remerciements aux dévoués professeurs qui m'ont fourni les éléments de ce travail.

École Nationale d'Agriculture de Montpellier

Vendanges de 1900

NOMS DES CÉPAGES	ALCOOL		ACIDITÉ EN SO^4H^2	
	probable d'après le MUSTIMÈTRE SALLERON	réel du vin fait d'après l'ÉBULLIOSCOPE SALLERON	Du Moût — Grammes	Du Vin — Grammes
Riparia	13o8	8o9	8.05	6.84
Rupestris	11o3	7o85	7.02	5.23
Berlandieri	10o	7o45	8.48	6.61
Isabelle	9o	7o5	5.96	6.15
Aramon	8o9	7o7	7.11	3.16
Carignan	9o	7o8	7.22	4.71
Othello	10o8	9o5	4.69	5.37
Seibel 1	8o6	7o8	6.64	5.07
— 2	11o9	10o2	7.79	4.36
— 29	12o2	11o2	5.63	3.56
— 41	8o6	7o15	7.62	5.05
— 78	8o8	7o7	7.35	5.43
— 128	9o9	8o5	8.51	5.17
— 156	9o5	8o1	7.45	4.65
— 181	10o6	8o7	5.16	4.48

Noms des Cépages	Alcool		Acidité en SO^4H^2	
	probable d'après le PÈSE-MOÛT SALLERON	réel du vin fait, d'après l'ÉBULLIOSCOPE SALLERON	Du Moût — Grammes	Du Vin — Grammes
Seibel 182	9°	7°8	5.16	5.66
— 1020	10°	8°85	7.52	4.13
C. 4306	10°9	8°5	5.43	5.20
Couderc 4101	9°4	7°9	5.50	4.82
— 3601	9°7	7°6	4.99	4.51
— 1202		7°3		5.40
— 503	9°9	7°55	4 81	5.40
— 4401	8°7	7°1	6.54	4.27
— J. 201	10°1	8°65	6.88	4.13
— 603	6°8	5°5	5.96	2.90
Plant Pardes	10°1	8°5	7.11	4.77
Hybride Franc	11°	9°	6·19	4.54
Couderc 901	8°2	5°75	9.08	3.56
Hybride Trenquier	8°	6°6	7·33	5.34
227-55-29	12°1	8°7	9.69	5.86
Alicante-Gauzin	11°2	8°45	6.47	6.6
Couderc 117-4	12°3	9°45	6.60	6.09
— 84-61	11°3	9°65	4.98	3.79
— 71-20		10°8		5.60
— 82-12	10°5	9°	3.66	4.01
— 28-112	7°8	6°45	7.16	4.59
— 71-06	10°	8°2	7.11	3.85
— 4308	9°4	7°2	7.51	4.13
— 84-10	11°6	10°7	4.08	3.90
— 85-113	11°4	9°95	5.04	4.42
Seibel 14	8°4	7°1	6.19	3.67
Couderc 252-14	9°	7°9	4.76	5.74
Hybride Fournié	8°7	6°8	6.07	5.11
Couderc 124-20	9°1	7°7	7.92	4.25
— 3103	10°3	8°6	6.02	5.67
— 299-17	10°	7°85	6.47	5.98
— 1305	10°9	8°95	7.90	4.93
— 198-21	10°1	8°7	6.84	4.47
Seibel 1014	8°6	7°25	6.53	4.13
— 20418	9°5	8°2	4.82	4.77
Couderc 132-11	9°5	7°9	4.64	5.05

Noms des Cépages	Alcool		Acidité en SO^4H^2	
	probable d'après le MUSTIMÈTRE SALLERON	réel du vin fait d'après l'ÉBULLIOSCOPE SALLERON	Du Moût — Grammes	Du Vin — Grammes
Couderc 4515	13°	10°3	6.81	4.64
— 3905	10°9	9°1	4.99	3.04
— 241-125	7°9	7°2	7.50	7.18
— 101	12°7	9°8	5.79	5 »
Alicante-Terras n° 20	10°9	8°8	4.47	4.25
Couderc 302-60	11°4	9°5	6.13	4.77
— 126-21	9°4	7°5	6.60	3.67
Malègue 102	12°8	10°5	8.65	6.14
Couderc 3907		9°5		5.97
— 601	9°2	7°3	6.47	5.46
Seibel 4	11°3		6.34	
— 8	11°8		4.93	
— 200	11°	11°7	6.94	5.34
Monticola	10°9	8°6	6.02	4.89
142 E. M	12°7	9°3	9.23	5.11
Autuchon	11°2	9°8	7.71	5.97
Couderc 109-4	10°		7.74	
— 12916	7°7			

Remarques sur l'étude des Moûts. — Si de la lecture attentive de ces divers tableaux il ne jaillit pas, avec toute la clarté
désirable, la certitude que nous possédons déjà des hybrides parfaits, il s'en dégage, du moins, une sorte de programme, une méthode
de travail que nous croyons propre à favoriser leur sélection et à
hâter leur découverte. En collationnant tous ces chiffres le viticulteur
verra sur quels éléments du raisin il doit faire porter ses investiga-
tions, quels écueils il a à éviter et quelles illusions trompeuses il
pourrait concevoir par l'emploi exclusif de certains instruments.

C'est ainsi qu'en attendant d'être en mesure de vinifier d'une façon
satisfaisante la vendange de chaque cépage expérimenté et de
demander à l'analyse de ces vins et à leur dégustation un jugement
définitif sur la valeur des hybrides, il pourra, par l'étude des moûts,

pressentir suffisamment la charpente des vins futurs pour éliminer, de suite, avant une multiplication inutile et dispendieuse, les variétés qui se révèleraient, dès l'origine, sans mérite à ses yeux.

Analyse du vin. — Pour la recherche du meilleur hybride producteur de vin, on pourrait peut-être couper la France en trois grandes régions principales, d'après les époques de maturité des cépages. D'un côté, Nord et Centre jusqu'à la Loire et au plateau central, de l'autre, les régions viticoles plus chaudes et plus humides, situées au Sud et à l'Ouest de cette ligne, désignées généralement sous le nom de Sud-Ouest; puis, enfin, depuis les départements de l'Ardèche et de la Drôme jusqu'à la mer, c'est-à-dire le Midi proprement dit.

C'est dans cet ordre que je vais reproduire quelques analyses de vins d'hybrides que j'ai choisies comme types et sujets d'observations diverses.

Tableau I. — **Analyses de M. Jacquin**
Essais de 1898

CÉPAGES	Alcool	Extrait sec	Acidité en SO^4H^2
		gram.	gram.
Couderc 126-21	8°8	25.325	4.48
» 126-22	8°2	14.025	3.52
» 87-115	6°2	14.575	6.52
» 85-16	6°4	16.825	7.24
» 90-38	8°2	21.725	9.78
» 117-3	10°7	19.375	5.54
Alicante-Terras 20	6°6	15.80	6.23
Othello	4°	28.675	13.52
Auxerrois $\times$ Rupestris	9°3	21.375	7.47
Gamay greffé (témoin)	10°	18.95	6.16

Tableau II. — **Analyses de M. Mathieu**

| CÉPAGES | Année | Alcool | Extrait à 100° | Cendres | ACIDITÉ en SO⁴ H² | | Sucre | Tannin | Densité | Sulfate de Potasse | Crème de Tartre |
					Fixe	Volatile					
			gram.	gram.	gram.	gram.	gram.	gram.		gram.	gram.
Couderc 4401	1900	6°4	23.65	1.65	4.00	0.40	2.25	0.750	998	0.40	1.92
» 126-21	1901	5°5	21.9	3.2	3.80	0.46	2.25	0.750	999	0.81	3.26
Hybrides Oberlin.	1899	12°9	23.75	1.95	5.00	0.44	1.28	0.250	989	1.14	0.77
Hybrides Oberlin.	1900	12°8	23.8	1.75	3.60	0.40	1.68	0.200	990	0.82	0.96
Auxerr. × Rupest.	1899	7°2	21.4	2.5	4.63	0.70	2.09	0.350	996	1.23	2.22
Auxerr. × Rupest.	1901	7°25	22.25	3.10	4.10	0.38	1.42	0.340	997.6	0.22	2.68
Jurie 580...	1901	9°10	43.90	3.40	11.20	0.15	11.00	0.630	1006	0.37	4.45

Tableau III. — **Analyses de M. Revol**
Essais de 1900 de la *Société Régionale de Viticulture de Lyon*

CÉPAGES	Alcool	Acidité en SO⁴ H²	Tannin	Extrait sec à 100°
		gram.	gram.	gram.
Couderc 88-12	6°2	6.20	2.05	23.44
» 199-88.................	8°	5.40	0.29	17.08
» 28-112.................	8°3	5.10	1.60	26.62
Castel 3917	5°5	7.60	1.57	26.10
» 4233.....................	6°2	7.30	0.87	22.96
Lincecomii × Rupestris (3e génération).......	8°3	4.90	1.37	25.94
Gaillard 35	8°8	4.65	2.35	30.50
» 2	8°9	5.50	1.80	26.64
» 98	8°7	4.10	0.27	18.40
Seibel 2003	6°2	5.60	1.37	24.82
Terras 20 (3 kilog.) et Seibel 209 (2 kilog.)....	7°8	4.40	1.70	23.72
4401 (3 kilog.) et Gaillard 2 (2 kilog.)........	8°7	4.35	2.10	27.54
Jouffreau	9°7	4.40	2.05	21.06
Jurie 580.....................	6°9	6.10	2.40	26.26
Auxerrois × Rupestris...................	7°6	4.50	1.00	17.40
Gamay greffé (témoin)	7°8	5.80	1.36	19.21

TABLEAU IV. — **Analyses de M. Revol**

Essais de 1901 de la *Société Régionale de Viticulture de Lyon*

CÉPAGES	Alcool	Acidité en $SO^4 H^2$	Tannin brut	Extrait sec à $100°$	Densité
		gram.	gram.	gram.	
Gaillard 161.....................	7°9	5.80	2.45	30.90	1.000
» 264....................	8°4	6 »	4.40	30.84	1.000
» 31.....................	8°7	4.90	2.40	26.02	1.000
» 2.....................	9°6	7.60	2.25	30.20	0.999
» 160....................	9°8	5.60	3.10	29.86	0.999
» 160 (greffé).............	9°	6.50	2.40	28.10	0.999
» 173....................	10°	7 »	2.30	31.86	0.999

TABLEAU V. — **Analyses de M. Vermorel**

Vins de 1898 envoyés à la *Station Viticole de Villefranche*

CÉPAGES	Alcool	Acidité en $SO^4 H^2$	Extrait sec	OBSERVATIONS
		gram.	gram.	
Seibel 14.	9°6	3.6	23.12	Goût franc.
» 29	9°3	3.00	22.86	Très belle couleur , manque d'acidité.
» 47	11°1	4.8	25.04	Belle couleur, très bon vin de coupage, très bien constitué, goût très droit.
» 54	8°	4.2	23.32	Peu de couleur, très petit, franc de goût.
» 60	9°7	4.3	27.64	Excellent vin de coupage et de consommation, droit de goût.
» 128	11°2	6.4	29.32	Fortement coloré, astringent, bon vin de coupage.
» 138	8°5	5.8	22.12	Couleur très belle ; foxé.

TABLEAU VI. — Analyses de M. l'abbé Senderens. — Essais de 1899
de la *Société d'Agriculture du département de la Haute-Garonne*

CÉPAGES	Alcool	Acidité en $SO^4 H^2$	Extrait sec	CENDRES		Cendres totales
				insolubles	solubles	
		gram.	gram.	gram.	gram.	gram.
Alicante-Terras nº 20..........	8º	10.94	45.2	1	6.25	7.25
» »	3º2	8 02	104	3.35	5.25	8.55
Auxerrois ✕ Rupestris..........	9º25	5.28	24.3	1.27	3.30	4.57
»	10º	7.77	30.3	1.10	4.83	5.93
»	9º5	5.80	26.9	0.85	5.25	6.10
»	9º25	7.44	31.2	1.73	3.16	4.89
Teinturier du Cher.............	6º8	7.04	29.72	1.85	3.16	5.01
Seibel 1.....................	8º75	7.36	27.2	1.45	2.92	4.37
» »	8º5	6.08	36.2	1.10	4.50	5.60
» 14..................	8º8	4.42	21.4	1.05	3.30	4.35
Couderc 503.................	7º	6.77	32.8	0.60	5.65	6.25
2/3 Couderc 503 et 1/3 Chalosse..	6º75	9.17	34	1.10	5.50	6.60
Couderc 603.................	6º6	9.	32	1.89	3.70	5.59
» 4401.................	8º1	9.	56	1.25	5.75	7
» 4401.................	6º8	6.42	37	1.10	6.75	7.85
2/3 Couderc 4401 et 1/3 Mauzac ..	11º5	6.65	35.9	1.34	4.75	6.10
Couderc 7104.................	8º5	6.88	31	1.70	4.55	6.25
» 87–115.............	6º5	13.32	52	1.85	5.50	7.35

TABLEAU VII. — Analyses de M. Vincens. — Essais de 1900 de la
Société d'Agriculture du département de la Haute-Garonne

CÉPAGES	Alcool	Extrait Houdart	Acidité sulfurique	Cendres	COLORATION	
					Nuance	Intensité
Auxerrois ✕ Rupestris..........	8º75	19.6	2.90	4.3		
Seibel 20...................	7º5	19.1	2.71	4.24		
Couderc 4401	9º5	24.9	4.04	3.30		
» 87–115.............	7º1	21.4	2.90	3.83		
» 7104...............	7º5	19.5	4.28	3.3	4e V. r	210
7104, 4401 et 87–115...........	7º35	24.2	4.23	4.0	2e V. r	100
Auxerrois-Pardes...............	9º15	21.0	3.99	2.55	2e V. r	166
Couderc 603.................	6º6	22.5	7.61	3.52	V. r	77
Terras nº 20.................	8º4	23.2	4.61	5.64	5e V. r	190
Couderc 503.................	7º25	20.8	3.33	5.00		
» 4401...............	9º7	24.4	3.9	5.98		
Seibel 1....................	8º6	22.5	3.52	3.16	V. r	64
Auxerrois ✕ Rupestris..........	10º8	21.9	3.90	2.82		
Lacoste.....................	9º5	23.6	3.71	4.26		
Couderc 4401.................	8º8	20.6	3.80	2.86	V. r	132
Auxerrois ✕ Rupestris	8º4	20.7	4.57	2.84		
Pinot✕RupestrisCastel et Seibel 2003	7º5	26.3	6.56	2.88	2e V. r	75

TABLEAU VIII. — **Analyses de M. Vincens**

Essais de 1900 de la *Société Centrale d'Agriculture de la Haute-Garonne*

CÉPAGES	Alcool	Extrait sec Houdart	ACIDITÉ en $SO^4 H^2$		Cendres totales	Coloration	OBSERVATIONS
			Totale	Volatile			
		gram.	gram.	gram.	gram.		
Auxerr. $\times$ Rupestris ..	9°7	20.8	5.04	0.496	2.2	2e V.R. 70	Franc de goût.
Terras 20............	9°4	22	4.09	0.76	2.6	2e V.R. 74	Fade ; goût de sauvageon ; casse bleue.
Couderc 4401.........	9°32	22.6	4.47	0.77	2.5	2e V.R. 28	Goût sauvageon m. prononcé ; casse bleue.
Duranthon............	10°85	27.8	6.28	0.57	2.85	R.100	Franc de goût. En fermentation.
Hybride Lacombe......	9°35	20.4	4.47	0.71	2.48	4e V.R.106	Goût de sauvageon.
Seibel 2003..........	8°6	21.9	4.66	1.23	3.6	R.107	En fermentation, un peu piqué.
38..........	10°25	21.1	4.47	1.24	2.8	V.R.283	Piqué.
14..........	10°15	21.6	5.52	2.28	3.22	V.R.369	Goût léger de fox, piqué.
1077..........	8°55	25.1	6.95	2.23	2.54	V.R. 23	Goût acceptable.
128..........	10°	26.3	6.85	2.95	2.92	2e V.R. 20	Fortement piqué.
215..........	6°3	23.8	8.18	4.188	2.68	2e V.R. 78	Piqué.
Couderc 7104........	9°65	21.8	4.75	0.95	2.30	V.R.63	Buvable seul.
28-112......	9°4	24.5	4.28	1.14	2.82	V.R.50	Goût acceptable ; casse bleue.
503........	4°85	18.4	5.52	2.28	2.66	V.R.68	Raisins pas mûrs. Piqué.
Castel 12914........	6°9	20.3	5.14	0.75	2.06	1er V.R.97	Astringent.

Tableau IX. — Analyses de M. Vincens

Essais de 1901 de la *Société d'Agriculture du département de la Haute-Garonne*

CÉPAGES	Provenance des raisins	Alcool	Extrait Houdart	Acidité en SO^4H^2 Totale	Acidité en SO^4H^2 Volatile	Tartre	Coloration
			gram.	gram.	gram.	gram.	
Couderc 89-23.	Auch	9o	22.8	7.18	0.522	6.40	Blanc.
— 139-4.	»	8o6	20.9	5.02	0.914	4.335	—
Seibel 2007.	ꞵ	6o65	25.8	8.16	0.979	6.225	1 V. R. 57.
Couderc 4401.	»	3o6	Sucré	22.33	12.4	4.752	1 V. R. 46.
Auxer. × Rupest.	»	5o4	»	7.5	1.82	3.865	3 V. R. 102.
Terras 20.	Muret	9o55	24.1	4.309			4 V. R. 104.
Seibel 2007.	»	7o75	28.3	9.533	*L'Analyse n'était pas terminée*	*au moment de l'impression.*	2 V. R. 32.
— 2003.	»	6o1	22.8	5.87			2 V. R. 85.
Le Gaulois.	»	5o6	16.8	8.55			3 R. 655.
Couderc 4401.	»	10o15	26.2	4.50			V. R. 18.
Auxer. × Rupest.	»	9o3	21	4.83			V. R. 75.
Couderc 7103.	»	7o7	21.6				V. R. 43.
Seibel 1070.	»	7o	23.9				1 V. R. 42.
Couderc 4401.	St-Simon	11o2	Sucré	7.96			4 V. R. 43.
Seibel 1.	Castelnau	9o25	24.9				5 V. R. 71.
Couderc 503.	»	8o6	21.7				V. R. 73.
— 4401.	»	11o4					V. R. 42.

TABLEAU X. — Analyses de M. Bouffard
Essais de 1900 de l'*École Nationale d'Agriculture de Montpellier*

CÉPAGES	Densité du vin	Alcool à l'ébullioscope Salleron	EXTRAIT Houdart	EXTRAIT dans le vide	Acidité en SO^4H^2	CENDRES solubles	CENDRES insolubles	CENDRES totales	Alcalinité CO^3K^2	Tartre possible	Tannin	Couleur au Vinocolorimètre Salleron
			gram.	gram.	gram.	gram.	gram.	gram.				
aria......	1011.2	8o9	47	54.7	5.84	4.24	0.86	5.10	2.25	1.73	2.51	Jaune
pestris	1011.4	7o85		53.6	5.23	4.03	1 »	5.03	2.2	2.82	1.80	Jaune
landieri ...	1005 »	7o45		36.4	6.61	3.15	0.72	3.87	2 »	3.82	1.10	Jaune
belle.....	998.5	7o5	18.20	24	6.15	1.2	0.16	1.36	0.98	2.82	0.23	3 R 522
mon......	996.8	7o7	16.70		3.16							
ignan.....	996.2	7o8	16.20		4.71							
iello	997 »	9o5	21.80	22.30	5.37	2.84	0.66	3.50	1.59	0.54	1.03	2 R 192
bel 1......	997.9	7o8	19	22.8	5.07	2.38	0.68	3.06	1.46	3.86	0.74	3 R 241
» 2......	999.6	10o2	28.60	34.6	4.36	4.01	0.59	4.60	2.72	2.14	1.44	2 V.R. 65
» 29.....	996 »	11o2	23.80	27.5	3.56	3.10	0.64	3.74	1.98	1.98	1.81	1 V.R. 82
» 41.....	1001 »	7o15	24.40	27.6	5.05	3.30	0.58	3.88	2.28	3.14	1.80	V.R. 80
» 78.....	993.5	7o7	21	26	5.43	2.42	0.78	3.20	2.30	0.6	0.98	4 V.R. 267
» 128....	999 »	8o5	23.20	28.2	5.17	1.9	0.67	2.57	1.02	4.02	1.48	1 V.R. 46
» 156....	999.15	8o1	22.25	26.8	4.65	2.46	0.40	2.86	1.68	3.74	1.14	2 V.R. 62
» 181....	997 »	8o7	21.60	26	4.48	2.58	0.78	3.36	1.46	3.14	1.68	1 V.R. 82
» 182....	999.2	7o8	23.20	25.6	5.66	2.48	0.80	3.28	1.80	0.6	1.18	V.R. 74
» 1020...	998.1	8o85	22.5	28	4.13	2.74	0.67	3.41	2.03	2.30	1.33	V.R. 48
4306.....	999 »	8o5	22.40	23.9	5.20	2.82	0.64	3.46	1.85	0.58	1.35	V.R. 74
uderc 4101.	999.6	7o9	23.2	26.2	4.82	1.60	0.38	1.98	0.86	4.14	1.70	1 V.R. 21
» 3601.	1001.1	7o6	25.80	29.4	4.51	1.66	0.90	2.56	1.97	3.7	1.40	V.R. 11
» 1202.	1005.5	7o3	33.50	38.1	5.40	1.71	0.79	2.5	0.8	0.96	1.85	V.R. 36
» 503..	1000.7	7o55	23.80	28.80	5.40	2.60	0.56	3.16	1.70	0.7	1.55	V.R. 90
» 4401.	999.5	7o1	20.90	23.8	4.27	3.77	1.17	3.94	2.36	0.46	1.18	V.R. 191
» 201..	998.2	8o65	22.45	28	4.13	1.74	0.47	2.21	1.23	3.5	1.27	1 V.R.60
» 603..	1001 »	5o5	19.30	25.7	2.90	1.99	0.33	2.32	1.04	0.78	0.93	V.R. 57
mt Pardes..	997.2	8o5	20.10	24.8	4.77	1.6	0.8	2.4	1 »	4.22	1.37	1 V.R. 138
bride Franc.	1000.2	9o	27.3	30.8	4.54	2.84	1 »	3.84	1.86	2.3	1.38	V.R. 47
uderc 901..	1001.9	5o75	22.20	31.2	3.56	2.68	0.78	3.66	1.6	malade	2.03	1 V.R. 52
b. Trenquier	1000.3	6o6	20.90		5.34	1.83	0.51	2.34	1.03	4.14	0.95	3 R. 242
7-55-29 ...	1007.7	8o7		51.7	5.86	3.73	1.32	5.05	2.30	3.9	1.41	3 R. 12
cante Ganzin	1002.5	8o45	30.6	32.3	6.6	3.40	0.66	4.06	2.53	0.66	1.40	V.R. 35
uderc 117-4	1000.4	9o45	28.8	34.4	6.09	4.30	0.90	5.20	3.19	1.75	0.92	V.R. 64
» 84-61	996.4	9o65	20.95	25.8	3.79	2.19	0.71	2.90	1.6	2.7	0.91	R.234
» 71-20	996 »	10o8	23.6	26.1	5.60	4.06	0.48	4.54	3.05	0.54	0.74	3 R. 182
» 82-12	993.2	9o	14.25	19.6	4.01	2.03	0.36	2.39	1.56	2.38	0.12	blanc

Tableau XI. — Analyses de M. Bouffard
Suite des essais de 1900, à l'*École de Montpellier*.

CÉPAGES	Densité	Alcool à l'ébullioscope Salleron	Extrait Houdart	Acidité totale en SO⁴ H²
Couderc 28-112.........	1000.7	6°45	20.80	4.59
» 71-06..........		8°2		3.85
» 4308..........	1001	7°2	23.6	4.13
» 84-10..........	995.6	10°7	21.20	3.90
» 85-113..........	995.9	9°95	20.7	4.42
Seibel 14.............	997.2	7°1	16	3.67
Couderc 252-14.........	993.5	7°9	10.80	5.74
Hybride Fournié..............	1000.3	6°8	21.80	5.11
Couderc 124-20..........	999.8	7°7	23.80	4.25
» 3103...........	996.2	8°6	17.70	5.67
» 299-17.........	1001	7°85	25.30	5.98
» 1305...........	996.7	8°95	20.20	4.93
» 198-21.........	997.7	8°7	19.70	4.47
Seibel 1014	998.6	7°25	19.70	4.13
» 20418	998.9	8°2	22.30	4.77
Couderc 132-11..........	998.3	7°9	19.60	5.05
» 4515..........	999.8	10°3	29.50	4.64
» 3905...........	998	9°1	22.80	3.04
» 241-125.........	997.1	7°2	15.80	7.18
» 101	1001.2	9°8	30 50	5
Alicante-Terras n° 20........	996.2	8°8	18.50	4.25
Couderc 302-60..........	997.6	9°5	22.20	4.77
» 126-21..........	995.3	7°5	14.30	3.67
Malègue 102	1001.5	10°5	23.50	6.14
Couderc 3907............	996.7	9°5	21.2	5.97
» 601..............	1000.5	7°3	23	5.46
Seibel 4.............				
» 8.............				
» 200.............	996.5	11°7	26.20	5.34
Monticola	1000.7	8°6	27.30	4.89
142 E.M	1001	9°3	29.6	5.11
Autuchon	994.4	9°8	17.20	5.97

Tableau XII. — Analyses de M. Marius Dumas

Essais de 1901

CÉPAGES	Rendement en vin de goutte. o/o	Alcool	Extrait sec	Acidité	OBSERVATIONS
			gram.	gram.	
Seibel 1............	61.53	9o	19.9	6 3/4	
» 2............	58.71	7o7	22.6	11 1/4	Fermentation inache-
» 14............	75.60	9o5	18.1	6 3/4	vée.
» 29............	56.22	9o6	21.2	8 1/4	
» 128............	69.37	10o	23.5	10	
» 156............	67.50	10o6	23.9	9 1/4	
» 209............	65.21	10o8	22.7	7 1/3	Ai ajouté verjus à la
» 1020............	58.14	8o6	24.2	12	cuve 1 à 2 o/o. Fer-
14, 38, 60 et 200.....	»	9o6	20	8 1/4	mentation inachevée.
Couderc 503..........	62	7o1	20.1	7 1/2	
» 4401............	64.63	8o7	22	8 1/2	
Terras 20..........	73	9o9	28.4	7 1/2	Ai ajouté verjus à la
Auxerrois × Rupestris...	63	7o8	18.9	7 1/4	cuve 2 1/2 o/o, et un
Petit-Bâtard..........	47	7o25	17.1	7 1/4	peu de plâtre.
Vinifera (témoin).......		7o9	23	7 1/2	Moyenne de l'année chez moi.

Tableau XIII. — Analyse de M. Bouffard

CÉPAGE	Alcool	Acidité Sulfurique	Extrait sec à 100o	Coloration
		grammes	grammes	
Alicante-Ganzin...	11o	6	32	1 V. R.

Tableau XIV.—**Analyse de la** *Station Agronomique de Toulouse*

CÉPAGE	Alcool	Acidité	Extrait sec	Coloration
		grammes	grammes	
Jouffreau........	10°5	4.5	21	3 VR 72

Tableau XV. — **Analyses de M. Houdet**

Essais de 1901 de M. Clément, à Conliège (Jura)

CÉPAGES	Alcool	Acidité Sulfurique	Sulfate de Potasse	OBSERVATIONS
Hybride Franc ...	7°	5.33	0.13	Vins extrêmement colorés, droits de goût, mais un peu plats.
Couderc 4401. ...	6°75	5.59	0.18	
» 126-21				Si mauvais qu'il a été jeté sur le marc pour le distiller.
» 3907				S'est acétifié sous le chapeau, mais était d'une jolie couleur.
Vigne gref.(témoin)	8°25	5.	0.15	Normal, agréable, mais peu coloré.

Tableau XVI. — **Analyses de M. Vaillant**

Essais de 1901 de M. Adrien Berget, à Pontailler (Côte-d'Or)

CÉPAGES	ALCOOL	Acidité fixe en $SO^4 H^2$	CENDRES	Extrait sec à 100°	Sulfate de potasse	OBSERVATIONS
Auxerr. × Rup.	9°2	6.3	3.45	22.70	0.56	Incomplètement fermenté.
Seibel 156	9°4	9.6	2.30	26.70	0.51	Très coloré ; contient matière colorante naturelle virant aux acides et aux alcalis.

Tableau I. — Ces vins, récoltés, en 1898, dans mon domaine de Charrecey (Saône-et-Loire), ont été obtenus de raisins pressés en blanc et logés, de suite, en des quartauts de 57 litres, sauf l'Auxerrois × Rupestris et les Couderc 126-21 et 126-22, qui, écrasés dans des demi-muids défoncés, y ont cuvé normalement après avoir été lancés par un peu d'écume de Gamay. L'Othello, trop vert, a été récolté dans un pré où la maturité est toujours défectueuse.

Tableau II. — L'échantillon de 4401 a été prélevé sur un foudre de 17 pièces vinifiées *nature*, au Péage, l'an dernier.

Le 126-21 provient des mêmes souches que le vin du tableau I, mais il n'a pas été levuré. Son extrême délicatesse à se conserver sain sur souche, plutôt que sa maturité précoce, m'a forcé à couper ce raisin huit jours avant mes Gamays. Expérience involontaire et inutile, étant donnée la valeur connue du cépage.

Les vins d'hybrides Oberlin ne sont pas le résultat de la vinification de tel ou tel numéro de M. Oberlin, mais d'un mélange de plusieurs hybrides de Riparia. Ils ont été faits à Beblenheim (Alsace).

L'Auxerrois × Rupestris de 1899 est de Charrecey : celui de 1901 est de Chagny.

Enfin, M. Jurie m'a adressé une bouteille de son vin nouveau de 580, qui est venue augmenter d'une unité les échantillons soumis à la minutieuse analyse de M. Mathieu, le très compétent directeur de la *Station œnologique de Bourgogne*, à Beaune.

Tableau III. — Les essais de la *Société régionale de Viticulture de Lyon* comprennent des vinifications confiées aux bons soins de son archiviste, M. Revol, chimiste-expert.

Les raisins des Couderc 88-12 et 199-88, Castel 3917 et 4233, Gaillard 35 et Seibel 2003, ont été récoltés par M. le Dr Grandclément dans sa propriété de Saint-Genis-Laval (Rhône). Tous les autres numéros ont été fournis, à l'état de raisins, par M. Gaillard, sauf trois que M. Revol a reçus à l'état de vin, savoir : l'Auxerrois × Rupestris vinifié en grand par M. Gaillard lui-même, le Jurie 580 fait par son auteur et le Jouffreau adressé par M. Jouffreau au Dr Grandclément.

Tableau IV. — Raisins d'hybrides Gaillard fournis par M. Gaillard et vinifiés par M. Revol, dans son laboratoire. Fermentations en général très réussies.

Tableau V. — Vins envoyés par M. Seibel pour en faire étudier la valeur et la composition. M. de Brézenaud, très satisfait des mêmes numéros, constate cependant que, dans sa propriété du Peyron près d'Annonay, il a environ 1° d'alcool de moins que M. Seibel, à Aubenas, et un peu moins de couleur.

Tableau VI. — La *Société d'Agriculture du département de la Haute-Garonne* a fait les plus louables efforts pour tirer au clair cette question si embrouillée des directs. Son distingué président, le Dr Audiguier, accompagné de deux collègues, MM. Héron et Hubert, a pris la peine d'aller quêter chez des propriétaires amateurs d'hybrides la quantité de raisins nécessaire pour produire du vin de chaque variété déclarée intéressante. Il a obtenu ainsi des types d'une authenticité incontestable. Ces fermentations et l'analyse de leurs produits ont été confiées à M. l'abbé Senderens, docteur ès sciences, qui consacre les loisirs de sa chaire de la Faculté catholique à la viticulture et à l'œnologie.

Tableau VII. — Peu satisfaits, mais non découragés, de leur tentative précédente, les viticulteurs du Sud-Ouest ont recommencé, en 1900, leurs essais de 1899. M. le docteur Audiguier a entouré les petites cuvées de soins personnels et incessants. La réussite a été aussi bonne que la qualité des vins de l'année le permettait. Et ces vins, analysés par M. Vincens, directeur de la *Station œnologique de Toulouse*, ont fait, de la part de M. le Dr de Lapeyrouse, l'objet d'un substantiel rapport où nous aurons à puiser plus d'un renseignement.

En 1901, la *Société d'Agriculture* s'est déchargée sur la *Station œnologique* du soin de poursuivre cette série d'expériences. Les analyses encore en train, et dont M. Vincens a eu l'amabilité de nous confier la primeur, constituent le tableau IX.

Tableau VIII. — Prise d'une belle émulation en présence des travaux de son aînée, la *Société centrale d'Agriculture de la Haute-Garonne* s'est livrée, de son côté, à une vinification d'hybrides. A en juger par leur degré d'alcool, la fermentation de la plupart de ces numéros a été bonne.

Tableaux X et XI. — Dans les expériences précédentes, il avait été prélevé, à différentes dates, chez des propriétaires divers, les lots de raisins à vinifier. Les importants tableaux X et XI résument des essais plus comparables entre eux et, par conséquent, plus instructifs. Ce sont ceux de l'Ecole de Montpellier. Les raisins provenaient d'hybrides à leur deuxième feuille, greffés sur Rupestris du Lot, c'est-à-dire de souches de vigueur à peu près uniforme, mais trop jeunes pour en espérer beaucoup d'alcool. Le tableau XI est la suite du précédent, avec cette seule différence que les analyses n'ont pu y être poussées aussi loin que dans le tableau X.

Ces tableaux prêteraient à de nombreux commentaires que nous réservons à leur auteur, M. Bouffard, professeur de technologie et d'œnologie à l'Ecole de Montpellier.

Tableau XII. — Analyses de propriétaire qui a la rare modestie de donner ses résultats comme approximatifs. Voici le *nota* qui accompagne le tableau :

« La cuvaison a eu lieu dans de petits fûts de 40 à 100 litres, et par
« quantité de vendange de 30 à 90 kilogs. La durée du cuvage a été
« d'environ 3 jours, par séries successives de 4 ou 5 variétés. Le titrage
« alcool, extrait sec et acidité, vient d'être fait, le 15 octobre, au
« moyen de l'ébullioscope Malligand de l'œnobaromètre Houdart, et du
« tube acidimétrique Dujardin ; toutes ces opérations ont été faites
« avec le plus de précision et d'attention possibles ; cependant les
« résultats ne doivent être pris que comme approximatifs, tant à cause
« de l'imperfection reconnue des procédés, que de l'inexpérience de
« l'opérateur débutant. Certains vins paraissent encore en état
« de fermentation vinique, ce qui pourrait modifier ultérieure-
« ment les résultats. »

Les raisins provenaient tous de la collection du propriétaire.

Tableau XIII. — Analyse communiquée par M. Ganzin. Le vin a été récolté au Pradet (Var). A comparer avec le vin de même cépage récolté à l'Ecole de Montpellier.

Voici les remarques dont M. Bouffard a fait suivre cette analyse :

« 1º L'acide tartrique donne un précipité sensible de crème de tartre (bitartrate de potasse).

« 2º L'alcool produit un précipité gélatineux de matières pecti-ques. Ce sont ces corps qui donnent au vin son aspect épais ; ils existent en abondance tout particulièrement dans les cépages américains à chair pulpeuse.

« 3º Le goût du vin est net, et même présente un bouquet assez sensible.

« 4º La couleur est rouge, légèrement violacé (1er violet rouge de la gamme de M. Chevreul) et très intense. Comparé à un vin d'Aramon mûr titrant 8º 6, l'intensité colorante est quinze fois plus considérable. Exposé à l'air, le vin ne bleuit pas comme le fait celui de Jacquez, par exemple. Additionné d'eau (1 de vin pour 14 d'eau), la couleur ne se démonte pas et reste stable.

« En résumé, ce vin est particulièrement remarquable par sa puissance colorante. Il est également riche en alcool, extrait et acide. L'ensemble de ces propriétés l'indique évidemment comme vin de coupage de grande valeur. Dans les mélanges où il sera employé, on avivera sa couleur, s'il est nécessaire, par une légère addition d'acide tartrique, que sa richesse en sels de potasse lui permet de supporter. »

Tableau XIV. — Analyse communiquée par M. Chenivesse. C'est du vin de Jouffreau récolté aux Junies (Lot), par M. Jouffreau.

Tableau XV. — Analyse transmise trop tard pour la classer dans sa région. Nous regrettons que les vinifications de M. Clément n'aient pas eu un meilleur sort : elles eussent été très intéressantes.

Tableau XVI. — Vinifications des moûts Berget, analysées par M. Vaillant, préparateur au laboratoire de chimie industrielle de la Faculté des Sciences de Lille.

OBSERVATIONS SUR LES ANALYSES. — L'analyse, pour fournir des moyennes rigoureusement exactes, aurait dû être faite sur des échantillons uniformes, par des méthodes uniformes. La diversité des vinifications et celle des instruments employés par les opérateurs, sans détruire l'intérêt relatif de la lecture comparée de nos tableaux, diminue sensiblement la portée et la précision de leurs enseignements. Ces documents n'en demeureront pas moins une source d'indications utiles où chacun sera libre de puiser, sans en attendre pourtant des révélations miraculeuses.

Alcool. — L'élément le plus précieux du vin, dans l'étude des cépages, est l'alcool. C'est lui qui nous apprend la valeur absolue de chaque variété, en nous révélant sa richesse spécifique en sucre, pourvu que la vinification de ses raisins ait été bien conduite. On s'assurera si cette condition est remplie par le dosage du sucre réducteur. Sa présence en excès dans le vin indique une fermentation incomplète et inachevée, d'où exagération de la densité et de l'extrait sec.

Tel est le cas d'un certain nombre des petites cuvées dont nous avons reproduit les analyses et, notamment, de celles du tableau VI.

Il est évident qu'un vin d'Alicante-Terras à 3o2 et 104 grammes d'extrait sec n'est pas du vin.

La fermentation des petits volumes de moûts est très délicate et demande les soins minutieux du laboratoire. De vulgaires cruches de grès abandonnées, même dans un local chauffé à 18o, ne se comportent pas toujours normalement et sans acétification. Pour vinifier quelques kilos de raisins seulement, mieux vaut employer des ballons de verre ou des dames-jeannes bouchées avec un tube en S et tenues au bain-marie. C'est ainsi qu'a opéré M. Revol, et il a parfaitement réussi.

La vinification des hybrides très colorés est plus laborieuse que celle des vinifera, même teinturiers. On dirait que leur matière colorante propre est un obstacle à la nutrition des levures. Dans les vins chargés en couleur il reste plus de sucre non transformé que dans les autres.

La teneur en alcool d'un cépage quelconque varie, non seulement suivant le climat, à cause de son époque de maturité, mais encore selon la taille, le greffage, l'âge de la vigne, son exposition, l'année, etc., etc. Nous trouvons le Seibel 1 coté successivement de 5• à 15o, ce qui donne raison, tour à tour, à ses partisans et à ses détracteurs, s'ils le cultivent dans le Var ou dans le Jura.

Les hybrides qui, dans nos tableaux, atteignent ou dépassent 10o d'alcool sont les Couderc 71-20, 84-10, 117-3, 4401 et 4515 ; les Seibel 2, 14, 29, 38, 47, 128, 156, 200 et 209 ; l'Alicante-Ganzin, l'Auxerrois✕ Rupestris et le Jouffreau, Malègue 102, Gaillard 173, Hybrides Oberlin, Duranthon.

Acidité. — Les chiffres trouvés comme doses d'acidité semblent, en général, satisfaisants, et on est en droit de s'étonner du reproche adressé par quelques dégustateurs à ces vins qu'ils déclarent plats et sans fraîcheur.

Dans les vins nouveaux, si l'on n'a pas le soin de les faire bouillir avant leur acidimétrie, on est exposé à voir l'acide carbonique fausser l'analyse en forçant les chiffres.

Nous avons indiqué, à propos des moûts, quelle est l'importance de la perte moyenne de l'acidité pendant la fermentation. Il y a quelques exceptions à cette règle et nous en trouvons plusieurs exemples dans nos tableaux, où quelques vins se montrent plus acides que leurs moûts. Ainsi, l'Othello du tableau X, qui a 4 gr. 59 d'acidité dans son moût et 5 gr. 37 dans son vin. Il s'agit, là, de moûts riches en acide tartrique qui ne se précipite pas. Le gain provient de l'acide succinique et des acides des rafles et pellicules qui n'existaient pas dans le moût.

Pour les hybrides teinturiers, à couleur instable par défaut d'acidité, il sera prudent de recourir à des coupages de vendanges en se servant de raisins acides, tels que la Folle blanche (1). Le tableau VI nous donne l'exemple d'une amélioration de ce genre : 4401 coupé de Mauzac. On opérera ce mélange judicieusement en n'y employant que des raisins communs. J'ai eu le dilettantisme de couper mes 4401 de Chardonnays peu mûrs. La valeur marchande des 4401 a été augmentée d'un quart, soit de 80 à 100 fr. la pièce ; celle des Chardonnays avilie de moitié, soit de 200 fr. à 100 fr. ; le coupage à parties égales a donné un joli vin, mais une perte d'argent de 1.900 fr. par hectare.

Mieux inspiré que moi, M. Coste, président du *Syndicat viticole de Labergement-les-Seurre*, s'est servi de Noah pour cet usage et n'a pas eu à s'en repentir. Son vin, moins bon que le mien, lui a coûté moins cher.

M. Goutay, du Puy-de-Dôme, coupe ses 4401 de Gamays un peu verts. « Mélangé à parties égales, dit-il, avec du vin de Gamay pur, le « 4401 a amélioré ce dernier en lui donnant du corps et de la cou- « leur. » Pareil essai a été loin de me satisfaire. Le 4401 a communiqué à mon Gamay une saveur âpre dont l'amertume s'est accentuée avec l'âge.

Les vins d'hybrides, pour la plupart, ne gagnent pas à vieillir : ce sont des vins grossiers, de consommation immédiate. Le coupage de vendanges jouera un rôle capital dans l'amélioration et l'acidification de leurs moûts.

Dans le Bordelais, où les pratiques de l'œnologie et la science de l'encépagement complexe ont été poussées très loin, les vignerons répètent volontiers que, avec du Malbeck et de la Folle blanche, on fait du Cabernet (2).

En Bourgogne, autrefois, on trouvait, disséminées à travers les Pinots des grands crûs, quelques souches d'*Enfariné*, plant acide et tannique par excellence, et de *Barbental*, nom donné au Teinturier du Cher. Leur présence n'était pas un cas fortuit dû au hasard ou à la négligence des propriétaires, mais le résultat d'observations

---

(1) PACOTTET. — Les vins riches en acide tartrique libre des Charentes et de l'Armagnac, in *Revue de Viticulture* du 13 juillet 1901.

(2) C. ALIBERT. — *Les Vignes du Médoc*, in *La Ferme*, p. 134.

répétées qui avaient démontré la nécessité, pour le Pinot, d'une acidité et d'une couleur supplémentaires. Notre reconstitution précipitée a eu tort de négliger ces vieilles traditions. Peut-être, donnerions-nous, aujourd'hui, moins de travail aux œnologues si nous avions accordé plus d'attention aux remarques des ampélographes.

L'acidité, facteur et complément de l'alcool, est de toute première utilité dans les vins en général et, principalement, dans les vins d'hybrides. Il est à désirer que son dosage rigoureux soit exécuté, dans les analyses, avec toutes les ressources et la patience du laboratoire.

Extrait sec et cendres. — Les hybrides sont plus riches en extrait sec que les vinifera. Mais, pour savoir exactement dans quelle proportion, il faudrait faire l'extrait à 100° d'après la règle du *Comité consultatif des Arts et Manufactures*, et tenir compte du sucre pour avoir l'extrait réduit.

L'œnobaromètre Houdart n'est pas plus juste, pour peser l'extrait de ces petites cuvées incomplètement fermentées, que le mustimètre Salleron pour évaluer le sucre de leurs moûts (1). Les densités supérieures à 995 indiquent moins des vins spéciaux que des vins encore chargés de sucre. Dans des vinifications bien faites la densité du vin d'hybrides ne dépasse guère celle du vin de vinifera. Elle doit être prise à la balance.

Les cendres ne sont pas toujours en rapport direct avec l'extrait. Dans les variétés très teinturières, extrait et cendres sont naturellement plus lourds que chez le vinifera. Que les cendres soient solubles ou insolubles, je ne vois pas, pour ma part, grand intérêt à le connaître. Si le vin sort de terres riches en potasse, ses cendres sont solubles, si c'est d'un sol calcaire le phosphate de chaux rend ses cendres insolubles.

Dans quelques tableaux (le tableau VI notamment) les cendres totales ont un poids anormal qui provient, je suppose, de l'attaque des parois intérieures des cruches insuffisamment vernissées.

Tannin. — Les vins riches en extrait sont d'ordinaire riches en tannin. La plupart des hybrides doivent donc contenir beaucoup de tannin. Il est extrêmement difficile de doser d'une façon précise le tannin du vin. Certains œnologues, et non des moindres, tiennent l'opération pour chimérique et fantaisiste. Mais si les méthodes employées ont toutes leurs défauts et conduisent à des erreurs presque

---

(1) Cf. Portes et Ruyssen. — *Traité de la Vigne,* t. II, p. 548.

fatales, chacune d'elles livre néanmoins des éléments de comparaison justes tant qu'on ne les considère qu'entre eux. Il serait téméraire, par conséquent, d'affirmer que le vin de tel cépage possède 1, 2, 3 gr. ou décigrammes de tannin ; mais, par l'inspection des analyses d'un même tableau, rien n'empêche de constater que tel numéro est plus tannique que tel autre.

Les cépages les plus riches en tannin nous ont paru être les Couderc 1202 et 901, les Seibel 29 et 41, les Gaillard 35, 160 et 264, Jurie 580 et hybrides Oberlin.

Coloration. — Il est à remarquer combien les moûts et les vins d'hybrides s'accommodent mal des instruments construits pour les vinifera. Mustimètre et œnobaromètre sont beaucoup plus faux avec eux qu'avec les autres. Le vino-colorimètre Salleron suit le mouvement et semble, lui aussi, un peu dérouté par cette invasion des barbares. Il n'est pas commode de rapporter les nuances foncées des hybrides aux soies de Chevreul. En attendant un procédé meilleur, force est de nous servir de celui-là, tout imparfait soit-il.

Les hybrides les plus colorés sont, par ordre d'intensité décroissante :

Au tableau VII. — Seibel 1, Couderc 603 et 4401.

Au tableau VIII. — Seibel 1077, Couderc 28-112, 7104 et 503.

Au tableau IX. — Couderc 4401 et 7103, Auxerrois $\times$ Rupestris.

Au tableau X. — Couderc 3601, Alicante-Ganzin, Couderc 1202, Hybride Franc, Seibel 1020, Couderc 603, 117-4, Seibel 182 et 41, Couderc 4401.

Dans les cépages teinturiers il faut ranger aussi le Jurie 580, signalé par M. Mathieu comme ayant sept fois l'intensité de l'Auxerrois $\times$ Rupestris récolté chez moi, et par M. Bouffard comme ayant dix-neuf fois celle de l'Aramon.

M. l'abbé Senderens, dans son rapport de 1899, avait essayé de dresser deux catégories de teintes : l'une, rouge plus ou moins violacé, comprenant, avec le Teinturier du Cher (témoin), Terras 20, Seibel 1, Auxerrois $\times$ Rupestris, Seibel 14, Couderc 7104, et 87-115 ; l'autre d'un bleu plus ou moins violet, avec les Couderc 4401, 4401 et Mauzac, 603, 503, 503 et Chalosse.

Son idée est excellente et mérite d'être reprise et développée. Le vino-colorimètre avec ses *violet-rouge* et ses *rouge* ne donne pas du tout le sentiment de cette distinction, qui, au point de vue de la solidité future du vin et de son aspect, est d'une importance capitale.

Solidité. — On propose les vins d'hybrides comme vins-remèdes, vins de coupages, assez robustes pour remplacer les Roussillon, Dalmatie, Turquie, etc. dans le rôle providentiel de relever les défaillances du Gamay ou de l'Aramon.

Il y a deux solidités à considérer dans le vin : la résistance à la casse d'une part, et la résistance aux maladies bactériennes de l'autre. Pour la première, qui dépend de la quantité d'oxydase introduite dans le vin par des vendanges trop vertes, trop mûres ou pourries, les hybrides ne montrent pas jusqu'à présent une solidité spéciale. Au contraire, serais-je tenté de dire, car leur défaut d'acidité les rend plus que d'autres accessibles aux différentes casses et, spécialement, à la casse bleue. Quant à la seconde, toutes les fois qu'ils ont suffisamment d'alcool, ils sont d'une solidité vraiment remarquable.

Je ne veux pas rappeler la légendaire bouteille de Noah, oubliée en vidange dans le placard d'office d'un de nos plus sympathiques collègues, et retrouvée, six mois après, intacte, que dis-je ! améliorée, mais il est notoire que ces vins sont solides, très solides, casse à part. S'ils contiennent de l'oxydase, comme en 1900 et 1901, leur mélange avec des vinifera, loin de sauver ceux-ci, peut très bien hâter leur mort.

Les insuccès dus à des coupages imprudents ne sont pas rares, même dans le Sud-Ouest, terre promise des hybrides.

M. Lannes possède, dans les environs de Toulouse, de nombreux hectares de Seibel 1, Terras 20 et autres numéros. A côté d'eux, quelques hectares de cépages indigènes. Il a mêlé le tout à la cuve, cette année, et n'en a obtenu qu'un très mauvais vin, terne, trouble et qui casse.

M. Boué a mélangé, l'an dernier, des Aramons et des Valdiguier atteints de botrytis à des 4401 et à des Terras. L'ensemble a donné un vin atteint de casse brune et de casse bleue.

M. Bonnet de la Cahuzardière troublait toujours son vin de greffe en le mélangeant de Terras. Maintenant, m'écrit M. de Malafosse à qui je dois ce renseignement, il le filtre le jour même du coupage et, avec un quart ou un cinquième, il obtient un vin très brillant.

Dans son rapport sur les vinifications faites, en 1900, à la *Société d'Agriculture de la Haute-Garonne*, M. le Dr de Lapeyrouse signale plusieurs de ces vins-remèdes qui semblaient assez malades eux-mêmes. Les plus atteints par la casse bleue ont été les Couderc 4.401, 503 et 603, le Terras 20 et le Seibel 20.

Faudrait-il en conclure, comme le fait le *Bulletin mensuel du*

Syndicat central des viticulteurs du Sud-Ouest (octobre 1900), que
« lorsque, par hasard l'hybride est fructifère et résistant, le vin obtenu
« est tellement défectueux qu'il ne peut servir que pour des coupages,
« c'est-à-dire qu'à gâter les vins auxquels on le mélange pour le
« rendre buvable? »

Non, évidemment. Mais il y a lieu d'éprouver sévèrement la solidité
de ceux qu'on serait tenté d'employer comme vins-remèdes, c'est-à-
dire pour colorer et fortifier des vins faibles. Ne seront aptes à jouer
ce rôle sauveur que les vins d'hybrides suffisamment alcooliques et
acides et, surtout, bien fermentés, c'est-à-dire débarrassés de leur
excès de sucre réducteur.

Les vins d'hybrides devant la loi. — Au début de cette étude,
nous avons dit que les vins d'hybrides devront être *normaux*, c'est-
à-dire constitués de telle sorte qu'ils n'éveillent aucune suspicion sur
l'honnêteté de leur provenance.

Bien que le législateur ait témoigné le désir de pas tracasser le
propriétaire de produits naturels, nombre de gens timides préfèrent
se mettre d'accord non seulement avec l'esprit mais encore avec
la lettre de la loi. Or, plusieurs des vins dont nous avons donné ci-
dessus la composition, ne sont point normaux, c'est-à-dire que, passés
au *Laboratoire Municipal* de Paris, ils en ressortiraient avec un
gros point d'interrogation.

Dans les règles, un peu absolues qu'il a rédigées pour le *Comité
consultatif des arts et manufactures*, M. Armand Gautier a posé en
principe que la somme alcool-acide des vins naturels doit atteindre
ou dépasser 12,5; mais, au-dessous de 12,5, les vins doivent être
présumés mouillés.

Dans nos tableaux nous avons une trentaine de numéros qui prêteraient ainsi le flanc à l'accusation de mouillage. Ce sont :

Tableau I.— Couderc 126-22.

Tableau II. — Couderc 4401 et 126-21, Auxerrois × Rupestris.

Tableau III. — Couderc 88-12, Seibel 2003, Terras et Seibel 209,
Auxerrois.

Tableau VI. — Terras 20.

Tableau VII. — Auxerrois, Seibel 20, Couderc 87-115, (7104, 4401 et
87-115), 503.

Tableau IX. — Seibel 2003.

Tableau X.— Seibel 41, Couderc 4401, 603, 901, Trinquier, Aramon
(témoin).

Tableau XI. — Seibel 14.1014, Fournié, Couderc **28-112**, **71-06**, **4308**, 124-20, 3905 et 126-21.

A noter le témoin vinifera Aramon, du tableau X, qui n'atteint que 10.86 L'exemple de ce témoin, qui a l'insolence de prouver à M. Gautier que du vin de France, absolument naturel — bien mieux encore, fabriqué dans une Ecole de l'Etat par un professeur éminent — peut sortir du cadre de sa somme alcool-acide, est bien fait pour rassurer les timides vinificateurs d'hybrides.

Il est permis de se demander si les chimistes du vingtième siècle sont beaucoup mieux armés pour déceler le mouillage que les vieux physiciens. Sans remonter à Caton le Censeur, qui se servait pour cela d'un récipient en bois de lierre, nous voyons, au XIIIe siècle, le vénérable Crescenzio, de Bologne, nous indiquer plusieurs recettes, toutes infaillibles (1). Ce sont deux poires crues qu'on jette dans le vin ; si elles tombent au fond le vin est mouillé, si elles surnagent il est bon et pur. Au XVIe siècle, le docte Charles Estienne, recommande de les choisir sauvages, de les couper en deux et de les nettoyer, ou mieux encore, de les remplacer par des mûres ou par un œuf (2). Voilà les premiers densimètres, dignes ancêtres des mustimètres actuels. Une canne de roseau frottée d'huile et trempée dans le vin a la propriété, d'après ces deux auteurs estimés, de montrer par le nombre des gouttelettes qui s'attachent à elle la quantité d'eau dont le vin se trouve adultéré. On peut encore mettre le vin dans des pots de terre nouveaux, leurs suintements indiquant le mouillage, ou sur de la chaux, si elle se ramollit c'est que le vin contient de l'eau, si elle se durcit, le vin est pur.

Quant à séparer l'eau du vin c'était alors jeu d'enfant. Il suffisait d'introduire de l'alun fondu dans le fût, de le sceller avec une éponge imbibée d'huile, et de le tourner sens dessus dessous. L'eau sortait seule, sans entraîner le vin. « Laissez tout convenir, dit Pierre de Crescence, et *lcaue en sauldra* et non aultre chose. »

On peut sourire de ces vieilles légendes, comme souriront probablement nos petits-neveux de l'importance trop grande accordée de nos jours à la règle de la somme alcool-acide.

Un second point mérite aussi un rapide examen, c'est la facilité avec laquelle quelques cépages élaborent et emmagasinent le sul-

---

(1) *Petrus de Crescentiis. Opus ruralium commodorum*, lib 4.
(2) CHARLES ESTIENNE et JEAN LIEBAULT. *L'Agriculture et Maison rustique*, liv. sixième. Paris, 1570.

fate de potasse. Soit récoltés en sols gypseux, soit logés en fûts trop méchés, certains vins d'hybrides se chargent en sulfate de potasse au delà de la moyenne des vinifera placés dans les mêmes conditions.

On sait que la dose maxima de la plupart des vinifera n'atteint pas 0 gr.60. Or, M. Mathieu me signalait, dans le lot de vins que je lui ai soumis (tableau II), des teneurs de 1gr.,23 et 1gr.,14 dépassant la tolérance légale. La loi du 11 juillet 1891 oblige, en effet, à partir de 1 gr., d'écrire sur le fût: **vin plâtré**. A 2 grammes, il y a interdiction de vente (1).

Ce qui n'empêche que certains grands vins blancs contiennent plus de deux grammes de sulfate de potasse à cause de leur mutage et se vendent fort bien. Mais les produits de luxe, en bouteille richement étampée, échappent plus facilement à la bienveillante surveillance des employés que les humbles boissons destinées à l'ouvrier.

Je sais bien que le temps est passé où le *frelateur* était fustigé en place publique, amputé du poing droit et pendu haut et court. Mais, devant les erreurs monstrueuses de la justice et les lenteurs de la procédure, je me demande si nous avons réellement gagné au change.

Est-ce que nous n'avons pas vu de retentissants procès pour des vins d'Othello et de Jacquez, absolument nature, déclarés fuchsinés au laboratoire de Paris?

Ce souvenir m'amène à vous parler aussi de la couleur, au point de vue légal. Il est à désirer que les hybrides teinturiers donnent des réactions analogues à celles des vinifera et nettement différentes de celles des colorants végétaux ou minéraux employés par les fraudeurs, faute de quoi enquête et procès après lesquels le propriétaire arrivera — du moins, nous l'espérons — à prouver sa bonne **foi** et la pureté de son vin.

Ces craintes ne reposent pas que sur des hypothèses. Ainsi, le **vin** de Seibel 156 de notre tableau XVI, soumis au laboratoire de chimie industrielle de la Faculté des sciences de Lille, a été déclaré par le professeur Buisine et son préparateur, M. Vaillant, falsifié par addition d'un colorant d'origine végétale, campêche vraisemblablement. Etendue d'eau, sa matière colorante précipite, en effet, les sels de chaux renfermés dans l'eau et donne un virage bleuâtre, comme le fait **ce**

---

(1) Louis VIDAL. — Plâtrage et vente des vins, in *Progrès Agricole* du 3 novembre 1901. — J. DESCLOZEAUX. *Code des Falsifications*, p. 463. DUJARDIN. — L'*Essai commercial des vins et vinaigres*, p. 204.

produit avec de l'eau de Vichy dans un **vin rouge**. **Le vin de Seibel
156, n'a** donc pas une couleur normale.

Quoi qu'il en soit, le détenteur de vins d'hybrides nature à somme
alcool-acide inférieure à 12,5, à teneur en sulfate de potasse supérieure à 1 gramme et à couleur semblable à cassis, orseille ou campêche, aurait tort de s'effrayer du rigorisme législatif. Fort de
sa conscience, il a le droit d'imposer son vin tel quel, puisqu'il est
naturel. A la science d'inventer des méthodes de contrôle plus
précises et à l'administration le soin de les appliquer avec tact.

Dégustation. — L'étude du vin comporte deux opérations bien
distinctes : l'*analyse* d'abord qui nous apprend à doser ses divers
éléments et à reconnaître leur harmonie, et la *dégustation* ensuite,
qui nous renseigne sur sa valeur apparente et marchande. Plus
délicate que l'analyse, la dégustation, pour s'opérer utilement,
demande un palais affiné et des échantillons de vins réussis et bien
conservés (1). Sur des vins troubles ou piqués qui peuvent, à la
rigueur, relever encore du chimiste, le dégustateur perd tous ses
droits.

« Le vin, a dit avec raison mon illustre compatriote, le Chalonnais
Jullien, est un des produits de la nature les plus difficiles à juger
et à bien choisir (2). »

Il faut se méfier des appréciations locales de cultivateurs fiers de
leurs produits, parfois même en raison inverse de leur vraie valeur,
soit que leur goût ait été oblitéré par des saveurs de terroir, soit —
cas aussi triste que fréquent — que l'abus de l'alcool ait brûlé
leur palais.

M. de Malafosse me contait récemment que, dans une de ses conférences faites en Berry — on sait qu'il est le plus fécond et le plus
convaincu de tous les partisans des hybrides directs — un de ses
auditeurs lui présenta avec orgueil une bouteille de 503, disant d'elle
comme suprême éloge : « En v'là une qui tombe son homme, pour
sûr ! »

Cela me rappelle le joli mot entendu, dans la Haute-Saône, par
mon ami Adrien Berget et sorti de la bouche d'un enthousiaste du
Noah : « *O l'ai bé bon : a soule bé* ». Il saoule bien, voilà tout ce

---

(1) Cf. Grazzi-Soncini. — *Le vin*, Coulet. 1891. « Parfait manuel du juré
aux expositions œnologiques », comme l'a si bien baptisé M. E. Ottavi.

(2) A. Jullien. — *Manuel du Sommelier*, 1830.

que demande l'homme primitif. Un véritable dégustateur a le droit d'être plus difficile et plus compliqué dans ses appréciations.

Aussi, sans parti-pris aucun, j'enregistrerai alternativement les sons de cloche, favorables ou non, qui ont résonné à mes oreilles dans cette grave discussion de la qualité du vin des hybrides, à la condition que la cloche soit de pur métal.

Voici, d'abord, l'opinion de M. de Malafosse que tout le monde — lui compris — sait être l'un des juges les plus compétents en la matière :

« Peu de personnes, dit-il, ont tâté comme moi le vin des produc-
« teurs directs fait en grand et au lieu de l'origine de chacun d'eux.
« J'ai bu l'Auxerrois × Rupestris chez M. Lacoste et chez M. Pardes ;
« l'Hybride Franc. à Bourges, chez M. Franc ; le Plant des Carmes à
« Figeac, chez M. Destruel ; les plants Couderc ou chez moi (je les ai
« tous) ou chez les principaux détenteurs, etc., eh bien ! sans
« conteste, pris en un lieu où ils peuvent bien mûrir, la première
« place est à l'Auxerrois, la seconde au Seibel 1, la troisième au
« Couderc 4401 et la quatrième au Terras. Je n'irai pas plus loin. Je
« parle des cépages dans le commerce et dont on a pu faire le vin au
« moins par cent litres (1). »

M. Jany, propriétaire et négociant, qui porte le plus vif intérêt à l'œnologie franco-américaine, m'écrit, de son côté :

« Bien vinifiés, ces cépages ont des qualités qu'il n'est pas si facile
« de rencontrer dans le premier cépage venu, fût-il vinifera. En
« général, ils ont couleur et alcool et, avec ces deux éléments, on peut
« faire beaucoup. Enfin, je ne connais pas encore de viticulteur
« mécontent de ses vins d'hybrides ; par contre, cette année surtout,
« j'en connais des quantités qui crient après les bouillies produites
« par des vendanges pourries, gâtées, moisies. »

Qu'entend donc M. Jany par *bien vinifiés?* Champin avait exprimé cette opinion avant lui et il a emporté dans la tombe le secret des bonnes vinifications d'américains. Veut-il insinuer que, outre l'égrap-page et quelques coupages faisant levuration naturelle, il faudra recourir, comme le conseille certain hybrideur, au plâtre et à l'acide tartrique ? Dans ce cas, nous ne sommes plus d'accord. S'il faut dro-guer les vins de directs comme les mauvais vins de greffes, c'est

---

(1) *Bulletin du Syndicat agricole de la Haute-Garonne*, novembre **1898**, page **317**.

changer un cheval borgne contre un boiteux. Le jeu n'en vaut pas la chandelle.

M. Fréchou, l'habile chimiste de Nérac, sent bien l'inconvénient et la nécessité tout à la fois d'ouvrir la porte aux correctifs de vendange. « Comme vous, m'écrit-il, je pense que les vins d'hybrides sont « abominables, que tous les acides connus et inconnus ne parvien- « dront pas à corriger leur goût plat ; mais ils valent encore mieux « que les liquides sans nom dont on empoisonne nos campagnes. »

Ce sont là des opinions assez contradictoires qui peuvent, toutes, se justifier. Résolu à les respecter les unes et les autres, sans chercher à en faire prévaloir de personnelles, je vais passer en revue, par régions, les quelques dégustations dont j'ai les éléments en main, laissant aux intéressés le plaisir et la responsabilité de conclure à leur guise.

Centre et Nord-Est. — La dégustation du tableau I a été faite par MM. Pingeon, Guillon et quelques autres grumeurs de la côte chalonnaise, qui ont trouvé à la plupart de ces numéros une acidité âpre et désagréable, bien qu'ils aient été vinifiés en blanc, c'est-à-dire sans leurs rafles. Seul, l'Auxerrois × Rupestris a trouvé grâce devant eux et a obtenu une bonne note.

Les essais de la *Société régionale de viticulture de Lyon* ont donné lieu à une dégustation très sérieuse, l'an dernier. Le jury, formé de professionnels habitués aux vins du Beaujolais, surpris d'abord par ces vins étranges, a cru cependant pouvoir émettre quelques avis favorables, reproduits dans son remarquable rapport par notre collègue et ami, M. le Dr Grandclément. Voici les principaux :

Couderc 4401. — Vin rouge d'une belle et franche couleur, suffisamment alcoolique — en moyenne 9° — franc de goût mais un peu plat.

Seibel 1. — Vin rouge d'une belle couleur, assez franche, mais moins franche que celle du précédent ; assez agréablement parfumé, mais pas très alcoolique, en moyenne 8°.

Terras 20. — Vin médiocre, sent le pourri.

Auxerrois × Rupestris. — Le meilleur des échantillons présentés à la dégustation. Vin ni très alcoolique, 7° 6, ni très corsé, mais à goût passable et même très acceptable.

C'est ce vin qui, récolté chez M. Gaillard, de Brignais, fut versé au banquet annuel de la Société, comme vin de Bordeaux, et eut **tous** les suffrages des convives.

Couderc 28-112. — Vin passable.

» *199-88.* — Vin clairet, alcoolique et franc de goût.

Seibel 2, 60 et 156. — Très bons vins.

» *1021.* — Vin bon.

» *2003.* — Vin assez alcoolique entre 8 et 9°, mais peu agréable.

Hybride Fournié. — Vin commun et foxé, mais très coloré.

Jurie 580. — Vin d'une belle couleur rutilante, mais manquant un peu de finesse ; beau vin de coupage.

Gaillard 2. — Vin d'un joli rouge, légèrement foxé ; ensemble bon.

A cette liste lyonnaise je puis ajouter, comme dégustés à Chalon, un Jurie et deux Oberlin.

Jurie 450. — Superbe couleur. Plat, manque de montant et peut-être d'acidité. Vin de coupage.

Hybrides Oberlin. — Très beaux vins, d'une couleur bourguignonne, rouge tirant un peu sur la pelure d'oignon (influence du Riparia qui fait jaune lorsque le Rupestris fait bleu). Ils ont une saveur caractéristique de figues sèches, qui n'est pas sans rappeler l'arôme du Cabernet et du Merlot. Beaucoup d'astringence ; manquent un peu de chair et de moelleux.

Champagnisés en rouge, inférieurs au type.

Midi. — C'est dans le Midi que les hybrides donnent leurs plus beaux produits. Nous avons vu, à propos du Jacquez, le Terras atteindre 12° dans le Var. Nous y retrouvons, chez M. Henri Paul, le Seibel 1 à 14°5 ; Couderc 132-11 à 14° ; 3907 et Alicante-Ganzin à plus de 13° ; Couderc 4401, 503 et 199-88 passant 12°. Ce sont là de beaux vins qui ne feront pas regretter le Jacquez.

Dans le Gard, M. Marius Dumas, à la réunion du 8 octobre 1900 de la *Société d'Agriculture d'Alais*, a fait déguster à ses collègues un certain nombre de vins d'hybrides fabriqués par lui-même. Voici quelques-unes de ses appréciations :

Seibel 1. — Vin de coupage, goût droit et agréable.

Seibel 2. — Gros vin de coupage, fort apprécié du commerce.

Seibel 14. — Vin clair, quoique bien alcoolique.

Seibel 60. — Vin de premier choix, couleur, degré et goût.

Seibel 128. — Vin excessivement coloré.

Seibel 156. — Gros vin de coupage, avec bouquet assez développé.

Seibel 209. — Vin corsé et alcoolique.

Seibel 1020. — Droit de goût, coloration excessive, très bon vin de coupage.

Seibel 1077. — Vin alcoolique et d'une coloration très intense.

Il a été donné à la Commission des *Agriculteurs de France*, au cours de sa récente enquête, de déguster plusieurs vins de directs. On peut, sans indiscrétion, donner ici la primeur de quelques-unes de ses impressions.

Et, d'abord, chez M. Seibel, à Aubenas, j'ai été avec tous mes collègues, émerveillé du vin de Seibel 1 1893. Moi qui — je l'avoue sans honte — ne connaissais guère jusqu'à présent le vin de Seibel 1 que par celui du docteur Grandclément, boisson plus propre à purger des malades qu'à régaler des amis, j'ai été stupéfait de trouver un vin puissant et agréable, qui peut lutter, sans désavantage, avec n'importe quel crû des côtes du Rhône. Il est à désirer que, dans cette région, le Seibel 1 se révèle partout ainsi : il pourrait alors remplacer la Syrah.

A Montpellier, le 18 août, après avoir parcouru et admiré les collections de l'Ecole, la Commission fut invitée par un de ses membres, M. Ravaz, à déguster, dans son laboratoire, les vins dont nous avons reproduit plus haut les analyses. Mais, malheureusement, ces vins, mis trop tôt en bouteilles, avaient continué à fermenter et n'étaient plus présentables.

Voici cependant les notes que j'ai pu relever.

Riparia. — Vin épais et âpre. Exagère les défauts et le bouquet spécial des vins Oberlin.

Hybride Trinquier. — Rappelle le vin de Gamay-Couderc.

Plant Pardes. — En fermentation. Goût sulfureux.

Hybride Franc. — Détestable.

Couderc 201. — Foxé.

Couderc 84-61. — Piqué.

Couderc 71-20. — Mauvais.

Couderc 4306. — Insignifiant. Plat. Goût de Rupestris.

Couderc 82-12. — Vin blanc, amer, d'une amertume spéciale, qui rappelle celle dont parle M. Ottavi à propos des vins du Piémont(1).

---

(1) GRAZZI-SONCINI.— *Loc. cit.*, p. 121.

Alicante-Ganzin. — Bon, très coloré et très droit de goût.

Seibel 1. — Satisfaisant, bien que très commun.

Seibel 2. — Framboisé.

Seibel 14. — Rose, sans couleur aucune. Ne peut être fait qu'en blanc.

Seibel 29. — Foxé, mais très chaud, doit être alcoolique.

Seibel 78. — Médiocre.

Seibel 128. — Bon, très coloré.

Seibel 156. — Agréable, fruité, très coloré.

Seibel 182. — A peine passable.

Seibel 1020. — Foxé.

Après le dix-huitième numéro, les membres de la Commission demandèrent grâce et promirent de revenir, un jour ou l'autre, déguster le reste. Inutile de faire remarquer que le mauvais état des échantillons n'infirme en rien les analyses du professeur Bouffard opérées, à temps, sur des vins bien portants.

Sud-Ouest.— C'est principalement dans cette région, où le black-rot fait rage et rend la défense culturale des vinifera coûteuse, que les hybrides directs ont leur raison d'être et sont étudiés avec passion. C'est là qu'ils éclosent avec une merveilleuse facilité, sous le ciel vraiment ampélographique des bords de la Garonne ; c'est donc là qu'il faut aller pour étudier leurs produits.

Voyons d'abord les essais de la *Société d'Agriculture de la Haute-Garonne.*

La dégustation des petites cuvées de l'abbé Senderens ne semble guère avoir été plus facile ni plus probante que la nôtre à l'Ecole de Montpellier. Sauf deux vins d'Auxerrois×Rupestris qui ont été déclarés passables, avec le coefficient 10, les notes allant de 0 à 20, tous les autres ont été cotés de 3 à 6, c'est-à-dire au-dessous du médiocre.

En 1900, la fermentation ayant été mieux réussie, nous empruntons au rapport du docteur de Lapeyrouse, les appréciations du jury à sa première dégustation (1).

Auxerrois × *Rupestris.* — Bon.

Terras 20. — Assez bon.

Couderc 4401. — Un échantillon bon ; deux médiocres.

---

(1) *Journal d'Agriculture pratique et d'Economie rurale pour le Midi de la France,* mai 1901.

Couderc 503. — Médiocre

Couderc 603. — Passable.

Couderc 7104. — Goût passable.

Couderc 87-115. — Assez bon.

Seibel 1. — Très bon, très brillant.

Seibel 20. — Bon.

Mélange de *7104, 4401* et *87-115.* — Bon.

Pinot × *Rupestris Castel et 2003 Seibel.* — Assez bon, d'une belle couleur violet rouge.

Les appréciations assez satisfaisantes de 1900 ne semblent pas devoir être confirmées de tous points par les résultats de 1901. D'une lettre récente de M. le docteur de Lapeyrouse, j'extrais ces notes, prises au cours d'une première dégustation.

Auxerrois × *Rupestris.* — Couleur d'intensité moyenne; un échantillon à goût sauvage; un autre à goût assez droit.

Terras 20. — Bleu; très mauvais.

Couderc 28-112. — Louche; mauvais.

Couderc 503. — Trouble; extrêmement mauvais.

Couderc 299-17. — D'un rouge très léger; bon goût.

Couderc 4401. — Très belle couleur; fermentation incomplète.

Couderc 7103. — Assez jolie couleur: piqué, 7°,3.

Couderc 71-61. — Violet foncé; fermentation très incomplète.

Couderc 199-88. — Extrêmement vert (maturité imparfaite des raisins).

Couderc 139-4. — Goût médiocre.

Couderc 89-23. — Mauvais.

Seibel 1. — Assez bien réussi, mais encore en légère fermentation; bonne couleur.

Seibel 1070. — Bon; très belle couleur, 7°2.

Seibel 2003. — Couleur ordinaire, manquant de vivacité; goût désagréable.

Seibel 2007. — Légèrement piqué; très belle couleur, 7°3.

Seibel 2033. — Très léger; mauvais.

Duranthon. — Couleur moyenne; goût sauvage.

Il serait injuste de s'en tenir à l'appréciation d'échantillons aussi défectueux. Demandons à M. de Malafosse qui a parcouru, juif-errant de l'hybridation, tout le Sud-Ouest, qui connaît toutes les vignes et a dégusté tous les vins, son avis sur les cépages vinifiés en grand chez d'intelligents propriétaires, et non plus en petites cruches de laboratoire. Sa réponse équivaudra à la plus large des enquêtes.

Or, la voici, cette réponse, extraite *textuellement* de différents articles publiés par lui, soit dans les journaux quotidiens de Toulouse, soit dans le Bulletin de son Syndicat agricole :

Couderc 503. — Vin d'une coloration intense, d'une moyenne de 8°, épais et a un arrière-goût de cuit. Mis pour un tiers avec de l'Aramon, il fournit un vin d'auberge très acceptable et accepté.

Couderc 4401. — Vin plus buvable que celui du 503, mais de coupage, néanmoins ; de 8° à 11° d'alcool, de 25 à 35 d'extrait. Coloration très belle une fois acidifiée.

Couderc 28-112. — Vin corsé, solide, avec une belle couleur, mais grossier; ne peut figurer que dans un coupage de vin d'auberge.

Couderc 7104. — Saveur française. Belle couleur. Vin de table clairet, frais et agréable.

Couderc 132-11. — Vin superbe, allant de 10° à 11°, avec 26 à 28 d'extrait sec. Un peu rude, pourtant, mais plein.

Couderc 84-18. — Très joli et bon vin.

Couderc 199-88. — Vin blanc remarquable, entre 11° et 12°.

Couderc 82-32. — Vin de très bon goût, de 10°5, dans le Gers.

Couderc 82-12. — Vin analogue à celui de la Clairette de la Provence ; 11°, cette année.

Couderc 117-3. — Goût de Sauvignon. A donné 13° et 14° dans la Haute-Garonne. Un inspecteur de viticulture d'Espagne, dégustant son raisin, auquel certains reprochent d'être foxé, s'est écrié : « Du fox, cela? mais c'est du fox de Malaga! »

Seibel 1. — Vin remarquable, d'un rouge velouté profond. A donné, l'an passé, 14°5, près de Narbonne, mais d'une moyenne de 10° à 12° et de 25 à 28 d'extrait. Ne gagne pas à vieillir; son goût de *rancio* s'accentue trop et tourne au cuit à la troisième année.

Seibel 14. — Vin peu coloré, à goût de Cinsaut.

Seibel 38. — Beau vin, un peu rude, très bon pour coupages.

Seibel 156. — Vrai vin de table de 11°.

Seibel 1020. — Pourpre liquide. Bon vin, bien plein, moyenne de 10°

Seibel 2003. — Vin corsé et coloré mais inférieur aux deux précédents.

Dans maints endroits, M. de Malafosse ne cache pas ses préférences pour le vin d'Auxerrois × Rupestris.

Auxerrois × Rupestris. — Coloration toujours intense ; de 9° à 12° d'alcool ; extrait de 20 à 23. Manque un peu d'acidité ; gagne beaucoup en vieillissant et fait, à trois ans, un véritable vin de bouteille français.

Auxerrois-Soulages. — Vin qui passe pour être plus fin que celui du type.

Plant des Carmes. — Vin dur et solide destiné aux coupages et trouvé excellent dans les auberges et cabarets de montagne.

Hybride Franc. — Vin très médiocre, plat, coloré en jaune et fade.

Hybride Fournié. — Vin à goût d'York se retrouvant dans les coupages et ne disparaissant pas avec les levures.

Terras 20. — Vin de paysan, de 10°, trop riche en extrait sec, très épais, tonique, très solide.

Castel 17-21 et *18-32*.— Vin d'un goût *sui generis* qui n'est pas le fox du *Noah*, mais rappelle l'origine américaine de ces cépages.

Castel 120. — Bon vin, franc.

Castel 90-30. — Vin très remarquable.

Castel 133-17. — Vin très fin d'une couleur très franche.

On voit que les grandes cuves ne sont pas toujours d'accord avec les petites cruches. Ce qui semblerait donner raison à M. Girerd demandant, à propos des hybrides : « moins de phrases dans les discours et plus de raisins dans les cuves ».

Conclusion

La vinification des hybrides doit, autant que possible, être la même que celle des vinifera. Les exigences spéciales de certains cépages sont l'indice de leur infériorité.

La divergence des opinions sur la valeur de leur vin et l'insuffisance des analyses ne permettent pas, à l'heure actuelle, de signaler tel ou tel cépage à l'attention des viticulteurs.

C'est aux intéressés à découvrir ceux qui, dès maintenant, peuvent répondre à leurs besoins personnels. Dans cette recherche délicate les documents rassemblés ici leur seront, je l'espère, de quelque utilité ; ils leur donneront, au moins, la foi en l'hybride inconnu, *deo ignoto*.

En présence de l'ample moisson, je devrais dire *vendange*, de tant de variétés intéressantes, comment se résigner au pessimisme de

M. Millardet, qui nie la possibilité de l'obtention « du producteur direct de quelque valeur » (1) ? Ne touchons-nous pas, plutôt, aux temps annoncés par M. Viala lorsqu'il disait à Beaune, il y a dix ans, que « l'hybridation donnera, certainement, dans un avenir prochain des résultats merveilleux » (2) ?

L'hybride direct idéal, propre à chaque région, est-il créé ? Je n'en sais rien. Vous venez d'entendre mon vénéré président et ami, M. Michon, vous dire « qu'il est encore dans les limbes de l'avenir ». Il faudra, en tout cas, plusieurs années de contrôle méthodique pour s'en assurer. Mais s'il ne l'est déjà, tenez pour assuré qu'il va l'être. Je n'en veux pas d'autre preuve que la confiance indomptable avec laquelle nos illustres semeurs poursuivent leur œuvre par des croisements de plus en plus complexes, de plus en plus éloignés des types primitifs et, par cela même, de plus en plus susceptibles de gains heureux.

« Je ne puis me résoudre, m'écrivait, le mois dernier, M. Ganzin, à « admettre que l'hybridation de la vigne, en vue de l'obtention des « producteurs directs, ait dit son dernier mot. A considérer, par « comparaison, les résultats obtenus ailleurs, dans l'horticulture « fruitière par exemple, et surtout dans l'horticulture florale, il n'y « a pas lieu, semble-t-il, de désespérer. La *beauté* de la fleur est, « au point de vue du résultat cherché par l'hybrideur, quelque « chose d'analogue au *mérite* de la grappe. Or, il est incontestable « que les fleurs actuelles du Chrysanthème, du Fuchsia, du Bégonia, « etc., etc., réalisent un étonnant progrès sur celles qui ont servi de « point de départ aux hybridations et aux semis récents. Pourquoi « n'en serait-il pas de même pour les grappes de la vigne ? A la « vérité, pour celle-ci — la vigne — nous demandons plus : résistance « accentuée, sinon complète, au phylloxéra, mildiou, chlorose, black- « rot, à plusieurs de ces maladies, du moins. Ceci complique la « tâche. Le travail est plus grand, plus long aussi, puisque, au lieu « d'une plante d'ornement faisant montre de sa fleur, le plus souvent « l'année même du semis, ou un an après, et permettant de faire, « en connaissance de cause, une dizaine d'hybridations successives « peut-être, dans une période de vingt ans, nous avons affaire ici à un « végétal qui, dans le même laps de temps, se prête à deux ou trois « opérations analogues au plus.

---

(1) Millardet. — *Revue de Viticulture*, t. XI, p. 150.
(2) Viala. — *Progrès Agricole* du 18 octobre 1891.

« Il ne faut donc pas perdre courage, si le résultat cherché n'est
« pas atteint du premier coup — il ne pouvait l'être et nous avons
« eu tort de l'escompter — ou si la marche en avant est trop lente au
« gré de notre impatience... »

Faisons donc crédit aux hybrideurs et collaborons à leur travail
d'utilité publique en les renseignant exactement, sans puéril enthousiasme et sans préoccupations mercantiles, sur les vertus et les vices
de leurs enfants. Dans leur intérêt autant que dans le nôtre, ne
craignons pas d'être sévères.

En somme, le vin des hybrides directs ne doit pas se borner à être
une bouillie quelconque, une matière première de manipulations
chimiques, sorte de mixture bon teint, supérieure à l'encre violette
du Jacquez. Son ambition doit être plus haute. Pour avoir droit de
cité chez nous, ce vil breuvage doit s'affiner et tendre de plus en plus
vers le type idéal du vieux vin d'antan. Il faut qu'il chante dans nos
verres, rubis chatoyant, nectar ensoleillé, *composto di umore e di
luce*, comme l'a si bien défini Galilée (1). Alors il regagnera les
faveurs de tous ses amants perdus. Agréable et hygiénique, solide et
abondant, ce vrai vin, qui réchauffera le cœur sans monter à la tête,
sera du vin bon marché, facile à faire, et ne nécessitant, pour sa
réussite et sa garde, pas plus de soins et de drogues que les cépages
robustes qui l'auront produit n'en exigeront pour leur culture.

En disant adieu aux sulfures et aux sulfates, il nous faudra prendre
congé également des acides et du sucre (2). Du bon vin par le raisin
et par le raisin tout seul, tel sera le miracle de l'hybridation. Ce
retour aux simples procédés du temps jadis et à l'honnête routine
sera un grand progrès; cette marche en arrière sera une course
triomphale en avant. Et nous reverrons enfin le sang de la vigne,
débarrassé de ses impuretés industrielles, régénérer encore une fois
le sang de la France et rendre à ses citoyens, énervés par l'alcool, la
santé et la gaieté que, seul, donne le vin.

---

(1) CUBONI. — *Rivista di Vit. ed Enolog. Ital.*, 1883.
(2) Cf. Vœu émis dans ce sens par le Sud-Ouest, in *Bulletin de la Société
des Viticulteurs de France*, octobre 1901, p. 320.

M. le Président. — Vos applaudissements facilitent ma tâche et montrent combien vous êtes d'accord avec moi pour remercier et féliciter M. Roy-Chevrier de son intéressant travail.

L'heure étant déjà très avancée, la discussion de ce rapport est remise à ce soir.

La séance est levée.

TROISIÈME SÉANCE. — *Samedi 16 novembre (soir)*

M. le Président. — Messieurs, avant de reprendre notre ordre du jour, je vous demande la permission de vous donner lecture de la dépêche que je viens de recevoir de M. Millardet :

« *Je remercie le Congrès pour l'honneur insigne qu'il* « *me fait, honneur dû à la consécration de 20 années de* « *labeur assidu, je m'associe d'esprit et de cœur à ses tra-* « *vaux.* — *Millardet* » (*Applaudissements*).

Quelqu'un demande-t-il la parole à propos du rapport de M. Roy-Chevrier ?

M. Maurin. — J'ai suivi avec beaucoup d'émotion l'orateur déroulant à nos yeux le triste tableau des vinifications industrielles du Jacquez. Je me demande si sa haine généreuse de la fraude n'a pas entraîné M. Roy-Chevrier trop loin et si son rapport ne va pas jeter ainsi sur une région toute entière une suspicion imméritée. La Provence n'est pas, comme on voudrait l'insinuer, le pays des fraudeurs. Et, au nom des 5 départements et des 82.000 viticulteurs que je représente ici, je prie l'honorable rapporteur de vouloir bien expliquer nettement sa pensée à ce sujet.

MM. Chabert, Roos et Chapelle s'associent aux paroles prononcées par M. Maurin.

M. Roy-Chevrier. — C'est sans hésitation aucune que je suis d'accord avec mes honorables collègues pour proclamer les qualités bien connues des vins de vigne greffée du Var et des autres départements de la Provence. Je n'ai incriminé ici que certains vins de producteurs directs, parce qu'ils sont une matière première précieuse pour la fraude. Quant à cette fraude elle-même, elle est imputable aux acheteurs de vendange et non pas aux propriétaires dont je n'ai jamais suspecté l'honnêteté. Dans ces conditions je ne vois pas en quoi mon jugement, sévère, mais juste, sur les vins d'hybrides de la Provence, pourrait nuire à l'écoulement de ses excellents vins de greffe.

M. le Président. — Si j'avais cru voir dans les paroles du rapporteur une attaque contre les vins du Var, malgré mon amitié pour lui je l'aurais interrompu. Les explications très franches qu'il vient de donner doivent avoir satisfait M. Maurin et ses compatriotes ; je déclare l'incident clos. La parole est à M. Armand Gautier.

M. le docteur Armand Gautier. — Je voudrais dire un mot au sujet de ma règle alcoolique qui a été acceptée par tout le monde. On a voulu l'appliquer dans des cas où je ne l'ai pas donnée. J'ai toujours considéré cette règle pour les cépages français, excepté l'Aramon ; par conséquent la règle a été donnée avec cette exception, et non pas pour les cépages américains.

M. le Président. — Nous allons continuer l'ordre du jour. Il porte : rapport de M. Mathieu sur les *Dangers des Analyses rapides des moûts et des vins*. En l'absence de M. Mathieu, rappelé subitement dans sa famille, ce travail sera inséré au compte-rendu de la séance où vous pourrez le consulter.

DANGERS DES ANALYSES RAPIDES DE MOUTS ET DE VINS

Par L. MATHIEU

Directeur de la Station œnologique de Bourgogne, à Beaune (Côte-d'Or)

MESSIEURS,

La valeur d'un vin dépend de ses éléments constituants dont la plupart peuvent être mesurés avec assez de précision par l'analyse chimique, mais dont quelques-uns, et non des moindres, comme les substances qui constituent le bouquet, ne sont guère appréciables que par nos organes des sens du goût et de l'odorat.

L'analyse chimique des moûts et des vins d'hybrides, en dehors de la dégustation, est, par suite, un élément fondamental de la comparaison de ces produits entre eux, ou avec ceux de nos cépages indigènes. On conçoit donc que, pour l'hybrideur comme pour le viticulteur ayant un champ d'expériences et qui cherchent le plant rêvé, il est de la plus haute importance d'avoir des chiffres exacts sur la constitution de ces produits, puisque tout revient dans le choix d'un cépage à égales qualités de résistance au phylloxéra et et aux cryptogames, avec adaptations au sol et des productions identiques, à prendre celui qui donne le moût ou le vin le meilleur.

Or, on peut classer les analyses chimiques en deux catégories, les unes aussi exactes que la science le permet et qui ne peuvent guère être faites que par un opérateur exercé, ayant des connaissances chimiques, et souvent à l'aide d'un matériel assez coûteux ; les secondes, au contraire, qui se font rapidement, avec des appareils simples et ne nécessitant pas d'études spéciales ; mais si les résultats sont, en général, suffisants pour renseigner le praticien dans la conduite de sa vendange ou pour estimer approximativement un vin, dans nombre de cas aussi les résultats de ces analyses rapides s'éloignent de la réalité et perdent toute valeur scientifique, surtout comme termes comparatifs.

Pour manifester, à ces points de vue, les erreurs auxquelles peuvent conduire certaines analyses rapides et qui ont été signalées par divers auteurs, en particulier, par M. Roy-Chevrier dans une com-

munication à la Société nationale d'Agriculture (1900), nous allons
mettre en regard quelques chiffres de richesses saccharines relevés
sur le registre d'analyses de la Station Œnologique de Bourgogne,
et relatifs à des moûts d'hybrides provenant de la collection de
M. Roy-Chevrier, à Chalon-sur-Saône.

CÉPAGES dont les moûts étaient originaires	Densité au mustimètre à 15 degrés	Sucre calculé d'après la table de Salleron	Sucre réel dosé par la Liqueur de Fehling	Erreur commise avec le mustimét.
Couderc 4401......................	1057.3	123 gr.	127 gr	— 4 gr
— 126-21......................	1060.4	131	113.6	+17.4
Seibel 1007	1053.3	112	108	+ 4
— 1013......................	1061.4	133	102.8	+30.2
Plant des Carmes..................	1075.3	171	147.8	+23.2
Fréaux sur 1202..................	1063.3	139	150	—11

Supposons que l'on veuille comparer les moûts des deux cépages
Couderc 4401 et 126-21; le mustimètre donne la supériorité au 126-21,
tandis qu'en réalité le moût le plus riche en sucre est le 4.401.

Le mustimètre signale le 1013 comme supérieur en sucre de
21 gr. au 1007 et cependant c'est ce dernier qui est le plus sucré.

Si l'on compare le moût d'un producteur direct avec le Fréaux, le
mustimètre donne 32 grammes de plus au plant des Carmes, tandis
que les richesses saccharines réelles sont à peu près équivalentes.

Nous pourrions multiplier ces exemples pour établir les erreurs
auxquelles peut conduire la détermination des dosages de sucre par
les seuls degrés mustimétriques.

Cependant, on trouve très souvent, au sujet des producteurs
directs, des valeurs de moûts établies au point de vue du sucre sur
de simples lectures densimétriques. On conçoit qu'il est difficile
d'accorder grand crédit à de telles indications et qu'il est nécessaire
à l'hybrideur et au viticulteur d'être prévenus de la valeur toute
relative des dosages de sucre par les méthodes aréométriques.

Si nous passons à l'analyse des vins, des erreurs de même importance peuvent se produire par l'emploi des mêmes méthodes pour
doser l'extrait sec de ces vins ou des vins encore sucrés. Le dosage

de l'alcool par l'ébullioscope peut donner aussi des écarts, mais qui sont beaucoup moins considérables.

Ainsi le vin d'un des hybrides de M. Jurie nous a donné pour l'extrait à 100° par la méthode du Comité consultatif des Arts et Manufactures, 43 grammes 90 d'extrait et à l'œnobaromètre 32 gr. 7 seulement, d'où une différence en moins de 11 gr. 20.

Ces écarts entre les méthodes rigoureuses et les méthodes rapides s'expliquent parfaitement par ce fait que les méthodes simples sont des méthodes indirectes s'appliquant en général à un moût ou à un vin moyens, mais dès que la composition s'écarte de cette moyenne les erreurs croissent rapidement.

Quelques mots sur ces méthodes sont nécessaires pour la compréhension de leur réelle valeur, que nous ne voulons pas diminuer, mais dont il faut se rendre compte pour en interpréter les résultats.

Nous allons donc examiner successivement les dosages du sucre dans les moûts, de l'alcool et de l'extrait dans les vins.

DOSAGE DES SUCRES DANS LES MOUTS

Nous insisterons particulièrement sur ce dosage parce qu'il a une importance toute spéciale comme élément de la valeur d'un moût et que, quelquefois, les chiffres de la richesse alcoolique donnés pour le produit d'un cépage ne sont que les chiffres de la table de Salleron relevés à la suite d'une lecture aréométrique.

Le moût est composé d'eau, de sucre et de substances solides non sucrées en dissolution telles que bitartrate de potasse, acide tartrique, sels divers, tannins, etc.

Si P est le poids d'un litre de moût, il est formé de Pe le poids de l'eau, Ps le poids du sucre, Px le poids de non-sucre et on a :

$$P = Pe + Ps + Px \qquad (1)$$

Les volumes occupés par ces divers poids sont respectivement : pour P, 1.000^{cc}, pour Pe, $\dfrac{Pe}{1}$, pour le sucre, $\dfrac{Ps}{1,6}$, pour le non-sucre, $\dfrac{Px}{dx}$, si 1,6 est la densité moyenne du sucre et dx celle du non-sucre, d'où l'équation :

$$1.000 = \dfrac{Pe}{1} + \dfrac{Ps}{1,6} + \dfrac{Px}{dx} \qquad (2)$$

De ces deux équations, on tire la valeur du poids du sucre :

$$Ps = \frac{P - 1.000}{0,6} \, 1,6 + \frac{Px \, (1\text{-}dx)}{0,6 \, dx} \, 1,6$$

Notre regretté maître et ami Salleron avait employé une formule beaucoup plus simple pour calculer sa table. Il avait pris celle de Dubrunfaut, $Ps = \frac{(P - 1) \, 1,6}{0,6}$ en annulant le deuxième membre et en retranchant simplement 30 grammes pour le poids moyen de l'extrait, de sorte qu'il a calculé Ps en donnant à P les diverses valeurs de 1.035 à 1.170, d'après la formule :

$$Ps = \frac{(P - 1) \, 1,6}{0,6} - 30$$

sans tenir compte, d'ailleurs, du volume occupé par l'extrait dans le moût.

Si on adopte pour cet extrait, d'après sa composition moyenne, 1,5 pour sa densité et 41 gr. (1) pour son poids, les équations précédentes deviennent (1') et (2') :

$$P = Pe + Ps + 41 \qquad (1')$$
$$1.000 = \frac{Pe}{1} + \frac{Ps}{1,6} + \frac{41}{1,5} \qquad (2')$$

d'où l'on tire :

$$Ps = \frac{(P - 1.013,667) \, 1,6}{0,6} = P \times 2,666 - 2,703$$

Telle est la formule exacte qui donne les poids de sucre en fonction des densités. Mais si la formule est exacte, les résultats diffèrent encore de la réalité à cause de la variabilité du non-sucre. On conçoit qu'il ne peut y avoir pour cela de formule de correction, comme beaucoup de personnes le croient. Nous avons cité ailleurs, quelques différences entre le chiffre indiqué par la densité du moût et le dosage réel. Nous en avons relevé un assez grand nombre sur le registre de laboratoire de la Station et relatifs à des moûts de l'année 1901.

---

(1) L. Mathieu. — *Actualités vinicoles*, p. 22.

Tableaux des richesses saccharines calculées et dosées

Echantillons	Densités à —15°	Sucre calculé d'après la table de Salleron	Sucre dosé	Diffé-rence	Acidité totale en SO⁴H²
1re SÉRIE (Densités au Mustimètre)					
1 Pinot	1077.5	176 gr	157 gr	—19 gr	7.9
2 Gamay blanc	1069	154	141	—13	8.0
3 Gamay Bévy	1060	130	122. 2	— 7.8	11.5
4 Pinot	1078	178	157. 1	—20.9	8.2
5 Gamay	1076	172	148	—24	8.3
6 Plant rouge	1080	183	159	— 23	8.5
7 Pinot	1078	178	157	—21	8.1
8 Pinot	1083	191	167	—24	7.9
9 Pinot	1081	186	157	—29	8.8
10 Pinot	1070	156	143	—13	10.3
11 Pinot	1087	202	180	—22	6.8
12 Pinot	1080	183	160	—23	7.2
13 Pinot	1079	180	150	—30	6.7
14 Pinot	1077	175	150	—25	8.0
15 Melon	1054	114	100	—14	12.0
16 Blanc	1081.5	187	166.14	+20.86	5.7
17 Gamay	1072.7	163	150	—13	6.3
18 Pinot	1076	172	158. 8	—13.4	6.7
19 Gamay	1061	130. 2	130. 9	— 1.1	8.3
20 Aligoté	1071	159	147. 8	—11.2	6.2
21 Pinot	1073	164	158. 5	— 5.5	6.5
22 Pinot	1069	154	144	—10	6.4
23 Blanc	1059	127	123	— 4	8.2
2me SÉRIE (Densités à la balance)					
24 Blanc	1070.5	157	149	+ 8	5.8
25 Gamay de Bouze	1075	170	166	+ 4	6.5
26 — Chaudenay	1074	167	165. 8	— 1.2	6.3
27 — Fréaux	1068	151	160	— 9	6.0
28 — Castille	1076	172	180	— 8	7.0
29 — Bévy	1073	164	160	— 4	6.0
30 Gamay noir	1069	154	156	— 2	6.5
31 Troyen de l'Aube	1070	156	166	—10	5.2
32 Couderc J. 503	1063	138	139	— 1	8.0
33 Gouais	1077	175	172	— 3	11.1

Tableaux des richesses saccharines calculées et dosées

(suite)

Echantillons	Densités à +15°	Sucre calculé d'après la table de Salleron	Sucre dosé	Diffé- rence	Acidité totale
34 Alicante-Rupestris-Terras No 20.....	1065	143gr	144gr	— 1gr	5. 2
35 Gamay noir....................	1090	210	206	— 4	6. 2
36 Couderc 440...................	1062	135	135		8. 1
37 Fromenté de l'Aube	1076	172	170	— 2	6. 2
38 Petit Meslier doré...............	1078	178	174	— 4	7. 6
39 Arbanne blanc..................	1078	178	174	— 4	6. 7
40 Chardonnay....................	1090	210	198	—12	6. 2
41 Bachet........................	1072	162	159	— 3	6. 2
42 Arbanne noir...................	1075	170	166	— 4	7. 5
43 Pinot fin d'Aube................	1082	188	188	0	5. 4
3e SÉRIE. — MOUTS D'HYBRIDES (Densités au Mustimètre)					
45 Couderc 4401...................	1057.3	123	127	— 4	8. 0
46 — J. 201...................	1060.3	131	125. 4	— 5.6	11. 9
47 — J. 503...................	1050.4	104	93	— 6	10. 7
48 — 28-112...................	1058.3	125	112. 4	—12.6	8. 9
49 — 82- 12...................	1059.6	129	130. 1	— 1.1	5. 6
50 — 82- 32...................	1052.2	109	104. 8	— 4.2	9. 5
51 — 89- 23...................	1060.4	131	120	+11	8. 1
52 — 117- 3...................	1083.6	193	180	—13	3.25
53 — 126- 21...................	1060.4	131	113. 6	—17.4	7. 3
54 Seibel 1...................	1048.4	99	98	— 1	8. 4
55 — 47...................	1068.3	152	127	—25	7. 9
56 — 48...................	1047.4	96	84.36	+11.64	12. 7
57 — 80...................	1058.4	125	125. 4	— 0.4	6. 5
58 Seibel 150...................	1077	175	150	+25gr	8.2
59 — 156...................	1057.3	123	127	— 4	11.1
60 — 182...................	1079.4	181	154	—27	5.9
61 — 1.004...................	1046.4	93	98	— 5	11.0
62 — 1.007...................	1053.3	112	108	— 4	10.9
63 — 1.013...................	1061.4	133	102.8	—30.2	10.7

Tableaux des richesses saccharines calculées et dosées
(suite et fin)

Echantillons	Densité à —15°	Sucre calculé d'après la table de Salleron	Sucre dosé	Diffé-rence	Acidité totale
64 Alicante-Terras n° 20	1070.4	157gr	135gr	—22gr	6.1
65 Auxerrois-Rupestris.............	1070.1	156	133.2	—22.8	8.3
66 Plant des Carmes	1075.3	171	147.8	—23.2	15
67 Hybride Franc.................	1062.4	133	127	— 6	10.2
68 — Fournie...............	1072.3	163	144	—19	13.8
69 Jurie 580	1061.3	133	120	—13	14.3
70 Gaillard n° 2................	1888.6	206	186.2	—19.8	8.6
71 Rouget 22-1................	1081	186	154.2	—31.8	7 8
72 Péage 1-18.................	1074.3	168	154.2	—13.8	8.1
73 Melon sur Lot...............	1074.6	169	166	— 3	4.7
74 Fréaux sur 1202.............	1063.3	139	150	—11	7.1

Il résulte de ce tableau que, pour les quinze premiers numéros faits
au mustimètre, cueillis un peu verts, le mustimètre donnait le plus
souvent 20 grammes environ de plus que le dosage exact.

Pour la deuxième série des densités faites à la balance avec des
moûts de maturation normale, les écarts sont beaucoup moindres,
même pour les hybrides et pour ainsi dire insignifiants en général.

Par contre, pour la troisième série, faite au mustimètre, composée
exclusivement d'hybrides, les écarts sont beaucoup plus considérables,
tantôt en dessus, tantôt en dessous et sans rapport net avec l'acidité
totale.

Nous avons essayé pour quelques-uns la prise de la densité après
l'action d'une température de 90° pendant une demi-heure, nous n'avons
pas eu plus de précision.

A cette cause d'erreur des lectures aréométriques, il faudrait
ajouter les erreurs dues aux graduations imparfaites des appareils
à bon marché, le manque de correction thermométrique avec les
moûts s'écartant beaucoup de 15°, le défaut de propreté de la tige

de l'appareil. N'avons-nous pas vu un propriétaire qui avait la plus grande foi dans un densimètre dont la partie supérieure de la tige était cassée et qu'il avait remplacée par une petite cheville de bois pour la fermer ?

En résumé, si sur les moûts de cépages greffés ou français, à maturité normale, le dosage densimétrique du sucre est susceptible, par un mode opératoire soigné, avec un bon appareil, de donner des résultats satisfaisants, avec les moûts d'hybrides, les écarts sont plus considérables et par suite cette méthode doit être absolument rejetée pour la comparaison des doses de sucre des moûts d'hybrides et les analyses documentaires.

DOSAGE DE L'EXTRAIT

L'extrait du vin est le résidu sec laissé par l'évaporation du vin dans certaines conditions ; comme le poids de l'extrait varie avec ces conditions, les poids du résidu de l'évaporation doivent être obtenus dans des conditions identiques pour être comparables. Aussi le Comité Consultatif des Arts et Manufactures a-t-il fixé ainsi ces conditions :

« On évaporera au bain-marie d'eau bouillante 20 cc. de vin placés « dans une capsule de platine à fond plat, de diamètre tel que la « hauteur du liquide ne dépasse pas 1 centimètre. La capsule sera « plongée dans la vapeur ; elle émergera seulement d'un centimètre « de la plaque sur laquelle elle sera supportée. Les capsules devront « être placées sur le bain préalablement porté à l'ébullition et l'éva- « poration sera continuée pendant six heures. »

Le procédé est donc fort long et nécessite un outillage spécial étuves, capsules de platine, balances de précision, etc.

On a cherché à obtenir ce chiffre indirectement en partant du raisonnement suivant :

Soit P le poids spécifique d'un litre de vin, il se compose de Pe le poids de l'eau, Pa le poids de l'alcool et de Px le poids de l'extrait. On a donc :

$$P = Pe + Pa + Px$$

et en volume :

$$1.000 \text{ cc} = \frac{Pe + Pa}{D} + \frac{Px}{dx}$$

si D est la densité du mélange d'eau et d'alcool et si dx est la densité de l'extrait.

Or, si l'extrait des vins normaux, complètement fermentés, est composé qualitativement des mêmes éléments minéraux et organiques, les proportions de ces éléments sont variables, de sorte qu'il est impossible de donner une densité exacte de l'extrait, mais pour des vins de même origine, bien fermentés, les variations sont peu importantes. M. Houdart estime cette densité à 1,94, M. Girard à 2. On voit alors que si on connaît P que donne un densimètre, Pa que l'on déduit du titre alcoolique, Px peut être calculé approximativement soit par la formule :

$$P_x = \frac{P - 1.000\ D}{1,94 - D} \times 1,94$$

soit par une formule de même nature.

Mais pour que le résultat soit exact, il faut que la densité de l'extrait soit bien 1,94. Or, si ce chiffre moyen peut convenir à nombre de vins de commerce, c'est-à-dire à des vins normalement constitués, il est évident qu'avec des vins, soit incomplètement fermentés contenant abondamment du sucre comme cela arrive pour certains vins d'hybrides, très riches en couleur, soit avec des vins riches en extrait, ce chiffre de la densité moyenne de l'extrait sera largement modifié et le calcul donnera un écart avec le chiffre réel, écart qu'a d'ailleurs fort bien indiqué M. Houdart. De plus la variabilité d'origine des hybrides entraîne des compositions totalement différentes, de sorte que leur extrait doit varier notablement comme composition et qu'*à priori* il semble que les méthodes indirectes de dosage de l'extrait doivent entraîner des erreurs assez grandes.

C'est ainsi que nous avons relevé pour les vins d'hybrides de M. Jurie, 43,9 pour l'extrait à 100 et 32,7 seulement pour l'extrait calculé avec l'œnobaromètre.

Voici un tableau comparatif d'extraits de vins d'hybrides calculés d'après la formule de M. Houdart et mesurés directement par la méthode du Comité des Arts et Manufactures.

ECHANTILLONS	Densité	Alcool par distillat.	Extrait à 100°	Extrait calculé par la formule Houdart	Diffé-rence
Jurie 580 (1901)................	1006	9.1	43.90	37.98	5.92
Auxerrois Rupestris..............	997.5	7.25	22.25	15.77	6.48
Hybride de Couderc 4401..........	998	6. 4	23.65	14.57	9.08
— — 126-21	999	5. 5	21.90	14.21	7.69
Auxerrois Rupestris..............	996	7. 2	21.40	12.56	8.84
Hybride de Riparia 1899..........	989	12. 9	23.75	11.86	12.79
— — 1900..........	990	12.8	23.80	13.69	10.11

Il est évident que les écarts entre l'extrait calculé et l'extrait réel sont très considérables. ce qui ne doit pas étonner, le chiffre 1,94, pour la densité ne convenant certainement pas.

Au sujet de l'extrait, qui est un élément important de la qualité du vin, il est encore nécessaire pour les comparaisons de prendre non pas l'extrait brut. mais l'extrait réduit, c'est-à-dire diminué du sucre restant, car en général cette partie de l'extrait disparait par une fermentation lente.

DOSAGE DE L'ALCOOL

On indique quelquefois le titre alcoolique d'un vin d'après la table mustimétrique correspondant à la densité du moût lue à un aéro-mètre, la richesse en alcool étant en relation directe avec la propor-tion de sucre du moût.

Nous avons indiqué plus haut les graves erreurs que peut donner la comparaison des richesses saccharines déduites de lectures aréc-métriques ; elles sont de même ordre pour les richesses alcooliques déduites de ces mêmes lectures ; aussi doit-on absolument les écar-ter comme termes de comparaison et également comme chiffres documentaires pour les hybrides.

Mais il nous semble au contraire toujours très utile de déterminer la richesse saccharine des moûts d'une manière précise, car elle donnera une indication souvent plus sérieuse sur la valeur du moût

que la détermination de la richesse alcoolique du vin fait. On voit.
en effet, que le titre alcoolique donné par un poids de sucre
peut varier suivant les conditions de la fermentation. souvent
avec des différences de 1° à 2°. de sorte que la richesse alcoolique déduite du dosage du sucre du moût donne le titre alcoolique possible.
Pour la même raison, quand on compare des vins d'hybrides, on doit
mettre en regard non seulement les titres alcooliques réels. mais on
doit transformer le sucre restant en alcool pour avoir l'alcool en
puissance.

Comme procédé, la méthode de distillation qui remonte à Gay-
Lussac et qui a été vulgarisée par Salleron est celle qui donne les
résultats les plus rigoureux. Les ébullioscopes donnent également
des résultats suffisamment rapprochés avec des vins normaux,
c'est-à-dire ayant un extrait normal, mais ils doivent être rejetés
dès que l'extrait est anormal ou au moins on ne doit donner leurs
résultats que comme approchés.

CONCLUSIONS

Nous ne voulons pas insister plus longuement sur l'importance de
la méthode analytique pour l'étude des moûts ou vins d'hybrides.
En effet, des résultats approchés peuvent être le point de départ
d'erreurs très graves sur la valeur relative de producteurs différents
et entraîner hybrideurs ou viticulteurs à des dépenses inutiles de
temps et d'argent. Ces erreurs peuvent, de plus. conduire inconsciemment un vendeur de plants à tromper ses acheteurs en lui faisant
présenter un cépage comme donnant un vin d'un degré alcoolique
supérieur au degré réel.

Ajoutons en passant que ces méthodes approximatives ne doivent
pas non plus être prises comme bases pour les ventes au degré.

Nous avons connu. il y a quelques années. un courtier qui achetait
au degré avec un certain ébullioscope qui donnait toujours moins
que le degré réel et qui vendait avec un autre qui donnait régulièrement plus. On conçoit alors que, si l'on achète un lot de 10,000 hectos à 1 fr. le degré, une erreur de 5 10 de degré en moins diminue
immédiatement l'achat de $0,50 \times 10,000 = 5,000$ fr. ; par contre une
erreur de 1/2 degré au moment de la vente donne une plus-value de
5,000 fr. Cet honnête courtier aurait donc gagné 10.000 fr. par ce
simple artifice.

On doit encore se défier de ces méthodes pour la vérification de la conformité des vins aux règles du Comité consultatif des Arts et Manufactures, car elles peuvent conduire à des résultats totalement trompeurs, en donnant pour l'extrait un nombre trop faible.

En résumé, nous croyons que, dans l'étude des vins d'hybrides, comme chaque fois qu'il s'agit de chiffres documentaires, pour avoir des termes de comparaison sûrs, on doit employer des méthodes analytiques rigoureuses, en particulier pour le dosage du sucre des moûts, le dosage de l'extrait et de l'alcool des vins et, à ce sujet, il est à désirer que chaque fois qu'on cite des chiffres d'analyses de vins d'hybrides et de vins en général, on indique toujours la méthode analytique et même le nom de l'auteur qui est souvent une garantie de la valeur de l'analyse.

L. Mathieu,

Directeur de la Station OEnologique de Bourgogne,
à Beaune (Côte-d'Or).

M. le Président. — La parole est à M. Gervais, chargé de vous présenter le rapport de M. Millardet sur : *La fausse Hybridation ou Hybridation sans croisement.*

M. Gervais. — Je suis chargé de vous présenter le rapport de M. Millardet que sa santé lui a empêché de vous apporter. Vous lirez ce travail dans le compte-rendu ; une lecture rapide ne pourrait qu'amoindrir la portée du fait nouveau que contient cette étude scientifique.

Je dépose également sur le bureau du Congrès une note de M. Victor Thiébaud sur le rôle des hybrides producteurs directs dans la reconstitution des vignobles du gouvernement de Koutaïs (Caucase).

NOTE SUR LA FAUSSE HYBRIDATION
CHEZ LES AMPÉLIDÉES

Rapporteur : M. MILLARDET

MESSIEURS,

Il y a quelques années j'ai publié (1) une série d'observations qui prouvèrent que lorsqu'on croise ensemble certaines espèces de fraisiers, les produits du croisement, c'est-à-dire les hydrides qui en résultent, au lieu de réunir, ainsi que cela se produit habituellement, la plupart des caractères des deux espèces unies par le croisement, offrent **exclusivement** les caractères de **l'une** ou de **l'autre** de ces espèces et *non* un **mélange** de ces caractères. J'ai désigné ce phénomène sous le nom de **fausse hybridation** ou **d'hybridation sans croisement**. Dans cette publication je disais que des phénomènes semblables se produisent dans le genre *Vitis*, c'est-à-dire entre certaines espèces de vignes. Depuis, je me suis aperçu qu'ils ont lieu également entre les genres *Vitis* et *Ampelopsis*, c'est-à-dire entre les vignes vraies et les vignes vierges, par conséquent entre genres différents de la famille des *Ampélidées*.

On sait que Planchon, dans sa monographie des *Ampélidées*, divise le genre vigne en deux sections ou sous-genres : les *Vites veræ* et les *Muscadiniæ*. La première section se compose de presque toutes les espèces connues de vignes, telles, par exemple, que *Vinifera*, *Riparia*, *Cordifolia*, *Cinerea*, *Thunbergi*, *Coignetiæ*, etc. ; la seconde ne contient que les deux espèces *Rotundifolia* et *Munsoniana*. Le type le plus important et le mieux connu de ces *Muscadiniées* est le *Scuppernong* des Américains, qui semble se rencontrer, dans les régions méridionales de l'Union, à la fois à l'état sauvage et cultivé.

On sait, depuis longtemps, que le *Scuppernong* est indemne de phylloxéra, d'oïdium, de mildiou et de black-rot. Aussi, dès mes pre-

---

(1) *Mémoires de la Société des Sciences physiques et naturelles de Bordeaux*, t. IV (4ᵉ série), 1894.

miers essais d'hybridation, mon attention s'est portée sur cette plante
dans l'espoir d'obtenir par le croisement de diverses espèces
(*Vinifera, Rupestris*) avec elle, des hybrides plus réfractaires
encore au phylloxéra et aux autres maladies que les deux espèces
que je viens de nommer en dernier lieu.

En 1882, je fécondais le *Chasselas*, l'*Aramon*, la *Panse-jaune*, le
Sabalkanskoï, le *Pedro-Ximenes* et le *Trivolte* par le *Scuppernong*; en 1883, le *Rupestris* par le même. Ces hybridations, comme
on peut le voir par le catalogue général de mes hybrides (1), correspondent respectivement aux numéros 48, 164, 167, 173, 174, 183 et 191
de ce catalogue. En 1889 et 1890, je revins sur ces mêmes hybridations et fécondai de nouveau l'*Aramon* puis le *Layren* par le
même *Scuppernong* (nos 482 et 494 du même catalogue).

Ces diverses hybridations produisirent en tout 70 individus différents. Ceux-ci, après avoir été semés et cultivés quelques mois dans
mon jardin à Bordeaux, où il n'y avait pas alors de phylloxéra, furent
envoyés à M. de Grasset qui les planta en terrain phylloxéré. Tous
ces semis, à l'exception du 191 (*Rupestris* × *Scuppernong*), furent
tués par le phylloxéra dès la deuxième ou la troisième année.

Heureusement, j'avais conservé dans mon jardin un individu du n° 48
(*Chasselas* × *Scuppernong*), un du n° 167 (*Panse-jaune* × *Scuppernong*) et un du n° 174 (*Pedro-Ximenes* × *Scuppernong*). Je les
possède encore et voici, en deux mots, les observations que j'ai pu
faire sur leur compte.

Toutes ces plantes n'ont que des caractères de *Vinifera*, aucun de
Scuppernong.

Non seulement elles offrent les caractères généraux de l'espèce
Vinifera, mais encore, avec la plus grande exactitude, ceux de la
variété de *Vinifera* dont elles descendent. Ainsi le 48 a des feuilles
de *Chasselas* (même forme, même couleur claire, même luisant), des
grappes lâches et des grains blancs de *Chasselas*. La plante est de
vigueur moyenne et de maturité précoce. Deux particularités seulement peuvent faire distinguer ce 48 du *Chasselas*. Dans beaucoup de
fleurs l'ovaire, au lieu d'être constitué par deux carpelles, l'est par
trois. De plus, tandis que 95 o/o des grains de pollen sont normalement développés dans le Chasselas, chez le 48 il n'y en a plus que
75 à 80 o/o. Le reste est plus ou moins atrophié.

---

(1) *Revue de Viticulture*, t. I.

Il en est exactement de même du 174 (*Pedro-Ximenes* ✕ *Scuppernong*). Il ressemble exactement à sa mère. Il a même vigueur, même couleur de bois, mêmes feuilles 5 lobées, à pétiole d'une grande longueur caractéristique, même grappe et même grains subelliptiques. Il serait facile de confondre ces deux plantes, n'était, comme pour le 48, l'imperfection du pollen chez le 174. Les grains normalement développés n'y dépassent pas la proportion de 65 à 70 °/o.

J'ai semé quelques graines de ces deux plantes (48 et 174) et en ai gardé les produits assez longtemps pour m'assurer qu'ils n'offraient, à leur tour, aucun caractère du *Scuppernong*. Leur pollen s'est montré imparfait, comme celui des 48 et 174.

En 1890, j'ai fécondé l'hybride 174 par le *Scuppernong* (n° 616 du catalogue), dans l'espoir de lui infuser, si possible, par un second croisement, du sang de *Rotundifolia*. Comme pour la première hybridation, le résultat a été négatif. Une demi-douzaine de plantes chétives, résultat de cette hybridation, et qui, étant placées dans un sable de dunes très infertile, n'ont pas encore fleuri, démontrent que, dans cet hybride 616, comme dans sa mère, le 174, les caractères du *Rotundifolia* ne s'allient pas à ceux du *Vinifera*.

L'hybride 167 (*Panse-jaune* ✕ *Scuppernong*) doit être dans le même cas que les 48 et 174, mais, comme il a failli succomber au phylloxéra, et que je n'ai pas pu, jusqu'ici, en observer les fleurs et les fruits, il m'est impossible de donner des détails plus circonstanciés sur son compte.

Comme on le voit, dans ces hybrides du *V. Vinifera* par le *Scuppernong*, aucun des caractères, cependant si tranchés, du *V. Rotundifolia* (lenticelles, forme des vrilles, des feuilles, de l'inflorescence, des graines, etc.) ne se retrouve ; l'hybride, sauf pour la constitution du pollen, est, on peut le dire, identique à la variété européenne dont il est sorti (*Chasselas, Pedro-Ximenes*). J'ajouterai qu'il a hérité également de la grande sensibilité de cette dernière au phylloxéra et au mildiou.

La fécondation du *Rupestris* par le *Scuppernong* (n° 191) a donné des résultats absolument identiques. J'ai conservé jusqu'à ce jour une demi-douzaine de ces hybrides. Tous, sans exception, fertiles ou non, reproduisent exactement le type du *Rupestris*, sans aucun caractère du *Scuppernong*. J'ai oublié d'en examiner le pollen.

On a remarqué,sans doute,que,dans tous les cas dont il vient d'être question,le *Scupernong* a fonctionné comme père. En est-il de même quand il joue le rôle inverse, celui de mère?

En 1882, après avoir castré avec soin plusieurs grappes de *Scup-pernong*,je répandis sur leurs fleurs du pollen d'*Aramon*, de *Sabal-kanskoï* et de *Pedro-Ximenes*. Toutes ces grappes tombèrent dans la quinzaine. M. de Grasset renouvela les mêmes tentatives, à diverses reprises, les années suivantes, sans plus de résultat. Je pensais donc que le *Scuppernong* peut bien féconder un *Euvitis* (*Vinifera*, *Rupestris*) mais qu'il ne peut être fécondé par lui. Je me trompais, ainsi qu'on va le voir.

En 1892, je remarquai que les *Scuppernong* de M. de Grasset, habi-tuellement presque complètement stériles, portaient trois ou quatre douzaines de fruits. Je cueillis ces derniers, en offris la moitié au direc-teur du Jardin botanique de Darmstadt et semai le reste des graines.

Une douzaine de plantes germèrent, sensiblement identiques au *Scuppernong*, sauf une seule que je possède encore (sous le n° 775), qui, par la forme de ses grappes et de ses feuilles, l'époque de sa floraison et ses **vrilles bifurquées**, se montre avoir été croisée natu-rellement avec un *Euvitis* quelconque qu'il est d'autant plus difficile de déterminer que la plante est stérile et privée des caractères si importants que présentent les graines. Cette plante offre, cependant, des lenticelles comme le *Scuppernong* auquel elle ressemble beau-coup par son port et son aspect général. Comme lui, elle est absolu-ment indemne de phylloxéra et, malheureusement, aussi réfractaire au bouturage en plein air.

Ainsi donc, lorsque le *Scuppernong* fonctionne comme père rela-tivement à certains *Euvitis*, il y a production de faux hybrides ayant les caractères de la mère; dans le cas inverse, l'hybridation normale, c'est-à-dire accompagnée du croisement, dans l'hybride, des carac-tères des deux parents peut avoir lieu.

Ces faits singuliers me suggérèrent l'idée d'essayer l'hybridation de la *Vigne-Vierge (Ampelopsis mederacea)* avec la vigne cultivée (*V. Vinifera*).

C'était au milieu de juin 1894, au château de Saint-Pierre, près Montblanc (Hérault). La floraison du vignoble touchait à sa fin. Plu-sieurs pieds d'*Ampelopsis*, qui tapissaient un mur exposé au midi, entraient en fleurs. Pendant une journée, je castrai, sur plusieurs inflorescences de ces derniers,au moins trois cents fleurs et les enfermai dans des sacs. En même temps, je préparai de la même façon, dans le vignoble, deux grappes d'*Aramon*. Le surlendemain, je fécondai ces dernières par du pollen d'*Ampelopsis* et, sur les fleurs préparées l'avant-veille de ce dernier, je répandis du pollen d'*Aramon*. Toutes ces grappes, fécondées artificiellement, furent aussitôt enfermées dans des sacs de papier qui furent enlevés une semaine plus tard.

Au mois de septembre suivant, toutes les grappes d'*Ampelopsis* dont j'avais tenté la fécondation avaient disparu, desséchées. Au contraire, les deux grappes d'*Aramon* fécondées par *Ampelopsis* présentaient ensemble une trentaine de grains normaux. J'en semai les pépins au printemps suivant. Ils germèrent assez mal, mais produisirent tout de même une douzaine d'individus vigoureux, en tous semblables à de jeunes *Aramons*. Je n'ai pas vu fleurir ces plantes parce que je les ai abandonnées dans mon jardin, en 1897, en changeant de domicile.

Les faits de fécondation d'un genre à l'autre dans le règne végétal étant très rares et peu certains, je crus bon de répéter l'expérience. En 1895, après avoir castré quelques douzaines de fleurs d'*Aramon* de *Grumete* et de plant *Decandolle*, je leur appliquai du pollen d'*Ampelopsis* avec toutes les précautions possibles pour prévenir l'intercurrence de tout pollen étranger. J'obtins ainsi, *sur toutes ces plantes*, un nombre normal de fruits dont les pépins furent semés l'année suivante. Ils germèrent assez mal, mais produisirent, cependant: le *Decandolle*, 14 plantes, le *Grumete*, 5 et l'*Aramon* 14. En février 1897, ces hybrides ont été plantés dans un mauvais sable de dunes à Saint-André de Cubzac, afin de les soustraire à l'action du phylloxéra. Ils s'y sont très mal développés. A l'heure actuelle, tous les *Aramons* y sont morts, mais il reste assez de *Decandolle* et de *Grumete* pour que je puisse affirmer que ces hybrides ne présentent aucun caractère d'*Ampelopsis*, mais tous les caractères de leurs mères respectives et qu'ils constituent, par conséquent, de faux hybrides. Je n'ai pas encore eu l'occasion d'en examiner le pollen.

Au point de vue de la théorie de la sexualité, ces faits ont une importance considérable, sur laquelle MM. Dangeard et Giard ont déjà appelé l'attention. Il ne semble, malheureusement, pas qu'il en soit de même au point de vue de la pratique. Aussi, serais-je assez disposé, en terminant, à demander pardon à mes confrères en hybridation d'avoir retenu leur attention sur ce sujet, si l'on pouvait jamais préjuger l'importance exacte d'un fait nouveau. MILLARDET.

DU ROLE DES HYBRIDES PRODUCTEURS DIRECTS

DANS LA RECONSTITUTION DES VIGNOBLES DU GOUVERNEMENT DE KOUTAIS (CAUCASE).

Note présentée par M. Victor THIÉBAUT,

Propriétaire viticulteur, ancien directeur-organisateur de l'entreprise des vins mousseux des apanages impériaux de Russie, membre perpétuel de la Société des Viticulteurs de France et d'Ampélographie, de la Société impériale d'Agriculture du Caucase et de la Société de Géographie commerciale de Paris.

EXPOSÉ

Par son sol, son climat et sa situation à cheval sur les ports de la Mer-Noire, le gouvernement de Koutaïs comprend les vignobles de Russie ayant le plus bel avenir pour la production des vins de table et de grande consommation. La vigne qui croît à l'état sauvage dans presque tous les cantons paraît être originaire de ce pays qui est cependant celui où la technique horticole a fait le moins de progrès. La vinification y est aussi des plus primitives ; on se contente d'écraser les raisins dans le creux d'un arbre, d'en laisser couler le jus dans les amphores enterrées sous les arbres du jardin où il fermente et attend qu'on vienne l'en sortir pour être consommé.

Il y a dix ans à peine, ce gouvernement comptait plus de 40.000 hectares de vignes ; plus des trois-quarts ont été détruits par les maladies cryptogamiques et le phylloxéra. Vu l'absence de toute industrie notable et le maïs qui, lui aussi, est menacé comme la vigne par certaines maladies, ne peuvent plus faire vivre le cultivateur à cause de la cherté de la main d'œuvre, on peut prévoir que, la reconstitution aidant et les terrains propres à l'établissement des vignobles ne faisant pas défaut, le chiffre cité plus haut deviendra beaucoup plus considérable à l'avenir.

Avant la destruction de ces vignobles, la population indigène consommait plus de 75 % de la récolte, le reste était vendu dans les districts voisins. Jusqu'alors il ne s'est fait que quelques rares essais d'exportation de vins provenant des meilleurs cépages du district de Koutaïs. Actuellement, la production ne suffit même plus à la consommation locale et les raisins provenant des vignes échappées au désastre ou de quelques vignes reconstituées se vendent: les blancs jusqu'à 25 francs et les noirs, qui manquent presque complètement, jusqu'à 35 francs les 70 kilos, bien que le plus souvent ils sont de qualité médiocre. Car, sur une vingtaine de cépages cultivés dans le gouvernement de Koutaïs, quatre à cinq seulement produisent de bons vins ; tous les autres, les noirs notamment, ne produisent que de petits vins sans grande valeur et méritent d'être remplacés.

Si nous ajoutons que, dans cette contrée, les pluies et les alternatives de grande humidité et de grande chaleur sont très fréquentes et que, par suite, les maladies cryptogamiques qui sont du reste très mollement combattues, y font de grands dégâts, on comprendra combien il serait nécessaire et intéressant de profiter de la reconstitution de ces vignobles pour y introduire quelques bons *producteurs directs* réfractaires à ces maladies.

LES PRODUCTEURS DIRECTS EN IMÉRÉTIE

C'est pour mettre cette idée à exécution qu'au printemps de l'année 1899, nous avons planté à « Clos Igourouli », dans le centre des vignobles du district de Koutaïs, une collection comprenant douze des meilleurs *Hybrides producteurs directs* les plus en vue et les plus recommandés.

Loin d'être encouragée, cette tentative fut plutôt regardée, par la population, d'une façon sceptique ; elle provoqua même la critique de certains personnages compétents et influents. Ceci n'était pas cependant pour nous étonner, car, outre cette plantation de « Clos-Igourouli » on n'a essayé jusqu'alors, dans tout le gouvernement de Koutaïs, y compris les écoles gouvernementales et sauf quelques *Producteurs directs anciens* généralement abandonnés, que deux *Producteurs directs nouveaux*, l'*Hybride franc* et l'*Alicante Terras n° 20*. Ce dernier seul a été répandu dans les champs d'expériences où il a été taillé plutôt court, comme tous les autres cépages suivant l'usage du pays et n'a subi aucun écimage ni rognage. Dans ces conditions et notamment dans une région à végétation exubérante, comme l'est celle qui nous occupe, les résultats ne pouvaient être que négatifs. Si on veut bien admettre qu'il n'a été fait aucun essai sérieux de vinification et que nous possédons actuellement bien des Hybrides produisant un vin supérieur à l'*Alicante Terras*, on reconnaîtra sans peine que c'était faire bien peu avant d'émettre un avis. C'est, cependant, dans cette situation et sur les essais qu'il fut généralement admis et presque officiellement décidé que les *Producteurs directs* ne méritaient même pas d'être mis à l'étude.

Nous avouons humblement n'avoir jamais été de cet avis et, au lieu de nous décourager, nous avons augmenté chaque année la collection des *Producteurs directs* plantés à « Clos-Igourouli » qui atteint aujourd'hui le chiffre déjà respectable de 127 cépages différents.

POURQUOI ILS SONT INDISPENSABLES

Nous avons pensé, au contraire, avec un des éminents rapporteurs de ce congrès, M. Prosper Gervais, le spécialists distingué, qu'on ne peut certes pas présenter comme un défenseur quand même des *producteurs directs* : « Que le mouvement sérieux qui s'est dessiné en leur faveur mérite qu'on s'y arrête et que, dans certaines conditions particulières d'exploitation ou de climat (ce qui est précisément le cas en Imérétie) les producteurs directs constituent une ressource, un mode de reconstitution qu'il serait injuste de passer sous silence » (1).

Dans un article sur le *Phylloxéra et les Maladies de la vigne en Russie*, inséré dans le n° 12 du *Progrès Agricole et Viticole* du 25 mars 1900, nous avions déjà signalé : « Que, dans le Caucase la plupart des vignes sont cultivées pour ainsi dire en forêts, le reste est entouré ou parsemé de haies vives, informes et jamais soignées, d'arbres fruitiers ou autres et envahies par de hautes herbes qui, en pays de végétation moins luxuriante, couvriraient complètement les ceps. Que, par suite, il serait indispensable d'introduire, d'étudier et de mettre à la disposition des viticulteurs et des paysans des cépages réfractaires, non seulement au phylloxéra, mais aussi et autant que possible aux maladies cryptogamiques, car la plupart des vignerons n'ont pas les moyens de changer immédiatement leur façon de cultiver et de soigner la vigne ».

Malheureusement, il ne leur manque pas que les moyens, car

---

(1) La Reconstitution du Vignoble, pages 12 et 13.

l'initiative des propriétaires influents, comme l'énergie de la population, font aussi complètement défaut. Comme, d'autre part, les pépinières gouvernementales ne montrent pas l'exemple et le personnel qui les dirige étant plutôt contraire à l'introduction des *Producteurs directs,* on comprend qu'il faudra encore beaucoup de temps et d'efforts pour les faire accepter, par le paysan notamment, qui ne le plantera que lorsqu'il aura vu des résultats, c'est-à-dire : des hybrides n'ayant reçu aucun traitement restés verdoyants et couverts de fruits, à côté de ses vignes à moitié veuves de feuilles et de raisins, comme nous avons encore pu le voir cette année.

Nos avertissements n'ont cependant pas manqué; c'est ainsi que, dans un travail sur la reconstitution du vignoble imérétien, présenté à la Société Impériale d'économie rurale du Caucase, vers la fin de septembre de l'année dernière, nous disions, entr'autres, à propos des *Producteurs directs* : « La situation n'a pas changé, au contraire. Cette année ayant été très favorable au développement des maladies cryptogamiques, leur activité n'a été égalée que par l'inertie que les vignerons ont montrée à les combattre. On a même pu voir des paysans ayant reconstitué une partie de leurs vignes détruites, comme aussi ceux chez lesquels l'État a fait établir des champs d'expériences, pour leur plus grand profit, les laisser envahir par l'oïdium et le mildew sans même essayer aucun traitement. Nulle part les *producteurs directs* ne pourraient trouver leur application mieux qu'en Imérétie, le climat de cette province favorisant le développement des maladies qu'ils supportent mieux que les autres cépages et parce qu'une catégorie imposante de propriétaires ne cultivant la vigne que subsidiairement ou pour sa propre consommation, est moins exigeante sur la qualité des vins que sur la quantité.

« On a beaucoup vanté la valeur des *producteurs directs,* mais on l'a beaucoup critiquée. Nous croyons cependant que, dans les conditions spéciales où se trouve le vignoble imérétien, ce serait une faute grave de ne pas essayer, au fur et à mesure qu'ils paraîtront, ceux qui offrent quelques chances de succès. Pourquoi ne ferait-on pas aussi quelques essais d'hybridation sur différents cépages indigènes se faisant remarquer surtout par leur rusticité et leur résistance relative au phylloxéra et aux maladies cryptogamiques, comme le *Missouané* par exemple ? Il y aurait de grandes chances d'obtenir quelques résultats, puisque la plupart des bons producteurs directs paraissent être des enfants du hasard dûs autant à la diversité des sols et des climats qu'au choix et à la science incontestable des hybrideurs ».

DANGER A CONJURER

Malheureusement, et jusqu'alors, la question n'a pas fait un pas en avant. La récolte de cette année a été, comme les précédentes, fortement compromise faute de soins. Nous voyons journellement des paysans et même des propriétaires plus intelligents, continuant à suivre les anciens errements, étouffer les jeunes vignes reconstituées par toutes sortes de plantes, y compris le maïs, cultivées à leurs dépens.

Et, si l'on n'y prend garde, on verra bientôt les vignes reconstituées envahies, comme les anciennes, par les arbres, arbrisseaux, maïs, légumes de toutes sortes et hautes herbes et péricliter ou périr parce qu'il sera complètement impossible de les traiter, dans de pareilles conditions, avec quelques chances de succès.

On n'a pas mis assez en évidence qu'en Imérétie l'oïdium et le mildew envahissant les vignobles, sans y être aucunement combattus avaient singulièrement facilité la tâche au phylloxéra arrivé après coup et trouvant un terrain admirablement préparé pour accomplir sa destruction. Et si, de même, on lui facilite sa tâche en laissant continuellement péricliter leur feuillage, croit-on qu'il n'arrivera pas à bout de ces nouvelles vignes reconstituées, même portées sur des racines américaines ?

Comme, d'autre part, il serait téméraire de compter que l'apathie et les habitudes de la population disparaîtront avant un grand nombre d'années, même avec le secours de l'exemple et de la propagande, pourrait-on prétendre qu'il n'y a pas un intérêt capital, pour l'avenir des vignobles du gouvernement de Koutaïs, à les reconstituer, au moins en partie, au moyen d'*Hybrides producteurs directs* ayant fait leurs preuves, non seulement en France, où ils sont entourés de tant de soins et de sollicitude, mais aussi dans le pays même où ils devront résister au phylloxéra, aux maladies cryptogamiques et donner une récolte rémunératrice aux vignerons qui n'auront pas hésité à les adopter ?

VINIFICATION DES HYBRIDES

Messieurs, il nous semble voir un des distingués viticulteurs se trouvant parmi vous et qui est aussi, croyons-nous, l'un des secrétaire de ce Congrès, sourire spirituellement et ce sourire paraît vouloir dire : « ·Voilà un nouveau venu qui a vu les choses de si loin qu'il ne semble pas douter un instant que nous possédons l'*Oiseau bleu* que nous recherchons en vain depuis si long-temps. »

Loin de là notre pensée; on le verra, du reste, bientôt, par l'exposé consciencieux des résultats obtenus, à « Clos-Igourouli », sur les producteurs directs comparés à ceux obtenus sur d'autres cépages. A voir les progrès accomplis, nous pourrions cependant bien répondre que si cet oiseau bleu n'a pas encore paru, nous ne doutons pas un seul instant que les savants hybrideurs qui font la gloire de notre viticulture ne tarderont pas à nous le donner. Mais, pour le moment, nous nous bornerons à demander à notre distingué et spirituel secrétaire et collègue, s'il ne va pas nous gratifier de quelques bons tours de main, quand il traitera la vinification des hybrides, question moins ténébreuse pour nous que celle de l'hybridation pour laquelle nous avouons sincèrement être un nouveau venu, presqu'un profane.

Or, avec une demi-douzaine de producteurs directs, bien choisis, et ces quelques bons tours de main qui ne peuvent qu'en rehausser le plumage, est-on bien loin de pouvoir le créer ce fameux *Oiseau bleu* ? S'il s'agit de remplacer des cépages à vins ordinaires et de grande production nous ne le pensons pas.

La quantité de raisins dont nous disposions ne nous a pas permis de nous livrer, cette année, à des essais de coupage. Nous le regrettons, car l'expérience nous a démontré que non seulement les coupages font les bons vins, mais aussi que le coupage de plusieurs vins, *même très médiocres*, s'ils ne sont pas atteints de maladies incurables, et qu'ils soient bien assortis, produit souvent un très bon vin et toujours un vin de beaucoup supérieur à chacun de ceux employés à sa composition.

Pourrait-il en être autrement avec les producteurs directs, notamment si, au lieu de faire des coupages avec les vins faits, on rassemble à la cuve les raisins de teneurs si diverses en sucres, acides et matières extractives, tous éléments qui, en se confondant faciliteront la fermentation et contribueront les uns par les autres, à former un bon vin complet et de belle couleur ?

Mais il nous tarde d'entrer en matière et de faire l'exposé des résultats pratiques.

PREMIERS RÉSULTATS

Au printemps de 1899 nous avons mis en place, dans un même terrain d'alluvions, très rocailleux, argilo-siliceux, avec très peu de calcaire : douze *Hybrides producteurs directs* au moyen de boutures et douze *Viniferas* au moyen de plants greffés, soudés.

Comme nous l'avons exposé plus haut, les bons cépages noirs font défaut en Imérétie ; les Teinturiers notamment sont très demandés, et il n'en existe qu'un seul dans ce pays : l'*Otskhonouri-Sapéré*, qui n'a plus grande valeur comme couleur, et moins encore comme qualité. Il s'ensuit que la plus grande partie des vins rouges consommés ne sont que des vins blancs coupés avec des vins rouges, mais le plus souvent colorés artificiellement.

On comprend alors toute l'importance qu'il y aurait à introduire, dans la reconstitution des vignobles qui nous occupent, de bons cépages noirs ou des Teinturiers. Ceci expliquera le choix des producteurs directs expérimentés à « Clos-Igourouli ».

Nous en avons fait un tableau qui comprend la nomenclature de douze producteurs directs, plantés la même année et côte à côte désigne en outre : le degré auquel les cépages ont été atteints par l'anthracnose l'oïdium et le mildew, à deux différentes époques : la première lorsque tous les raisins étaient encore en verjus, et la seconde, au début ou en pleine véraison, suivant les cépages ; les dates des vendanges avec les analyses pour alcool, acidité totale et extrait des vins faits ; le nombre des grappes et le poids total du raisin par cep et, enfin l'appréciation pe la qualité des vins et de leur couleur.

Il est bon d'ajouter que l'*anthracnose* a envahi, cette année tout le vignoble imérétien et y a fait de grands dégâts, comme aussi le *mildew* et l'*oïdium*. Certains vignobles et même des plantations de Rupestris ont été complètement noircis par la première de ces maladies.

A « Clos Igourouli » il n'avait jamais été fait aucun traitement préventif contre l'anthracnose. A la première apparition, tout le vignoble y compris les producteurs directs, a été traité par soufre et chaux, et ce traitement a été renouvelé deux et même trois fois sur certains cépages. Ce sont les seuls traitements que les producteurs directs aient reçu depuis leur plantation et, actuellement, ils font encore une magnifique tache verte au milieu de tous les Viniferas reconstitués, qui ont été traités, chaque année, trois ou quatre fois par soufre et autant par bouillie bordelaise.

Il n'y a eu, dans ce vignoble aucune apparition de *black-rot*, mais quelques cas de *rot-brun*, de *rouget* et *folletage* et pas mal d'*érinose* sur les Viniferas seulement. Les producteurs directs n'ont donc souffert, cette année, que de *l'antrhacnose*, mais, comme on le verra au tableau, davantage que les Viniferas, leurs voisins.

Il convient d'ajouter quelques notes au tableau qui précède. A la dégustation, l'Alaiteko, et l'Alicante, qui sont un peu musqués, sont loin d'être aussi agréables et francs de goût que Seibel nᵒˢ 1, 2, 29 et Couderc J. 201. L'Aramon, qui n'est pas meilleur que les hybrides, es beaucoup moins avantageux comme alcool et comme couleur; la Carignane est moins fruitée, et moins agréable que Seibel nᵒˢ 1 et 29; le Mourvèdre qui ne dépasse guère le Seibel nᵒ 1 comme fruité et saveur, est loin d'être aussi avantageux comme vin de commerce. Enfin les vins de cépages bordelais et bourguignons qui ont certainement de la finesse et du bouquet qu'on ne saurait trouver chez les producteurs directs, au moins quant à présent, ne trouveraient pas, s'ils devaient être vendus dans l'année qui suivra la vendange, un placement plus avantageux que de leurs coupages fait de vins blancs et de bons hybrides.

Les J. Couderc 503, Seibel nᵒˢ 2, 14 et 156 auraient pu être vendangés un peu plus tard avec avantage pour leur qualité.

Nous avouons avoir été déçu dans nos espérances relativement aux résultats du 4401 et de l'Auxerrois Rupestris que, sur la foi des renseignements, nous avions même plantés en plus grande quantité que les autres. Serait-ce une question de sol et de climat? C'est probable, et nous ne regrettons pas le choix nombreux que nous avons fait pour notre champ d'expériences. Nous en donnons la liste à la fin de ce travail; on remarquera que nous avons négligé les cépages blancs et choisi surtout ceux de 1ʳᵉ ou de 4ᵉ époque. C'est parce qu'il y a ici de grandes pluies, fin septembre et octobre, qu'il faut tâcher de vendanger soit avant, soit après, avant surtout.

CONCLUSION

Il serait donc téméraire de juger définitivement sur ces premiers résultats. Mais, après avoir mûrement examiné le tableau et les notes qui précèdent et pris en considération la situation et les conditions d'exploitation particulières des vignobles du gouvernement de Koutaïs, pesé la dépense considérable nécessitée pour le greffage des Vinifera et pour le traitement, on peut conclure, dès à présent, que, lorsqu'il s'agira de la production des vins rouges ordinaires et de grande consommation, il sera plus avantageux de reconstituer au moyen de bons producteurs directs, éprouvés et choisis, parce qu'ils fournissent, dans ce pays, souvent des vins supérieurs à ceux de la plupart des Viniferas à grand rendement, et toujours des matériaux qui, coupés avec les blancs qui y sont assez abondants, donneront d'excellents produits d'un placement sûr et rémunérateur.

LISTE DES HYBRIDES PRODUCTEURS DIRECTS NOUVEAUX

COMPOSANT LE CHAMP D'EXPÉRIENCES DE « CLOS-IGOUROULI » EN 1901

Alicante-Terras, nº 20	Hybride Fournié
Plant de Gouny, sélection	Couderc J. 201, J. 503
Hybride Franc.	Couderc 132-11, 603
Clairette dorée Ganzin.	Couderc 126-21, 3907
Lacombe nº 3	Couderc 6301, 1101
Plant des Carmes	Chass. rose + Rup. 4401
Auxerrois × Rupestris	Seibel nº 1, 2, 14, 29
Plant de Pardes	156, 2003,
Le Viennois	42, 61, 84, 175, 334
Plant Jouffreau	117, 127, 2033, 2044, 2056,
Aux.-Rup. Lacoste	1077, 38, 48, 87, 128,
Alicante Ganzin	209, 182 et 80.

Plus la nouvelle collection de M. Couderc, ainsi qu'une cinquantaine des hybrides producteurs directs anciens.

A partir de l'année prochaine les expériences de ces hybrides se feront comparativement avec les Viniferas Teinturiers suivants Petit-Bouschet, Alicante-Bouschet, Grand Noir de la Calmette, Gamay de Fréaux, Tannat et Etraire de l'Adhuys.

V. Thiébaut.

M. le Président. — La parole est à M. le Dʳ Armand Gauthier de l'Institut.

LES MÉCANISMES MOLÉCULAIRES DE LA VARIATION DES RACES ET DES ESPÈCES

Par M. Armand GAUTIER
de l'Institut.

L'analyse rationnelle des faits matériels, contrôlée sans cesse par le calcul et l'expérience, est la seule route, route souvent étroite et raboteuse, qui mène sûrement à la vérité. L'étude du plus petit phénomène, si elle était suffisamment analytique et complète, nous conduirait à la connaissance des lois de l'univers, car, dans l'édifice admirable de la Nature, tout se tient, s'équilibre et s'enchaîne. Cette pensée me revient à l'esprit quand je songe au point de départ du présent travail. Il eut pour origine l'examen de la matière colorante des vins rouges ; l'étude expérimentale attentive de ce pigment m'a logiquement conduit à chercher l'explication des mécanismes qui président à l'évolution des êtres vivants.

On connaît, dans le genre *Vitis*, une vingtaine d'espèces à fleurs hermaphrodites, originaires de l'ancien continent, et quinze environ à fleurs dioïques ou polygames, dites *Vignes américaines*. A elle seule, l'espèce *Vitis vinifera* fournit un nombre considérable de variétés ou cépages : L. Portes et Ruyssen, dans leur *Traité de la Vigne* (1), en décrivent 719 et donnent en plus des indications sur 200 cépages américains Le savant ampélographe V. Pulliat, dans son exploitation de Chiroubles, avait réuni près de 2.000 variétés de vignes.

Quelle est l'origine de ces innombrables races, et comment se fait-il que, dès qu'un végétal est utile ou agréable à l'homme par ses fruits, ses fleurs ou son feuillage, on voie se multiplier ses variétés comme à plaisir et presque indéfiniment, ainsi qu'il arrive pour la vigne, le pommier, le poirier, l'oranger, le caféier, le tabac, le rosier, les bégonia, etc. ?

Pour le botaniste et le zoologiste, ce qui distingue l'*espèce*, c'est

---

(1) Paris, 1886. O. Doin, éditeur.

un ensemble de caractères extérieurs se répétant chez un grand nombre d'individus, et pouvant se transmettre héréditairement, sans que de génération en génération, de semis en semis, ces caractères communs, dits spécifiques, viennent à disparaître. Toutefois parmi les individus d'une même espèce, des modifications sensibles peuvent apparaître permettant de les classer en variétés ou races ; elles constituent des caractères de second ordre qui se différencient des premiers par leur variabilité même et souvent par leur manque de fixité. Ces modifications secondaires peuvent s'accentuer ou disparaître après quelques générations ou semis successifs et la majeure partie des individus ainsi reproduits, perdant les caractères qui avaient fait distinguer les races, revient à un ou plusieurs types stables de l'espèce ou des espèces primitives.

L'espèce est donc variable dans une certaine mesure et l'on peut se demander :

1º Dans quelles conditions naissent et se propagent les nouvelles races ?

2º En quoi consistent essentiellement les variations ainsi survenues ?

3º Par quel mécanisme intime se produisent ces transformations de races et d'espèces ?

I

On sait qu'on obtient généralement les races nouvelles par deux procédés :

a) En accouplant deux variétés distinctes (*Métissage*) ou deux espèces plus ou moins rapprochées (*Hybridation*). Chez les végétaux, on réussit généralement en pollinisant une variété ou une espèce par le pollen d'une autre, recueillant les graines qui en résultent, les semant et choisissant les pieds qui ont varié dans le sens qu'on désire pour les reproduire ensuite indéfiniment par greffe ou par bouture ;

b) En profitant des hasards heureux qui font apparaître de temps à autre des individus, ou parties d'individus, différents de ceux au milieu desquels ils vivent, séparant ces sujets et reproduisant par accouplements réciproques, s'il s'agit des animaux, par greffe ou par bouture si l'on veut conserver des variétés végétales.

J'analyserai plus loin les conditions qui donnent naissance à ces variations dites *spontanées* ou *de hasard*, et je ferai connaître un nouveau principe de production de races, j'oserai presque dire d'espèces, principe resté à peu près ignoré ou improductif jusqu'ici, mais dont la connaissance semble devoir mettre en nos mains le plus puissant moyen d'action dont nous puissions disposer pour modifier les êtres vivants.

Inutile de nous étendre sur la pollinisation entre races ou espèces différentes. Nous allons essayer seulement d'analyser les effets que nous désignons sous les noms de métissage et d'hybridation. Mais si, dans cet ordre de faits, tout est enveloppé de mystère, ce mystère s'accentue encore quand la variation paraît se produire comme d'emblée et spontanément. On a longtemps cru qu'elle s'expliquait, dans ces cas, par une sorte de retour au type ancestral, par télégonie, par les hasards d'une pollinisation originaire de races ou d'espèces étrangères ayant primitivement agi sur la fleur, l'ovule et la graine qui porterait désormais en elle la raison immédiate ou lointaine de la variation du végétale à venir. Mais on ne saurait expliquer ainsi, pour prendre un exemple, la pousse d'un rameau d'aralia à feuilles simples se faisant tout à coup sur un pied d'aralia à feuilles profondément heptalobées, ou l'apparition, sur un *Ligustrum ovalifolium* normal à feuilles opposées deux à deux, de branches vigoureuses à feuilles verticillées. Or, ces faits de variations partielles et subites et leurs analogues, sur lesquels nous reviendrons sont aujourd'hui innombrables.

Pour tenter de les éclairer, il est indispensable d'établir auparavant en quoi consiste essentiellement la variation qui crée l'hybride ou le métis nouveau.

Lorsqu'un végétal varie et se transforme, en partie ou en totalité, en une race nouvelle, la taille et le port ; la forme et l'abondance de feuilles, des rameaux et des racines; la couleur des fleurs; l'aspect, le goût et le parfum des fruits; leur richesse en produits nutritifs; leur précocité; l'hypertrophie ou l'atrophie de certains organes secondaires; la résistance de la plante au froid, à la chaleur, à la sécheresse, à l'attaque des moisissures ou des insectes, etc., tous ces caractères extérieurs, ou du moins quelques-uns d'entre eux, se modifient plus ou moins, et l'on croit généralement que la variation se résume dans l'ensemble de ces changements presque tous quantitatifs, de telle sorte qu'il semble qu'on pourrait expliquer les modifications observées en admettant que la nutrition devenue prépondérante de telles ou telles parties du végétal, de tels ou tels organes, est l'origine de ces variations de formes. C'est là du moins ce que je pensais, et tout le monde comme moi, jusqu'en 1877. Mais j'ai montré, vers cette époque, en étudiant les catéchines des acacias, et surtout de 1878 à 1886, en faisant un long et minutieux examen des matières colorantes produites par les différents cépages (1), plus tard, en examinant les alcaloïdes des tabacs, les tanins végétaux, les diverses albumines animales, etc., que chaque fois qu'il y a variation et production d'une nouvelle race, non seulement les caractères extérieurs sensibles, anatomiques et histologiques de l'être nouveau varient, mais encore que la structure et la composition même de ses plasmas, ou du moins des produits immédiats de leur fonctionnement, varie parallèlement, aussi bien dans les cellules destinées à la reproduction que dans les cellules somatiques ou végétatives *dont les plasmas et produits spécifiques sont tous frappés de variation.*

J'ai découvert et expérimentalement établi ce principe, en particulier au cours de mes *recherches sur les matières colorantes des vins.* A cette époque, se fondant sur quelques observations très incomplètes de Mülder et sur un bon mémoire de A. Glénard, alors doyen de la Faculté des Sciences de Lyon, on croyait que la matière colorante des vins, l'*œnocyanine* de Mülder, l'*œnoline* de Glénard, était la même dans tous les cépages à vins rouges, et que la variété de coloris des diverses races de raisins tenait à la quantité relative de ce pigment et aux produits accessoires qui pouvaient l'accompagner ou s'unir à lui, tel que le fer. Glénard n'avait même pas cru devoir, dans son Mémoire sur l'œnoline (2), dire quel cépage lui avait fourni la matière colorante des vins rouges qu'il avait analysée. Je sus plus tard par lui qu'il l'avait retirée, en 1858, du vin de Gamay que produit le cépage bourguignon de ce nom. Il lui avait trouvé la composition $C^{10}H^{10}O^5$ que nous remplacerons par le polymère, de même composition, $C^{40}H^{40}O^{20}$. Mais les recherches que je fis moi-même sur l'œnoline, en 1878, m'ayant amené à une autre formule, en cherchant la raison de cette différence et approfondissant ce sujet, je finis par m'apercevoir que chaque cépage possède une

---

(1) Voir : *C. Rend. Acad. Sciences*, t. LXXXIV, p. 342 et 752; t. LXXXVII, p. 54 *Bull. Soc. chim.* (2), t. XXVII, p. 496. — Article VIN du *Dictionnaire de chimie de Würtz*, t. III, p. 691. — *Mécanisme de la variation des êtres vivants*, par Armand GAUTIER, en HOMMAGE A M. CHEVREUL, p. 39, et suiv. F. Alcan, éditeur, Paris, 1886.

(2) *Ann. Chim. phys.* (3), t. LIV, p. 366.

matière colorante spécifique, matière qui lui est propre, et qu'on peut distinguer à la fois par ses caractères chimiques et par sa composition. C'est ainsi que les cépages suivants me fournirent les matières colorantes dont j'inscris ici les formules :

L'Aramon............................	$C^{46}H^{36}O^{20}$
Le Carignan.........................	$C^{42}H^{40}O^{20}$
Le Grenache.........................	$C^{46}H^{44}O^{20}$
Le Teinturier.......................	$C^{46}H^{40}O^{20}$
Le Petit Bouschet...................	$C^{45}H^{38}O^{20}$
Le Gamay............................	$C^{40}H^{40}O^{20}$

Etc.

L'analyse très attentive de chacune de ces substances colorantes permet donc de les différencier (1), mais leur examen un peu précis suffisait déjà pour enlever tous les doutes sur leur non-identité. Quelques-unes sont solubles dans l'eau pure, comme celles que donnent le Teinturier et le Petit-Bouschet; les autres, et c'est le plus grand nombre, sont insolubles. Les unes précipitent l'acétate de plomb en bleu indigo, tels les pigments du Carignan ou du Teinturier, etc.; d'autres le précipitent en vert foncé, comme celui de l'Aramon. Les unes sont aptes, après leur préparation, à se polymériser et à devenir insolubles dans l'alcool, comme la couleur du Carignan. Il en est de même des matières colorantes satellites, n'accompagnant les principales qu'en faible proportion; parmi elles on en distingue même d'azotées. En un mot, tous ces pigments issus de races de vignes différentes constituent des *espèces chimiques définies, caractéristiques, différentes en chaque cépage.*

Des faits analogues s'observent pour les tanins formés par les espèces de même famille végétale et quelquefois pour ceux que fournissent des plantes de même espèce, mais non de même variété, et dans un même végétal, comme le chêne, pour les tanins de telles ou telles parties de la plante.

J'ai fait ces remarques semblables pour les catéchines, corps intermédiaires entre les tanins et les pigments colorés ; chaque acacia (Acacia catéchu, A. farnesiana, A. arabica, etc.) produit sa

---

(1) On remarquera que presque toutes ces formules sont divisibles par **2** et souvent par **4** ce qui simplifie très sensiblement les difficultés de l'analyse et de la détermination de la formule

catéchine spéciale comme chaque cépage donne sa matière colorante propre.

On peut faire, pour les essences hydrocarbonées, pour les camphres, les alcaloïdes, etc., les mêmes observations. Le *Pinus maritima* des Landes donne une térébenthine $C^{10}H^{16}$ déviant à gauche le plan de la lumière polarisée; le *Pinus australis* de la Caroline fournit une essence correspondante, $C^{10}H^{16}$, de même composition, mais qui dévie à droite Certaines variétés de menthe poivrée présentent une curieuse modification : elles portent à l'extrémité de leurs rameaux non pas des fleurs purpurines en verticilles interrompus à la base et formant des épis obtus, mais des grappes semblables aux sommités du basilic après que sont tombés les pétales. Cette variété de menthe poivrée, dite *basiliquée*, peut même n'apparaître que sur certains rameaux d'un individu par ailleurs normal. Or, tandis que l'essence produite par la menthe poivrée ordinaire est lévogyre et d'une odeur agréable, celle qu'on extrait des plantes basiliquées, ou de leurs rameaux, est dextrogyre et présente une toute autre odeur (*E. Charabot* et *Ebray*).

Il faut faire maintenant un pas de plus. Remarquons que ces matières colorantes, ces tanins, ces catéchines, ces essences, ces camphres, ces alcaloïdes, etc., sont des produits directement issus des transformations des plasmas cellulaires et si, lors de la variation du végétal, ces divers principes ont varié dans leur structure et leur composition, c'est que les plasmas dont ils sont originaires avaient eux-mêmes varié dans la cellule, sous l'action des causes, quelles qu'elles soient, qui ont déterminé la variation de la plante et l'apparition d'une race nouvelle.

Que les matériaux des plasmas vivants soient différents entre eux, suivant l'espèce ou même la race que l'on considère, nous en avons la preuve chaque fois que nous examinons soigneusement les substances albuminoïdes qui composent ces divers plasmas et ceux des noyaux des cellules. Nous savons aujourd'hui que ces matières albuminoïdes, autrefois confondues entre elles, se différencient dès qu'on passe d'une espèce à une autre, et pour un même individu, presque d'un état à l'autre. Les recherches sur les albumines de mêmes groupes chimiques, mais appartenant aux espèces animales les plus rapprochées, telles que le singe et l'homme, le cheval et l'âne, etc., et surtout les travaux modernes sur les antitoxines et les anticorps, sont venus démontrer cette variation presque indéfinie. On a depuis longtemps remarqué que, d'un animal à l'autre, l'hémoglobine du

sang diffère chaque fois, comme le démontrent ses formes cristalli-
nes et ses propriétés secondaires. On sait aussi que l'albumine de
l'œuf d'oiseau injectée dans les veines d'un mammifère est aussitôt
rejetée par les reins ; elle ne peut entrer directement dans la constitution des plasmas de ces animaux. Si le sérum du sang de brebis
est convulsivant pour les chiens et celui d'anguille ou de reptile si
puissamment toxique pour tous les animaux à sang chaud, c'est que
les albuminoïdes qui les composent, quoiqu'à peu près identiques de
composition et de propriétés générales, constituent en réalité des
espèces chimiques différentes, impropres à s'assimiler directement
par les cellules d'autres êtres et à fournir les produits spécifiques
dont ces cellules ont besoin en chaque cas pour bien fonctionner.

Lors donc que, dans le végétal dont on a constaté la variation, les
produits qui se forment changent de composition, c'est que les plasmas dont ils dérivent ont eux-mêmes varié, ceux du moins dont ces
produits sont directement issus. Or, la variation des plasmas entraîne
celle des cellules qu'ils servent à construire. Il est d'ailleurs évident
que, dans ces cellules modifiées par hybridation ou par toute autre
cause, tous les principes constitutifs essentiels n'ont pas varié avec
la race, mais ceux-là ont été moléculairement transformés qui sont
particuliers à la famille ou à l'espèce que l'on considère et qui
manifestent leur autonomie par la formation des pigments, tanins,
glycosides, essences, alcaloïdes, etc., propres à chacun de ces groupes
botaniques naturels.

Les modifications d'où résulte la formation des races sont donc
très profondes, puisqu'elles atteignent jusqu'aux molécules spécifiques constitutives des plasmas et noyaux cellulaires aussi bien que
leurs dérivés ou produits immédiats. Ces modifications se traduisent
par la formation de principes distincts et chimiquement définis : il
n'y a aucun doute, par exemple, que deux essences, même de composition identique, l'une lévogyre, l'autre dextrogyre, ne constituent
deux espèces chimiques. J'en dirai autant de deux matières colorantes, l'une soluble, l'autre insoluble dans l'eau, *à fortiori*, si l'une et
l'autre répondent à des compositions et à des propriétés différentes,
ainsi qu'il arrive pour les pigments des divers cépages de la *Vitis
vinifera*.

Toutefois si, comme je l'ai fait, on examine s'il existe des rapports
entre les divers composés homonymes ainsi transformés lorsque
l'espèce dont ils sont originaires, subissant des variations, il s'est
produit une race nouvelle, on s'aperçoit que, dans chaque groupe

constitutif de l'être (essences, pigments, matières amylacées, subs_
tances protéiques, etc.) ; la variation, tout en modifiant chacune de
ces espèces de substances dans ses détails secondaires, leur conserve
cependant à toutes les caractères généraux de la famille ou groupe
chimique auquel cette substance appartient. Dans mes recherches
sur les matières colorantes de la *Vitis vinifera*, par exemple, j'ai
observé que tous les pigments des cépages que j'ai étudiés, jouissent
d'une même constitution, de propriétés générales semblables, de
dédoublements parallèles sous l'action des réactifs ; ils constituent,
en un mot, une famille chimique naturelle. Les édifices de ces produits complexes sont tous bâtis sur un plan commun : autour d'un
noyau trivalent viennent se greffer trois branches latérales consti-
tuant des radicaux complexes qui dérivent de la phloroglucine et des
acides protocatéchique et hydro-protocatéchique. Ainsi définis d'une
façon générale, ces édifices, tout en conservant toujours une structure commune, peuvent varier en chaque cépage par introduction
ou substitution dans ces molécules de radicaux secondaires différents (hydrogène, méthyle, allyle, amidogène, etc.), radicaux qui, par
leur présence ou leurs substitutions réciproques, impriment aux
pigments de chacune de ces variétés, leurs caractères différentiels
accessoires. Mais chacune des molécules ainsi modifiée continue
d'appartenir à la même famille chimique. C'est à peu près comme si,
dans une construction gothique ou romane, on venait adjoindre ou
transformer des tourelles ou des clochetons qui, sans changer le plan
général de l'édifice, le modifieraient dans ses détails.

Il résulte de tout ce qui précède que la variation d'où résulte
l'apparition d'une nouvelle race végétale atteint non pas seulement
les parties extérieures de la plante, mais jusqu'aux molécules chimiques spécifiques, intégrantes de chacune de ses cellules. Cette variation respecte toutefois, le plus souvent, la constitution générale de
ces diverses espèces chimiques. De race à race, elles varient seulement dans leurs détails secondaires, de sorte que les divers termes
ainsi modifiés font partie d'une même famille chimique, comme les
variétés végétales dont elles proviennent, appartiennent toujours à
la même espèce botanique.

Maintenant, dirons-nous que la race, en variant, a fait varier les
espèces chimiques constitutives, ou plutôt ne conclurons-nous pas
que c'est l'espèce chimique, ou le protoplasma cellulaire d'où elle
sort qui, en se modifiant, sous l'influence de causes à déterminer, a
fait varier la race ? Cette seconde conclusion nous paraît seule logi-

que. Un être vivant est ce qu'il est par ses organes, et chacun
d'eux, à son tour, localise les fonctions de ses cellules spécifiques.
Mais celles-ci ne fonctionnent elles-mêmes qu'en raison des transformations qui se produisent dans leurs plasmas, transformations
qui obéissent à l'ensemble des forces et des lois physico-chimiques
présidant à l'action réciproque des molécules et à leurs associations.
Dans chacun de ces protoplasmas, ce qui produit le fonctionnement
ce sont les réactions mutuelles des molécules albuminoïdes qui les
constituent. Si celles-ci viennent à varier, elles fonctionneront
autrement, c'est-à-dire que, dans ce protoplasma modifié de structure et de composition chimique, la nutrition, l'assimilation, les
réactions de toute sorte seront modifiées et, avec le protoplasma,
l'élément cellulaire auquel il appartient et l'organe tout entier dont
cet élément est l'unité primitive. C'est l'ensemble de ces modifications d'organes fonctionnels qui se totalise extérieurement par la
variation de l'être tout entier et qui fait apparaître le changement
de race, à caractères transmissibles ou non par hérédité.

II

On vient de voir que les variations d'espèce et de race ont pour
origine les transformations des molécules spécifiques des plasmas,
d'où résultent les modifications de fonctionnement de la cellule, les
variations des organes et, par conséquent, celle de l'être tout entier.
Il faut maintenant se demander quelles sont les influences qui peuvent ainsi faire varier dans les êtres vivants la nature des espèces
chimiques entrant dans leur constitution.

Examinons d'abord sous quelles influences et conditions générales
ces êtres organisés se modifient.

D'après les idées de Lamark et de Darwin, les plantes et les animaux reçoivent et totalisent, pour ainsi dire, les impressions ou
influences des milieux où ils vivent : climat, terrain, alimentation,
aide ou concurrence vitale, etc., dont ils suivent les variations. Ils
prospèrent et se modifient en vertu de l'aptitude plus ou moins
grande que possèdent tels ou tels organes à s'adapter aux conditions de ces milieux, et grâce à la sélection naturelle qui fait que
tout être puissant et bien organisé se substitue peu à peu aux autres.
Mais cette sélection naturelle est une conséquence de la propriété
d'adaptation, et celle-ci présuppose l'aptitude de certains organes à
évoluer en harmonie avec les conditions du milieu dont ces organes

utilisent le mieux possible les variations. Or, si ces variations sont très brusques, l'adaptation n'a pas le temps de se produire et l'être vivant ne trouvant plus les conditions d'existence adéquates au bon fonctionnement de ses organes, souffre et disparaît ; et si ces variations du milieu sont très lentes, l'adaptation l'est aussi et les variations de l'être restent à peu près insensibles ; témoin les espèces et même les races d'animaux ayant pu vivre, presque sans varier, dans les milieux les plus divers, passant des climats gelés de l'Himalaya aux sables brûlants de l'Afrique, tels que le bouquetin, la chèvre, le chien, le chat, l'homme lui-même, dont les races, depuis des milliers d'années, n'ont pas été sensiblement modifiées ainsi qu'en témoignent les dessins qui datent de l'âge de la pierre polie et ceux des tombeaux de l'ancienne Egypte.

L'adaptation, qu'on ne saurait nier en principe, n'est donc qu'une cause très secondaire de variations. On remarquera, d'ailleurs, que sa caractéristique essentielle est de faire passer l'animal ou la plante qui se modifie par une suite de transitions, de formes intermédiaires ; or, les faits paléontologiques aussi bien que les historiques montrent qu'à l'état naturel ou sauvage, les variations des plantes et des animaux, lorsqu'elles ont lieu, se produisent brusquement, ou du moins, sans laisser trace de termes transitionnels, à moins qu'on ne veuille appeler ainsi les espèces successives qu'on peut assembler en genres et familles naturelles. Mais, entre chacune de ces espèces. le saut est toujours brusque et l'on ne trouve généralement pas d'intermédiaires. Dans les temps géologiques, avec la période secondaire commence le vrai règne des reptiles ; eux qui n'avaient eu que quelques très rares précurseurs à la fin de la période paléozoïque foisonnent *dès le début de l'ère suivante* en espèces innombrables. Comment admettre que ces diverses espèces sont issues les unes des autres par adaptations successives et sélection et qu'elles n'ont eu cette étrange puissance de variation rapide et sans transitions que dans cette période des temps ? De même, au commencement de l'ère tertiaire, on voit se produire presque tout à coup de nombreuses espèces de mammifères ; jusque-là, ils s'étaient bornés à quelques marsupiaux apparus vers la fin des temps secondaires. En même temps, dans le règne végétal, les palmiers et les arbres à feuilles caduques succèdent rapidement aux gymnospermes. L'homme se rencontre enfin, presque partout à la fois, à la fin du tertiaire ou dès le commencement du quaternaire, et l'on en est encore à chercher le *Pithecanthrope,* ce fameux terme de passage

entre le singe et l'homme. Ces faits, observés depuis bien longtemps, avaient donné lieu à l'hypothèse des créations successives,
hypothèse qui me paraît inadmissible, mais qui montre combien les
philosophes naturalistes avaient été frappés de l'observation, dont
on ne saurait méconnaître la portée, que les types intermédiaires
que suppose l'adaptation n'apparaissent pas dans la nature, et que
les espèces dites de transition sont bien loin de se répartir dans
l'ensemble des temps, tandis que les types nouveaux foisonnent tout
à coup à la fois, ou se succèdent, au cours de certaines périodes
relativement très courtes.

Dans les temps historiques, comme je le disais plus haut, pas
plus que dans les temps géologiques, les passages d'une espèce à
l'autre par termes insensibles n'ont généralement pas été observés.
Cependant, d'une race à l'autre, les termes transitionnels existent
quelquefois, surtout chez nos animaux domestiques, mais les grandes variations dérivent, en général, de ce que nous appelons des
monstruosités animales ou végétales se produisant d'emblée et
sans transition. De ces produits, dits spontanés ou de hasard, sont
issues, grâce à la sélection ou à l'adaptation naturelles ou artificiel-
les, nos races domestiques ou végétales actuelles (1).

Pour revenir aux végétaux, les faits qu'on a pu bien observer
démontrent que leurs transformations importantes ne sont généralement précédées d'aucun indice de variation. L'aralia ordinaire à
feuilles heptalobées produit de temps à autre et tout à coup, comme
spontanément, quelques rameaux à feuilles simples, que l'on peut
propager par boutures. C'est un cas de *dimorphisme* que rien ne
précède ni ne peut faire prévoir. Il en est de même d'une foule
d'autres semblables : la rose à feuilles de chanvre a paru un jour
sur l'un des rosiers du Luxembourg. Sur un *Ligustrum ovalifolium*
à feuilles opposées, M. L. Henry, professeur actuel à l'Ecole d'Horticulture de Versailles, a observé et décrit un rameau très vigoureux
dont les feuilles étaient verticillées quatre à quatre. Sur un *Sam-
bucus nigra* normal du Muséum de Paris, le même savant horticulteur a remarqué la fasciation d'une branche qui, reproduite par
bouture, donne des sureaux fasciés dont les fleurs ont une corolle

---

(1) Je parle de races différant par des caractères tranchés, squelettiques
ou autres, et non pas seulement par quelques caractères extérieurs, tels
que la longueur et la couleur des poils, la forme des feuilles, ou d'autres
variations fragiles et sans fixité.

à 6 et 8 divisions au lieu de 5 comme dans les fleurs normales. Sur un lilas Varin, à fleurs normalement bleu violacées, il a observé, en 1901, une branche unique dont les fleurs étaient celles du lilas Saugé qui sont rouge pourpre et sur lequel à son tour Carrière a vu se développer, en 1876, une branche à fleurs entièrement blanches. On sait depuis longtemps que certains saules présentent souvent des rameaux, dits *aberrants*, à feuilles opposées et non alternes, d'où sont nées les variétés de saule ainsi conformés que l'on peut reproduire par bouture.

Des observations semblables de variations d'organes ont été faites sur les animaux. Je citerai, comme exemple, la race algérienne des moutons à quatre cornes qui, depuis longtemps se perpétue par génération ; celle des chiens bassets à jambes torses ; celle des bœufs *Niata* de la République Argentine portant un allongement monstrueux du maxillaire inférieur, race née sur place et transmettant ses caractères à la descendance. Chez les insectes, les variations tératologiques des ailes, dit M. Giard, « apparaissent d'une façon « brusque, en discontinuité avec l'état normal. Si elles se maintien- « nent par hérédité, elles constituent des variétés nouvelles, *parfois* « *même des espèces ou des genres nouveaux*, lorsque d'autres « caractères viennent à se modifier additionnellement » (1).

Les faits analogues, que les naturalistes de nos jours ont pu observer, sont innombrables.

Toutes ces variations se produisent sans être annoncées par des modifications préparatoires intermédiaires. On les appelle des *monstruosités* lorsqu'elles sont isolées ; mais si elles se perpétuent, si la variation se conserve par semis ou copulation entre deux êtres ayant également varié, elles créent la race et, au besoin, deviennent l'origine d'une espèce nouvelle.

Il nous reste à dire quel est, dans cette création de race et d'espèce, le poids vrai des influences apportées par les milieux, l'adaptation et la sélection, et celui des causes qui ont d'autres origines.

---

(1) Voir le mémoire de ce savant : *Sur un exemple de* Pterodela pedicularia *à nervation doublement anormale (Actes de la Société scientifique du Chili*, t. V, p. 19, 1895). M. Giard ajoute : « Partant de là, certains naturalistes ont prétendu que toutes les espèces avaient une semblable origine et que l'action des facteurs primaires ou secondaires de l'évolution devaient céder la place à cette nouvelle conception de la descendance des êtres vivants par modifications tératologiques discontinues. C'est là, pensons-nous, une interprétation inexacte et exagérée de ces faits.

Nous avons rappelé plus haut que les influences dites lamarkiennes ou darwiniennes d'adaptation au milieu ne provoquent jamais ces variations brusques. Ces prétendues *monstruosités* échappant à l'adaptation, il fallait cependant les expliquer ; elles l'ont été par Darwin, grâce à l'hypothèse d'un retour brusque au type ancestral, de telle sorte que, loin d'être l'origine de races ou d'espèces nouvelles, les monstruosités en réduiraient le nombre puisqu'elles feraient revenir aux types primitifs. Nous verrons tout à l'heure que telle n'est pas leur raison d'être, leur signification ni leurs effets.

En dehors de toute préoccupation d'école, l'observation a montré que les variations brusques des êtres vivants ont deux origines principales :

1º Les influences réciproques des cellules génératrices ou, pour nous en tenir aux végétaux, la pollinisation entre races ou espèces différentes ;

2º La spontanéité, du moins apparente, que je remplacerai tout de suite par le principe de la *coalescence des plasmas* dont je donnerai tout à l'heure la définition et l'explication.

La variation par pollinisation entre races ou entre espèces est trop évidente et trop connue pour que je m'y arrête longtemps. Son explication rentre, d'ailleurs, comme cas particulier, ainsi qu'on va le voir, dans celui des coalescences. Je rappelle seulement que j'ai montré plus haut que la variation de races due à la pollinisation se manifeste non pas seulement sur les parties du végétal destinées à le reproduire, l'ovule et la graine, mais aussi sur les cellules végétatives, et jusque sur les matériaux spécifiques constitutifs et les produits de ces cellules. Je peux en donner ici une démonstration particulièrement probante et qui me paraît jeter une lumière sur la façon dont chaque générateur participe à la formation de la race nouvelle.

Il existe divers cépages créés, de 1842 à 1850, grâce à une longue suite d'efforts intelligents, par M. Bouschet de Bernard, savant viticulteur de Montpellier. La variété aujourd'hui cultivée un peu partout, dans le Midi de la France, sous le nom de *Petit-Bouschet* résulte du semis de graines obtenues en faisant agir le pollen de l'*Aramon* sur les fleurs du *Teinturier* préalablement châtrées de leurs étamines (1). Le Petit-Bouschet descend donc, par une filiation

---

(1) Fait qui m'a été de nouveau confirmé par le fils du créateur de ce cépage.

historique et régulière, de deux autres cépages, très différents d'ailleurs au point de vue de leurs formes, de leur hâtivité, de l'abondance de leurs fruits et de leur goût, et plus encore de leurs matières colorantes, matières solubles dans l'eau et très abondantes dans le Teinturier, insolubles et en faible proportion dans l'Aramon. Dans quelle mesure les plasmas des deux générateurs, mâle et femelle, se sont-ils alliés pour former la nouvelle race ? Existe-t-il, en vérité, des rapports qui lient le pigment colorant du Petit-Bouschet à ceux de l'Aramon et du Teinturier ? Le pigment filial s'est-il confondu avec l'un des pigments des générateurs ? Ou plutôt en diffère-t-il, d'après la loi que j'ai plus haut établie, que dans toute race nouvelle les principes spéciaux à la famille botanique à laquelle cette race appartient sont constitués par des espèces chimiques différentes ?

La question valait la peine d'être examinée de très près. Je préparai donc et analysai avec grand soin les matières colorantes principales des trois cépages, et je trouvai que le pigment du métis, le Petit-Bouschet, était exactement l'intermédiaire, et pour ainsi dire la moyenne, de ceux des deux ascendants :

$$\text{Pigment de l'Aramon } (Paternel) = C^{46}H^{36}O^{20}$$
$$\text{Pigment du Teinturier } (Maternel) = C^{44}H^{40}O^{20}$$
$$\text{Pigment du Petit-Bouschet } (Filial) = C^{45}H^{38}O^{20}$$

Ce résultat est intéressant à divers points de vue. Il démontre d'abord, comme nous le disions plus haut, que la variation pollinique se fait sentir sur toutes les parties de l'être et jusque sur ses ultimes principes constituants. Il montre encore que les matières spécifiques importantes, et certainement aussi les substances albuminoïdes très complexes des plasmas dont elles sont régulièrement issues, sont en rapport très simple avec les substances correspondantes des deux générateurs : le pigment du Petit-Bouschet est comme la somme, la moyenne arithmétique, des pigments paternels et maternels de l'Aramon et du Teinturier.

On n'aurait pas le droit d'en conclure que toutes les qualités des ascendants se transmettent toujours ainsi par égale part. On sait que l'influence maternelle introduit à l'état latent, dans la graine, l'aptitude à reproduire le port, le facies, la rusticité, la fécondité du porte-ovule ; le pollen étranger agit sur la couleur, le goût, la forme de la fleur, du fruit, de la graine. Mais celle-ci porte en elle, en vertu de l'action pollinique, un principe de variation qui peut atteindre toutes les parties du végétal. Ceçk découle des faits rapportés plus haut et plus encore des observations d'influence réciproque qu'exercent les unes sur les autres, dès qu'on les accouple, les cellules végétatives elles-mêmes quand elles appartiennent à des races ou à des espèces différentes. C'est ici le nœud de mon sujet.

III

PRINCIPE DE LA COALESCENCE DES PLASMAS. — Je viens de dire que chaque cellule d'un hybride obtenu par pollinisation est constituée par des plasmas spécifiques (1) sensiblement différents de ceux des générateurs, car ces plasmas sont aptes à former des produits nouveaux démontrant que la variation, dont on n'observe directement que les marques extérieures, a réellement frappé tous les matériaux spéciaux à l'espèce ainsi modifiée. Plasmas ou produits portent donc en eux la marque, l'impression, de l'agent fécondateur cause première de la variation. Mais, de même que la graine de la plante hybridée peut reproduire directement par semis un nouveau végétal, chacun des bourgeons à feuilles de ce végétal porte aussi en lui *l'impression,* quelle qu'elle soit, de l'agent fécondant qui a modifié la race primitive, car le rameau qui sortira de ce bourgeon produira plus tard la fleur et enfin la graine qui, elle, pourra reproduire l'hybride. L'organe essentiellement végétatif, le bourgeon à feuilles, porte donc dans ses plasmas vivants une forme moléculaire dérivée de celle des plasmas mâle et femelle générateurs de la graine dont est sorti le végétal nouveau. Ainsi, dans ce bourgeon, la matière pollinique primitive a laissé sa marque et, virtuellement au moins, ses aptitudes. Partant de là, j'ai pensé que le mariage des races qui, généralement, se fait par pollinisation, pourrait résulter peut-être aussi de l'accouplement des cellules végétatives, de la *coalescence de leurs plasmas* (1) et, généralisant aussitôt cette hypothèse, il m'a semblé que, chaque fois que les formes moléculaires internes, stéreo-chimiques, de deux plasmas vivants, quelles qu'en soient les origines, pourraient être assez semblables

---

(1) J'entends ici par le mot de *plasma* toutes les parties des cellules végétales ou animales propres à fonctionner, les protoplasmes de la cellule aussi bien que ceux de son noyau.

entre elles pour admettre une liaison, une alliance, un accroissement simultané ou *coalescence*, cette union devrait avoir pour conséquence la modification partielle ou totale des cellules constitutives et avec elles, celle de l'être qui en est formé. Or ce mariage des plasmas, que déterminent avant tout les hasards d'analogie de leur structure interne, peut se concevoir, *a priori*, entre plasmas provenant de cellules d'espèces très différentes, et même de cellules appartenant à des règnes différents, végétales, animales ou microbiennes, pouvant posséder, d'autre part, des aptitudes très spéciales.

Darwin observe, dans son célèbre ouvrage sur la *Variation des espèces*, que le greffage d'un bourgeon de rameau à feuilles panachées sur une plante de même espèce, mais à feuilles de couleur uniforme, suffit à produire quelquefois, sur d'autres branches du sujet qui n'ont pas subi la greffe, des bourgeons d'où sortent des feuilles panachées et, dans mon premier mémoire, *Sur le mécanisme de la variation des êtres vivants* (2), j'ajoute, après avoir cité cette observation :

« Ici le tissu cellulaire (le tissu végétatif) d'une race végétale, et non plus son pollen, *a suffi pour hybrider au contact les tissus d'une race distincte. Nous voyons clairement, dans ce cas, les causes qui avaient produit l'hybridation... agir notoirement sur un autre individu par l'intermédiaire des cellules d'un ascendant une première fois impressionnées ou modifiées.... Ces quelques exemples nous montrent que ces variations et les influences plus ou moins définitives qu'elles traduisent ont transmis à ces cellules (végétatives) l'aptitude à reproduire les modifications de race lorsque les circonstances sont favorables à cette transmission ».

Or, si les cellules peuvent ainsi se modifier grâce à leur influence directe réciproque, cette *coalescence des plasmas* doit être une cause, un principe de variation, bien autrement puissant que le métissage ou l'hybridation par les pollens. La pollinisation, en effet, réussit surtout entre races de même espèce, quelquefois d'espèces différentes mais assez rapprochées. Mais l'on sait depuis longtemps déjà, et les beaux travaux de M. Lucien Daniel sont venus donner une grande extension à ces faits, qu'on peut réunir par greffage ou

---

(1) De *coalescere*, s'accroître en commun.
(2) *Hommage à M. Chevreul*, p. 35 (F. Alcan, éditeur, Paris 1886).

coaptation non seulement des races, mais des espèces, souvent même des genres différents, etc., qui n'auraient pu se marier par fécondation ; le piment et la tomate, le navet et le chou sont dans ce cas : ils peuvent s'allier par greffe et vivre ensemble. Bien plus, les plasmas des microbes ou des parasites peuvent s'unir à ceux des êtres supérieurs. Il faut donc s'attendre à voir l'application du principe de la coalescence des plasmas donner naissance à des variations, à des races, sinon à des espèces nouvelles.

L'observation a démontré, chez les animaux comme chez les végétaux, que lorsqu'un être inférieur, d'une famille, quelquefois même d'un règne différent, vit en symbiose sur un hôte, celui-ci se modifie en modifiant à son tour son parasite. Il y a *adaptation* (1), modification réciproque des cellules en présence, et quelquefois de l'être tout entier. Ces modifications peuvent être même héréditaires. De ces faits il faut rapprocher ceux de même ordre, mais d'une analyse moins compliquée, relatifs à l'action sur les animaux des vaccins et des microbes pathogènes dont les plasmas et diastases, en vertu d'analogies d'aptitudes ou de structures dont le détail nous échappe encore, sont aptes à modifier l'être qu'ils atteignent en alliant leurs plasmas aux siens. Or, la constitution de ces cellules et plasmas vaccinaux ou pathologiques est si spécifique qu'ils n'agissent que sur telle ou telle espèce, telle ou telle race animale, quelquefois sur telle ou telle partie d'un même être. C'est ainsi que, chez l'homme seul, se produisent les modifications de la syphilis, de la pellagre, du myxœdème, sous l'influence d'organismes ou de plasmas pathologiques aptes à produire des modifications *pouvant se transmettre héréditairement*, comme c'est le cas pour l'hérédo-syphilis chez l'homme. Je rappellerai encore l'immunité, plus ou moins complète et prolongée, acquise aux animaux dont les mères et les ascendants avaient été plus ou moins complètement immunisés vis-à-vis de la diphtérie, du tétanos, du charbon... (*Chauveau, Elrich, Vaillard, Wernicke, Dzergowski*).

Beaucoup de maladies microbiennes ou parasitaires nous fournissent l'exemple d'êtres très inférieurs (microbes, amibes, coccidies protozoaires etc.) alliant leurs plasmas cellulaires, ou les toxines albuminoïdes qui en dérivent immédiatement aux cellules et plasmas

---

(1) C'est la vraie *adaptation* qu'il ne faut pas confondre avec l'adaptation aux milieux de Darwin.

animaux. Et, dans cette alliance d'où résulte toujours une modification de l'être envahi, il semble qu'il n'y ait d'autre limite à la symbiose ou coalescence que la mystérieuse constitution de ces milieux vivants qui permet l'union entre deux êtres d'espèces souvent très éloignées, quelquefois même appartenant à des règnes différents.

Pour en revenir aux végétaux, dans mon mémoire sur le *Mécanisme intime de la variation des races* (1), j'expliquais les variations rapides et comme spontanées qui surviennent quelquefois chez les végétaux, par l'hypothèse de l'introduction dans leurs tissus, en raison de circonstances fortuites et locales, de plasmas étrangers aptes à les influencer. J'exprimais ainsi cette opinion :

« Je suis porté à penser que les modifications rapides observées sur les végétaux peuvent être dues soit à l'action de certains pollens d'espèces éloignées, soit plutôt à l'inoculation de matières destinées à la reproduction, telles que celles qui se rencontrent dans les spores et les bactéries, matières qui, grâce à un hasard heureux, une piqûre, une blessure... *sont mises en relation immédiate avec le protoplasma végétal qu'elles modifient ensuite.* En vertu de quelque mystérieuse analogie qui nous échappe encore entre la constitution des deux protoplasmas, ces matières destinées à la reproduction d'autres types viennent-elles modifier l'organisme récepteur, à peu près comme le virus vaccinal, le microbe de la fièvre typhoïde, le venin de la vipère ou du cobra modifient la constitution tout entière et le développement de celui qui les reçoit, sans qu'il y ait une relation connue entre l'origine, l'espèce de la constitution de ces substances modificatrices et celles de l'être qu'elles impressionnent ? »

Ainsi directement introduite au sein des plasmas vivants, la matière spécifique modificatrice produit sur les cellules végétatives des réactions et transformations, non plus lentes et graduelles, mais rapides sans termes de transition, exactement comme cela se passe lorsque le plasma germinatif du pollen d'une espèce agit directement sur celui d'une autre espèce et fait varier immédiatement l'ovule et la graine.

Voici quelques exemples de ces changements subits, appelés bien à tort *spontanés*, mais en réalité dus à l'action des êtres inférieurs sur les végétaux, et non des retours ataviques :

---

(1) *Revue scientifique*, 6 février 1897, p. 164.

Sur un rosier à sépales glabres, un rameau à roses mousseuses apparut, il y a quelques années, au Jardin de Luxembourg à Paris. Or en examinant cette variété, on trouve toujours sur ces pieds une certaine quantité des bedeguars à surface mousseuse, galles produites par la piqûre et l'inoculation d'un cynips qui semble bien communiquer au rosier qui le porte, comme à la galle où il enferme sa larve, la propriété de produire les singulières excroissances mousseuses qui caractérisent cette variété.

Je disais plus haut que, dans la menthe poivrée (*Mentha piperita*) la forme de l'inflorescence peut se modifier. Certains rameaux prennent la disposition des sommités fleuries d'un genre voisin, le basilic (*Ocymum basilicum*), tandis que les organes de reproduction avortent et se changent en folioles. Ces rameaux, dits *basiliqués*, produisent une essence dextrogyre d'odeur particulière et non plus l'essence de menthe lévogyre que fournit le reste de la plante. Or MM. Charabot et Ebray (1) ont établi, en 1898, que cette variation de la menthe est due aussi à la piqûre d'un insecte. On prend ainsi sur le fait la tendance au passage d'une espèce à une autre, et presque d'un genre à un autre, sur le rameau du végétal piqué par l'insecte et sur lui seul.

D'après M. Marin-Molliard (2), les fleurs du *Matricaria inodora*, lorsqu'elles sont atteintes par le *Peronospora Radii*, prennent l'aspect des fleurs doubles des radiées. Beaucoup d'ombellifères et de crucifères, sous l'action des hémiptères et des acariens, offrent une virescence de tous leurs organes floraux.

Le même auteur vient d'observer des réactions de coalescence des plasmas agissant, cette fois, non plus seulement *in situ* comme dans les cas précédents, mais à distance : au milieu de nombreux pieds de *Primula officinalis* normaux, M. Molliard eut l'occasion d'en remarquer trois dont les fleurs étaient devenues pétaloïdes ; aucun parasite ne fut trouvé sur la partie aérienne de ces plantes, mais les radicelles de ces trois pieds, et de ces pieds seuls, étaient envahies par le mycelium d'une dematiée, cause de la variation. Une observation semblable fut faite sur un pied de *Scabiosa columbaria* : M. Molliard reconnut que ses racines seules étaient envahies par de très nombreuses galles d'*Heterodera radiciola*. Ici l'expérience de

---

(1) *Bull. Soc. Chim.* (3), XIX, p. 119.
(2) *Recherches sur les cécidies florales*, 1895.

controle suivante fut faite, et elle enlève tous les doutes : des pieds normaux de *Scabiosa columbaria* furent repiqués sur le terrain envahi par l'*Heterodera* précédent et ces pieds présentèrent, dès la floraison, la monstruosité observée.

M. Molliard ajoute qu'il a pu se convaincre que la forme dioïque du *Pullicaria dyssenterica* (Gaertner), décrite par M. Giard (1), est aussi due à une association parasitaire intéressant les organes souterrains du végétal.

Dans le même ordre d'idées, je pourrais encore citer les faits de tuberculisation des bourgeons souterrains sous l'influence de l'infection des racines par des champignons endogènes. Tel est, d'après M. N. Bernard (2), le cas de la formation des tubercules de la pomme de terre qui se développent sous l'influence du *Fusarium Solani* dont on trouve toujours les filaments et les spores dans les cellules subéreuses de la surface des tubercules sains, alors que les graines du végétal semées dans un terrain stérilisé, mais fertile, ne reproduisent pas de pieds à tubercules. Il est permis de rapprocher aussi de ces faits les variations subies par les végétaux dans leurs fonctions physiologiques et leur réceptivité aux maladies, observées par M. J. Beauverie et M. J. Ray; je veux parler de l'immunité acquise contre les maladies cryptogamiques après inoculations préalables de vaccins consistant dans la forme atténuée de cryptogames divers (3).

L'envahissement du système radiculaire par les cryptogames infestant tous les sols cultivés donne, très probablement, l'explication de la perte de résistance des vignes sauvages des forêts de l'Alsace, lesquelles, quoique aptes à se défendre contre les maladies cryptogamiques et les insectes tant qu'elles restent incultes, deviennent, d'après M. Oberlin, sensibles aux parasites végétaux et animaux lorsqu'on les soumet à la culture.

Toutes ces variations des végétaux, se traduisant par des modifications anatomiques de leurs fonctions, ne sont pas toujours aptes à se conserver par semis successifs, quelquefois même par boutures, mais elles ont ces caractères communs, qu'elles se produisent subitement et sans transition, et qu'elles peuvent frapper un seul individu

---

(1) *Bull. scientifique de France et de Belgique*, t. XX, p. 53 (1889).
(2) *C. R. Acad. Sciences*, t. CXXXII, p. 355
(3) *Idem*, t. CXXXIII, p. 107 et 307.

au milieu de tous les autres et même un seul rameau sur le même individu. En un mot, et quoiqu'on puisse les conserver généralement par greffe ou par bouture, quelquefois par semis, la production de ces variétés échappe aux règles de l'adaptation, de la sélection, des modifications lentes et successives. Chaque espèce de cellule conjointe, quelle qu'en soit l'origine, ayant apporté avec elle ses principes spécifiques, ses diastases, ses plasmas, l'hybridation ou, plus simplement, la variation, naît nécessairement et immédiatement de cette association de deux plasmas différents vivant en commun.

Nous venons parler de l'action, généralement due à d'heureux hasards, des venins, diastases, plasmas étrangers, etc., inoculés aux végétaux par des espèces souvent très éloignées, sous forme de piqûres ou bien au cours d'une symbiose cryptogamique et même animale. Mais les exemples les plus frappants et les plus instructifs de l'application du principe de la variation des races par coalescence des plasmas végétatifs nous sont fournis par l'étude de la greffe. Ici je m'appuierai en grande partie sur les belles recherches de M. Lucien Daniel, quoique je ne conçoive pas comme lui cette cause de variations (1).

J'ai dit plus haut comment j'avais prévu et expliqué, en 1886 (2) que de l'influence réciproque des cellules végétatives vivantes amenées au contact immédiat par piqûres, coaptation ou greffages pouvaient résulter des variétés nouvelles par une sorte d'hybridation asexuée. En voici la preuve.

Que l'on porte, comme l'a fait M. L. Daniel, un greffon d'aubergine sur un pied de tomate à fruit côtelé rouge vif, et l'on obtiendra, sur ce pied de tomate, à la fois des fruits allongés, pyriformes, comme ceux de l'aubergine dont ils ont la couleur, des fruits ovoïdes comme ceux du Solanum ovigerum et des fruits aplatis, côtelés, rappelant bien la tomate par leur forme. C'est là une démonstration très sensible de l'influence du sujet porte-greffe sur les produits

---

(1) Voir plus particulièrement : *La Variation dans la greffe et l'hérédité des caractères acquis*, de M. Lucien DANIEL. Paris, Masson, éditeur, 1899. — Voir aussi S. JOUIN : *Le Jardin*, n° du 20 janvier 1899, p. 22. — D'après M. L. Daniel, les variations dues à la greffe dépendraient bien plus du rapport entre la nutrition générale du sujet et du greffon, et de ce qu'il nomme leur *capacité fonctionnelle propre*, que de la nature, de la parenté, de l'analogie et aussi des différences spécifiques des sèves ou plasmas cellulaires.

(2) *Hommage à M. Chevreul*, passage cité, p. 35.

.sortis du greffon. Mêmes remarques si l'on greffe le piment conique sur la tomate rouge : on obtient ainsi des piments aplatis ayant tout à fait l'aspect de la tomate. Les plasmas du porte-greffe ont encore ici notoirement réagi sur ceux du greffon : résultat d'autant plus intéressant que le piment qui appartient au genre *Capsicum* n'hybride pas son pollen avec l'ovule de la tomate qui est du genre *Lycopersicum*. Si l'on greffe l'*alliaire officinale* sur le chou vert, l'odeur alliacée, si caractéristique de l'alliaire, diminue beaucoup et se mélange de l'odeur du chou. Le rameau d'alliaire greffé sur chou paraît d'ailleurs se développer normalement ; mais si l'on vient à semer les graines provenant de cette greffe, on remarque des différences tranchées dans l'appareil assimilateur des descendants : les feuilles en rosette de ces alliaires sont plus nombreuses, plus pleines, à l'odeur d'ail bien plus atténuée que dans les plantes normales. Les racines surtout sont beaucoup plus ramifiées, plus développées, épaisses, se rapprochant de celle du chou. Ces différences s'accentuent après un nouveau semis ; la seconde génération presentait, l'année suivante, un aspect trapu, des feuilles vertes très rapprochées, des inflorescences serrées et non lâches et allongées comme à l'état normal, une odeur faible d'ail et de chou qui faisait de ces sujets une variété bien distincte résultant de l'action primitive du plasma végétatif du chou porte-greffe sur le greffon d'alliaire.

Le célèbre horticulteur de Nancy, M. Lemoine, a souvent obtenu des variétés d'abutilons et de passiflores à feuilles panachées en greffant des bourgeons d'espèces à feuilles vertes sur des pieds d'espèces panachées.

Nous multiplierions à volonté ces exemples de l'influence du porte-greffe sur le greffon. L'hérédité des variations spécifiques ainsi produites a été établie par M. Daniel, par exemple pour la greffe du navet sur chou cabus, du chou-rave sur chou cabus, de l'alliaire sur chou, etc. L'action des plasmas du porte-greffe sur le greffon est donc aujourd'hui indiscutable.

Des remarques analogues ont été faites relativement à l'action réciproque du greffon sur le sujet qui le porte. J'en citais plus haut un cas observé par Darwin, mais l'exemple le plus frappant est celui du néflier de Bronvaux près Metz (1). Il provient d'un néflier

---

(1) Signalé au *Congrès de la Société nationale d'horticulture* par MM. Jouin. Procès-verbal de la séance du 20 mai 1898, p. 17. — Voir, à ce

greffé sur aubépine il y a une centaine d'années. Toute la partie de l'arbre sortie de la greffe est bien un néflier normal, mais un peu *au-dessous* de la greffe : le sujet, c'est-à-dire l'épine blanche, a donné naissance à une branche de néflier qui diffère de la partie greffée en ce qu'elle est épineuse et qu'au lieu de porter des fleurs solitaires, celles-ci, au nombre de 12 et semblables à celles du néflier, sont réunies en corymbe comme dans l'épine blanche. Les fruits de ce rameau sont de petites nèfles aplaties ou allongées. Ces caractères sont bien intermédiaires entre ceux des deux générateurs. Les graines sont malheureusement stériles. Sur une autre branche anormale, poussée sur la précédente, les feuilles sont plus grandes que celles de l'aubépine, lobées, mais à lobes moins prononcés que dans l'aubépine. Les fleurs sont celles de l'aubépine, mais de couleur rose. Les fruits sont de la grosseur et de la forme de ceux de l'aubépine, mais bruns et velus comme ceux de la nèfle.

M. L. Daniel (1), ayant greffé l'*Hœlianthus lœtiflorus*, sorte de *Petit Soleil* vivace, sur le Grand Soleil (*Hœlianthus annuus*), observa la plus remarquable influence du greffon sur le sujet. L'*Hœlianthus lœtiflorus* possède, à l'état naturel, une tige ligneuse couverte d'un épiderme vert sombre avec nombreux poils remplacés de bonne heure par des lenticelles étendues d'aspect caractéristique. Son pied porte des rhizomes très développés qui se renflent en tubercules gorgés d'inuline. Le Grand Soleil, plante annuelle, possède une tige à moelle abondante, très peu ligneuse, un épiderme vert pâle, des poils persistants, pas de rhizomes. Les pieds d'*Hœ. lianthus annuus* greffés d'*Hœlianthus lœtiflorus* furent profondément modifiés : alors que les autres *Grands Soleils* voisins étaient morts depuis longtemps, les pieds greffés vivaient encore, fin octobre, presque aussi verts qu'au milieu de l'été. La tige avait pris l'aspect de celle de l'*Hœlianthus lœtiflorus* ; elle était d'un bois fort dur et deux fois et demie aussi grosse que celle des Soleils ordinaires. Les poils étaient tombés et avaient été remplacés par les lenticelles de l'*H. lœtiflorus*. Les racines étaient très développées, à chevelu inextricable. Les rhizomes à inuline de l'*Hœlianthus lœtiflorus* n'avaient pas paru, la substance mère de cette inuline

---

sujet, une note de M. L. HENRY *Sur les formes intermédiaires entre néflier et aubépine* in *Journ. Soc. agriculture de France*, octobre 1899.

(1) Voir *Comptes Rendus Acad. Sc.*, t. CXXXIV, p. 866.

ayant été probablement changée en bois et fixée dans la tige du porte-greffe.

Tous ces faits, rapprochés de ceux que j'exposais plus haut sur l'action des inoculations par piqûres d'insectes, ou par parasitisme d'animaux inférieurs ou de cryptogames agissant sur les végétaux, me paraissent dériver du principe de la coalescence des plasmas, soit que les cellules végétatives restent en place, soit qu'elles puissent émigrer, comme cela se voit si souvent chez les animaux. Mais, pour que cette symbiose où coalescence se réalise, pour que la greffe réussisse et devienne l'origine de variétés aptes à se reproduire par boutures ou par graines, il faut que les plasmas aient des constitutions semblables, qu'ils soient aptes à se pénétrer, que leurs molécules constituantes puissent se remplacer au besoin. Ainsi cette aptitude qui résulte de leur structure intime préexiste à leur rapprochement. Je ne puis donc être de l'avis de M. L. Daniel quand il dit (1) : « Pour qu'une greffe réussisse, il faut et il suffit que les protoplasmas du sujet et du greffon n'aient pas, *à la suite de l'opération, leurs propriétés chimiques et physiologiques modifiées au delà d'une limite déterminée* qui annihile les propriétés essentielles de la substance vivante. » Pour moi, je pense que, pour que l'association et les modifications mutuelles se produisent, il faut qu'il y ait parenté, analogie suffisante et préexistante entre les plasmas vivants, essentiels, des cellules végétatives des deux races ou espèces qu'on essaye de rapprocher. Je dis analogie, non pas botanique, mais tissulaire, structurale, chimique. Si toutes les chicoracées se greffent entre elles, sauf les espèces qui forment de l'inuline, sur celles qui n'en forment pas, c'est que celles à inuline ont un protoplasma inverse ou symétrique du protoplasma de celles qui n'en produisent point ; le premier est propre à faire naître des produits tournant à gauche le plan de la lumière polarisée, des inulines à structure gauche ; les seconds forment des amidons à structure inverse tournant à droite le plan de la lumière polarisée. La production de l'inuline, en place d'amidon, chez certaines chicoracées, est la meilleure révélation de la structure inverse de leurs protoplasmas. Si l'on me permet une comparaison un peu vulgaire, je dirais que, pour que deux plasmas s'allient, il faut qu'ils puissent s'emboîter ; or, rien ne s'emboîte plus mal que deux hélices dextrogyre et sinistrogyre.

---

(1) *Les Variations dans la greffe*, p. 132, Masson, éditeur, Paris, 1892.

Je sais bien qu'on a reconnu que la coalescence par greffage peut réussir, dans quelques cas, entre espèces assez éloignées, pouvant même quelquefois appartenir à des familles différentes. Exemples : le chrysanthème (*Camomillées*) et l'absinthe (*Artémisiées*) se greffent sur le Soleil (*Hélianthées*) ; le fenouil (*Sésélinées*) et le panais (*Peucédanées*) se greffent sur la carotte (*Daucinées*), etc., alors que dans la famille des légumineuses on ne peut parvenir à greffer entre elles les plantes appartenant à des tribus différentes (1) et dans les Chicoracées celles à inuline sur celles à amidon. Ceci paraîtrait contraire au principe de la coalescence des plasmas, et le serait, en effet, si l'on pouvait affirmer que la classification botanique est fondée sur la structure intérieure des organes et plasmas au lieu de l'être sur les formes extérieures de la fleur (2).

Il est possible, d'ailleurs, que ces faits négatifs tiennent quelquefois à l'activité végétative très différente du greffon et du sujet qui ne permet pas l'union intime ou l'utilisation des matières nutritives parvenues à un degré différent d'assimilabilité dans le greffon et dans le porte-greffe. Tel me paraît être le cas de la greffe exceptionnellement délicate du cognassier sur poirier.

Il est certain que l'analogie des plasmas fécondateurs et végétatifs des plantes qui peuvent se féconder ou s'unir par la greffe est liée aux analogies des structures de la fleur et de la graine sur lesquelles est fondée la classification botanique, puisque la pollinisation et le greffage réussissent le plus souvent entre variétés d'une même espèce ou entre espèces voisines (3) ; mais cette analogie des deux plasmas

---

(1) Des faits semblables se remarquent, du reste, pour l'hybridation pollinique, chez les crucifères. Gaertner n'a jamais pu obtenir de croisements entre deux espèces. Chez les solanées, on ne réussit jamais entre deux espèces appartenant à deux genres différents, alors qu'on est certain de l'analogie de leur structure florale.

(2) Toutefois, il faut qu'il existe, en général, quelque rapport simple quelque analogie, entre les caractères extérieurs de la fleur et la structure stéréo-chimique des plasmas fécondatifs et végétatifs pour que ce soit le plus souvent entre espèces voisines que s'allient les plasmas générateurs et que réussissent les greffes.

(3) De même, chez les animaux, l'analogie de structure des plasmas est liée à la structure anatomique extérieure. En effet, les espèces voisines seules peuvent allier leurs plasmas fécondateurs, et les plasmas végétatifs eux-mêmes, ceux du sang en particulier, ne se fusionnent que dans les espèces à structures extérieures très voisines. C'est ainsi que si l'on injecte à un animal du sang d'une espèce différente, ces sangs ne se fusionneront

n'est pas une identité, et le rapport qui les rapproche en chaque cas peut être plus ou moins étroit. M. L. Daniel a montré qu'on peut greffer le chou sur l'alliaire, le chou sur le navet, le piment sur la tomate, et réciproquement ; mais les fécondations du chou par l'alliaire ou le navet, de la tomate par le piment ne réussissent pas, pas plus que ne réussit celle du Soleil par le chrysanthème ou l'absinthe qui se greffent cependant sur lui. Pour qu'il y ait coalescence, il faut avant tout (sans que ce soit toujours une condition suffisante) que les plasmas cellulaires puissent, en vertu de l'analogie de leur structure, coexister, se remplacer l'un l'autre, comme les substances isomorphes, sans être identiques cependant entre elles, peuvent se remplacer et coexister l'une à côté de l'autre, et en proportions variables, dans un même cristal.

La comparaison des cristaux formés de plusieurs substances isomorphes associés et des métis végétaux me semble assez conforme à la réalité. Tout semble démontrer, en effet, que, dans la structure des nouvelles races, les molécules issues des deux générateurs s'associent d'abord sans se fusionner en une molécule mixte. Elles paraissent se juxtaposer comme nous savons que se produit, en physiologie, la soudure des diastases aux corps qu'elles modifient, en pathologie, l'union des toxines aux antitoxines, des corps aux anticorps, etc. Sur le singulier rameau du néflier de Bronvaux, plus haut cité, on voit les branches de l'espèce nèfle pousser à côté des branches de l'épine blanche, et sur la même branche les caractères des deux générateurs peuvent encore se disjoindre. Dans les greffes de piment sur tomate, on peut apercevoir de semblables dissociations. Mêmes effets s'il s'agit d'hybrides par pollinisation, comme en témoignent les fleurs panachées des deux couleurs des ascendants, ou la diversité des deux individus sortis du semis de graines issues

---

pas, et l'animal détruira ce sang étranger ou sera détruit par lui. Le sang de l'homme détruit le sang de chien, de mouton, de lapin, de bœuf, et réciproquement. Au contraire, de même que s'allient leurs plasmas générateurs, le sang de lièvre peut être injecté au lapin, celui du rat à la souris, du chien au loup et au renard, du chat au jaguar, et réciproquement. Seuls les sangs des singes anthropomorphes, chimpanzé, orang, gibbon, peuvent être mélangés au sang humain et le sang humain injecté au chimpanzé ; mais les sangs des singes catarrhiniens ne peuvent être injectés à l'homme sans être détruits. La structure interne de leurs plasmas diffère donc trop, comme diffère parallèlement la structure externe des animaux qui les fournissent.

d'un pied unique ayant reçu le pollen d'une autre variété. Tous les degrés de mélange des plasmas générateurs se rencontrent généralement dans les sujets issus de ces mariages et ils comportent souvent le divorce des conjoints que l'on peut voir se séparer en diverses parties du végétal, ou bien à la suite de semis successifs.

La coalescence des plasmas végétatifs ou fécondateurs semble donc être comme un accouplement où chaque espèce chimique conserve plus ou moins longtemps sa personnalité, je dirais presque sa liberté. Aussi cette coalescence ne suffit-elle pas toujours à assurer la stabilité des nouvelles races. Il faut, pour qu'elles se fixent, que l'alliance soit profonde et répétée, que les deux plasmas qui se marient se fusionnent enfin en une espèce unique. A ce phénomène définitif qui fixe la race, contribuent la continuité et la répétition des influences, les conditions du milieu extérieur, l'ensemble des forces physico-chimiques réagissant dans la cellule, en particulier la chaleur et la lumière qui, en général, font tendre les molécules constituantes vers des états d'équilibre de plus en plus stables. De deux molécules plasmatiques déjà analogues et très instables par elles-mêmes, comme le sont tous les composés albuminoïdes, dérive enfin une molécule définitive nouvelle qui vient fixer la race et l'espèce et leur communiquer sa stabilité relative.

Concluons : Un être vivant varie parce que les plasmas spécifiques de ses organes ont varié. Je l'ai démontré au début de cet article. Ces modifications moléculaires, lorsqu'elles sont profondes et rapides, sont généralement dues à l'action de plasmas étrangers, fécondatifs ou végétatifs, que des circonstances naturelles ou fortuites ont mis en coalescence avec les cellules de l'être que l'on considère. Cette coalescence, ou accroissement en commun est la conséquence de l'analogie de fonctionnement des deux plasmas, corrélative elle-même de l'analogie de leur structure, et celle-ci semble à son tour plus ou moins expressément en rapport avec les formes extérieures de la fleur et de la graine chez les plantes, avec la structure anatomique chez les animaux.

La race nouvelle demeure variable tant que les plasmas alliés restent coaptés ou intimement unis sans être encore arrivés, grâce à la continuité de leur contact et à l'action des agents extérieurs, en particulier de la chaleur et de la lumière, à former une molécule unique nouvelle généralement plus stable que celle des deux composants.

Sauf les cas où intervient la sélection artificielle, c'est donc vers un état de stabilité toujours plus grand que tendent les races et, à plus forte raison, les espèces végétales ou animales. La fixité de ces dernières, démontrée par la grande difficulté qu'on a de passer d'une espèce à une autre, est la conséquence rationnelle de la fixité de la partie commune de l'édifice moléculaire caractérisant les différentes variétés de l'espèce, et de l'impossibilité qu'on éprouve le plus souvent à faire passer les molécules spécifiques de leurs protoplasmas d'une famille chimique à une autre famille.

IV

En appliquant maintenant ces vues à la production de nouveaux cépages, il me semble qu'il y aurait intérêt à tenter les essais suivants :

En ce qui touche aux influences dérivées des plasmas reproducteurs, essayer des fécondations par pollen de *Vitis Vinifera* sur plants américains ainsi que sur les races qui découleraient successivement de cette première hybridation, de façon à produire, sinon des cépages nouveaux directement utilisables par leurs fruits, au moins des porte-greffes modifiés par les races européennes et aptes dès lors à se marier par greffage neutre et solide aux meilleurs cépages européens, sans que le porte-greffe influence sensiblement le greffon en raison de cette modification préalable artificielle de ses plasmas.

Pour ce qui est des influences réciproques du greffon et du sujet, il semble qu'un premier greffage, même à *greffe mixte*, c'est-à-dire où la végétation du porte-greffe est assurée par la conservation de quelques-uns de ses rameaux, ne confère au greffon qu'une partie des aptitudes du sujet puisque nous avons vu que celui-ci est lui-même modifié par le greffon. Mais, si un œil de greffe pris sur une branche déjà greffée sur un pied de race étrangère qui, par conséquent, est déjà modifié lui-même sensiblement par la greffe qu'il a subie, est porté sur un second pied de cette même race n'ayant jamais subi de greffage, celui-ci communiquera au greffon déjà impressionné une nouvelle modification dans le même sens qu'avait fait le premier sujet ; et, si ces greffes successives sur pieds vierges de race pure se répètent une troisième, une quatrième fois, on pourra accumuler ainsi sur le greffon de troisième et quatrième portée les qualités du porte-greffe. Telles seront, si l'on a bien choisi celui-ci, la résistance au froid, à la sécheresse, aux moisissures, la hâtivité, l'abondance du fruit, etc. ; en même temps, on conférera à la race ainsi modifiée une plus grande fixité.

Supposons que nous choisissions comme porte-greffe un plant

américain bien résistant au phylloxéra, à la chlorose et aux moisis-
snres, et peu ou pas foxé. Greffé par un de nos bons cépages français,
il communiquera en quelque mesure à son greffon certaines de ses
qualités secondaires, peut-être une partie de sa résistance aux
atteintes du phylloxéra. Un second greffage d'un bourgeon emprunté
à ce rameau déjà impressionné, sur un autre pied vierge américain
de même race, accentuera sans doute encore la résistance acquise et
ainsi de greffe en greffe jusqu'à la 4e ou 5e opération. Que l'on sème
alors la graine du cépage français ainsi modifié par ces greffes successives sur pieds vierges américains, il en résultera des variétés nouvelles
et l'on pourra recueillir celles où se sont accumulées à la fois les propriétés du plant américain apte à la résistance au phylloxéra, tout en
ayant le mieux conservé au fruit les qualités du plant français primitif.

Mais j'entre ici dans le domaine de la pratique et je m'aperçois que
je parle devant de savants agriculteurs, œnologues, professeurs de
viticulture à qui je dois demander le résultat de leur expérience et
non essayer de suggérer mes idées et mes plans. En écrivant ce
mémoire, mon but a été seulement de tenter d'expliquer, d'après mes
observations personnelles et aussi celles des autres, combien profondes sont les modifications que l'hybridation sexuelle introduit dans
la constitution, dans la trame même du végétal, et comment le
principe nouveau de la coalescence des plasmas explique les faits
dits de variation spontanée et permet de les rapprocher des hybridations par pollens d'espèces ou de variétés différentes. Ce principe
me paraît donner la raison à la fois des modifications dites monstrueuses et de celles que les travaux des savants modernes sur les
effets de la greffe sont venus nous faire connaître. L'étude méthodique,
expérimentale, des modifications produites par les piqûres d'insectes,
la symbiose des bactéries, des moisissures, des parasites de toute
espèce, les inoculations de toxines ou de plasmas divers, et surtout
les hybridations par greffage entre espèces voisines ou éloignées,
constituent un vaste domaine plein de promesses pour l'avenir. Il me
semble qu'éclairés par ce principe de la *coalescence des plasmas* qui
permet de tenter et d'expliquer les alliances les plus lointaines et les
plus imprévues, horticulteurs et viticulteurs ne seront plus désormais obligés d'attendre, en dehors des variations obtenues par
pollinisation et semis, de hasards plus ou moins heureux, mais
toujours rares et incertains, la production de races nouvelles
qu'en dehors du principe de la coalescence on ne savait comment
expliquer, diriger, imiter ou provoquer.

M. le Président. — Je remercie, au nom du Congrès, M. Armand Gautier de son importante et magistrale leçon qui ouvre à l'hybridation des horizons si nouveaux (Applaudissements).

Je donne la parole à M. *Daniel* sur les *Variations spécifiques dans la greffe ou hybridation asexuelle.*

LA VARIATION SPÉCIFIQUE DANS LA GREFFE OU HYBRIDATION ASEXUELLE

Par Lucien DANIEL

Maître de Conférences de Botanique appliquée à l'Université de Rennes, chargé de mission par M. le Ministre de l'Agriculture

La variation dans la greffe, autrement dit une des formes de l'influence réciproque du sujet et du greffon, est une des questions qui ont donné lieu aux plus vives controverses depuis l'antiquité jusqu'à nos jours. On peut ajouter qu'aujourd'hui encore, cette question est loin d'être élucidée sur toutes ses faces, malgré les nombreux travaux dont elle a été l'objet.

Avant d'en faire l'étude d'après une série d'expériences récentes, exécutées d'après une méthode nouvelle, il m'a paru indispensable de donner ici un aperçu historique de la question. *Suum cuique*, à chacun le sien, sera la devise de ce mémoire.

I. — HISTORIQUE

Les Anciens et les Modernes sont, en général, en complet désaccord sur l'étendue et, parfois même, sur l'existence de la variation dans le greffage.

a. — IDÉES DES ANCIENS.

Les Anciens, dès les temps les plus reculés, en Chine (1) comme en Europe, s'étaient préoccupés des effets du greffage. Aristote (2), s'étant borné à parler de l'opération sans en indiquer les résultats, c'est son disciple Théophraste (3) qui a, le premier, considéré le

---

(1) Les chiffres entre parenthèses correspondent à l'index bibliographique qui termine ce mémoire.

greffage comme une plantation ou un bouturage et qui, par le fait même, a nié l'existence de la variation dans la greffe. L'idée est loin d'être récente, comme on le voit.

Après lui, si quelques rares praticiens comme Caton (4) ont simplement considéré la greffe au point de vue utilitaire pur et laissé de côté, volontairement sans doute, l'influence réciproque du sujet et du greffon, en revanche, la plupart des agronomes grecs, latins, arabes et les auteurs du Moyen-Age l'ont admise et en ont, à l'envi, raconté les effets merveilleux.

Ces auteurs peuvent se classer en deux groupes :

1º Ceux qui, comme Varron (5), par exemple, admettaient volontiers une modification à la suite du greffage, mais la considéraient comme légère et portant simplement sur des caractères secondaires: changement de taille, amélioration des fruits, etc. ; changements d'ailleurs analogues à ceux que produit la culture en sols variés. Mais ils considéraient comme impossibles ces modifications plus profondes que l'on a désignées depuis sous le nom de variations spécifiques, parce qu'elles peuvent porter sur les caractères des espèces ou des variétés greffées.

2º Ceux qui, comme Columelle (6), Virgile (7), Pline (8), Palladius (9), les agronomes arabes (10) et beaucoup d'auteurs du Moyen-Age (11) admettaient non seulement les variations dues à un changement de nutrition générale causé par l'opération, mais croyaient aussi à la possibilité de transformer profondément les espèces par le greffage entre plantes appropriées, convenablement choisies et d'obtenir ainsi des êtres bizarres, intermédiaires entre les types naturels que, depuis, l'on a désignés sous le nom de métis et hybrides de greffe.

Il est bien certain que le poète Virgile, le compilateur Pline et ses imitateurs ont donné un libre essor à leur imagination. Les exemples de la vigne greffée sur olivier et donnant des raisins pleins d'huile; du rosier greffé sur le houx et donnant des roses vertes, etc., sont là pour le prouver. Ils font sourire à juste titre et se moquer avec raison de ceux qui, à leur imitation, rechercheraient aujourd'hui cette nouvelle pierre philosophale.

Cependant, ces exagérations même ont un côté intéressant. Elles nous montrent combien, chez les Anciens, était ancrée l'idée de l'hybridation par la greffe. S'il paraît aujourd'hui puéril d'admettre sans contrôle tout ce qu'ont affirmé les agronomes grecs, latins ou arabes, il me semble tout aussi peu logique de rejeter le tout en bloc et de considérer l'idée de l'hybridation par la greffe comme une pure conception de leur esprit, inventée de toutes pièces et n'ayant été suggérée par aucun fait précis observé à la suite de l'opération.

Les Anciens ont-ils réellement obtenu des hybrides singuliers comparables à ceux que l'on connaît actuellement et que j'aurai à décrire ici, ou bien ont-ils pris des hybrides *sexuels pour des hybrides de greffe* ? Les deux hypothèses sont évidemment admissibles, étant données leurs idées sur la fécondation.

Aussi, dans tout ce qu'ils nous ont laissé à cet égard, ne retiendrai-je que l'idée de la variation spécifique et la méthode pour l'obtenir car il me paraît absolument impossible de démêler, dans les faits rapportés, la part de la vérité et celle de l'erreur.

b. — Idées des Modernes.

C'est au XVIIe siècle que se place une observation très intéressante sur la genèse d'un hybride de greffe très singulier, que l'on appela la *Bizarria* pour cette raison (12).

En 1644, un jardinier de Florence eut l'idée de semer la graine d'un oranger qui avait été primitivement greffé avec un citronnier, mais dont le greffon avait accidentellement péri. Les graines du sujet donnèrent un arbuste qui porta à la fois des feuilles, des fleurs et des fruits analogues à l'orange amère, des fruits semblables à ceux du citron et d'autres intermédiaires entre l'orange et le citron. Dans les fruits intermédiaires, les caractères du sujet et du greffon se trouvaient confondus ensemble ou séparés de diverses manières, dans un même fruit, tant au point de vue de la forme qu'au point de **vue** du goût.

Malgré ce résultat qui rappelait ceux qu'avaient indiqués **les** Anciens, de nombreux essais infructueux permirent à l'abbé Legendre curé d'Hénonville, de s'affranchir de la tutelle des Anciens **(14)** et il fut suivi dans cette voie par La Quintinye (15).

A partir de ce moment, on nie non seulement les influences **spéci**fiques, mais on n'admet plus la possibilité de la réussite des **greffes** hétéroclites, c'est-à-dire de la greffe entre plantes très **différentes.** Mais on constate de nombreuses variations de nutrition générale dont on tire un excellent parti dans la pratique. En greffant une **plante** vigoureuse (poirier), sur une plante plus faible (coignassier), **on** obtient les petites formes des jardins et l'on crée **l'arboriculture actuelle.** En remarquant et précisant pour la première fois la manière dont chaque variété se comporte suivant les sujets sur **lesquels** elle est placée, on jette les premières bases de **l'affinité** dans le greffage.

Un peu plus tard, Wats observe la transmission de la panachure dans la greffe du jasmin, fait confirmé bien des fois depuis sur le jasmin, les Tacsonias, les Abutilons, etc., et l'attention se trouva ramenée par Bradley (18) sur la variabilité spécifique des plantes greffées. Mais ce caractère fut dès ce moment considéré comme une maladie transmissible et, s'il en est ainsi, les adversaires de l'influence refusèrent avec raison d'en tenir compte.

A la suite de nombreux essais négatifs qui avaient porté sur les greffes proprement dites, Duhamel du Monceau conclut définitivement à l'impossibilité des variations spécifiques (17) et Adanson (18) formula en 1763 son fameux principe de la parenté botanique en fait de greffage, d'après lequel deux plantes ne peuvent se greffer entre elles si elles n'appartiennent au même genre, principe étendu depuis à la famille.

Chaptal, dans l'article *Vigne* du Dictionnaire Rozier (19), constate qu'il y a une différence entre le vin des vignes greffées et celui des vignes cultivées directement. Mais il croit que cette différence ne dépend pas de la greffe en elle-même : elle doit être attribuée à la différence d'âge des sujets.

Cette conception paraît lui avoir été suggérée par les travaux du célèbre Knight (20). Ce savant botaniste horticulteur avait fait, à ce moment, de curieuses recherches de physiologie végétale et ses études sur la greffe sont des plus remarquables.

C'est lui qui démontre définitivement, par une série d'expériences ingénieuses, que la qualité d'un fruit varie avec les sujets greffés, avec l'âge des parties que l'on greffe, etc. Il conclut que chaque greffon communique à son sujet dans une certaine mesure, les propriétés de l'arbre auquel il est emprunté, même la vieillesse, de sorte qu'il y a peu de **variétés permanentes** par leurs caractères quand on les propage par greffe ou par bouture même. De là, la nécessité de préparer de nouvelles variétés pour remplacer celles que l'on multiplie exclusivement par voie végétative.

Knight ne nie point la possibilité de l'influence spécifique dans la greffe. La possibilité de la variation produite sur la descendance des conjoints, soupçonnée par Jacques Boyceau au siècle précédent (15), lui paraît aussi très probable, mais en dehors de l'obtention de cerisiers précoces, il n'a laissé, dans cette voie, aucune expérience nettement concluante.

Vers la même époque, Cabanis (21) constate que les pépins venant **de greffe** sur coignassier, donnent plus de variétés que les pépins du même poirier greffé sur franc.

Un peu plus tard, Gallesio (22) montre que la naturalisation de l'oranger doux en Italie est le résultat de la greffe. Les froids rigoureux de 1709 et de 1763 avaient fait périr tous les orangers doux que l'on greffait sur plants résistants au froid; on dut alors en élever des graines de l'orange douce; au grand étonnement des habitants, les fruits furent doux et les arbustes **résistants au froid**, quand l'ancienne variété y résistait fort mal. C'était là un exemple remarquable d'une transmission de résistance du sujet à la postérité du greffon, mais cet exemple a toujours été laissé dans l'ombre, sauf par Darwin (31).

. Thouin (23), le célèbre professeur de Culture du Muséum, était à la fois, pour le plus grand bien de la science et de l'horticulture, un savant doublé d'un praticien. Ses recherches sur la greffe, très intéressantes en elles-mêmes, n'ont trait qu'indirectement avec le sujet qui nous occupe. Il s'est cependant rangé du côté des adversaires de l'influence spécifique, malgré quelques faits observés par lui en faveur de l'opinion inverse. Il cite, en particulier, ce fait intéressant, qui mérite de fixer l'attention : « Lorsque deux espèces sont greffées « sur un même sujet, dit-il, celle de ces espèces dont le fruit prédo- « mine enlève la saveur à l'autre. J'ai eu occasion de reconnaître ce « fait important sur un abricotier de Nancy et une Reine-Claude « greffés sur prunier. Mais cette observation intéressante mérite « d'être vérifiée sur un plus grand nombre d'espèces d'arbres. »

En 1825, un habile horticulteur, Adam, greffa un Cytise pourpre sur le *Cytisus Laburnum*. Un des écussons bouda un an et donna plusieurs scions dont l'un, plus vertical et à feuilles plus grandes, fut multiplié par la greffe. Ce rameau fut l'origine du si curieux *Cytisus Adami*, plante célèbre qui présente, à la fois, comme la *Bizarria*, sur certaines branches, les caractères fusionnés des deux espèces composantes et sur d'autres, ces mêmes caractères séparés. Outre cette **disjonction des caractères**, qui le distingue en général des hybrides sexuels, le *Cytisus Adami* offre la particularité d'être stérile par l'ovule et fertile par les étamines.

Des doutes nombreux ont été émis, sur l'origine de cette obtention, par divers auteurs, beaucoup plus sûrs de l'origine de la variation que l'obtenteur lui-même.

Sageret, en 1830 (24) et Pépin, en 1848 (25), tous les deux praticiens distingués, admettent l'influence de la greffe sur la qualité des fruits et pensent que la graine elle-même doit s'en ressentir.

C'est en 1849 que Gaertner (26) publia un livre intéressant où il a cherché à réunir tous les faits relatifs à la réaction mutuelle qui peut se produire entre le sujet et le greffon ; il cite des cas de greffe où l'on a observé des changements dans la caducité des feuilles, le volume ou la forme des fruits. A la suite d'études comparatives, il constate ce fait important que l'affinité végétative dans le greffage est différente de l'affinité sexuelle dans le croisement et que la greffe offre dans la reprise, des limites beaucoup plus larges que la fécondation croisée dans les plantes. Il faut citer encore, parmi ses observations, celle qui a trait à la panachure des raisins par le greffage, fait indiqué souvent par les auteurs depuis Columelle. En fendant des branches de vignes à raisins blancs et des branches voisines de vignes à raisins noirs et en rapprochant les surfaces, il obtint des grappes blanches, des grappes noires et des grappes à raisins panachés. A. de Tscharner aurait obtenu souvent le même résultat, fait d'autant plus intéressant et démonstratif, que le célèbre Knight n'a jamais pu l'obtenir par la fécondation croisée (20).

La même année, un ampélographe connu, le comte Odart (27), bien que désireux de démontrer à tout prix la permanence des variétés de raisins, est obligé d'avouer que quelques-unes d'entre elles, soumises à un traitement différent ou croissant sous un autre climat, varient dans la teinte du fruit et dans l'époque de sa maturation.

Plus tard, en 1865, au Congrès d'Amsterdam, Caspary (28) se posa en défenseur des hybrides de greffe. Il se basa sur la monstruosité des ovules et l'état normal des étamines du *Cytisus Adami* pour le séparer des hybrides sexuels où l'on observe une déformation inverse.

Au même congrès, le Dr Rodigas raconta qu'il « avait greffé à œil « dormant un bourgeon de *Cratægus* sur la tige d'un *Sorbus aucu-« paria*. L'écusson avait été placé à un mètre environ au-dessus du « sol, en juillet. Au printemps suivant, le bourgeon se développa et « donna des pousses de 5 à 6 centimètres. Les feuilles se desséchèrent alors, mais en même temps, du côté opposé, **à environ** **« 18 centimètres au-dessous du point d'insertion de la** **« greffe,** il se développa un véritable bourgeon de *Cratægus* dont « les feuilles acquirent bientôt la moitié de la grandeur normale. « Elles étaient bien saines et bien caractérisées. A son tour, ce

« bourgeon se dessécha. La tige avait à cet endroit 9 centimètres de
« circonférence; elle était parfaitement lisse et nul vestige d'inser-
« tion d'une autre greffe n'était appréciable, même à l'aide d'une
« loupe assez forte, tandis que la cicatrisation de l'écusson demeura
« nettement prononcée, comme toujours en pareil cas. L'œil, du
« reste, avait poussé absolument comme pousse un bourgeon
« adventif. »

A la suite de l'exposé du fait se trouve émise, avec doute il est
vrai, l'explication suivante : « Est-il possible qu'une cellule renfer-
« mant en elle le germe vital du *Cratægus* ait pu être charriée
« depuis le point d'insertion jusqu'au point où le bourgeon s'est
« fait jour, à 18 centimètres au-dessous et du côté opposé? » Il est
inutile de discuter cette hypothèse, mais le fait n'en reste pas moins
un argument frappant en faveur de la théorie des formations
descendantes, à laquelle on oppose encore de nos jours la ligne de
démarcation si nette que l'on observe en général entre les tissus du
sujet et ceux du greffon.

La même année, Carrière (29) constatait dans la greffe du *Garrya
elliptica* sur *Aucuba* de remarquables changements dans la forme
du greffon et, en 1867, Briot exposait les variations de forme produites par la greffe de certaines Conifères (30), sous l'influence du sujet.

L'illustre naturaliste Darwin (31) s'est rangé à l'avis de Caspary,
avec quelques réserves toutefois, et il admet l'existence des métis et
des hybrides de greffe, qui sont d'ailleurs, d'après M. Delage (40),
une conséquence obligatoire de sa théorie.

Outre les exemples plus anciens de la *Bizarria* et du *Cytisus
Adami*, Darwin cite les expériences de Trail, Feun et Dean sur les
pommes de terre. Des variétés à tubercules bleus et à tubercules
blancs, greffées entre elles sur tubercules, produisirent à la fois des
tubercules bleus, des tubercules blancs et des tubercules panachés.
La nature de la chair était non seulement modifiée, mais aussi
l'épiderme, les tiges et les feuilles, et ces changements étaient
encore très nets après trois ans de culture. Ces résultats, confirmés
par Hildebrand en Allemagne, ont été vivement contestés en France
et en Belgique.

Darwin cite encore d'autres exemples des plus intéressants, et qui
méritent être rapportés ici, car ils sont peu connus.

Un horticulteur anglais avait greffé un *Rosa devoniensis* sur une
rose de Banks blanche. Au niveau de l'écusson, en dehors des branches fournissant les roses types des deux variétés, il poussa une

3e branche qui tenait à la fois un peu des deux. Cette variation fut présentée à la Société d'horticulture de Londres et le Dr Lindley conclut à un mélange des deux roses greflées. « Il paraîtrait, dit
« Darwin, que la rose de Banks affecte quelquefois les autres
« variétés ; sans ce renseignement on aurait pu croire que cette
« variété nouvelle était due à une variation de bourgeons et s'était
« accidentellement manifestée au point de jonction des deux
« anciennes. »

Downing, à la suite de nombreux essais de greffe exécutés en Amérique sur les pêchers se reproduisant naturellement de semis, constata que ces pêchers avaient perdu cette qualité à la suite de la greffe. Il en fut de même pour diverses Rosacées à noyau.

Enfin le *Passiflora alata* ne peut produire de fruits que grâce à l'intervention d'un pollen étranger. Or, d'après Munro, M. Donaldson ayant greffé le *Passiflora alata* sur une espèce différente, cé *Passiflora alata* s'est alors fécondé lui-même ; depuis il a continué à se féconder ainsi et à produire des fruits en abondance.

Mais, en raison même d'expériences négatives effectuées par beaucoup de botanistes et d'horticulteurs, en raison surtout de ce que présentaient de contraire aux théories du moment les faits précédents, l'hypothèse de l'hybridation par la greffe fut rejetée presque unanimement comme **paradoxale**.

En 1869, Bureau (32) signale un fait intéressant, à rapprocher de celui qu'avait fait connaître le Dr Rodigas. Dans un greffe, effectuée au Muséum entre le *Tecoma radicans* et le *Catalpa*, on voyait très nettement les faisceaux fibro-vasculaire rougeâtres du *Tecoma* s'insinuer entre le bois et l'écorce du *Catalpa* sur une longueur considérable. C'est un nouveau fait en faveur de la théorie des formations descendantes.

Plus tard, en 1884, le célèbre botaniste allemand Strasburger (33) publiait ses remarquables recherches sur la greffe des Solanées, recherches qui ont eu un grand retentissement. Ayant greffé les *Datura*, *Physalis* et autres espèces sur des boutures de pommes de terre, il constata, à l'analyse, une petite quantité d'atropine dans les tubercules du sujet. Ces tubercules étaient produits en abondance ; leur forme était tantôt normale, tantôt anormale.

L'auteur attribua ces résultats à une influence du sujet sur le greffon ; il les expliqua par une influence directe des deux plantes s'exerçant par l'intermédiaire des communications protoplasmiques. Cette explication est, de toutes celles qu'il donne, la meilleure à mon avis. Mais les communications protoplasmiques, signalées par Thuret et Bornet, en 1878, existent-elles partout et surtout dans la greffe? C'est ce qui restait à démontrer. Or, Gy. de Istvanffi avait, en 1882, montré, dans une publication en langue magyare, l'existence de ces communications dans les Loranthacées, les Conifères; puis, à la suite d'études plus approfondies, il a fait voir que le fait était général. Récemment enfin, il a montré, à l'aide de méthodes plus perfectionnées, que ces communications existent à la suite de la greffe dans la vigne, au niveau du bourrelet (67). L'importance de cette dernière constatation est grande et n'échappera à personne. Avec ces communications protoplasmiques, une action générale à distance se comprend, mais une réaction localisée, comme c'est souvent le cas dans la greffe, s'explique peut-être un peu plus difficilement.

Pour Strasburger, le *Cytisus Adami* est un hybride de greffe et sa formation peut s'expliquer par une conjugaison de cellules asexuelles. Deux cellules, **au niveau de la soudure**, se sont ouvertes l'une dans l'autre et ont combiné leurs protoplasmas. A ce point est né un bourgeon adventif avec participation de cellules mixtes et de cellules non conjuguées appartenant au sujet et au greffon. Il faut remarquer que cette hypothèse exige, comme condition formelle de réalisation, que l'origine du rameau modifié se trouve au niveau même du bourrelet : c'est le cas du *Cytisus Adami*, il est vrai, mais ce n'est point un cas général.

Strasburger pense encore que les cellules blessées pendant l'opération ont pu se juxtaposer et mélanger intimement leurs protoplasmas. Cette hypothèse est inadmissible, car pour se réaliser, elle exige le **maintien de la vitalité des cellules blessées** jusqu'à ce que la soudure soit effectuée. Cette soudure ne s'effectue qu'au bout d'un temps assez long, et toute cellule blessée meurt très rapidement, à moins de prendre des précautions minutieuses, délicates, ce à quoi l'on ne songe guère dans la pratique du greffage. En outre, cette hypothèse exige que l'**origine du rameau soit profonde** et date de l'année même du greffage. Nous verrons, par de nombreux exemples, qu'il n'en est pas toujours ainsi.

En 1887, Guignard, dont les belles recherches cytologiques font autorité, prouve par des considérations d'embryogénie (34) que le *Cytisus Adami* n'est pas un hybride sexuel : « Un hybride, dit-il, « entièrement stérile par l'ovule (ce qui est le cas du *Cytisus Adami*) « ne m'a jamais offert de pollen fertile ». Ce fait, joint à d'autres considérations qu'il développe dans ses Mémoires, lui permet d'affirmer que le *Cytisus Adami* n'est pas, comme on l'a cru souvent, le résultat d'une fécondation croisée accidentelle.

Weissmann (35) se range à l'avis de Strasburger, mais il fait des réserves au sujet de l'origine des modifications signalées à la suite de la greffe, origine pour lui des plus douteuses. étant donné qu'il s'agit le plus souvent d'expériences de pure pratique, non comparatives et par suite peu démonstratives.

En 1891, Bailey (36) greffe entre eux les fruits de deux races de tomates ; il sème séparément les graines des portions intactes des deux fruits et celles récoltées au niveau de la soudure. Les premières reproduisent les races pures ; les secondes donnent des plantes qui possèdent mélangés les caractères des deux races greffées.

Dans un curieux travail sur l'évolution de la plante, il pose en principe que la sexualité n'est nullement nécessaire à la variation, sans nier toutefois l'importance de la fécondation sous ce rapport.

Vochting (37), en 1892, publie un important travail sur la greffe. Il admet volontiers que la nutrition est modifiée par l'opération, mais pour lui la réaction ne va pas plus loin. « Le caractère particulier « des influences spécifiques, dit-il, si leur existence était prouvée, « serait qu'elles provoqueraient des changements spécifiques et que, « par conséquent, elles seraient profondes. **Mais on a démontré « que ces influences étaient presque toujours des illusions.** « Nous, personnellement, nous n'en avons jamais trouvé. Par ces « influences seraient produits les hybrides de greffe dont l'existence « est fort douteuse, comme nous l'avons dit. »

Dans cet ouvrage, Vochting rapporte une très curieuse observation de Lindemuth qu'il a lui-même contrôlée. Lindemuth, ayant greffé des pommes de terre à tiges violettes sur des pommes de terre à tiges vertes, remarqua que les tiges vertes du sujet devinrent rouge carmin, tandis que les greffons tiraient plus sur le violet. Vochting croit qu'il n'y a pas là d'influence spécifique, pas plus qu'il n'en trouve dans les expériences de Strasburger. « Les substances colorantes, dit-il, ne peuvent passer elles-mêmes, « car le plasma vient leur barrer la route ; on peut admettre seule- « ment que les principes chimiques nécessaires à la formation de la « couleur, passent du greffon dans le sujet et non la couleur elle- « même. On pourrait penser que les substances colorantes sont « trop grosses pour traverser le plasma, mais qu'il n'en est pas de « même des éléments formant ces molécules et que ce sont ces « éléments qui passent. »

L'explication de Vochting est basée sur la théorie du tamis que l'on a proposée pour expliquer la diosmose, ou sur la théorie des *ions* d'Ostwald. Mais on sait que ces théories sont loin d'être d'accord avec les faits, et qu'elles sont rejetées actuellement par presque tous les physiciens.

Vochting a greffé la Mercuriale annuelle dans l'espoir d'obtenir des faits de déterminisme sexuel. Il a greffé entre eux des pieds mâles et des pieds femelles sans jamais obtenir une influence quelconque, ce qui est d'ailleurs conforme, dit-il, « avec l'observation pratique « des jardiniers sur les greffes de *Salisburya adiantifolia* et « d'*Aucuba japonica*. »

Il faut encore remarquer, au sujet des recherches de Vochting, qu'il a opéré surtout sur la betterave et le chou-rave et qu'il est parti de ce principe contestable que, pour obtenir plus facilement des variations, un mélange quelconque des caractères des plantes associées, il fallait **opérer entre végétaux aussi voisins que possible.**

Deux ans plus tard, Vochting est revenu sur le même sujet. Masters avait montré autrefois, à la Société d'Horticulture de Londres, une photographie d'une greffe d'*Helianthus tuberosus* sur *Helianthus annuus*. Ce dernier possédait trois tubercules blancs quand les pieds normaux ne portent jamais de semblables formations. Carrière, en France, refit l'expérience et obtint des tubercules noirâtres, rappelant ceux du dahlia, et d'autres tubercules assez voisins de ceux du topinambour. Ces expériences, Vochting a tenu à les répéter ; comme il n'a point obtenu les mêmes résultats, il traite de **légendes** tous les faits cités jusqu'ici et affirme, bien imprudemment, que « dans aucun cas, on n'a démontré qu'il existe des influences spéci- « fiques entre le sujet et le greffon ».

Hugo de Vries (38) ne croit pas non plus à l'existence des hybrides de greffe, et il pense que les cas cités, qui semblent favorables à cette hypothèse, ont une autre origine. Le célèbre auteur de « *Mutations- théorie* et des *Lois de disjonction des hybrides*, est cependant disposé à admettre qu'il peut s'exercer entre le sujet et le greffon une action à distance par l'intermédiaire des communications proto- plasmiques.

Pendant que Vochting affirmait l'impossibilité d'obtenir des hybrides de greffe, je parvenais à créer des variétés nouvelles par le greffage (39), et j'établissais les premières bases d'une méthode de perfectionnement systématique des végétaux par le greffage suivi de semis (1890-1895).

En 1886, puis en 1896, le Dr Armand Gautier (41), à la suite de recherches effectuées par une voie différente, concluait, dans une
remarquable étude sur le mécanisme intime de la variation des races
de la vigne, qu'il y a, en particulier dans la greffe, des variations
qui dérivent de causes indépendantes de l'hybridation. Le passage
qui a trait à la variation dans les plantes est à citer en entier.

« Les variations extérieures, dit-il, les variations anatomiques et
« sensibles qui différencient les races végétales ou animales, ne sont,
« pour ainsi dire, que l'image extérieure, l'effet totalisé des varia-
« tions qui se sont produites par hybridation ou **tout autre méca-**
« **nisme** dans les formes et la constitution des principes spécifiques
« qui président à la vie élémentaire de chaque être. Il est vrai que
« nous ne pouvons concevoir clairement à cette heure les rapports
« qui lient les formes extérieures d'une race aux formes d'une autre
« race; mais puisque, ainsi que je l'ai démontré, la variation qui
« caractérise la race est en rapport avec la variation des principes
« qui la constituent, nous devons, pour expliquer ce qui s'est pro-
« duit en passant d'une race à une autre, **comparer les principes**
« **spécifiques correspondants des deux races** et nous demander
« quels sont leurs rapports et leurs différences. Puisque les varia-
« tions des races sont corrélatives de celles des principes qui entrent
« dans la constitution des cellules de leurs tissus, il semble que, de
« même que nous trouvons dans chaque race les caractères communs
« de l'espèce modifiée suivant des variantes qui sont les caractères
« différentiels de la race, de même nous devons trouver dans les
« principes chimiques correspondants tirés des races d'une même
« espèce, des caractères communs, des caractères d'espèce, mais en
« même temps aussi des caractères secondaires et variables qui en
« feront des variétés chimiques, mais des variétés appartenant à une
« même famille. C'est ce que l'expérience a confirmé... »

Ces considérations concordent fort bien avec les faits récents que
j'aurai à exposer dans la suite de ce travail, faits qui ont été regardés
par quelques-uns comme des hérésies sans songer qu'en sciences
expérimentales l'hérésie d'aujourd'hui est souvent la religion de
demain.

Viala et Ravaz (42) acceptent les faits signalés dans la greffe des
plantes herbacées, mais ils ne croient pas à l'existence d'une pareille
influence dans la vigne.

Le Dr R. Sernagiotto, dans un ouvrage très documenté sur la Viticulture ancienne comparée à la Viticulture actuelle (43), se range du

côté des partisans de l'hybridation asexuelle et donne un exemple très intéressant, officiellement contrôlé, concernant la vigne. M. Immovilli, en 1868, avait pris deux rameaux, l'un de *Muscat rouge*, l'autre d'*Œil de chat*, puis les fendant par le milieu du bourgeon, il les lia ensemble, et les greffa par les procédés ordinaires, à 2 mètres de terre, sur un tronc de *Sangioseve*, âgé de 6 ans. De ce greffon composé de deux moitiés sortit une seule pousse qui, l'année d'après, donna 5 grappes égales dont chaque grain était formé de deux moitiés, l'une gauche rouge, l'autre droite blanche. La saveur était musquée. Les deux hémisphères de chaque grain étaient séparés dans le sens vertical par un petit anneau couleur de rouille. L'année d'après, la vigne donna une vingtaine de grappes parfaitement identiques à celles de 1868. Ces grappes furent présentées à M. Pensa, ambassadeur d'Italie à Constantinople, propriétaire de vignobles et firent son admiration. L'hiver suivant, cette vigne gela. Depuis, M. Immovilli a essayé plus d'une centaine de fois de reproduire ce résultat sans avoir jamais réussi.

Il faut ajouter que le professeur Sernagiotto ne croit pas qu'il soit possible de perfectionner systématiquement les végétaux par la greffe.

En Allemagne, Ville (44) décrit un nouvel hybride de greffe. Il s'agit d'un poirier greffé sur Epine blanche (*Cratægus oxyacantha*). La plante, qui avait alors 20 ans, est restée 15 ans sans fleurir. Transportée dans un terrain plus favorable, elle a produit des fleurs et des fruits. Feuilles et fleurs étaient celles du poirier, mais les fleurs étaient disposées en corymbe comme celles du *Cratægus*. Les fruits pyriformes avaient la couleur des fruits de l'Epine blanche, et leur saveur tenait à la fois de la poire et du fruit du *Cratægus*. Le greffon est le plus souvent resté stérile et, par sa base, le sujet a conservé les caractères de l'épine blanche.

M. Rytow (45) observe, en Russie, qu'après avoir greffé une pomme *Antonovka* ordinaire sur du *Sladkaïabel*, le greffon a porté des fruits intermédiaires de *Saldkaia Antonovka*.

De mon côté, je poursuivais mes recherches et je signalais en 1895-1900, dans une série de publications dont on trouvera la liste et la date à l'index bibliographique, un grand nombre de métis et d'hybrides de greffe ; j'indiquais l'action plus prononcée qu'exerce le greffage sur les plantes herbacées, sur les hybrides sexuels et sur les races des plantes cultivées et je montrais les applications pratiques et multiples que l'on en pouvait rationnellement tirer.

Ce fut au Congrès d'Horticulture de Paris, en 1898, à la suite du Mémoire que j'avais présenté sur l'influence réciproque du sujet et du greffon, que M. Simon-Louis de Nancy communiqua l'exemple désormais classique du Néflier de Bronvaux, observé par M. Dardar, et qui venait à point pour confondre mes contradicteurs (46).

A la suite de ma communication à l'Académie des Sciences sur la variation que le greffage amène dans les races de haricots, M. Gaston Bonnier, dont les beaux travaux sur la variation des plantes alpines sont bien connus, rapprocha ces faits de ce qui se passe dans la vigne et montra que par le greffage tel qu'il est pratiqué actuellement nos crus sont exposés à disparaître. M. Bellot des Minières, un viticulteur, arriva aux mêmes conclusions, et l'on sait quelle tempête soulevèrent ces affirmations dans le monde viticole, persuadé ou voulant le paraître, de l'immutabilité de la vigne dans le greffage (47).

Or, récemment, un hybrideur à qui l'on doit d'intéressantes créations, M. Jurie, frappé des résultats signalés dans les greffes herbacées et des avantages du greffage mixte, a essayé la méthode de perfectionnement systématique de la vigne par la greffe raisonnée sur sujets appropriés. Les résultats qu'il a obtenus, inédits ou déjà publiés (48), sont d'un haut intérêt scientifique et pratique.

Comme ils ont été officiellement contrôlés, je les exposerai avec d'autres documents inédits et mes recherches personnelles, dans le cours de cet ouvrage.

RÉSUMÉ.

Pour résumer cet historique et en dégager l'évolution des idées au point de vue de l'hybridation par le greffage, il suffit de dire que, avant les recherches effectuées dans ces dernières années, la majeure partie des savants et des horticulteurs admettaient, à part quelques rares partisans de l'immutabilité absolue de l'espèce, les influences de nutrition générale dans le greffage. Mais pour eux cette influence se bornait à des modifications minimes qui n'atteignaient jamais les caractères de l'espèce ou de la race. A leur avis, ces modifications qui portaient sur la vitesse et la capacité de croissance du sujet et du greffon, sur l'époque de leur floraison, sur la forme et la saveur des fruits, etc., étaient si peu importantes, elles comptaient si peu dans la vie des plantes greffées, qu'en séparant sujet et greffon, chacun, en vivant désormais pour son propre compte, reprenait aussitôt toutes ses qualités, **sans en avoir perdu comme sans en**

avoir acquis aucune. C'est pour cela que l'on considérait le greffage comme l'un des meilleurs moyens, sinon le moyen certain, de fixation et de conservation des variétés.

C'est en somme ce qu'exprimait plus scientifiquement Van Tieghem (49) en disant que la « greffe est un moyen précieux de fixer et de « conserver les variations introduites dans l'œuf, précisément parce « que ce moyen est hors d'état d'introduire la moindre variation « nouvelle. »

Aujourd'hui les choses ont changé. Quelques-uns, de plus en plus nombreux, se sont rendus à l'évidence et acceptent des faits dont l'authencité ne saurait faire de doute (50). Parmi eux il y en a qui, tout en les acceptant, les considèrent malgré tout comme susceptibles d'une explication *(à trouver)* en dehors de la greffe.

Enfin il y en a qui, plus intransigeants, considèrent les faits invoqués comme faux ou au moins inexactement rapportés ou observés. C'est pour ces derniers que j'ai toujours eu soin, quand j'ai voulu démontrer la réalité de l'hybridation par la greffe, de m'appuyer exclusivement sur des expériences dont les détails ont été contrôlés ou que l'on peut encore contrôler aujourd'hui. Les faits ainsi établis sont **indéniables et l'interprétation seule en est discutable**.

Aussi j'avoue ne pas comprendre, étant données les références (1) fournies, que M. Behrens (51) ait pu me reprocher « de ne m'inquiéter « nullement de ce que, d'après nos idées actuelles sur les phéno- « mènes d'hybridité et de fécondation, les hybrides de greffe sont « impossibles ». J'ai toujours pensé que si les faits ne concordent

---

(1). Mes expériences ont été faites au Laboratoire de Biologie végétale de Fontainebleau, dirigé par M. Gaston Bonnier, membre de l'Institut; à la station agronomique de Rennes, dirigée par M. Lechartier, membre correspondant de l'Institut; à l'Ecole nationale d'Agriculture de Rennes sous les auspices du Ministère de l'Agriculture ; à Château-Gontier, sous les auspices du Conseil général de la Mayenne, de la municipalité de Château-Gontier et du Comice agricole de cette ville. Mes greffes modifiées ont été montrées, en nature ou dans l'alcool, dans les divers Congrès où j'ai fait des communications (Société pomologique de France, Rennes, 1897; Société nationale d'horticulture de France, Paris, 1898) ; aux séances de diverses Sociétés (Société scientifique et médicale de l'Ouest; Société horticole d Ille-et-Vilaine, etc.); aux expositions (Concours régional agricole de Rennes, 1897; exposition universelle, Paris, 1900). Elles ont été l'objet de rapports favorables de la part de savants comme MM. Lechartier et Sirodot, membres correspondants de l'Institut, et de la part de professeurs d'agriculture. Elles ont été montrées par ailleurs à d'autres personnes compétentes qui m'ont autorisé au besoin à me servir de leur nom.

pas avec une théorie, ce ne sont pas les faits qui ont tort, mais la
la théorie. Libre à qui voudra de penser le contraire.

Cette explication était nécessaire. Elle fera comprendre pourquoi,
dans ce travail comme dans mon livre sur la Variation dans la greffe,
je n'ai pu m'appuyer sur les documents anciens ou récents **non
contrôlés**, puisque l'on mettait systématiquement en doute leur
authenticité. Mais si je ne tiens compte que des recherches faites à
l'aide de la méthode comparative et contrôlées, cela ne veut nullement dire que je considère comme inexacts certains documents plus
anciens. Bien au contraire, je suis heureux de pouvoir, en terminant
cet historique, adresser un hommage mérité aux travaux de tous
ceux qui n'ont pas craint de dire la vérité et de s'exposer ainsi aux
critiques de ceux qui subordonnent l'expérience aux dogmes scientifiques. La vérité, quelle qu'elle soit, finit par se faire connaître, et la
nature se plaît parfois à jouer des tours aux plus habiles théoriciens.
C'est que la théorie est en effet l'un des moyens dont dispose la
Science pour arriver à la vérité, mais ce n'est pas forcément la vérité
elle-même.

II — MÉTHODE DE RECHERCHES ET DÉFINITIONS

Avant de passer à l'exposé des faits, je tiens à donner ici la méthode
que j'ai toujours suivie rigoureusement et à définir certains termes
dont je ferai constamment usage par la suite.

I. — MÉTHODE SUIVIE

La méthode que j'ai suivie est la méthode comparative, **la seule**
qui ne prête prise à aucune critique.

Le procédé employé, toujours le même, est des plus simples. Je le
décrirai en prenant un exemple concret.

Je suppose qu'il s'agisse d'étudier la greffe de la tomate et de
l'aubergine. J'ai semé, aux époques convenables, des graines de race
pure des deux plantes sur lesquelles je veux opérer. Je traite mes
jeunes semis de la même manière, et j'en repique un certain nombre
en pots, ce qui facilite non seulement le greffage mais encore assure
la reprise sans souffrances graves au moment de la mise en place
définitive. La greffe effectuée et la reprise terminée, je supprime les

ligatures et je plante définitivement, en place, des plantes non greffées élevées en pot et les plantes greffées, le tout dans un **même sol** et à la **même exposition**.

J'ai eu soin de faire trois lots. Le 1er lot comprend par exemple les tomates témoins ; le 2e lot, les aubergines témoins ; le 3e lot, les plantes greffées (tomates sur aubergines ou aubergines sur tomates).

Je donne ultérieurement les **mêmes soins** (arrosages, pincements, tuteurages ou palissages) à toutes ces plantes, qu'il s'agisse des greffes ou des témoins.

De cette façon, j'élimine toutes les causes de variation (aujourd'hui bien connues) en dehors de la greffe et si j'aperçois dans mes plantes greffées une variation quelconque qui n'existe pas sur mes témoins ayant tous les caractères des races pures, je suis en droit d'attribuer cette variation à l'action de la greffe (1).

Ces précautions suffisent si je veux étudier simplement l'action directe du greffage sur l'appareil végétatif, la fleur ou le fruit des plantes associées. Mais si je veux étudier l'influence de la greffe sur la reproduction, j'ai alors à éliminer une cause très importante de variation, la seule pour beaucoup de botanistes : la **variation sexuelle** amenée par le **croisement**.

Il est possible d'éviter la fécondation croisée, en prenant les précautions d'usage, quand il s'agit de plantes qui se croisent entre elles, qui **jouent** comme disent les jardiniers.

Bien souvent ces précautions sont inutiles, quand il s'agit par exemple de plantes qui ne peuvent se croiser entre elles, mais qui, comme l'a démontré Gaertner, se greffent quand même avec la plus grande facilité. L'on connaît parfaitement ces plantes rebelles au croisement grâce aux travaux des hybrideurs des siècles précédents et à ceux des hybrideurs actuels de plus en plus nombreux, puisque c'est l'hybridation ou le métissage qui ont créé la majeure partie de nos plantes alimentaires ou ornementales actuelles. Si l'on craignait quand même un croisement, il serait toujours facile de prendre par prudence des précautions pour l'empêcher. C'est ce que j'ai fait le plus souvent quand j'ai greffé entre elles les espèces d'un même genre et même de genres très voisins.

---

(1) Je vais employer une autre méthode plus précise encore. Je bouturerai, par exemple, un même pied de Tomate, et j'aurai ainsi des parties d'une même plante, supprimant du même coup les chances, minimes il est vrai, que l'on aurait pu avoir dans la méthode précédente, de tomber sur un exemplaire unique provenant d'une fécondation croisée.

II. — Définitions.

Je tiens à préciser ici à nouveau ce que j'ai voulu dire en employant certains termes de greffe qui n'ont pas été toujours bien compris, quoique j'en eusse donné la définition dans des publications antérieures. La littérature horticole a été, sous le rapport des termes employés, trop souvent un dédale où l'on se perd, parce que chaque auteur se sert parfois d'un terme à lui, ou parce qu'il emploie un mot en le détournant de son sens propre, ou même en lui donnant plusieurs sens différents.

Dans la greffe surtout règne cette confusion. Plus d'une fois des auteurs se sont trouvés en désaccord, parce qu'ils parlaient de choses différentes. Non seulement, l'on ne s'entendait pas sur le sens des mêmes termes employés, mais l'on ne s'est même pas entendu sur la nature des procédés de greffage dont on a pu se servir (1).

C'est pour ces raisons que je donne ici les définitions indispensables, pour empêcher d'équivoquer sur les mots, de confondre entre eux des procédés de greffage fort différents par leur nature et leurs effets, et d'attribuer des résultats donnés, spéciaux à un procédé, à tous les procédés de greffage indifféremment. Que de résultats négatifs sont dus, en sciences expérimentales, à ce que l'on n'a pas su se placer à nouveau dans les conditions où l'on avait réussi !

Je désigne sous le nom de greffe végétale **l'union par soudure** de deux plantes, quels que soient la nature des tissus soudés et les procédés employés. Pour qu'il y ait greffe, au sens général du mot, il faut et il suffit que les tissus se soudent de telle façon qu'il y ait déchirure si l'on essaye de séparer brusquement les conjoints. Cette définition, outre qu'elle a l'avantage d'être générale, a le mérite de rappeler celle qui sert pour la greffe animale.

J'ai considéré (2) deux grands types généraux de greffes confondus jusqu'ici par presque tous les auteurs : les greffes par rapprochement ou greffes siamoises et les greffes proprement dites.

Les greffes par rapprochement sont celles où chaque plante, tout en étant nettement soudée à sa voisine en un point quelconque,

---

(1) Voir en particulier, à propos de la greffe mixte, un article de M. Passy (52), où l'on confond greffe mixte, greffe avec bourgeons d'appel et surgreffe (*Revue horticole, 1897*).

(2) **Conditions de réussite des greffes** (*Revue générale de botanique,* Paris, 1900).

conserve **à la fois** ses appareils assimilateur (parties vertes) et absorbant (racines), quand il s'agit des végétaux supérieurs bien entendu. Telles sont les greffes naturelles observées dans les bois : les greffes de fruits ; les greffes Hymen, Virgile, etc., que Thouin et ses successeurs ont classées dans les greffes en approche, dont elles diffèrent considérablement, puisqu'elles ne subissent point de sevrage.

Les greffes proprement dites sont celles où l'une des plantes au moins vit en totalité aux dépens de l'autre.

Dans ces dernières, deux types sont encore à distinguer avec soin, à cause de la nature très différente de la symbiose qui en résulte. Ce sont les greffes ordinaires et les greffes mixtes.

Je réserve le nom de greffes ordinaires à toutes celles dans lesquelles le sujet est réduit, sensiblement du moins, à son appareil absorbant ; le greffon, à une partie de son appareil assimilateur. L'absorption est en totalité effectuée par le sujet ; l'assimilation, sensiblement, par le greffon seul.

J'ai désigné sous le nom de greffe mixte un mode de symbiose intermédiaire en quelque sorte entre la greffe par rapprochement et la greffe ordinaire. Il y a greffe mixte si, **dans la greffe ordinaire**, on laisse **à demeure** au sujet une quantité notable de parties vertes, ou si on laisse au greffon quelques racines. Dans ces deux cas, l'assimilation est mixte, ou bien l'absorption, puisque l'une de ces fonctions s'exerce alors par le ministère de deux appareils différents.

Je me sers du terme greffage pour désigner l'opération et tout ce qui s'y rapporte. De cette façon il n'y a plus de confusion possible entre la symbiose qu'est la greffe et l'opération qui réalise cette symbiose.

De même j'ai conservé les termes greffon et sujet. Le premier, employé dès 1628 par les frères Contant, de Poitiers (53), évite la confusion entre la greffe et la partie greffée. J'ai préféré, pour la même raison, le mot sujet au terme porte-greffe, imité des Allemands. Si l'on trouvait ce dernier terme plus expressif, on devrait dire porte-greffon et non porte-greffe.

Il me reste maintenant à définir les métis et les hybrides de greffe, tels que je les conçois, et à dire pourquoi j'emploie ces termes au lieu d'expressions plus sonores que l'on a essayé tout récemment d'introduire dans la littérature horticole.

L'hybride de greffe, c'est tout être obtenu par la greffe entre espèces différentes et qui présente, mélangés, quelques-uns des caractères des conjoints, que cet être provienne de la modification directe de l'un des conjoints (hybrides directs de greffe), ou qu'il provienne de la modification indirecte de ses descendants (hybrides indirects de greffe).

Le métis de greffe, c'est tout être analogue aux précédents, mais obtenu par la greffe entre races ou variétés de même espèce. Bien entendu, il peut y avoir des métis directs et indirects de greffe.

J'ai conservé ces termes pour plusieurs raisons. D'abord, parce qu'ils ont le mérite d'indiquer parfaitement la genèse de ces êtres singuliers et de se prêter à leur classification rationnelle. Ensuite, parce que je les ai trouvés employés depuis longtemps dans la science ; ils ont la priorité qui ne peut leur être contestée. Les remplacer eût pu paraître du démarquage ; d'ailleurs la science n'est-elle pas assez encombrée de mots plus ou moins barbares, pour qu'il paraisse nécessaire d'en créer de nouveaux, quand le besoin n'en est pas absolu, surtout quand ces mots anciens sont employés par presque tous les biologistes (40) ?

Nous verrons de plus, dans le cours de ce travail, que les phénomènes de cette hybridation ou de ce métissage que j'ai appelés **asexuels**, pour indiquer qu'ils s'effectuent en dehors des sexes, ont beaucoup de rapports comme résultats avec tous ceux que produisent l'hybridation et le métissage sexuels. Que peut-il donc y avoir d'extraordinaire à réunir, comme le font presque tous les biologistes actuels, sous un même vocable, des phénomènes voisins sous certains rapports, mais d'origine distincte, quand on a soin de les séparer nettement quant à leur genèse ? Il suffit de savoir qu'il y a deux catégories distinctes d'hybrides :

1° les **hybrides et métis sexuels** produits par la fécondation croisée ;

2° les **hybrides de greffe ou asexuels**, dans la production desquels la fécondation est remplacée par un autre procédé qui est la réaction mutuelle des protoplasmes à la suite du greffage.

Il ne sera pas plus étrange de se servir de ces termes que d'employer, comme on le fait couramment, les mots multiplication sexuelle et multiplication asexuelle, ou agame. Pourtant personne ne trouve paradoxal de se servir de ces dernières expressions, **et** personne ne confond les deux modes de multiplication.

3. — Distinction entre la variation de nutrition générale et la variation spécifique.

Il pourrait se faire que l'on attribue à un changement de nutrition générale des faits qui soient des variations spécifiques ou réciproquement, si l'on ne définissait suffisamment en quoi consistent ces deux catégories de variations.

Malheureusement, il est assez difficile de distinguer, principalement dans les métis de greffe, la variation de nutrition générale et la variation spécifique, parce qu'elles peuvent s'exercer simultanément et être concordantes ou discordantes.

Cependant cette distinction peut se faire dans un certain nombre de cas que je vais indiquer.

Les botanistes, pour les espèces et les races naturelles ; les horticulteurs et les amateurs, pour les races, hybrides, métis ou accidents fixés, obtenus artificiellement par divers procédés de culture, consciemment ou accidentellement, ont eu soin, en général, de fixer les caractères particuliers de chaque type de plantes.

Le Dr Armand Gautier (41) a montré que l'on pourrait de même arriver à donner des caractères chimiques analogues, au point de vue de la classification, à ceux que l'on a tirés de la forme extérieure ou de la structure.

Si donc une espèce, un hybride ou un métis multipliés par voie végétative sans variation, une espèce ou un métis fixé qui se multiplient sans variation par graines, viennent, à la suite du greffage, à **perdre un ou plusieurs de leurs caractères propres** pour en **acquérir de nouveaux** quand les témoins ont conservé tous leurs caractères, le doute n'est plus permis, il y a eu variation spécifique sous l'influence de la greffe (1).

Quand ces caractères nouveaux qui apparaissent sur l'une des plantes greffées se trouvent appartenir à son conjoint, l'on est en présence d'un hybride ou d'un métis de greffe.

Si, au contraire, les caractères botaniques, extérieurs ou intérieurs,

---

(1) Je prends donc ici le terme spécifique dans le sens le plus large, c'est-à-dire que je le considère comme s'appliquant, suivant les cas, aux caractères d'espèce, de race ou même de variété ; cela pour ne pas créer de mots nouveaux, et à l'imitation de la Zootechnie. Mais pour cela je ne veux pas dire que tous ces caractères sont d'égale valeur, même au point de vue de la thèse que je soutiens dans ce mémoire.

ne varient pas, mais simplement la vigueur, la résistance aux agents extérieurs, la rapidité relative de la floraison, etc., il s'agit évidemment de variations de nutrition générale, moins profondes que les précédentes.

Je n'ignore pas que certaines variations spécifiques, particulièrement quand il s'agit de caractères de races, peuvent être produites par l'action du milieu extérieur. Mais parce qu'une même variation peut être produite séparément par plusieurs causes, cela ne signifie nullement que l'on doive rejeter systématiquement l'une quelconque de ces causes et en nier l'existence; l'objection n'est pas sérieuse, quand, par la méthode comparative, on arrive précisément à supprimer toutes les causes de variation en dehors de la greffe.

De même l'on ne doit pas être surpris de trouver dans la greffe des variations où l'influence spécifique comme l'influence de nutrition générale ne puisse se discerner d'une façon nette.

Ainsi les hybrides se trouvent posséder des caractères mélangés réalisant un état d'équilibre particulier à la plante que l'on multiplie exclusivement par voie végétative. Qui ne sent qu'ils puissent, dans les conditions nouvelles où la greffe va les placer, non seulement acquérir en partie les caractères du conjoint, mais encore des caractères nouveaux, ancestraux ou non, que l'on ne retrouve ni dans le sujet, ni dans le greffon?

Un tel phénomène ne se produira-t-il pas plus facilement encore quand il s'agira de la greffe entre races qui ne se conservent que par des soins éclairés, et dont la variation n'a pu être arrêtée qu'à la suite d'une sélection méthodique prolongée?

Il ne faudra donc point s'étonner outre mesure si, malgré les distinctions que je viens d'établir, l'on se trouve embarrassé parfois pour reconnaître avec certitude l'origine de telle ou telle variation produite par la greffe. Mais cela suffit-il pour empêcher de faire rejeter l'existence même de l'hybride ou du métis de greffe?

Tout le monde sait que l'on serait bien embarrassé parfois pour expliquer l'apparition de tel ou tel caractère dans les hybrides et les métis sexuels. S'est-on avisé, pour cela, de nier la fécondation croisée? Pourquoi, en présence de phénomènes comparables, rejetterait-on dans un cas ce qu'on admet dans l'autre et nierait-on pour ces motifs la possibilité de l'hybridation asexuelle?

Ces principes posés, je vais étudier successivement l'hybridation asexuelle et ses résultats dans les greffes par rapprochement et les greffes proprement dites.

PREMIÈRE PARTIE

LA VARIATION SPÉCIFIQUE DIRECTE

CHAPITRE PREMIER

La variation spécifique dans le greffage par rapprochement

Beaucoup de greffes dont ont parlé les Anciens comme ayant donné des résultats merveilleux et produit la variation, pour ainsi dire, à jet continu, sont de simples greffes par rapprochement.

Les Modernes, à part M. de Caylus (51), quand il s'est agi de vérifier leurs dires, ont eu surtout en vue les greffes proprement dites. Ils ont en effet presque tous confondu les greffes par rapprochement et les greffes en approche. Ces dernières débutent il est vrai par le rapprochement, mais par le sevrage elles deviennent des greffes proprement dites, chaque plante perdant à ce moment l'un de ses appareils végétatifs.

La réussite des greffes par rapprochement et leurs résultats peuvent donc être très différents de ceux de la greffe en approche, et il pouvait se faire que la divergence profonde qui existe entre les opinions anciennes et les opinions actuelles fût due tout simplement à ce qu'il s'agissait de symbioses essentiellement différentes.

On comprendra pourquoi j'ai tenu à répéter les essais des Anciens, en employant les procédés les plus variés entre plantes plus ou moins éloignées en systématique.

Le procédé qui, dans la pratique, m'a donné les meilleurs résultats, c'est le greffage par rapprochement, avec entailles correspondantes, en regard sur les deux plantes à rapprocher. C'est aussi celui dont se sont servis les Anciens, Gaertner, A. de Tscharner et Immovilli.

J'ai opéré sur les plantes herbacées et sur les plantes ligneuses, en vue de vérifier à la fois le principe de la parenté botanique en fait de greffage et l'hybridation par la greffe, exposée par les Anciens. Voici les principaux résultats de ces expériences.

En 1893-1896, j'ai rapproché entre elles de nombreuses variétés de choux. J'ai observé quelques variations de nutrition générale: diminution et allongement du tubercule dans le chou-rave ; floraison plus facile du chou-fleur ; élongation marquée de la tige du chou cabus ; diminution de taille de la variété la plus faible ; diminution dans la résistance au milieu extérieur, etc. Mais je n'ai obtenu aucune variation bien nettement spécifique.

Au printemps de 1900, au lieu d'opérer sur des races de même espèce, j'ai essayé le rapprochement entre plantes très différentes en systématique, tant ligneuses qu'herbacées. Contrairement au principe de la parenté botanique et en conformité avec les affirmations des Anciens, j'ai obtenu une soudure très nette, parenchymateuse, il est vrai, entre des plantes herbacées appartenant à des familles très différentes (1), comme par exemple entre la Morelle noire (Solanées) et le Topinambour (Composées), pour ne citer que les plus caractéristiques comme soudure.

De même, je possède actuellement encore dans mon jardin une greffe par rapprochement, soudée par les parenchymes depuis le printemps 1900, entre le Lilas (Oléacées) et l'Erable (Acérinées).

La conclusion s'impose : le principe de la parenté botanique ne peut s'appliquer au greffage par rapprochement, et les Anciens avaient raison sous ce rapport en prétendant que des plantes fort éloignées pouvaient s'unir ainsi. Mais quand il s'agit de la greffe proprement dite, c'est autre chose.

En était-il de même pour la variation ? Je dois avouer que j'ai été beaucoup moins heureux que Gaertner, A. de Tscharner et Immovilli. Tous mes essais ne m'ont fourni aucune variation spécifique jusqu'ici. Sachant par expérience quel cas on doit faire d'essais négatifs en présence d'essais positifs d'autres observateurs, je me garderai bien de tirer une conclusion négative de mes expériences infructueuses.

Un des auditeurs du cours libre que j'ai professé l'année scolaire 1900-1901 à la Faculté des Sciences de Rennes, M. Aide, de Rennes, a essayé les rapprochements que j'avais indiqués ; il a été plus heureux que moi, et il a réussi à obtenir des variations intéressantes, qu'il m'a fait voir.

---

(1) Ces greffes ont été présentées en nature à l'une des séances de la Société Scientifique et Médicale de l'Ouest, ainsi qu'en font foi les comptes rendus des séances de l'année 1900.

Il a rapproché deux rameaux des roses « La France et Panachée d'Orléans ». La première est une rose très double, bien connue ; la seconde est semi-double. A la suite de ce rapprochement, la France rapprochée a donné des roses semi-doubles comme son associée. Le fait était d'autant plus intéressant que seul le rameau greffé présentait ce phénomène. Les autres rameaux de la France portaient des roses très doubles, comme à l'ordinaire.

La rose Général Schablikine est rouge ; rapprochée dans les mêmes conditions avec la rose Marie Levallay qui est blanc rose, elle a donné des roses rouges à bordure blanche.

Cependant il me paraît assez probable que les cas d'influence spécifique doivent être plus rares dans la greffe par rapprochement, bien que les quelques expériences citées sous ce rapport montrent que l'on rencontre quelquefois des variations assez marquées, à la suite du rapprochement de plantes de même genre ou de même espèce, qui se soudent alors par les tissus conducteurs.

La théorie permet d'ailleurs de prévoir ce résultat. C'est en effet dans ce mode de symbiose que les plantes greffées sont le moins à même de réagir l'une sur l'autre. Elles sont presque complètement indépendantes en fait d'appareils végétatifs, incomparablement plus indépendantes en tout cas que dans les greffes proprement dites.

Jusqu'à nouvel ordre, ce procédé ne saurait être conseillé dans la pratique pour amener des modifications spécifiques directes, car nous verrons qu'il en existe de beaucoup supérieurs.

Il est possible que, dans ce procédé, l'influence indirecte soit cependant plus profonde que l'influence directe, et elle est facile à accentuer. Pour cela, il suffit de ne laisser fructifier qu'une des plantes associées. L'appel fructifère sera exercé par l'une seulement des deux plantes et, si la soudure est suffisamment accentuée, les matériaux qui se rendront au fruit et à la graine pourront provenir des parties vertes des deux associés.

Le procédé est à essayer et j'ai sous ce rapport quelques expériences en cours qui, étant trop récentes ne m'ont pas encore fourni de résultats suffisants pour me permettre d'émettre une opinion motivée.

CHAPITRE II

La variation spécifique dans la greffe proprement dite.

Dans ce chapitre j'étudierai la variation spécifique directe s'exerçant sur les plantes greffées elles-mêmes (influence directe et réciproque du sujet et du greffon).

Pour plus de clarté je grouperai les faits observés par familles et j'examinerai successivement les familles des Solanées, des Rosacées, des Légumineuses, des Composées, des Crucifères, des Oléacées, des Ampélidées où ont été observées récemment des variations très nettement spécifiques.

I. — LA VARIATION SPÉCIFIQUE DANS LES SOLANÉES (1)

Le greffage des Solanées est relativement récent. C'est à la fin du XVIIIe siècle que le baron Tschudy (55) greffa pour la première fois la tomate sur la pomme de terre. Il voulait, disait-il, en faisant produire à la fois des tubercules au sujet et des fruits au greffon, arriver à doubler l'héritage du pauvre.

Depuis, ces greffes ont été maintes fois répétées, puis étendues à d'autres Solanées. Dans ces derniers temps, j'ai réussi à greffer entre elles la plupart des plantes de cette famille. Je me bornerai à examiner ici celles de ces greffes qui se rapportent à l'hybridation ou au métissage asexuels.

1. *Greffe des races de tomates entre elles.* — J'ai greffé, en 1897, diverses races de tomates entre elles, dont la Tomate jaune ronde, la Tomate rouge grosse hâtive et la Tomate rouge naine hâtive.

---

(1) Les greffes de Solanées dont je parle ici, comme celle des autres familles sauf les Ampélidées, ont été présentées, pour la plupart, au Concours régional agricole de Rennes, en 1897 ; au Congrès de la Société pomologique de France à Rennes 1897 ; au Congrès d'Horticulture de Paris en 1898 ; aux Sociétés scientifiques et horticoles de Rennes (1895-1898), ainsi qu'en témoignent les procès-verbaux des séances.

La première race donne des fruits à épiderme et chair jaunes, de forme sensiblement sphérique, lisses et de taille assez petite. La tige est élancée et vigoureuse, les feuilles sont d'un beau vert et leur limbe est étalé.

La Tomate rouge grosse a des fruits à chair et épiderme rouges, à forme aplatie, côtelés et de taille beaucoup plus grande. Sa tige est trapue, vigoureuse; les feuilles sont d'un vert plus pâle et leur limbe se replie sur les bords, comme si la plante souffrait constamment de la sécheresse.

La Tomate rouge naine hâtive se rapproche beaucoup de la précédente comme fruit, mais le port en est différent et le limbe des feuilles reste étalé.

Greffée sur la Tomate jaune ronde, la Tomate rouge grosse a pris le port élancé, la couleur et la disposition des feuilles du sujet. Il y a eu là, une transmission très nette des caractères de la race sujet à la race greffon.

Dans la Tomate jaune ronde greffée sur Tomate rouge naine hâtive, j'ai observé une transmission tout aussi remarquable dans les caractères du fruit. Sur un même greffon, on pouvait observer à la fois trois formes différentes de fruits: les uns étaient ronds, lisses et jaunes, comme ceux des témoins; d'autres étaient aplatis, lisses et jaunes; enfin d'autres étaient aplatis, côtelés et jaunes, combinant ainsi la couleur des fruits de la race greffon avec la forme des fruits de la race sujet.

Tous ces fruits étaient intermédiaires, comme grosseur, entre la taille des fruits de la Tomate jaune ronde non greffée et de ceux de la Tomate rouge naine hâtive normale.

Ne trouvera-t-on pas, dans dans ces métis de greffe, inégalement métissés, un rapprochement frappant avec ce qui se produit dans certains métis sexuels?

2. *Greffes de Tomate sur Aubergine.* — J'ai greffé, cette année, comparativement, la Tomate rouge grosse sur diverses aubergines (A. longue violette, A. naine hâtive, Poule aux œufs, etc.).

L'un des greffons, placé sur Aubergine longue violette, a pris un développement plus considérable que les autres. Tandis que l'appareil végétatif conservait, en dehors de la vigueur plus grande, ses caractères ordinaires, le fruit changeait complètement de forme et acquérait la forme allongée et lisse de celui de l'aubergine sujet.

Toutefois, il était beaucoup moins long et moins gros. A un certain moment le pédoncule avait pris une teinte violette, mais cette teinte (1) ne s'est pas maintenue, et, actuellement, la couleur est redevenue celle des tomates témoins.

Cette fois la variation a été uniforme, tous les fruits ont été transformés plus ou moins. Il s'agit ici d'un hybride de greffe.

3. *Greffes d'Aubergine sur Tomate.* — La greffe inverse de l'aubergine sur la tomate m'avait fourni, en 1895, un cas tout aussi curieux. Une Aubergine longue violette greffée, au laboratoire de Fontainebleau, sur la Tomate rouge grosse, a fourni à la fois trois sortes de fruits : des fruits normaux, lisses, allongés et légèrement pyriformes, semblables à ceux des témoins (fig. 1) ; des fruits ovoïdes et lisses, semblables à ceux de la Poule aux œufs (fig. 2) ; enfin des fruits aplatis au sommet, côtelés comme le fruit de la tomate (fig. 3).

L'inégalité de la réaction est ici tout aussi manifeste que dans la greffe des tomates entre elles.

Les fruits ainsi modifiés contenaient des ovules avortés à divers degrés de développement. Aucun ne m'a donné de graines fertiles. Ce résultat, regrettable au point de vue pratique, est malheureusement assez fréquent quand on greffe des plantes d'espèces et surtout de genres différents. Tout se passe comme si la modification de l'appareil végétatif s'exerçait au détriment de la graine.

4. *Greffes d'Aubergines entre elles.* — J'ai greffé entre elles l'Aubergine à fruit blanc (Poule aux œufs), dont le calice n'était pas épi-

---

(1) J'ai remarqué dans une autre de ces greffes une variation de couleur assez singulière. Le sujet Aubergine avait donné une pousse d'un seul côté des lèvres de la fente. Du côté de cette pousse on voyait, sur une longueur de 55 millimètres, la couleur violette, plus pâle, apparaître sur le greffon et se dégrader au fur et à mesure que l'on s'éloignait du sujet. Sur l'autre face du greffon, on trouvait la couleur normale de la Tomate ; le greffon avait enregistré ainsi les effets différents de la greffe mixte et de la greffe ordinaire.

Dans une greffe inverse d'Aubergine sur Tomate, les tissus cicatriciels du greffon avaient pris la couleur et l'aspect de ceux de la Tomate sujet, bien qu'il s'agît d'une greffe ordinaire et non d'une greffe mixte. Dans les autres exemplaires, ces tissus avaient la teinte et l'aspect normaux.

Enfin, un sujet d'Aubergine violette portant un greffon d'Aubergine blanche a fourni une tige fasciée à quelques centimètres du bourrelet, montrant ainsi que le greffage amène parfois des phénomènes tératologiques.

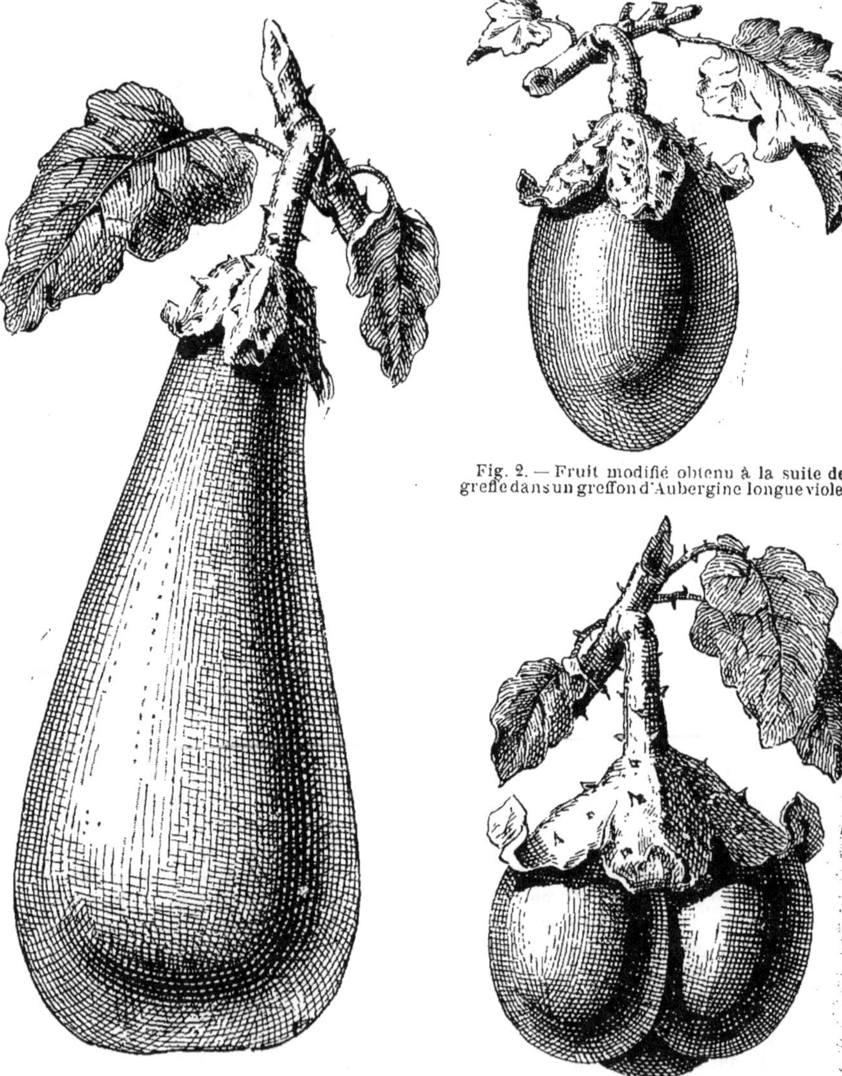

Fig. 2. — Fruit modifié obtenu à la suite de
greffe dans un greffon d'Aubergine longue violett

Fig. 1.— Fruit normal de l'Aubergine longue violette.

Fig. 3. — Fruit arrondi côtelé obtenu sur u
greffon d'Aubergine longue violette, à la suite d
sa greffe sur la Tomate à fruit côtelé.

neux, sur l'Aubergine longue violette dont le calice est hérissé de gros piquants. Dans un certain nombre de greffons, des aiguillons très marqués ont apparu sur le réceptacle et sur les sépales du calice.

Le phénomène est ici encore caractéristique au point de vue du métissage par la greffe.

5. *Greffes de Piment sur Tomate.* — Les greffes de Piment sur les autres Solanées sont plus délicates que les précédentes et elles réus·sissent en général assez difficilement. Cependant, avec des soins, on en sauve quelques exemplaires qui, alors, se développent bien.

J'avais greffé un Piment à fruit conique sur Tomate rouge grosse. Ce piment porta des fruits nombreux, tous coniques comme ceux des témoins, sauf un, beaucoup plus gros que les autres. Celui-ci, au lieu d'être lisse et conique comme ses voisins, était côtelé, aplati et rappelait fort bien un fruit de Tomate rouge grosse. A maturité, il avait conservé la couleur rouge caractéristique du piment et la nature de sa chair.

Ce cas est d'autant plus intéressant qu'il résulte des expériences d'Herbert, de Kœlreuter (31), etc., que le piment et la tomate ne peuvent se croiser entre eux.

Les fruits, modifiés ou non, possédaient des graines de bonne apparence, mais un examen plus approfondi montra que les ovules s'étaient mal développés. Aucune de ces graines n'a pu germer.

6. *Greffes de Piment sur Aubergine.* — Cette année, j'ai greffé le Piment de Cayenne, à fruit très allongé, sur l'Aubergine à fruit blanc (Poule aux œufs). Il a pris sa taille normale, sans paraître trop souffrir sur son sujet. La floraison et la fructification ont été légèrement retardées. De même ont réussi des greffes de Piment de Cayenne sur Tomate.

J'ai remarqué que tous les fruits du piment ont été moins allongés, tout en conservant sensiblement leur forme. J'ai voulu les goûter comparativement avec les témoins et j'ai constaté qu'ils étaient beaucoup plus doux en général. Bien entendu, j'ai choisi des fruits au même état sur les témoins et le greffon.

La dégustation a fait voir que, dans quelques greffons, la modification de la saveur, n'avait pas été uniforme. Certains fruits étaient doux à la pointe et poivrés à la base, quand d'autres étaient devenus entièrement doux. Or, aucun Piment doux n'étant cultivé dans le voisinage, la fécondation croisée n'avait joué aucun rôle dans ces

7. *Greffes de la Pomme de terre.* — Répéter ces greffes avait pour moi un intérêt particulier, à cause des expériences rapportées par le célèbre Darwin.

J'ai greffé diverses variétés de pomme de terre sur tubercules sans obtenir de variations sensibles.

J'ai ensuite greffé sur tiges ces mêmes variétés, à plusieurs reprises et à des époques différentes. Voici le résultat de ces essais variés.

En greffant en fente une variété à fleurs bleues sur une variété à fleurs blanches, j'ai constaté, à la floraison, que les greffons possédaient des fleurs bleu pâle, assez exactement intermédiaires entre la fleur bleue et la fleur blanche des témoins.

Par la greffe de la pomme de terre Corne blanche sur la pomme de terre Négresse à épiderme et chair bleu foncé, j'ai obtenu des tubercules à chair bleu foncé, veinée de blanc, et même presque blancs. On aurait pu considérer ce résultat comme une transmission de caractères ; mais, comme ce phénomène se retrouvait, beaucoup moins prononcé il est vrai, dans mes témoins, je ne le considère pas comme dû sûrement à l'hybridation sexuelle. J'ai remarqué en même temps une variation marquée dans la forme des tubercules qui, au lieu d'être allongés, sont devenus arrondis.

J'ai voulu faire l'expérience inverse et greffer la pomme de terre Corne blanche sur la Négresse. Je n'ai point obtenu de panachure, mais simplement un nouveau changement de forme des tubercules. La couleur violet foncé des tiges du greffon ne dépassait pas la ligne de soudure, et je n'ai point observé jusqu'ici de modification de couleur analogue à celle obtenue par Lindemuth.

J'ai greffé ensuite la pomme de terre sur l'aubergine, le piment, la tomate, etc. J'ai choisi des greffons d'âges variés, et même des redrugeons peu vigoureux qui apparaissent à l'aisselle des feuilles à la fin de la végétation. Les changements que j'ai obtenus rentrent dans les variations de nutrition générale ou dans ce genre de modifications que Hugo de Vries (38) appelle **dichogéniques.** Les réserves, ne pouvant utiliser l'appareil souterrain du sujet, se sont déposées, soit dans des renflements des nœuds de la tige, soit dans les bourgeons axillaires aériens qui se sont tuberculisés, bien que le greffon se soit toujours montré totalement dépourvu de racines adventives lui permettant de puiser dans le sol directement la sève brute.

J'ai remarqué, en outre, que les greffons se sont comportés de façon différente suivant les cas. Les uns ont produit moins de tubercules axillaires, mais ils ont donné des fruits en abondance : la reproduction par graines a suppléé la reproduction agame ; d'autres, qui avaient au début également moins de tubercules, ont pris un développement végétatif considérable et un feuillage luxuriant, employant d'abord ainsi les réserves au fur et à mesure de leur fabrication ; enfin les autres, riches en tubercules aériens, avaient conservé, par ailleurs, le mode ordinaire de leur développement.

Ces tubercules aériens ne présentaient pas de couche subéreuse et ils ont pourri, pour la plupart, quand, aux premiers froids, j'ai essayé de les conserver. Cela tient probablement à un défaut de maturité, mes greffes ayant été faites tardivement.

8. *Greffes de Solanées diverses.* — Je citerai encore quelques cas où l'on peut voir une transmission de certains caractères du sujet au greffon.

J'ai greffé le Tabac géant sur Aubergine longue violette avec plein succès. Outre les phénomènes ordinaires relatifs à l'arrêt et à la reprise de la croissance du greffon et enregistrés par la longueur relative des entrenœuds, j'ai observé, sur une longueur de deux décimètres environ, l'apparition de lenticelles nombreuses analogues à celles du sujet et dont le nombre allait en diminuant au fur et à mesure que l'on s'éloignait du niveau de la greffe, comme si l'action du sujet allait en diminuant avec l'éloignement. Les témoins ne présentaient point ce phénomène. Or, on sait que le nombre et la disposition des lenticelles sont des caractères souvent utilisés en classification quand il s'agit de distinguer les variétés horticoles.

En greffant le *Solanum glaucophyllum*, jolie plante ornementale qui fleurit difficilement au Jardin des Plantes de Rennes, sur l'Aubergine blanche (Poule aux œufs), j'ai obtenu une plante très vigoureuse, à feuillage superbe, plus trapue, qui a donné deux belles grappes de fleurs, quand les témoins ne présentaient encore aucune apparence de floraison.

Le *Physalis Alkekengi*, greffé sur piment, souffre beaucoup et ses feuilles prennent cette teinte rouge caractéristique que l'on observe si fréquemment dans les greffes mal assorties. Malgré la souffrance qui, en général, accélère la floraison, les *Physalis* greffés ont fleuri plus tardivement que les témoins, en même temps que les piments, et tandis que les calices accrescents des *Physalis* témoins sont tous d'un beau rouge vif, les calices des greffons sont encore complètement verts.

En résumé, on voit que, dans la famille des Solanées, l'hybridation et le métissage asexuels sont assez fréquents et se distinguent par une grande inégalité dans leurs effets. Quelle que soit l'intensité de la réaction, son origine reste la même : il y a différence de **quantité** mais non différence de **qualité**.

II. — LA VARIATION SPÉCIFIQUE DANS LES ROSACÉES

La famille des Rosacées a le privilège de renfermer la plupart des plantes qui ont été greffées de tout temps et à un nombre considérables d'exemplaires, puisque c'est elle qui nous fournit la majeure partie de nos arbres fruitiers. Cependant on n'a signalé jusqu'ici, dans cette famille, que peu de variations spécifiques, et c'est une objection sérieuse que l'on a faite à l'hybridation asexuelle, qui serait alors un phénomène exceptionnel, particulièrement rare. Cette objection est-elle fondée? Je ne le crois pas, et voici pourquoi.

Quand une variation s'est montrée dans une partie non utilisable, comme dans la plus grande partie de l'appareil végétatif, par exemple, elle a pu échapper à l'observation ou bien être négligée parce qu'elle n'offrait aucun intérêt pratique. Cela a dû arriver plus d'une fois.

Lorsque, au contraire, la variation a porté sur des parties comestibles ou ornementales, elle n'a été conservée que si elle marquait un progrès suffisant et, dans ce cas, quel était autrefois le praticien qui, ayant obtenu une variation, songeait à en préciser l'origine? Eût-il trouvé le moyen de produire cette variation par la greffe qu'il eût jalousement gardé son secret.

L'indifférence au sujet de l'origine d'une variation utile est jusqu'à un certain point excusable chez le praticien, mais elle ne s'expliquerait pas pour le botaniste, si celui-ci n'avait négligé systématiquement ou nié même, pendant trop longtemps, tous les faits qui auraient pu entamer l'idée de l'immutabilité de l'espèce. Aussi, au lieu d'aller au fond des choses, s'empressait-on de ranger toute variation embarrassante dans la catégorie des **accidents**, mot éminemment commode pour masquer notre ignorance de la cause première, tout aussi commode que les mots **dichroïsme**, **dimorphisme**, employés récemment de la même façon, mais tout aussi regrettable en ce sens qu'il n'explique rien et empêche même beaucoup d'obtenteurs de préciser les circonstances qui ont amené la variation (1). Combien d'**accidents**, aujourd'hui fixés ou disparus, ont pu être

---

(1) M. Y. Delage (40) a bien fait voir tout le danger qu'il peut y avoir, en Biologie, à donner ainsi des *solutions nominales* au lieu de ramener les phénomènes de variation à des causes physico-chimiques actuelles.

ainsi produits par la greffe sans qu'il soit possible de le savoir !

Aussi serait-il à souhaiter que toutes les variations où la greffe a pu jouer un rôle soient **notées** et **contrôlées** avec soin, principalement celles, plus fréquentes, où la surgreffe ordinaire ou la surgreffe mixte de deux variétés, de deux races, de deux ou plusieurs hybrides sexuels, permettent de saisir plus facilement l'influence spécifique. Tout le monde peut faire ces observations qui ne demandent qu'un peu de soin et de bonne volonté ; tout le monde doit **oser** (56 et 57) en faire part, car le fait bien établi est toujours intéressant. Je suis persuadé que l'on remarquera ainsi de nombreux faits nouveaux d'hybridation, de métissage ou de variation asexuels, principalement dans la greffe des rosiers, des poiriers, pommiers, etc...

1. *Greffes de Poiriers.*— S'il est incontestable que la saveur plus sucrée des fruits comestibles du poirier et du pommier est due à une variation du régime de l'eau produite par le bourrelet, que ces fruits améliorés fournissent une liqueur fermentée souvent inférieure en qualité à celle que donnent des fruits naturels plus acerbes, il n'en est pas moins certain que divers changements de saveur constatés dans des fruits greffés sont dus à une réaction ou un mélange des produits amenés dans ces fruits par le sujet et le greffon sous l'influence de l'appel fructifère consécutif à la fécondation. Ces changements de saveur rentrent dans l'influence spécifique quand on observe nettement la saveur propre des fruits normaux du greffon associée à celle des fruits du sujet.

Ces faits se rencontrent parfois, principalement dans le greffage de jeunes plants de semis, mais ils sont peut-être moins fréquents que les changements spécifiques dans la forme du fruit, quand on surgreffe les variétés entre elles.

J'ai vu moi-même de ces changements dans le jardin d'un amateur passionné pour le jardinage, M. Reuzé, de Rennes. M. Reuzé possédait de vieux poiriers greffés sur coignassier avec des variétés de poires de petite taille, comme le petit Rousselet et le gros Rousselet de Reims. Voulant augmenter le nombre des variétés de sa collection, il surgreffa ces poiriers avec la poire Courte queue d'hiver, qui est de la taille d'un Doyenné, et la poire de Tongres, qui est aussi d'une bonne grosseur. Ces poiriers ont fourni depuis des poires de taille beaucoup plus petite, intermédiaire entre celle de chaque Rousselet et celle de la variété surgreffée.

Ces changements de taille sont d'autant plus intéressants qu'on ne peut invoquer ici les variations de nutrition générale pour les expliquer, puisqu'il est admis que, dans le cas particulier de la surgreffe du poirier, on obtient un grossissement du fruit. Il s'agit donc bien ici de variations spécifiques.

A la suite de ma publication de nombreux cas d'influence spécifique au Congrès d'Horticulture de Paris en 1898, un certain nombre d'autres observations ont été communiquées à des sociétés diverses. Elles viennent à l'appui des faits précédents.

Des poires de Bergamotte Espéren, qui sont presque rondes comme des pommes, sont devenues plus allongées après avoir été greffées sur la poire de Curé dont le fruit est fusiforme.

M. Millot (56) a présenté, en 1899, à Nancy des **variétés nouvelles de poires obtenues par le surgreffage**. Ayant greffé la Passe-Crassane sur un vieux Beurré d'Hardenpont, il obtint des Passe-Crassanes à forme arrondie comme le sont les fruits du sujet. Ce phénomène s'est reproduit sur diverses autres variétés de poires, mais dans l'une de ces variétés, non seulement la poire avait changé de forme, mais les branches, les rameaux, les feuilles et les bourgeons à fruits s'étaient modifiés en même temps. M. Millot a pu fixer à nouveau ces variations par la greffe.

M. Lorge (57), de Jette-lez-Bruxelles, a observé et s'est décidé à publier également, fin 1899, des faits analogues relatifs au Doyenné du Comice surgreffé sur une autre variété. Ce Doyenné, après avoir donné, pendant quelques années, des fruits typiques, a subitement pris la forme et la saveur des fruits de la variété sur laquelle il était surgreffé.

Je rappellerai que, dès 1897, j'avais indiqué que les faits que je signalais dans les plantes herbacées devaient exister aussi dans les plantes ligneuses (Congrès de Rennes). MM. Baltet, Jamin, etc..., firent alors les plus expresses réserves au sujet de ces conclusions (Voir Comptes rendus). L'on voit, par les faits ci-dessus rapportés, de quel côté se trouvait la vérité, et ce qu'il faut penser de l'absence de variation dans le greffage du poirier.

2. *Greffes du Rosier.* — Le rosier est encore une de ces plantes qui, depuis quelque temps surtout, est greffée en quantité considérable et sur laquelle l'on aurait dû constater des phénomènes d'influence spécifique. Cependant la littérature botanique ou horticole n'en mentionne pas, et l'on n'a pas, en dehors de M. Sernagiotto, relevé, à ma connaissance, le cas cité par Darwin.

L'on ne peut, en effet, considérer comme variation spécifique, les cas de roses du Midi, cités par M. Sahut (59) au Congrès des Rosiéristes en 1900, qui greffées sur le rosier de Banks, deviennent à fleurs moitié plus grandes que si elles sont greffées sur églantier.

J'ai observé, cette année, dans le jardin d'un amateur, M. Baudet, de Rennes, un exemple très caractéristique d'influence spécifique entre deux rosiers différents, à la suite de la surgreffe.

M. Baudet avait écussonné sur églantiers vigoureux divers exemplaires du rosier Homère qui s'était fort bien développé, d'ailleurs, et avait fourni les roses types, sans modification aucune. Trouvant cette rose en trop grande quantité dans son jardin, M. Baudet voulut la remplacer partiellement et il écussonna sur un exemplaire une rose bien distincte, Sylphide.

L'écusson s'est développé vigoureusement et a produit, à la grande surprise de M. Baudet, une variation des plus intéressantes. Les tiges de la nouvelle variété n'ont que de rares aiguillons, quand Homère et Sylphide en sont abondamment pourvus; la couleur de sa tige et de ses feuilles est nettement intermédiaire entre les couleurs de Sylphide et Homère, et la forme des feuilles, elle-même, était différente. Mais, ce qui frappait à première vue, c'était la forme, comme la couleur, des roses : elles étaient nettement intermédiaires entre les deux roses surgreffées; plus petites que Sylphide, elles étaient plus grandes qu'Homère, mais, si elles s'ouvraient mieux que celle-ci, elles s'ouvraient moins bien que celle-là. Les pétales étaient assez chiffonnés, caractère qu'Homère présente à un haut degré, quand on ne le retrouve pas chez Sylphide. La couleur était également intermédiaire et se rapprochait cependant plus d'Homère.

On remarquera que, dans ce cas, comme dans celui de diverses Solanées, la variété obtenue par greffe présentait non seulement des caractères mélangés révélant son origine, mais aussi des caractères nouveaux, lui appartenant en propre.

Voici, en outre, un certain nombre d'autres faits intéressants à signaler.

Mme Bleuse, de Rennes, ayant greffé sur Eglantier une rose Gloire de Dijon à fleurs très doubles comme à l'ordinaire, a obtenu sur un rameau une fleur simple à 5 pétales très grands, ayant la forme, la couleur et la dimension d'une rose Gloire de Dijon normale, mais dont les étamines étaient nombreuses et bien conformées comme dans les fleurs de l'Eglantier servant de sujet.

J'ai observé, en 1900, dans le jardin de M. Reuzé de Rennes, une rose Jean Liabaud, de couleur rouge foncé, qui donna une rose à pétales de même couleur bordés de blanc. Or, cette rose était écussonnée sur un églantier à fleurs blanc rosé.

J'ai, dans mon jardin, deux exemples curieux, où la greffe a sûrement joué un rôle, bien qu'on ne puisse y voir une hybridation ou un métissage asexuels. Une rose Coquette des Blanches m'a donné un rameau vigoureux sur lequel les fleurs se disposèrent en une inflorescence en grappe, au lieu d'affecter la forme d'un corymbe. Cette variation fut suivie, l'année dernière, d'une modification aussi curieuse dans la disposition des feuilles qui, au lieu d'être alternes, deviennent nettement opposées.

Un écusson vigoureux de la rose Maman Cochet a donné une inflorescence en cyme nettement bipare, de telle sorte que l'inflorescence **indéfinie** en corymbe avait fait place à une inflorescence définie.

Que l'on voie, dans ces faits, un retour par atavisme à des ancêtres très éloignés ; que l'on y voie, comme je l'ai indiqué dans d'autres plantes, un équilibre nouveau amené par la greffe dans les hybrides ou métis sexuels que sont beaucoup de nos rosiers, il n'en faudra pas moins, contrairement aux idées reçues, en tirer la conclusion, que le greffage n'est point toujours un moyen parfait de conservation des variétés, races ou hybrides, mais qu'il peut être, parfois, au contraire, une cause puissante de variation.

Je suis convaincu que, si l'on employait le surgreffage mixte, c'est-à-dire si on laissait des pousses feuillées à la variété que l'on remplace, l'on obtiendrait plus facilement encore des phénomènes d'influence spécifique, tant sur le greffon lui-même que sur sa descendance. Je me permets de signaler cette méthode aux rosiéristes de bonne volonté.

3. *Le Néflier de Bronvaux.* — Un des exemples les plus complets que l'on possède sur l'hybridation asexuelle est, sans contredit, le Néflier de Bronvaux, près Metz. Cet arbre, découvert par M. Dardar, est fort âgé. Son existence a été révélée, pour la première fois, par MM. Simon-Louis et E. Jouin au Congrès organisé, en 1898, par la Société nationale d'Horticulture de France. Il venait à point pour soutenir les conclusions que j'avais formulées depuis longtemps déjà sur les résultats du greffage dans les plantes herbacées et que je renouvelais à ce moment dans un mémoire résumé que j'avais

présenté à ce Congrès, mémoire imprimé sous le titre d' « Influence du sujet sur le greffon et réciproquement ».

Cet arbre a été, en janvier 1899, l'objet d'une note intéressante de M. E. Jouin, dans le « Jardin », et j'en ai donné, moi-même, d'après les documents authentiques fournis par M. Simon-Louis, une description avec les premières figures dans mon ouvrage sur la « Varia-« tion dans la greffe », publié dans les Annales des Sciences natu-relles, cahier de mars 1899.

Depuis, plusieurs auteurs, dont M. Henry (60), du Muséum, et M. Le Monnier (61), de Nancy, ont étudié ce néflier, mais tout en donnant une **bibliographie**, ils n'ont pas tenu compte de mon tra-vail. Je ne veux pas insister. Quiconque veut se renseigner n'a qu'à consulter les dates de publication qui font foi sous ce rapport et les ouvrages eux-mêmes.

Voici donc la description de cet hybride de greffe, telle que je l'ai publiée en mars 1899, telle qu'elle m'a été donnée par M. Simon-Louis et d'après les échantillons en nature qu'il m'avait gracieusement fournis.

« Il existe, à Bronvaux, près de Metz, m'écrivait M. Simon-Louis, « un Néflier plus que centenaire greffé sur Epine blanche. **Un peu** « **au-dessous de la greffe**, le sujet, c'est-à-dire l'Epine blanche, a « donné naissance à une branche de Néflier.

« Cette branche diffère de la partie greffée (greffon) de l'arbre en ce « sens qu'elle est épineuse et qu'au lieu de porter des fleurs solitaires, « ces dernières sont réunies en une inflorescence portant jusqu'à « 12 fleurs blanches, mais semblables à celles du Néflier. Les fruits « sont des nèfles, mais ils sont assez petits et aplatis.

« Comme on le voit, tous ces caractères sont tout à fait intermé-« diaires entre l'Epine blanche et le Néflier. Les rameaux sont « épineux comme ceux de l'Epine; les fleurs sont disposées en « corymbe comme celles de l'Epine et elles ont la forme et la couleur « de celles du Néflier, bien qu'elles ne soient pas solitaires comme « dans le greffon. Enfin, les fruits, quoique modifiés, sont des nèfles.

« Sur ces mêmes branches, il s'en est développé une autre qui a « un feuillage intermédiaire entre le Néflier et l'Epine; ses fleurs sont « disposées en corymbe comme celles de l'Epine blanche et elles « ressemblent à celles-ci plus qu'à des fleurs de néflier. Leur couleur « est rose et non blanche. Le fruit est petit, allongé, couleur de « nèfle.

« Les jeunes feuilles sont semblables à celles de l'Epine, mais elles

« sont tomenteuses comme celles du Néflier, tandis que les feuilles
« normales de l'Epine sont totalement glabres. Sur les vieilles
« pousses, les feuilles sont moins découpées et souvent elles sont
« entières comme celles du Néflier.

« Enfin cet arbre a produit, également au-dessous de la greffe, une
« autre branche bien curieuse. La partie inférieure de cette branche
« est de l'Epine blanche ordinaire, mais elle se transforme à son
« extrémité en un rameau tout différent, portant des feuilles duve-
« teuses comme celles du Néflier. La base de ce rameau est donc
« normale tandis que l'extrémité devient intermédiaire entre l'Epine
« et le Néflier. »

Cette description montre bien qu'il y a eu successivement fusion
plus ou moins complète des caractères, puis une disjonction de ces
caractères, analogue à ce que l'on rencontre dans la *Bizarria* et le
Cytisus Adami.

Le Néflier de Bronvaux a été visité par une commission nommée
à cet effet par la société d'Horticulture de Nancy, dont M. Simon-
Louis est président. M. Le Monnier a publié, à ce sujet, un opuscule
où il prétend (contrairement aux affirmations de M. Simon-Louis et
reproduites tout dernièrement dans son catalogue 1901-1902) que la
branche modifiée part du niveau même du bourrelet. Cette divergence de vues provient de ce que le bourrelet est crevassé, assez
étendu et mal limité. Je n'ai vu que des photographies, peu nettes,
du bourrelet et je ne puis me prononcer à ce sujet. J'ai consulté
récemment M. E. Jouin ; pour lui, il est impossible, étant donné la
grosseur actuelle des branches modifiées, de savoir si, à l'origine,
elles étaient situées au dessous ou au niveau même du bourrelet.

Or, pour M. Le Monnier, cette origine a une grande importance,
car il adopte des explications qui se rapprochent singulièrement de
celles de Strasburger et auxquelles on peut faire les mêmes objections. Pour lui, il s'est produit, ou une conjugaison de cellules
blessées, ou il s'est produit un bourgeon dans les formations secondaires au niveau du bourrelet.

M. Le Monnier considère, avec juste raison, le cas du Néflier de
Bronvaux comme des plus probants. Il fait remarquer que le greffon
a ses extrémités composées de branches typiques de Néflier et que
le sujet, outre les branches modifiées au niveau du bourrelet,
possède à sa base et à son milieu des rejets d'aubépine normaux.

Qui ne verra immédiatement, dans cette constatation, la réfutation
d'une objection qui se présente logiquement à l'esprit ? Le Néflier de

Bronvaux pouvait avoir été greffé par hasard sur un hybride sexuel. Or, la manière dont la greffe est réalisée aujourd'hui par des circonstances toutes fortuites ne laisse subsister aucun doute sur l'origine asexuelle de la variation. Personne ne peut contester les faits, puisque, aujourd'hui encore, les branches modifiées existent toujours sur l'arbre qui les a produites.

Ici l'hybridation asexuelle est aussi complète, aussi profonde que possible. Je ferai observer que cette variation se trouve, par hasard, être le résultat d'une greffe mixte et qu'elle confirme les conclusions de la note que j'ai communiquée à l'Académie des Sciences sur la greffe mixte en 1897.

Enfin M. Sahut (59), dont les beaux travaux sur des sujets variés, et en particulier sur le greffage de la Vigne, sont bien connus, a vu récemment dans le Néflier de Bronvaux un exemple de cette influence qu'il a appelée **réflexe** du greffon sur le sujet et il compare ce cas à celui du jasmin, de l'Abutilon, etc. Il est regrettable que M. Sahut ait, dans ses dissertations sur la greffe, constamment confondu l'influence de nutrition générale et l'influence spécifique. Cette fois encore, il confond l'influence spécifique avec la transmission d'une maladie qui est la panachure. Il voit, en outre, dans le Néflier de Bronvaux, un cas de dimorphisme spontané; j'ai déjà montré plus haut ce qu'il faut penser des solutions nominales et des a priori.

III. — LA VARIATION SPÉCIFIQUE DANS LES LÉGUMINEUSES

La famille des Légumineuses est intéressante parce qu'elle a fourni le fameux *Cytisus Adami*, qui présente, avec le Néflier de Bronvaux, plus d'un point commun. Dans la pratique, on greffait rarement autrefois les plantes de cette famille.

J'ai fait porter mes recherches sur les Légumineuses alimentaires et j'ai greffé entre elles les nombreuses variétés de pois, de haricots, etc., que l'on a obtenues par la culture et le métissage sexuel. Je ne m'occuperai ici que des greffes ayant donné lieu à des variations spécifiques.

Sous ce rapport, j'ai greffé le Haricot noir de Belgique sur le Haricot de Soissons gros. Le premier est un haricot nain, dont les fleurs sont **violettes**, réunies en une inflorescence **courte** de 3 à 5 fleurs. Cette race est précoce et ses fruits donnent une gousse tendre **sans parchemin**. A maturité les graines sont violet noir foncé et de taille moyenne.

Le Haricot de Soissons gros est une race vigoureuse, à rames, qui atteint 4 à 5 mètres de hauteur. Ses feuilles sont larges et de grande taille. Il fleurit surtout au sommet en donnant des inflorescences **allongées** portant une vingtaine de fleurs à pétales **blanc jaunâtre**. Sur ces 20 fleurs, il y en a ordinairement 3 à 5 qui donnent des gousses larges, **parcheminées** fortement, et à saveur désagréable à la cuisson.

Entre ces deux races, j'ai fait deux séries de greffes : des greffes ordinaires et des greffes mixtes, comparativement, bien entendu, avec les témoins non greffés.

Avec la greffe ordinaire, j'ai obtenu une série de variations de nutrition générale se confondant plus ou moins avec des variations spécifiques : diminution de la dimension des appareils végétatif et reproducteur, résistance moindre aux agents extérieurs, etc. Une variation spécifique s'est montrée bien nette et bien distincte. Le fruit du Haricot noir de Belgique était devenu en partie parcheminé et sa saveur s'était modifiée ; elle rappelait la saveur particulière et désagréable des fruits du Haricot de Soissons gros.

En employant la greffe mixte, j'ai constaté des effets plus marqués comme influence spécifique, mais moins accentués comme nutrition générale. C'est ainsi que l'un des greffons portait une inflorescence allongée, avec 9 fleurs disposées comme celles du Haricot de Soissons et panachées de blanc sale et de violet. En un mot cette inflorescence et les fleurs présentaient, mélangés, les caractères des deux races.

Sur cette inflorescence j'ai récolté trois fruits. Ils étaient, comme ceux des autres greffons de la même série, beaucoup plus parcheminés encore que ceux récoltés sur les greffes ordinaires, leur saveur désagréable était plus prononcée aussi. Les graines étaient restées violet noir ; leur forme n'était point modifiée, non plus que leur taille.

N'est-ce pas, ici encore, un cas remarquable de métissage par la greffe, où il s'est produit un mélange des caractères des races comparable à ce qui se passe dans la fécondation croisée ? La réaction de l'embryon sur le fruit (xénie) ne peut être invoquée puisque l'inflorescence et la fleur sont des organes complètement développés au moment de la fécondation.

IV. — LA VARIATION SPÉCIFIQUE DANS LES COMPOSÉES

La famille des Composées est une de celles qui contiennent peu de plantes greffées dans la pratique. C'est cependant une de celles qui m'ont fourni le plus de cas d'influence spécifique.

1. *Greffes d'Helianthus lætiflorus sur Helianthus tuberosus.* — Les deux *Helianthus* en question possèdent des rhizomes qui se renflent pour recevoir les réserves et qui sont les seuls organes de reproduction de ces plantes sous notre climat où elles ne peuvent mûrir leurs graines.

Le rhizome de l'*Helianthus lætiflorus* trace loin de la tige aérienne verticale et s'étend jusqu'à 60 ou 70 centimètres en moyenne. Le bourgeon terminal se renfle en une petite massue portée par une tige souterraine de faible diamètre, d'aspect caractéristique.

L'*Helianthus tuberosus* ou topinambour présente plusieurs variétés. Celle sur laquelle j'ai opéré produit de gros tubercules irréguliers qui s'agglomèrent au voisinage des tiges aériennes et donnent lieu à une disposition bien différente de la précédente. La taille du topinambour est plus grande que celle de l'*Helianthus lætiflorus*.

J'ai placé l'*Helianthus lætiflorus* sur le topinambour, au moment où leurs pousses atteignaient 15 à 20 centimètres environ. Les greffes ont parfaitement réussi, surtout en entaillant le greffon sous l'eau. Le greffon n'a pas tardé à prendre une vigueur considérable.

Mais ce que cette greffe a offert de plus remarquable, c'est la manière dont le sujet s'est comporté. Le topinambour, au lieu de former ses tubercules au voisinage même de la tige aérienne, comme dans les témoins sortis du même pied, a produit des tubercules distants de la tige d'environ 25 à 30 centimètres, c'est-à-dire à une distance intermédiaire entre les distances normales des plantes greffées. Les tubercules n'avaient pas sensiblement changé de forme et ils étaient situés à l'extrémité de tiges souterraines semblables extérieurement à celles de l'*Helianthus lætiflorus*.

Cette expérience montre bien que l'appareil reproducteur souterrain peut subir l'influence spécifique comme le reste de l'appareil végétatif ou l'appareil reproducteur aérien.

2. *Greffes d'Helianthus lætiflorus sur Helianthus annuus.* — Ces

greffes réalisent l'union d'une plante vivace et d'une plante annuelle qui présentent par ailleurs des différences extérieures ou intérieures très marquées.

La première, de taille moins élevée, est plus rameuse. Sa tige, en grande partie ligneuse, présente à son centre une moelle faiblement développée. L'épiderme est vert sombre, recouvert de nombreux poils raides, caducs avec l'âge ; ces poils, en tombant, font place à des lenticelles plus ou moins nombreuses, plus ou moins larges, qui donnent à cette plante un aspect brunâtre caractéristique, bien distinct de celui de l'*Helianthus annuus*. Ses feuilles sont lancéolées.

Celui-ci, c'est la plante bien connue vulgairement sous le nom de Grand Soleil ou tournesol. Elle possède une tige plus grosse, ou l'anneau ligneux est d'une très faible épaisseur et entoure une moelle très développée (fig. 4). L'épiderme est vert pâle ; il porte des poils persistants, et lorsqu'il y a des lenticelles, elles sont rares et peu apparentes. Ses feuilles sont cordiformes. De plus, le Grand Soleil fleurit beaucoup plus tôt que l'*Helianthus læliflorus* et il se ramifie beaucoup moins à ce moment. Toutes ces différences sont faciles à saisir, même par l'observateur le plus superficiel.

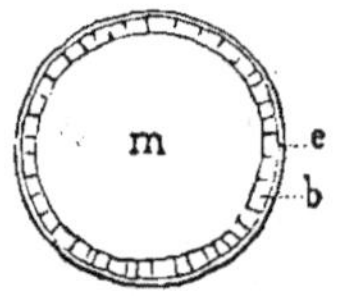

Fig. 4.—Coupe d'un *Helianthus annuus* témoin. — La moelle *m* est très étendue par rapport au bois *b* qui représente à peine le 1/10 de la surface de section et est peu lignifié ; *e* écorce. (Grossissement 1 diamètre 1/2.)

Après la greffe, les Soleils sujets ont présenté de bonne heure avec les témoins des différences importantes. Au 1er octobre, leur tige était toujours vivante ainsi que les racines, quand les témoins étaient desséchés depuis longtemps. La tige avait en totalité perdu ses poils et présentait de larges et très nombreuses lenticelles en tout semblables à celles du greffon. La couleur vert cendré s'était complètement modifiée ; elle était passée au brun vert sombre ; en un mot la **tige du sujet avait pris tous les caractères extérieurs de la tige du greffon.**

L'épaisseur de cette tige était de 65 millimètres quand la tige des plus gros témoins atteignait un diamètre de 15 à 20 millimètres au plus. A la suite de la greffe, le diamètre de la tige du sujet était donc devenu trois fois plus grand au moins (fig. 5).

Les racines, peu nombreuses et faiblement développées dans les témoins, avaient pris un développement énorme dans le sujet et formaient un chevelu abondant. La racine principale était formée par un puissant pivot.

La structure anatomique de la tige sujet était de même complètement
changée. L'épaississement n'était point dû, comme dans les tubercules, à une hypertrophie des parenchymes, mais à un développement considérable du tissu ligneux. La moelle, extrêmement réduite,
avait fait place à un bois fort dur. L'écorce elle-même était plus

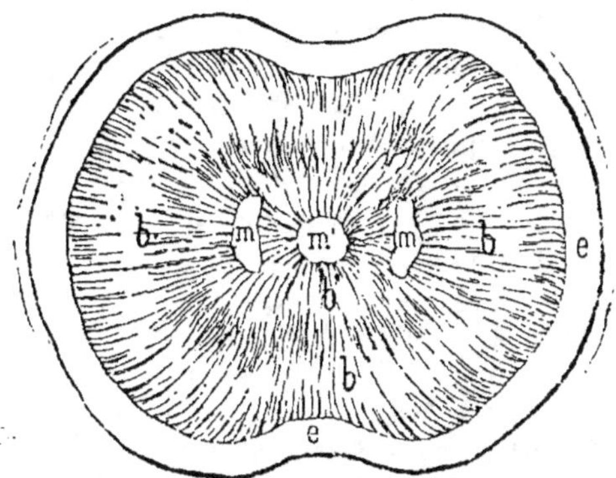

Fig. 5. — Coupe au niveau de la greffe d'*Helianthus læti-*
florus sur *H. annuus*. *m'*, *b'* et *c'*, moelle bois et écorce du
greffon, parties qui sont normales sauf l'épaisseur plus
grande ; *m*, *m*, reste de la moelle du sujet au moment du
greffage ; *b*, *b*, *b*, bois du sujet, très durs et très épais, qui
enveloppent le greffon et se confondent avec les bois de
celui-ci dont ils ont l'aspect et la disposition ; *e*, *e*, écorce
du sujet très hypertrophiée. (Grandeur naturelle.)

développée. En somme la structure anatomique du Grand Soleil
avait fait place à la structure exagérée de la tige du greffon.

Or le caractère ligneux d'une plante a toujours été considéré
comme ayant une grande valeur en classification. La transmission
de ce caractère dans la greffe, jointe à la transmission des caractères
de l'épiderme, fait de ce cas un bon exemple d'hybridation asexuelle.

J'ai observé des faits semblables dans quelques greffes inverses d'*Helianthus grandiflorus* sur topinambour, d'*Helianthus globulus* et
d'*Helianthus annuus* sur *Helianthus lætiflorus*. Dans ces diverses
greffes, le greffon était formé d'entrenœuds courts qui s'étaient
allongés proportionnellement au rétablissement de plus en plus
marqué des communications vasculaires, au fur et à mesure des
progrès de la cicatrisation. Ce qui était le plus curieux, c'était de voir
que les caractères de l'épiderme du sujet se retrouvaient très nettement sur l'épiderme du greffon : celui-ci montrait une progression
décroissante du mélange des caractères, au fur et à mesure qu'on

s'éloignait du bourrelet, et finalement, à des longueurs variant entre
7 et 30 centimètres, le greffon reprenait ses caractères normaux.

Le même fait se retrouvait dans la structure anatomique. L'épaisseur de l'anneau ligneux du greffon qui, au voisinage du bourrelet,
était égale à celle de l'anneau ligneux du sujet
(fig. 6), allait en diminuant et finalement, à la même
distance que la variation de l'épiderme, elle deve-
nait égale à celle des témoins.

Un autre fait qui a son importance au point de
vue théorique, et qui rappelle les faits rapportés
par le Dr Rodigas et M. Bureau, c'est la façon singulière dont se sont comportées les racines adventives du greffon au niveau du bourrelet. Dans bon
nombre de greffes, à ce niveau, l'on apercevait de
nombreuses racines adventives dont les unes
étaient arrêtées dans leur croissance, et dont les
autres, après être sorties d'abord dans l'air humide
de la cloche, avaient repris leur direction verticale

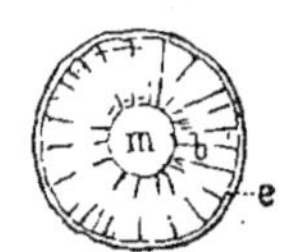

Fig. 6. — Coupe
d'un greffon d'*He-
lianthus grandiflorus*
dans la région voi-
sine du sujet *H. tu-
berosus*.— *m*, moelle
très réduite ; *b*, bois
très développé, oc-
cupant les 2, 3 de la
section ; *e*, écorce
peu épaisse comme
dans les témoins.
(Grossissement :
1 1, 2.)

et pénétré dans le tissu du sujet où elles s'étaient fusionnées complètement. N'est-ce pas là un nouveau fait en faveur de la théorie
des formations descendantes ?

Enfin, dans quelques greffons, les feuilles se sont légèrement
modifiées dans leur forme. Ainsi celles du Grand Soleil greffé sur
Helianthus lætiflorus n'étaient plus nettement cordiformes qu'à la
base ; elles devenaient de plus en plus lancéolées, au fur et à mesure
qu'elles se rapprochaient de l'inflorescence.

De même, dans certaines greffes, les modifications spécifiques de
l'appareil végétatif étaient accompagnées de variations dans l'appareil
reproducteur.

Un greffon de Grand Soleil, placé sur *Helianthus lætiflorus*, a
donné 12 capitules, espacés en grappe et non groupés en une sorte
de corymbe de 4 à 5 capitules comme dans les témoins. J'ai
remarqué aussi un léger changement de forme dans les bractées à
à l'aisselle desquelles prenaient naissance les pédoncules floraux. Les
fleurs de certains capitules n'étaient plus aussi nettement ligulées,
et quelques-unes affectaient la forme en cornet.

Des greffons d'*Helianthus globulus*, placés sur le même sujet, ont
présenté des changements comparables dans leur inflorescence. Les
fleurs étaient portées par de longs pédoncules qui donnaient à la
plante un aspect ramifié rappelant celui du sujet.

En résumé, on voit que dans la famille des Composées, j'ai obtenu des modifications spécifiques sur presque toutes les parties de la plante, suivant les cas : appareils végétatifs souterrain et aérien, appareil reproducteur.

V. — LA VARIATION SPÉCIFIQUE DANS LES CRUCIFÈRES

La famille des Crucifères renferme un certain nombre de plantes alimentaires qui ont été l'objet de greffes systématiques en ces derniers temps. Ce sont ces plantes, en particulier les choux et les navets, qui m'ont fourni mes premiers sujets d'étude. Le chou est une plante à races nombreuses, qui se greffe avec la plus grande facilité, et qui, par conséquent, est des plus commodes pour expérimenter de toutes façons.

1. *Greffes d'Alliaire sur Chou.* — J'ai greffé sur le Chou vert ou chou commun, l'alliaire (*Alliaria officinalis*), plante très fréquente dans nos haies et facilement reconnaissable à l'odeur d'ail qu'exhalent ses feuilles et ses jeunes tiges quand on les froisse. Cette greffe a été faite avec des alliaires à leur 2e année de développement ; je les ai placées, racine sur tige, sur de jeunes Choux verts, âgés de 5 à 6 semaines environ.

Le greffon, quoique placé sur une plante beaucoup plus vigoureuse que lui, a sensiblement conservé sa taille, mais il a perdu en partie l'odeur alliacée caractéristique de l'espèce. On remarquait, même au frottement prolongé, que l'odeur du chou se dégageait, mêlée à la précédente, et la saveur des greffons différait de celle des témoins.

Là s'est bornée l'influence. Je n'ai rien remarqué d'anormal dans l'appareil reproducteur. Floraison et fructification ont été normales et se sont faites à l'époque ordinaire.

2. *Greffe de Navet sur Chou.* — Le navet peut se greffer sur chou à la condition de prendre pour sujets des jeunes choux de semis dont la tige soit de la grosseur d'une plume et d'y insérer en fente les racines non encore tuberculeuses de jeunes navets garnis de leur rosette de feuilles.

Si l'on a eu soin de se conformer dans la plantation à la loi de niveau, le tubercule devient de bonne taille et reste tendre, bien que porté par une tige ligneuse.

J'ai fait goûter, à plusieurs reprises, quelques-uns de ces navets greffés sur Chou cabus et apprêtés comparativement avec ceux des témoins, dans un même plat ou dans des plats séparés, à différentes personnes non prévenues et tous les convives ont été unanimes à leur trouver une saveur plus agréable, plus sucrée, et un goût de chou assez prononcé.

L'influence spécifique de saveur était aussi nette que possible.

3. *Greffes de Chou sur Navet.* — J'ai greffé le Chou de Milan et le Chou cabus sur Navet jeune, en opérant sur des plantes jeunes comme précédemment. Dans les deux cas, j'ai obtenu une pomme sur le chou et un navet dans le sol.

Ces navets étaient un peu moins gros ; leurs racines secondaires étaient beaucoup plus développées, montrant bien l'influence exercée par un greffon plus avide de sève brute ; malgré cela les parenchymes sont restés prédominants et le navet était très mangeable. J'ai observé que, dans beaucoup de cas du moins, le tubercule avait un goût intermédiaire entre le navet et le chou, de même que la pomme du chou présentait elle-même cette saveur mixte. Dans tous les cas, ces légumes greffés ont paru plus agréables au goût.

Je signalerai, dans la greffe du Chou de Milan sur navet, la forme moins pommée du greffon comme un autre changement amené par la greffe.

Dans tous ces cas, la saveur mixte, le racinage plus prononcé, la forme plus étalée des feuilles peuvent être considérés comme des influences spécifiques plus ou moins mélangées à des variations de nutrition générale.

Une autre variation du même genre m'a été fournie par la greffe du Chou de Mortagne sur Navet rond à collet rose. Les jeunes sujets provenaient, comme les greffons, de semis d'août. On sait que les navets semés à cette époque se tuberculisent au plus tard en octobre-novembre, tandis que les choux cabus ne forment leur pomme qu'au printemps suivant.

Or les navets greffés ne fournirent aucun tubercule en novembre. A ce moment leur racine avait légèrement grossi, mais elle avait l'aspect et la forme ramifiée de la racine du chou. La couleur rose caractéristique de la race n'existait pas.

A la fin d'avril, l'année suivante, au moment où les Choux de Mortagne se mettaient à pommer, j'aperçus un commencement de tuberculisation et l'apparition de la couleur rose au voisinage du niveau de la greffe. Le tubercule grossit jusqu'en juin et présentait à la fin un anneau rose d'où s'échappait la tige du chou. La couleur s'était donc formée sur place aux dépens des matériaux fournis par le greffon exclusivement, puisque le sujet n'avait pas de parties vertes. Ce fait a son intérêt en chimie biologique.

Le changement dans la précocité relative des parties comestibles d'une plante donnée sous l'influence d'un greffon plus tardif se prête à une application pratique intéressante et que j'ai signalée depuis longtemps déjà : on peut, par exemple, obtenir une même race de navets à des époques différentes de l'année, par des greffes raisonnées faites à des époques opportunes.

4. *Greffes de Choux cabus entre eux*. — J'ai greffé le Chou de Tours, race de vigueur moyenne, à feuillage vert tendre, à pomme conique bien caractérisée, sur le Chou de St-Brieuc, dont la pomme est ronde, le feuillage plus foncé et la vigueur plus grande. Cette greffe a été faite en fente, entre jeunes plants de 5 à 6 semaines environ.

Tandis que quelques greffons ont conservé la pomme conique spéciale à la race greffon (fig. 8), d'autres ont nettement acquis la forme ronde de la pomme de la race sujet (fig. 7). Quelques-uns ont présenté une forme intermédiaire entre le cône et la sphère.

Dans cet exemple encore, on trouve une inégalité marquée dans la réaction suivant les individus.

5. *Greffes de Chou-fleur sur Chou cabus*. — En greffant, dans les mêmes conditions, le Chou-fleur sur le Chou cabus, j'ai obtenu une élongation marquée de la partie blanche comestible, et dans quelques greffes, à la place des inflorescences atrophiées, j'ai obtenu des inflorescences normales, avec fleurs, fruits et graines parfaitement formés.

Voir ici des phénomènes bien nets d'influence spécifique, c'est-à-dire l'influence d'un sujet bien conformé sur un greffon atrophié, en dehors de toute influence de nutrition générale, serait peut-être abusif. Mais il est possible que les deux influences concourent à un même résultat : c'est du moins ce qui semble ressortir d'expériences plus complètes sous ce rapport, faites par M. Millardet et M. Jurie sur la vigne.

6. *Greffes de Navets sur Alliaire*. — La greffe de Navets sur Alliaire est une des plus délicates à effectuer. Le navet s'est à peine formé et je n'ai pu dans ces conditions en étudier la saveur.

Fig. 7. — Chou de Tours greffé sur Chou de Saint-Brieuc à pomme ronde, et ayant pris, à la suite de cette greffe, la forme ronde du sujet.

Fig. 8.— Chou de Tours greffé sur Chou de Saint-Brieuc et ayant conservé, à la suite de cette opération, la forme conique de la variété à laquelle il appartenait.

J'ai déduit, de cette dernière greffe et des greffes de Crucifères en général ce principe important dans la pratique : **Pour améliorer une plante dans un sens donné, il faut la greffer sur une plante qui lui soit supérieure à ce point de vue ; sans quoi on s'expose à une perte de qualités.**

Ce principe fait bien voir d'ailleurs que, dans toute greffe, il pourra y avoir, avec l'amélioration cherchée, une perte d'autres qualités par ailleurs, car il n'est pas toujours possible de trouver une plante parfaite sous tous rapports.

VI. — LA VARIATION SPÉCIFIQUE DANS LES OLÉACÉES

J'introduis ici cette petite famille, dont les plantes ont été souvent greffées dans l'antiquité (olivier) et qui se greffent encore aujourd'hui en grand nombre (lilas, etc.).

J'ai observé dans cette famille un exemple de variation spécifique qui rappelle ce qu'avait signalé Gaertner sur la caducité des feuilles.

En mars 1899, j'avais greffé le *Ligustrum ovalifolium*, qui est à feuilles persistantes, sur le lilas, qui est à feuilles caduques. Cette greffe, inverse de celles qu'on pratique habituellement, réussit tout aussi bien.

Je n'avais rien remarqué d'extraordinaire dans le courant de la belle saison, mais pendant l'hiver 1899-1900, toutes les feuilles du greffon tombèrent comme celles du lilas. Je crus que le greffon allait mourir, lorsqu'au printemps suivant, il poussa avec vigueur et se couvrit de feuilles normales en apparence. Ces feuilles sont tombées pendant l'hiver 1900-1901, et aujourd'hui l'arbre est feuillé à nouveau, sans paraître souffrir de ce changement de nature spécifique.

C'est le seul cas que j'ai observé dans la greffe, au sujet de la transformation d'un arbre à feuilles persistantes en un arbre à feuilles caduques.

VII. — LA VARIATION SPÉCIFIQUE DANS LES AMPÉLIDÉES

La greffe des Ampélidées, bien connue des Anciens, a pris une importance extraordinaire depuis l'invasion du phylloxéra. On sait qu'à l'origine on craignait de voir le greffage de la vigne modifier les crus et donner aux raisins français le goût de fox des raisins de la vigne américaine.

Pour un grand nombre de personnes, il n'en serait rien. Non seulement le goût de fox n'a pas été transmis du tout, mais le raisin français n'aurait en rien changé à la suite du greffage sur plants américains ou hybrides. Au contraire, disent-elles, il s'est amélioré, ainsi que le vin qui a gagné en qualité, en saveur.

Cependant les faits ne concordent pas toujours avec cette manière de voir. Le raisin a été très abondant à la suite du greffage, et, conformément à ce qu'avait déjà signalé Chaptal (19), le vin qu'il a fourni a été assez souvent inférieur, fait très comparable à ce qui se passe dans les cidres que l'on veut faire avec des fruits de table. Ce fait montre bien que le greffage apporte des changements importants dans la vigne française.

D'autre part, la résistance de cette plante aux maladies cryptogamiques a diminué dans de notables proportions. Telle maladie, qui était peu dangereuse avec la culture directe, est devenue inquiétante à l'heure actuelle pour des causes inhérentes au greffage d'espèces de capacités fonctionnelles différentes (1) ; des maladies nouvelles se sont montrées, redoutables dès leurs débuts, et l'avenir est apparu sous des couleurs bien sombres à quiconque raisonne les faits et leurs conséquences sans parti pris.

De cette situation est née l'hybridation de la vigne (63), faite en vue d'obtenir des sujets ayant plus d'affinité avec la vigne française, c'est-à-dire permettant d'atténuer dans la plus large mesure possible les mauvais effets d'une différence trop grande entre les capacités fonctionnelles des deux plantes greffées, capacités variables suivant la nature du terrain, du climat, et la perfection relative de la soudure. C'est de là que proviennent aussi les essais de culture directe des meilleurs hybrides obtenus, parce que l'on s'est aperçu que le greffage, même le plus parfait et le mieux entendu, présente toujours des inconvénients, tant au point de vue cultural qu'au point de vue de la conservation de la race ou de l'espèce.

Je n'ai pas à rappeler ici des efforts que tout le monde connaît, les belles découvertes faites dans cette voie et que le Congrès actuel va mettre en lumière plus encore. Je veux me borner à étudier l'hybridation asexuelle dans la vigne, l'influence spécifique que l'on a niée jusqu'ici presque partout, en particulier en France ; à montrer que cette influence existe et quel secours elle peut apporter à ceux, très nombreux, qui cherchent méthodiquement, sur l'initiative de M. Mil-

---

(1) Voir mon ouvrage sur *la Variation dans la greffe*, Paris, 1899, etc.

lardet, à réunir sur la même vigne la résistance au phylloxéra et un raisin semblable à ces merveilleuses variétés qu'avaient su, à la longue, sélectionner nos pères.

Je dois à l'obligeance de MM. Bouscasse, Jurie et Millardet, que je suis heureux de pouvoir remercier ici, la communication d'une série de faits qui jettent un jour tout nouveau sur la question, et qui montrent bien que la vigne, en fait de greffage, ne forme point une exception assez peu compréhensible avec le reste des végétaux et qu'elle se comporte de la même manière.

De ces faits, pour la plupart officiellement contrôlés et comparatifs, se dégagent des influences spécifiques fort nettes ; les unes intéressent la théorie pure ; les autres intéressent la pratique. Pour la commodité de l'étude, je vais les grouper en deux catégories : 1º celles qui concernent les changements de maturation, de saveur ou de forme des raisins greffés ; 2º celles qui ont trait au déterminisme sexuel dans le greffage et à la fécondation.

A. — CHANGEMENTS DANS LA NATURE DES RAISINS GREFFÉS.

1. *Greffe de Gros Colman sur Zabalkanski.* — M. Bouscasse, professeur honoraire à l'Ecole d'Agriculture de Rennes, s'est occupé beaucoup de viticulture. Il possède dans sa propriété de Saint-Laurent, près Rennes, une serre où il cultive un grand nombre de variétés de raisins de table. Parmi elles se trouvent le Gros Colman et le Zabalkanski.

Dans cette serre, le Gros Colman mûrit bien chaque année, mais jusqu'ici le Zabalkanski n'a pu arriver à maturité complète. Aussi, désireux de remplacer cette variété improductive sous notre climat, M. Bouscasse greffa sur elle le Gros Colman.

A sa grande surprise, le Gros Colman, greffé sur Zabalkanski, n'a plus mûri complètement ses raisins, quand les pieds non greffés de Gros Colman donnaient des raisins excellents, quoique placés, en dehors du greffage, dans des conditions identiques aux pieds greffés. J'ai pu moi-même constater ces faits et déguster les raisins ainsi modifiés.

N'est-ce pas là une transmission très nette d'un caractère spécifique d'une variété à une autre à la suite du greffage?

2. *Greffe de l'Hybride Jurie nº 580 (1) sur Hybride Mil-*

---

(1) Voir pour la genèse de cet hybride Jurie : Création d'un hybride producteur direct (*Revue de Viticulture*, 15 octobre 1898).

*lardet 41*B — M. Jurie a obtenu un remarquable hybride n° 580, à 5/8 de sève américaine et 3/8 de sève Vinifera. En 1900, il l'écussonna sur un hybride de M. Millardet n° 41B (Chasselas × Berlandieri).

« J'avais fait, m'écrit-il, affluer la sève élaborée sur cet écusson « par une forte ligature de fil de fer en dessous. Je taillai le courson « à un œil du sujet en dessus de l'écusson, *ayant ainsi une greffe* « *mixte*. Je tins le sujet pincé et la greffe porta des raisins de 580. « Mais le Berlandieri est très tardif. Ce caractère est actuellement « (18 août) visible sur le greffon. En effet, tandis que mon pied-mère « et ceux greffés sur Rupestris du Lot sont des raisins très avancés « dans leur véraison, ceux de la greffe sur Chasselas × Berlandieri « s'éclaircissent à peine, malgré une exposition en plein midi contre « un mur. A côté de ce caractère sûrement transmis, j'en perçois « un autre plus intéressant en viticulture. Le grain a pris la forme « du Chasselas, l'opacité est moins grande que dans les grains du « pied-mère et j'ai tout lieu de croire que j'aurai une baie moins « pulpeuse, à jus plus fluide, et se rapprochant du Vinifera. Je « désire ardemment que ma perspicacité ne soit pas mise en défaut, « car alors se trouverait résolu un problème immense pour la « viticulture..... »

Le 2 octobre, M. Jurie complétait ainsi sa communication : « Toutes les greffes mixtes faites en vue de voir s'il y avait des « échanges spécifiques m'ont indiqué des variations.

« Deux greffes de 41B ont bien établi le peu de précocité que « communique ce porte-greffe, mais, en même temps, les grains des « hybrides greffés étaient plus fondants, moins pulpeux. »

3. *Greffes de 340*A *Jurie sur Cordifolia × Rupestris de Grasset.* — M. Jurie avait fait une hybridation sexuelle entre Othello et Mondeuse Rupestris-Monticola. De là sont sortis trois sujets A, B, C, tous trois à raisins blancs, mais avec des prédominances d'espèces différentes. Ainsi A est plus Rupestris ; son feuillage, épais et foncé, rappelle celui de Rupestris-Monticola. Sa maturation est tardive. B et C sont à feuillage plus grand, beaucoup plus Labrusca. Les grains sont plus gros, oblongs dans B, ronds dans C. Ces trois raisins ont des goûts très différents, mais sont tous trois foxés.

M. Jurie avait greffé le 340A sur dix pieds identiques de Cordifolia × Rupestris de Grasset. Le raisin est venu de première époque, sa grappe est restée moins serrée, les grains sont devenus plus sucrés, sans trace de fox. Les deux arbustes, greffes et témoins, avaient un aspect fort différent, l'un étant plus buissonnant que l'autre.

Pour M. Jurie, la sève Rupestris est devenue, à la suite de la greffe, prédominante dans le 340ᴬ ; de là, la disparition du fox. Le Cordifolia a donné la précocité.

La preuve que c'est bien la sève du Rupestris qui, par sa prédominance, a fait disparaître le goût de fox, c'est que le même 340ᴬ, greffé l'an dernier sur le Rupestris du Lot, a donné, cette année, un raisin absolument sans fox, mais de maturité moins précoce que celui greffé sur Cordifolia × Rupestris, le Rupestris retardant en général la maturation.

M. Jurie, très frappé de cet ensemble qui lui révélait une hybridation asexuelle analogue à celle que j'avais signalée dans les plantes herbacées (1), crut pouvoir établir un principe nouveau relatif aux hybrides et aux métis sexuels : **Si l'on associe par la greffe deux vignes ayant une sève commune, si cette sève représente une somme supérieure à celles des autres sèves, cette prédominance peut amener des variations avec des caractères spécifiques de son espèce.**

4. *Greffes de 340ᴮ Jurie sur divers sujets.* — Les résultats obtenus dans la greffe précédente engagèrent M. Jurie à chercher méthodiquement à reproduire le défoxage du 340ᴮ. Il greffa cet hybride sur une série de sujets contenant tous, à des degrés différents, de la sève de Rupestris, comme en contenait le greffon lui-même : Monticola ou Rupestris du Lot, Cordifolia × Rupestris de Grasset, Colorado (Riparia-Rupestris Monticola), enfin Aramon-Rupestris Ganzin 1. Il greffa en même temps le 340ᴮ sur lui-même pour voir si la greffe, en tant qu'opération, amenait une variation. et il cultivait en même temps des témoins francs de pied.

Voici ce que m'écrivait M. Jurie, le 15 octobre 1900 : « J'ai eu la « bonne fortune d'avoir deux grappillons, l'un sur le Rupestris-« Monticola, l'autre sur le Cordifolia × Rupestris. Ce dernier sujet, « qui avait fait varier le 340ᴬ, a été sans influence sur le 340ᴮ qui « est resté foxé. Mais, sur le Rupestris pur, il est devenu franc de « goût. »

---

(1) Voir : Les producteurs directs Jurie (*Revue générale de Viticulture*, 19 janvier 1901).

Cette année, la plupart des greffons ont fourni des raisins qui ont varié en partie dans le sens cherché, et ces raisins modifiés, dégustés par des personnes compétentes (dont MM. Galliard, Battanchon et Jurie), ont fourni des variantes très intéressantes à noter, à une première dégustation (4 septembre).

« Greffé sur Rupestris-Monticola, le raisin présentait encore un « léger goût de fox, la maturité n'étant pas absolue. Le grain était « gros, plus rond, moins ovoïde que sur le pied-mère.

« Sur l'Aramon-Rupestris Ganzin I, le 340ᴮ n'a pas encore donné « de fruits.

« Mais, ce qu'il y a de plus remarquable, c'est que, cette année, le « 340ᴮ greffé sur Cordifolia × Rupestris de Grasset a donné un « raisin à grains ronds, légèrement plus petits, dont le goût de fox « avait en partie disparu. Comme le 340ᴮ est très fructifère, à grains « beaucoup plus gros que le 340ᴬ, on conçoit l'importance pratique « de son défoxage.

« Avec le Colorado, le 340ᴮ est resté très sensiblement foxé, malgré « sa maturité presque complète.

« Greffé chez M. Galliard, de Brignais, sur 41ᴮ Millardet (Chasselas « × Berlandieri), il y a eu une modification sensible, une atténuation du « fox, mais surtout un grain plus petit dû à l'influence du Berlandieri. « M. Galliard, ayant apporté de nombreuses grappes pour les compa- « rer avec les grappes des pieds-mères, nous avons remarqué, « combien l'influence de la sève Berlandieri avait diminué la grosseur « du grain ».

Au 2 octobre, M. Jurie complétait ainsi les observations précé- dentes : « Le résultat que j'ai cherché à reproduire, c'est-à-dire le « défoxage de l'hybride 340ᴮ, n'a pas été complètement celui que je « désirais. Je n'ai obtenu que le défoxage d'un certain nombre de « grains, d'autres grains de la même grappe restant foxés avec les « sujets Rupestris du Lot et Cordifolia × Rupestris. Tout d'abord, « mes dégustateurs et moi, nous avions attribué ces différences de « saveur à des inégalités de maturité. Aujourd'hui ayant, chaque « jour, suivi la marche de la maturité et tous les grains étant également « mûrs, cette différence de goût ne peut avoir d'autre cause que celle « de l'hybridation asexuelle produisant les mêmes effets qu'une « hybridation sexuelle. Nous avons des fruits, appartenant à l'une « des espèces composantes et des fruits intermédiaires aux deux « espèces. N'est-ce pas absolument le cas de vos tomates greffées sur « aubergine, par exemple ?

« J'avais été dérouté par des dégustations troublantes ; mes témoins,
« les pieds-mères, sous l'influence des pluies qui ont gorgé d'eau les
« fruits, en les lavant des huiles essentielles qui forment le bouquet,
« avaient perdu toute trace de fox. Quelques jours de soleil ont amené
« une maturité complète et l'hybridation asexuelle me paraît indis-
« cutable. Plus que jamais, je suis convaincu de la possibilité de faire
« varier la qualité des fruits des hybrides, par des greffages rendant
« une sève prépondérante.

« Avec la greffe sur Colorado, je n'ai point remarqué d'hybridation
« asexuelle, donnant des fruits intermédiaires et, dans certains cas,
« des fruits ayant le caractère exclusif d'un des composants, mais le
« goût foxé a uniformément persisté. Cela devait être, puisque la
« sève Rupestris est restée en minorité.

5. *Greffes de l'hybride 330ᴮ sur Viala.* — M. Jurie a essayé une
expérience inverse, qui consiste à donner, par la greffe sur sujet
foxé, le goût de fox à un raisin qui ne le possède pas. Pour cela, il a
greffé un hybride 330ᴮ (Noah $\times$ Mondeuse-Rupestris) qui, franc de
pied, donne des raisins absolument droits de goût, sur le Viala à
raisins foxés. Il a constaté que le raisin du 330ᴮ avait acquis un léger
goût de fox, nettement perceptible. Pour M. Jurie, cela tient à ce que
la sève Labrusca est devenue prépondérante à la suite du greffage.

6. *Greffes d'un hybride (580 $\times$ 41ᴮ) sur l'hybride Jurie 580.* —
M. Jurie ayant croisé son 580 et le 41ᴮ Millardet, a obtenu 25 sujets
différents, qui sont tous, sans exception, plus ou moins atteints par
le mildew. Au contraire, le 580 présente une immunité absolue vis-
à-vis des maladies cryptogamiques.

Au printemps de 1900, M. Jurie greffa en herbacé sur boutures à
un œil faites avec l'hybride 580, un des jeunes plants obtenus par croisement entre 580 et 41ᴮ. Ce jeune plant greffé sur 580 est devenu indemne
et l'on ne trouverait pas sur tout l'arbuste une tache de mildew de la
grosseur d'une pointe d'aiguille, quand les témoins en sont tous atteints.

Le 580, si remarquable par la santé de son feuillage, a donc transmis son immunité au greffon, contenant déjà lui-même une certaine
somme de cette même sève, mais en quantité insuffisante.

B. — Déterminisme sexuel et fécondation.

Jusqu'ici, à ma connaissance, du moins, on n'a signalé aucun cas
de déterminisme sexuel produit par le greffage. Il n'en est plus de
même aujourd'hui.

1. *Greffes d'un hybride* 580 *Jurie sur l'hybride* 41ᴮ *Millardet.* — Le 13 juillet dernier, M. Jurie me signalait un fait intéressant : « J'ai « écussonné, disait-il, plusieurs cépages en vue de créer des greffes « mixtes. J'ai greffé, en particulier, un hybride de M. Millardet, à éta- « mines recourbées, mais à fleurs pistillées, avec un de mes hybrides « d'une vigueur énorme, à fleurs parfaites. J'ai placé l'écusson tout « au talon du courson, l'œil du sujet restant en dessus. L'écusson a « poussé très fort, donnant plusieurs raisins. A ce moment, je pinçai « le sarment. Le sujet, ralenti sans doute par la vigueur du greffon « placé au-dessous de lui, me donna **assez tardivement** une grappe « très bien nouée. Je crois qu'il faut attribuer cette absence de « coulure à la diminution de la sève que l'écusson a détournée ; j'ai « souvent vu des cépages nouant mal leurs fruits, mais dont les « sarments partis de sous-yeux avaient des raisins sans coulure. J'en « poursuis même la sélection de quelques-uns, pour voir s'il est « possible de fixer cette propriété. »

On remarquera que dans ce cas où la grappe fécondée est apparue tardivement, il est impossible de faire intervenir la fécondation croisée dans l'explication de ce résultat.

D'autre part, on remarquera l'analogie que présente cet exemple, avec celui du *Passiflora alata* de Donaldson, dont il a été question dans l'historique. Je vois dans ces cas, une influence d'un greffon ou d'un sujet bien conformé sur une plante insuffisamment préparée à la reproduction. L'existence d'une semblable influence a une grande portée pratique, car elle permettra seule de juger par un choix judicieux de sujets appropriés, des qualités du fruit ou des propriétés des descendants de plantes qu'on était, jusqu'ici, réduit à multiplier par voie végétative.

2. *Greffes d'un hybride Jurie sur* 160ᴮ *Millardet.* — Je repro- duis ici textuellement une partie de la communication que M. Jurie a faite à l'Académie des Sciences, le 2 septembre 1901.

« Je possède, depuis une dizaine d'années, deux plants d'un hybride « 160ᴮ de M. Millardet. D'une très grande vigueur, cet hybride ne m'a « jamais donné que des inflorescences à fleurs mâles, sans jamais « avoir eu de fleurs pistillées. Son pollen, très actif me sert à féconder « artificiellement des variétés à étamines recourbées : Madeleine « Angevine, etc. Il y a quatre ans, je greffai l'un de ces pieds avec un

« des hybrides que j'ai obtenus, contenant 5/8 de sève Vinifera et 3/8
« de sève américaine. L'an dernier, un rejet poussa sur le sujet. J'ob-
« servai immédiatement une différence entre les feuilles de ce rejet
« et le feuillage de l'autre pied Gros Colman $\times$ Rupestris ou 160[B]
« resté intact et qui était placé tout à côté. La feuille était plus gau-
« frée, le vert plus foncé, les nervures étaient plus rouges, ainsi que
« les bois. Toutes ces différences indiquaient l'influence du greffon.
« dont les feuilles sont gaufrées, d'un vert noir, et dont le bois est
« d'un rouge très foncé. De plus les poils situés sur les nervures de
« la face inférieure étaient plus nombreux.

« Cette année, j'ai taillé ce rejet à deux yeux ; les entrenœuds étant
« très longs, l'œil d'en haut surpassait les yeux du greffon. Cet œil
« donna une branche vigoureuse et, au 3e nœud de cette branche, sortit
« une longue inflorescence qui, à ma grande surprise, noua assez de
« grains pour former une grappe. Les grains formés grossirent
« normalement. Tel est le fait matériel très exactement observé.

« Par la pousse du rejet se trouvait réalisée, avec la partie greffée,
« une greffe mixte ; l'influence de la sève élaborée, en conformité
« avec la théorie de M. L. Daniel, a donc amené sur le rejet une
« inflorescence à fleurs en partie hermaphrodites.

« Il est à observer que le greffon contenait 5/8 de sève Vinifera
« provenant de cépages à fleurs hermaphrodites très bien conformées ;
« le sujet étant lui-même de 1/2 sève Vinifera et américaine, la
« somme des sèves Vinifera est prédominante et a pu déterminer la
« formation de fleurs hermaphrodites. Telle est l'explication que je
« trouve de ce fait insolite... »

Bien entendu le pied voisin, non greffé, n'avait, comme à l'habitude,
conservé aucune trace de ses inflorescences.

3. *Greffes observées par M. Millardet.* — Le cas si remarquable
de déterminisme sexuel obtenu par M. Jurie à la suite du greffage
mixte sur le 160[B] Millardet fut communiqué à ce dernier par l'obtenteur. M. Millardet répondit à M. Jurie en lui signalant des cas voisins
qu'il avait observés et qu'il a bien voulu m'autoriser aimablement à
publier.

« Les cas où le greffage détermine, dans les fleurs mâles, le dévelop-
« pement de l'ovaire ne sont pas très rares, écrivait M. Millardet le
« 17 août 1901. J'en connais trois exemples.

« M. de Grasset greffa un jour sur une souche vigoureuse un

« *Vitis flexuosa* (1) du jardin botanique de Bordeaux qui, depuis
« 25 ans que je l'observais, n'avait jamais produit un fruit. L'année
« suivante, il y avait des raisins présentant 40 à 50 grains chacun sur
« le greffon.

« Il y a une douzaine d'années, M. Bouisset greffa 4 à 500 Rupestris
« du Lot sur des Riparias de 5 à 6 ans d'âge. Au mois de septembre
« de la même année, il nous montra, sur une de ces vignes, 3 à
« 4 grapillons de 3 à 4 grains chacun. Les grains étaient noirs,
« normaux pour un Rupestris, et contenaient des graines de Rupes-
« tris. J'en semai une demi-douzaine et obtins trois plants identiques
« au Rupestris du Lot.

« Le pied-mère de Cordifolia × Rupestris de Grasset est stérile
« habituellement. De temps en temps, cependant, les grappes ne
« tombent pas toutes après la floraison et, au mois de septembre, on
« trouve sur quelques-unes jusqu'à une douzaine environ de grains
« normaux, noirs, à graines normales. Un de mes amis voulut un
« jour multiplier ce porte-greffe et le greffa sur des souches euro-
« péennes, âgées et vigoureuses. L'année suivante il fut très étonné
« de voir sur ces greffes beaucoup de grappes, coulardes encore, mais
« tout de même à grains relativement très nombreux. »

Pour M. Millardet, « le cas dont parle M. Jurie, quoique inverse, est
« cependant analogue. Tout cela est une perturbation dans la nutrition
« qui détermine le développement d'organes qui, normalement, sont
« atrophiés ou même avortés ».

Il termine par l'intéressante constatation suivante : « Cette fécondité
« par suite du greffage, dont je parle plus haut, me semble ne s'être
« présentée que l'année qui a suivi le greffage et avoir disparu
« ensuite. Cependant, je ne puis l'affirmer. »

Tous ceux qui portent intérêt à la science et à la viticulture se
joindront à moi pour remercier M. Millardet d'avoir bien voulu
communiquer ces faits nouveaux qui tirent une valeur plus grande
encore de la notoriété incontestée de leur auteur.

Mais je ne puis sans réserves adopter l'explication qu'il en donne,
bien qu'elle semble concorder avec ce que l'on sait par ailleurs sur
la possibilité du changement de sexe dans certaines fleurs. L'on sait,
en effet, que l'alimentation médiocre peut transformer une fleur
femelle en fleur mâle, que des mutilations ont fait produire des

---

(1) Plante désignée sous le nom de *Vitis Thunbergi* par Planchon dans sa
Monographie des Ampélidées (Note de M. Millardet).

étamines à des fleurs femelles de chanvre et que l'espacement ou l'éclairement ont une influence marquée sur le déterminisme sexuel. Ces faits montrent bien qu'une diminution dans la nutrition peut faire apparaître le sexe mâle. De là à admettre que l'inverse peut avoir lieu par une suralimentation, il n'y a qu'un pas, c'est vrai, mais a-t-on le droit de le franchir en l'absence d'expériences positives?

D'autre part, les expériences de divers auteurs, de MM. Magnin et Giard (64) en particulier, ont fait voir que des parasites, comme l'*Ustilago antherarum* provoquent l'apparition d'étamines dans les fleurs femelles du *Lychnis vespertina*. Il faut voir, dans ce fait, autre chose qu'une diminution de nutrition, puisque les parasites amenant au contraire une **vitalité nouvelle** provoquent cependant l'apparition des organes mâles.

Lorsque l'on examine comparativement les expériences de greffage rapportées ci-dessus, on voit que la greffe sur souche plus vigoureuse amène la fructification du *Vitis flexuosa*, du Rupestris du Lot, du Cordifolia × Rupestris de Grasset, quand, au contraire, une diminution de sève produit l'effet inverse dans l'expérience de M. Jurie sur l'hybride Millardet à étamines recourbées. De même, il paraît difficile d'admettre que le sujet 160ᴮ, dans l'expérience de M. Jurie, ait été mieux nourri par un greffon étranger que par son appareil assimilateur propre. Le rameau, en se modifiant, a lui-même pris soin de montrer quelles étaient les conditions dans lesquelles la greffe l'avait placé. L'augmentation de la villosité est une conséquence de la sécheresse et non de l'humidité. La sève reçue par le sujet était donc moindre qu'à l'ordinaire. Cependant l'organe femelle avorté est réapparu.

Ce qui paraît quelque peu une énigme avec l'hypothèse unique d'une variation de nutrition, se comprend, au contraire, très facilement si l'on admet en même temps la réaction mutuelle des produits protoplasmiques mis en présence, qui amène un mélange des caractères spécifiques (ici des caractères sexuels) des deux associés ou une prédominance des caractères sexuels de l'un d'eux.

En résumé, chacun reconnaîtra, désormais, grâce aux belles observations de M. Jurie, que la vigne est, comme les autres végétaux, soumise aux variations spécifiques à la suite du greffage, que **l'amélioration directe systématique des hybrides** a fait un grand pas et qu'elle est, par conséquent, possible comme pour les plantes herbacées.

Les lois qui régissent ces réactions spécifiques peuvent être observées avec plus de facilité dans la vigne que dans les autres plantes ; grâce aux travaux de nombreux hybrideurs, en effet, on connaît la genèse d'un grand nombre d'hybrides et, par la succession des générateurs, on a pu suivre la filiation de tel caractère et en connaître la valeur relative, par rapport aux autres, dans une plante donnée.

L'on peut donc ainsi reconnaître, comme l'a fait M. Jurie, l'action de tel ou de tel parent dans un résultat donné, et amener par des greffes raisonnées, cette action à prédominer ou à être inférieure, en un mot amener l'apparition ou la disparition de tel ou tel caractère suivant qu'il est utile ou nuisible.

Déterminer la quantité des parties feuillées nécessaires pour fabriquer la sève suffisante à amener ces réactions, à neutraliser d'abord la sève prédominante que l'on veut modifier puis à produire la réaction au degré voulu (amélioration du fruit, changement dans la résistance, etc.,) aurait une grande importance non seulement dans le greffage de la vigne, mais encore pour **le perfectionnement systématique de tous les végétaux par le greffage**.

Pourra-t-on un jour, à la suite d'observations multiples, arriver à faire cette mesure ? C'est possible. Je me bornerai, pour le moment, à faire remarquer que le **greffage mixte, auquel sont dus beaucoup de résultats d'influence spécifique,** ou le **surgreffage mixte** se prêtent encore, sous ce rapport, à une expérimentation raisonnée, tant sur la comparaison des sèves elles-mêmes que sur les quantités relatives d'une même sève à employer pour arriver au résultat cherché.

J'ai démontré, cette année, dans une étude sur l'effeuillage, que la vigueur de l'appel exercé par une pousse de vigne et que la croissance de cette pousse sont **proportionnelles au nombre et à la capacité fonctionnelle des feuilles qu'on laisse sur la pousse**. Le fait est d'ailleurs général. D'après cela qui ne voit que l'on peut à volonté, dans une greffe ou surgreffe mixte, régler l'appel, régler la quantité de sève fournie par le ou les sujets au greffon, ou réciproquement, en faisant varier le nombre des feuilles ou en changeant la surface par suppression partielle ? Rien de plus simple que d'opérer méthodiquement et de comparer les résultats obtenus.

La facilité avec laquelle on multiplie une même vigne, qu'il s'agisse du sujet ou du greffon, rend l'emploi de la méthode comparative des plus rigoureuses, puisque l'on élimine ainsi les différences individuelles qui existent fatalement quand l'on opère sur des plantes différentes d'un même semis.

DEUXIÈME PARTIE

CONSERVATION ET HÉRÉDITÉ DES CARACTÈRES ACQUIS PAR LE GREFFAGE

Il ne suffirait pas, au point de vue pratique, de pouvoir produire pour ainsi dire à volonté la variation. Il faut encore pouvoir la conserver intacte pendant un certain temps, sinon l'améliorer par la suite.

Or, M. Sahut (59) a émis *a priori* l'idée que les variations produites par la greffe sont de courte durée, et cette opinion a été plus récemment formulée par M. Foussat (66). Sans citer un fait, ce dernier a posé un axiome que l'hybridation sexuelle seule peut engendrer des variations durables. A ces affirmations sans preuves les faits que je vais exposer se chargeront de donner la réponse.

On sait que la conservation des variétés ou des races peut se faire par deux procédés généraux de multiplication : 1° par la multiplication végétative, naturelle ou artificielle ; 2° par la multiplication par graines

Je vais examiner successivement ce que deviennent les variations de greffe quand on essaye de les conserver par l'un ou par l'autre de ces procédés.

CHAPITRE PREMIER

Reproduction par multiplication végétative

Je ne pourrai citer que quelques exemples seulement dans ce chapitre, car je n'avais pas, jusqu'à ces dernières années où M. le Ministre de l'Agriculture a bien voulu mettre à ma disposition un terrain suffisant, les moyens matériels de conserver par ces procédés tous les hybrides ou métis de greffe que j'ai obtenus.

D'autre part, seuls les hybrides et métis de greffe vivaces, soit par leur appareil végétatif aérien, soit par leurs parties souterraines, se prêtent à ce mode de multiplication.

J'ai opéré sur un grand nombre de plantes annuelles ou bisannuelles qui se multiplient exclusivement par graine ; je ne pouvais
essayer la multiplication végétative, puisque cette multiplication ne
se fait en général pas.

Malgré ces conditions défectueuses, les cas que je signalerai sont
assez nombreux et assez variés dans leurs résultats pour que l'on
puisse se faire déjà une idée suffisamment exacte du phénomène.

I. — SOLANÉES

Conformément aux expériences relatées par Darwin, M. Edouard
Lefort a pu fixer les variations qu'il avait obtenues à la suite du
greffage et il a livré depuis au commerce une variété nouvelle, la
pomme de terre Edouard Lefort, véritable métis de greffe transmissible par reproduction agame, et qui conserve les caractères
mixtes des deux variétés composantes, la pomme de terre Marjolin
et la pomme de terre Imperator.

J'ai cultivé moi-même, en aussi grande quantité que me le
permettaient alors mes ressources, les pommes de terre Négresse,
Corne blanche et autres modifiées dans leur forme par la greffe et
j'ai de même constaté la conservation de ces modifications. Au bout
de trois années, l'espace me faisant défaut, j'ai dû cesser l'expérience,
mais je suis bien convaincu que la variation était alors définitivement fixée.

Ici la conservation de la variation a été **totale**.

II. — COMPOSÉES

Dans la famille des Composées, j'ai essayé de conserver la variation
si nette que j'avais obtenue sur le Grand Soleil devenu ligneux sous
l'influence de son greffon, l'*Helianthus lætiflorus*. Un coup de vent
violent brisa mon greffon et, comme le Grand Soleil sujet n'avait
point de bourgeons adventifs, il finit par mourir. L'expérience est à
refaire sous ce rapport.

La variation spécifique observée sur le topinambour greffé avec
l'*Helianthus lætiflorus*, s'est incomplètement maintenue. Le topinambour, à la première année de plantation, m'a donné des tubercules
toujours éloignés de la tige aérienne et non agglomérés comme dans

les témoins; mais la longueur des rhizomes était moindre que dans le sujet greffé. Elle ne dépassait pas 15 à 20 centimètres. Cette disposition s'est maintenue une deuxième et une troisième années (1900-1901) et ces caractères me paraissent aujourd'hui fixés. La conservation a été **partielle**.

III. — ROSACÉES

1. Rosiers. — J'ai voulu conserver les variations observées dans le greffage des rosiers. Les variations observées dans la rose Coquette des Blanches (inflorescence en grappe, feuilles opposées), celles observées dans la rose Maman Cochet n'ont pu être conservées par la greffe sur églantier. Ces variations se sont montrées ainsi essentiellement fugaces.

J'ai essayé de conserver la variation de la rose Jean Liabaud en l'écussonnant sur églantier. Cette fois il y a eu transmission partielle et quelques-uns seulement des pétales se sont montrés (1901) panachés irrégulièrement de blanc et de rouge. J'attends la suite de l'expérience pour voir ce qu'il adviendra finalement de la variation.

De même M. Aide a essayé en vain de conserver la variation obtenue par le rapprochement de la rose Général Schablikine et de la rose Marie Levallay.

Un de mes amis, mort aujourd'hui, était parvenu à fixer complètement, dès la première année, une variation de Wilhe bon Silène qu'il attribuait à l'action de la greffe. L'on sait d'ailleurs que bon nombre **d'accidents**, comme l'on dit vulgairement, se propagent facilement par le greffage, tout en donnant parfois de nouvelles variations.

2. Néflier de Bronvaux. — Le Néflier de Bronvaux s'est montré de meilleure composition que mes rosiers. La variation s'est maintenue très nettement par la greffe des rameaux modifiés. M. Simon-Louis a donné au Jardin des Plantes de Nancy deux formes principales tirées des branches modifiées du Néflier de Bronvaux, et il les livre actuellement au commerce, avec cette description que je reproduis à titre de document, d'après son récent catalogue de 1901-1902.

1re forme. *Cratægo-Mespilus Dardari.* — Arbrisseau vigoureux, épineux, ayant l'aspect du néflier. Fleurs blanches, plus petites que celles du néflier, réunies en corymbe de 6 à 12 fleurs. Fruits du néflier, mais notablement réduits.

2e forme, *C. M. Jules d'Asnieres.* — Arbrisseau épineux, à écorce rugueuse, noirâtre. Jeunes pousses pubescentes. Feuilles obovales cunéiformes pubescentes, à 3 ou 5 lobes arrondis. Fleurs un peu plus grandes que celles de l'aubépine, réunies en corymbes denses, à ramifications garnies de poils blancs. Sépales réfléchis, pubescents, plus longs que ceux de l'aubépine. Pétales blanc verdâtre, concaves, passant au rose tendre à la défloraison. Etamines ascendantes à filets blancs, de même longueur que les pétales. 1 à 2 styles plus courts que les étamines. Fruits de la forme et de la grosseur de ceux de l'Épine Blanche, de couleur brune, pubescents.

M. E. Jouin m'écrit, en outre, que « les greffes faites à Plantières, « près Metz, se maintiennent parfaitement; les greffons ont conservé « tous leurs caractères : feuilles, fleurs et fruits sont absolument « identiques à ceux du pied-mère. Leur vigueur est extraordinaire. »

M. Simon-Louis n'a pas multiplié la troisième forme du Néflier de Bronvaux parce qu'il a trouvé qu'elle se rapprochait trop, au point de vue ornemental, de la deuxième forme qu'il a dénommée M. Jules d'Asnières.

Si, maintenant, l'on rapproche ces faits de la conservation et de la fixation de variétés de poires obtenues à la suite du surgreffage par M. Millot, de Nancy, on voit que, dans la famille des Rosacées, la conservation directe de la variation consécutive à certains greffages peut être **totale**, ou **partielle**, ou **nulle**.

IV. — AMPÉLIDÉES

Il était très important, au point de vue viticole, de connaître la manière dont allait se comporter la vigne modifiée par la greffe.

Malgré la date récente de ses intéressantes expériences, M. Jurie a pu déjà fournir une première indication dont la portée apparaîtra à tout esprit non prévenu. Voici ce que m'écrivait M. Jurie, à la date du 18 août dernier :

« J'ai pu faire constater, le 15 août, par M. le Dr Michon, président « de la Commission d'enquête de la Société des Agriculteurs de France, « sur les producteurs directs, la conservation des caractères acquis « à la suite du greffage.

« Nous avons dégusté les raisins portés par les boutures provenant « des pieds de 310 A, modifiés primitivement par la greffe. Précocité « et franchise de goût se sont absolument maintenus malgré le se- « vrage; les raisins des boutures sont en tous points semblables à

« à ceux des pieds sur lesquelles elles ont été prises. Le pied-mère est
« encore à l'état de verjus et n'a pu être goûté (1).

La variété a donc été **fixée** en **totalité** dès le début, et M. Jurie,
pour la distinguer de l'hybride sexuel 340A qui l'a fournie, l'a désignée par la notation 340A. H. G., ce qui veut dire 340A hybride de
greffe.

Non seulement cette variation a pu être conservée par le bouturage, mais elle l'a été par le greffage. Le 340A. H. G. avait été, en même
temps que bouturé, greffé sur le Rupestris du Lot. Il a conservé sa
précocité et ses caractères acquis. Il a même été trouvé plus fin par
les personnes qui l'ont dégusté, de sorte qu'une nouvelle action favorable semble encore s'y être ajoutée.

La conservation intégrale de la variation de la vigne, par multiplication végétative, est un fait d'une grande importance pratique. Ce
fait permet d'entrevoir, dès maintenant, comme cela s'est passé pour
les plantes herbacées, la possibilité d'**améliorer directement** les
vignes hybrides, dans un sens donné, par un greffage raisonné,
approprié, et aussi de **conserver** l'amélioration produite; en un mot
de combiner méthodiquement, sur un même pied, la résistance de
certaines vignes à raisins inférieurs avec les qualités de nos vieux
raisins qui ont fait la réputation de nos crus de France.

Ce qui jusqu'ici paraissait presque une utopie pourrait bien devenir
bientôt une réalité. Les faits se sont chargés de répondre aux
réserves et aux probabilités que l'on a faites récemment au sujet de
la vigne et du greffage en général.

En résumé, des faits que je viens de décrire, on peut conclure que les
hybrides et métis de greffe peuvent se grouper en trois catégories,
au point de vue de la **conservation directe de la variation
acquise** :

1º Ceux qui se conservent intégralement par la greffe ou le bouturage, ou par tubercules, comme le Néflier de Bronvaux, le *Cytisus
Adami*, la vigne hybride 340A, certaines variétés de pomme de
terre, etc.

2º Ceux qui ne conservent qu'une partie des caractères acquis, à

---

(1) Ces résultats confirment absolument ce que je disais en 1899 au sujet
des différences fondamentales qui existent entre la bouture et la greffe,
contrairement à l'hypothèse de Théophraste adoptée de nos jours.

la suite de cette même multiplication végétative, comme le topinambour et quelques variétés de rosiers.

3° Ceux chez qui l'impression est fugace et disparaît totalement quand on essaye de la multiplier par voie végétative, comme cela se passe dans certains rosiers, par exemple.

CHAPITRE II

Hérédité dans le semis à la suite du greffage ou influence indirecte du sujet sur la postérité du greffon.

Les documents que je vais avoir à exposer dans ce chapitre sont plus nombreux que ceux décrits dans le chapitre précédent. Cela tient à ce que, pour aller plus vite, j'ai opéré de préférence sur les plantes herbacées annuelles ou bisannuelles qui ne se multiplient point par voie végétative en général. Les premiers résultats que j'ai obtenus ont été publiés en 1894-1895. Je les décrirai à nouveau en les complétant à l'aide de documents récents, en me bornant ici, suivant mon programme, aux influences spécifiques (1).

Je regrette de n'avoir pas été mis à même d'étudier la descendance du néflier de Bronvaux dont les premières graines ont été adressées au Muséum (2). Je me bornerai donc ici à l'étude de la descendance des plantes herbacées.

I — CRUCIFÈRES

La famille des Crucifères est celle que j'ai étudiée tout d'abord.

1. *Variations de l'Alliaire officinale.* — J'avais, au début de mes recherches, greffé l'Alliaire officinale sur le Chou vert, dans le jardin

---

(1) Pour ce qui concerne la transmission des variations de nutrition générale, consulter mes publications antérieures : *Influence du sujet sur la postérité du greffon* (1895); *La variation dans la greffe et l'hérédité des caractères acquis* (1899); *Variation des races de haricots sous l'influence du greffage* (C. R., 5 mars 1900).

(2) D'après M. Armand Gautier, la variété serait stérile.

que M. Bayou, vétérinaire à Château-Gontier, avait obligeamment mis à ma disposition. La greffe, quoique assez délicate à réaliser, réussit fort bien.

Le greffon, inséré en fente, et réduit à une faible partie de sa racine munie de sa rosette de feuilles, se développa comme à l'ordinaire et ne parut point se modifier en dehors de la saveur et de l'odeur. J'en recueillis les graines et les semai comparativement avec celles des témoins venus dans des conditions extérieures identiques.

La première année, les jeunes plantes issues des greffons, ne présentaient avec les témoins que de faibles différences dans leurs rosettes de feuilles. Celles-ci étaient plus nombreuses, plus gaufrées et possédaient une odeur d'ail moins caractérisée. L'appareil radiculaire était très différent dans les deux catégories de semis.

Les témoins possédaient une racine de 20 centimètres de long environ, peu épaisse et atteignant 2 centimètres au plus de diamètre. Leur parenchyme était fortement lignifié, l'écorce présentait même du sclérenchyme épais; le liber et l'écorce étaient peu développés par rapport au cylindre ligneux.

Les racines des alliaires sortant des greffons étaient beaucoup plus ramifiées, beaucoup plus épaisses et plus développées. Elles atteignaient 3 centimètres d'épaisseur et 30 centimètres de longueur au minimum. Leur parenchyme avait à peine épaissi ses membranes; l'écorce était dépourvue de sclérenchyme; le cylindre ligneux, très réduit, faisait place au liber et à l'écorce hypertrophiés pour recevoir des réserves plus abondantes qu'avait fabriquées la plante.

La racine de ces alliaires, considérablement plus développée que celle des témoins, rappelait assez l'aspect extérieur de celle du chou, et comme volume elle était intermédiaire entre les racines normales du chou et de l'alliaire.

L'année suivante, au printemps, les alliaires témoins possédaient, dans les plus beaux échantillons, six à dix tiges aériennes de 0^m05 de hauteur en moyenne. Ces tiges étaient grêles et ligneuses, le parenchyme médullaire présentait d'assez nombreuses lacunes. Ces tiges n'étaient pas ramifiées. Les feuilles, d'un vert jaunâtre, étaient assez distantes les unes des autres et laissaient dégager, au frottement, une odeur d'ail bien caractérisée.

Les alliaires provenant des greffons, possédaient de 15 à 25 tiges de 0^m10 de hauteur environ. Ces tiges étaient plus épaisses, moins ligneuses que les précédentes; leur parenchyme médullaire ne présentait pas de lacunes. Elles étaient abondamment ramifiées et leurs ramifications possédaient la structure de la tige principale. Les feuilles étaient d'un très beau vert, très rapprochées les unes des autres et donnaient à la plante un faciès très différent de celui de la plante sauvage. L'odeur alliacée n'apparaissait qu'à la suite d'un frottement plus énergique, et elle restait moins intense que dans les témoins ; elle semblait participer à la fois des odeurs propres du chou et de l'alliaire.

Les inflorescences des témoins étaient lâches et allongées. Celles des plantes sorties des greffons étaient courtes et serrées.

Les différences entre les deux séries de plantes étaient tellement tranchées, qu'un botaniste classificateur y eût vu sûrement au moins deux variétés distinctes.

2. *Descendance des Navets greffés.* — J'ai voulu voir si le caractère de saveur mixte observé dans les navets à la suite de leur greffe sur Chou de Milan et sur Chou cabus, persisterait dans leur descendance. J'ai donc semé les graines récoltées sur quelques greffons. J'ai constaté que, à la première génération, les navets obtenus avaient conservé intacte la variation.

Malheureusement, au moment de la floraison, j'ai négligé, pour ces plantes, d'empêcher la fécondation croisée ; à la troisième génération, la saveur mixte avait disparu.

L'influence du sujet sur le greffon a-t-elle eu une durée limitée, ou bien faut-il attribuer à la fécondation croisée la disparition du caractère acquis ? C'est ce que je ne puis préciser.

J'ai semé également les graines de navets greffés sur alliaire ; j'ai obtenu des navets à tubercule à peine marqué. Cette expérience montre bien comment la greffe d'une plante cultivée sur plante sauvage expose cette plante cultivée à perdre ses qualités à la suite du semis.

3. *Création d'un Chou fourrager résistant au froid.* — L'exemple dont je vais parler ici est d'autant plus typique qu'il réalise une première application pratique de la méthode de perfectionnement systématique des végétaux par le greffage suivi de semis.

J'avais été frappé bien souvent, au moment où j'habitais la Mayenne, de la difficulté qu'éprouvent les cultivateurs de mon pays à nourrir leurs bestiaux au moment où l'hiver va finir. Les foins se font de plus en plus rares à cette époque, et souvent les fourrages verts se font attendre. La gêne se transforme en désastre quand un hiver rigoureux gèle choux et navets qui forment un sérieux appoint au début du printemps, mélangés au reste des fourrages secs.

Désireux de combler cette lacune et de trouver une race de choux à tige tuberculeuse, riche en principes nutritifs, comme le Chou moellier, mais pouvant résister au froid, je songeai à appliquer les principes que j'avais formulés, en 1894, à la suite de diverses greffes de plantes herbacées.

D'après un premier principe, il me fallait trouver un chou sujet qui fût supérieur au greffon au point de vue de la qualité à acquérir, c'est-à-dire, en l'espèce, la résistance au froid. Ce sujet, je le trouvai dans le Chou de Mortagne, race de Chou cabus qui résiste à des froids rigoureux dans le pays.

D'autre part, d'après un second principe, je savais qu'en greffant une plante tuberculeuse non résistante au froid, je m'exposais, tout en lui faisant acquérir la résistance cherchée, à lui faire subir une perte de qualités, c'est-à-dire à diminuer le volume de la partie comestible et à lui faire subir une élongation. J'ai choisi un greffon dont le tubercule fût assez développé pour que cette perte fût peu sensible et ne lui fît pas perdre ses qualités nutritives : le Chou-rave, dont la tige volumineuse est sphérique, me parut se prêter à l'expérience dans les meilleures conditions.

Je pris de jeunes bourgeons à fleurs de Chou-rave, longs de six à huit centimètres, et dans lesquels les inflorescences ne se montraient pas encore, et je les greffai en fente sur de jeunes plants de Chou de Mortagne qui avaient passé l'hiver en pépinière et avaient été ainsi retardés dans leur développement. Ces bourgeons poussèrent vigoureusement, après un retard de plusieurs semaines causé par l'opération ; ils fleurirent quand les autres choux étaient en graines déjà et ils fructifièrent très bien. Les fruits étaient plus volumineux, plus larges et de forme quelque peu différente de ceux des témoins ; ils renfermaient des graines plus grosses.

Je semai ces graines l'année suivante (1894), à l'époque habituelle. Peu de temps après le semis, mes jeunes choux présentèrent un aspect bien différent des choux témoins. De plus, ils ne se ressemblaient pas complètement entre eux. Je les plantai comparativement avec les témoins, et la plupart des variétés ordinairement employées à Château-Gontier, dans un terrain que la municipalité de cette ville avait mis à ma disposition.

Par la suite du développement, je constatai que les jeunes choux acquirent un tubercule qui était plus ou moins fusiforme, suivant

.es échantillons ; les feuilles, nombreuses, étaient très rapprochées, plus grandes que celles du Chou-rave, plus petites que celles du Chou de Mortagne. La tige s'était allongée et atteignait de 20 à 50 centimètres de hauteur. En somme, ces choux avaient à la fois des caractères communs aux deux variétés greffées ; ils en avaient aussi de spéciaux qui leur donnaient un faciès particulier.

A un été sec, succéda un automne très pluvieux. Cela me permit de constater un premier fait intéressant que je n'avais pas cherché à obtenir. Tandis que les Choux moelliers ordinaires et les Choux-raves témoins étaient atteints par la pourriture, les choux nouveaux n'en présentaient pas trace.

L'hiver fut extrêmement rigoureux et le thermomètre descendit à 15° au-dessous de zéro. Tandis que les divers témoins (Choux-raves, moelliers, poitevins, Rutabagas, Mille-têtes, Choux gras et même Choux verts) gelaient complètement, non seulement au champ d'expériences mais encore dans toute la contrée, les choux nouveaux, placés à des expositions variées, résistèrent parfaitement à ces froids.

Quand la température redevint normale, au commencement de mars, ces choux, qui s'étaient montrés de vigueur moyenne et se seraient peu prêtés à l'effeuillage d'automne, perdirent leurs anciennes feuilles qui avaient couvert la tige et les bourgeons d'un dôme protecteur. De nouvelles feuilles se montrèrent et les bourgeons donnèrent une foule de rameaux qui se ramifièrent abondamment. Chaque chou, au moment de la floraison, avait un mètre de diamètre en tous sens et représentait une somme importante de fourrage.

Ces faits furent, sur ma demande, contrôlés, en 1895, par une Commission de cinq membres, désignée à cet effet par le Comice agricole de Château-Gontier. Le rapport, rédigé par le professeur d'agriculture de l'arrondissement, confirme complètement les faits ci-dessus décrits ; il est conservé aux archives du Comice et il a été publié *in extenso* dans la *Pomologie française* de Lyon, en 1897.

J'ai pu continuer la culture de ces choux et les sélectionner à Rennes, grâce à l'obligeance de M. Lechartier, doyen de la Faculté des Sciences. Leurs qualités se sont maintenues, et M. Lechartier, qui a bien voulu les analyser, a constaté que ces choux, comparés avec les autres races cultivées dans des conditions plus favorables, ne leur cédaient en rien comme qualités nutritives (65).

En 1899, l'hiver rigoureux montra que ces choux avaient conservé leur résistance au froid, à la suite de plusieurs générations. Le champ de culture de la station agronomique est insuffisamment clos et les maraudeurs s'empressèrent de cueillir les jeunes pousses, au printemps, avec un soin qui témoignait de la valeur culinaire des choux et aussi de la rareté de ces productions par ailleurs. Quelques exemplaires vigoureux avaient pu supporter ces mutilations par trop répétées et trop radicales. Ces exemplaires, sélectionnés pour graines, furent malheureusemeut arrachés plus tard par inadvertance et donnés aux bestiaux.

Heureusement j'avais des graines en réserve. J'ai pu planter, cette année, à l'Ecole nationale d'Agriculture de Rennes, environ 2,000 de ces choux qui conservent, pour la plupart, leurs caractères et que je vais recommencer à sélectionner.

Ils ont, au début, mieux résisté que d'autres races aux chenilles de la piéride du chou qui ont causé de grands ravages principalement sur le Chou moellier ordinaire. Le même fait a été constaté à Hercé, dans la Mayenne, où ces choux ont été également cultivés. Finalement, ils ont été attaqués aussi.

II. — OMBELLIFERES

En 1897, j'avais greffé la Carotte sauvage (*Daucus Carota*) sur la Carotte rouge demi-longue, variété potagère bien connue. Ces greffes ont été faites racine sur racine, entre plantes au début de la deuxième année de leur développement.

On sait que ces deux plantes diffèrent par leur port, leur villosité, la couleur et l'épaisseur de leurs racines. La Carotte sauvage a ses feuilles étalées, d'un vert glauque et très velues ; sa racine est blanche, atteignant un centimètre de diamètre environ. La Carotte rouge demi-longue a des feuilles dressées, moins velues, d'un vert plus franc ; sa racine est rouge et épaisse ; elle atteint 6 centimètres et plus en diamètre.

La Carotte sauvage greffée s'est fort bien développée sur la Carotte rouge dont elle a entièrement épuisé les réserves ; elle n'a manifesté de changements de forme que dans ses fruits et ses graines. Ceux-ci, très abondants, étaient une fois et demie plus larges que ceux des témoins et leurs épines beaucoup plus développées.

Je semai ces graines en mars 1898, comparativement avec celles de mes témoins (Carotte sauvage) venus côte à côte avec la Carotte greffée, toutes choses égales d'ailleurs. Pour éviter une hybridation possible, j'avais supprimé, bien entendu, les tiges des Carottes rouges témoins avant la floraison.

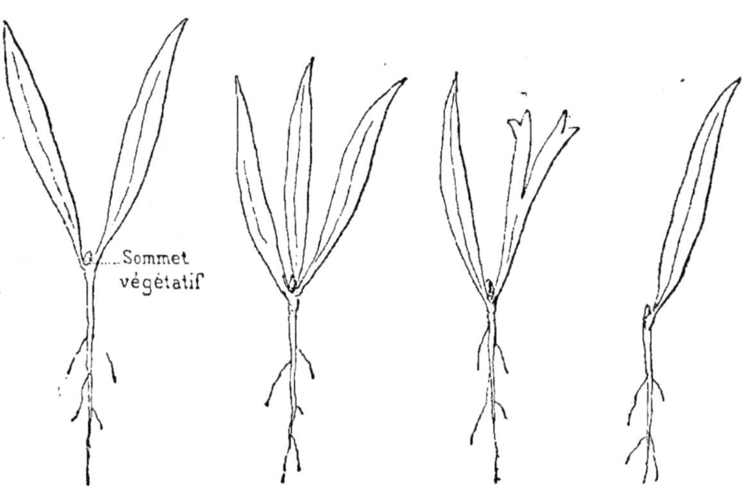

Fig. 9. — Germination de Carotte sauvage greffée sur Carotte rouge. Forme rappelant le type normal, mais à cotylédons plus allongés.

Fig. 10. — Germination de la Carotte sauvage greffée sur la Carotte rouge. Forme a 3 cotylédons entiers.

Fig. 11. — Germination de Carotte sauvage greffée sur Carotte rouge. Forme à cotylédon ramifié.

Fig. 12. — Germination de la Carotte sauvage greffée sur la Carotte rouge. Forme à un seul cotylédon.

Voici, sous forme de tableau, les résultats de semis comparatifs de 30 graines récoltées sur le greffon et de 30 graines récoltées sur un même témoin.

Carotte sauvage greffée.	*Carotte sauvage témoin.*
2 plantules à 3 cotylédons entiers. 2 plantules à 3 cotylédons, dont un bifide. 1 plantule à 1 cotylédon, dont un bifide. 1 plantule à 1 seul cotylédon. Toutes les autres normales.	Toutes les plantules étaient normales, c'est-à-dire possédaient 2 cotylédons entiers.

Les jeunes plantes fournies par ces germinations sont plus grandes, plus vertes, moins velues que le type normal; elles sont, sous ce rapport, nettement intermédiaires entre la Carotte rouge et la Carotte sauvage. Il en est de même du faciès. Dans quelques jeunes plantes les feuilles sont étalées, dans d'autres elles sont dressées et, dans quelques-unes, elles sont mi-dressées, mi-penchées.

Les jeunes plantes, issues de germinations des témoins, sont normales. Toutes ont des feuilles très velues, étalées.

8 jeunes plantes sont devenues annuelles et ont monté directement à graines, l'année même du semis.

Toutes les plantes sont restées bisannuelles.

Tous les pieds restants sont pourvus d'une racine fortement tuberculeuse atteignant de 2 à 8 cm. d'épaisseur. La racine est de couleur blanche ou jaune; quelques-unes sont à collet vert. Les unes s'élèvent au-dessus du sol, les autres non; il y en a de ramifiées et d'autres qui sont réduites à leur pivot.

Racines normales, atteignant dans les plus beaux échantillons un diamètre de 8 millimètres au pius.

Goût intermédiaire assez désagréable de la racine. Goût intermédiaire des feuilles.

Goût désagréable, non modifié, dans toutes les parties.

De l'examen de ce tableau ressortent quatre faits principaux :

1º La proportion élevée des anomalies dans le nombre des cotylédons, qui montre bien l'influence marquée de la greffe sur la variation, car, comme l'a indiqué M. Gain (62), cette différence fondamentale entraîne des différences très importantes dans la plante adulte.

2º La fréquence plus grande de la montée à graines dans l'année du semis, transformation qui existe plus rarement dans les races cultivées, mais très rarement dans les plantes sauvages.

3º Le changement dans l'appareil végétatif (parties fourragères) et une légère modification de la couleur de la racine.

4º Le goût intermédiaire entre les deux races greffées.

De ces carottes modifiées j'ai laissé monter à graines quelques échantillons seulement que j'avais sélectionnés parmi les carottes à feuilles étalées comme celles de la carotte sauvage, persuadé que ces pieds nouveaux résisteraient mieux au froid que ceux à feuillage intermédiaire. Je ne pouvais, d'ailleurs, tout cultiver à ce moment, faute de terrains suffisants.

Ces graines ont été semées comparativement au Jardin des Plantes de Rennes, dans mon jardin et à la station agronomique de Rennes (1899). Les années suivantes (1900-1901), j'en ai semé de 1re et de 2e génération dans un des carrés d'essais de l'Ecole nationale d'Agriculture de Rennes.

La transmission des caractères acquis a été presque complète dès la première génération. J'ai constaté la même tendance à monter à graines dans l'année du semis, mais aussi la persistance du tubercule et de la disposition étalée des feuilles. Le caractère des graines (surface et épines de grande taille) avait en partie disparu.

On sait, en outre, que la Carotte rouge est déjà plus résistante au froid que la Carotte fourragère, et cette qualité existe à un plus haut degré encore dans la Carotte sauvage. Les carottes nouvelles, pour la plupart, ont résisté aux froids assez vifs de 1899 et de 1900 sans périr. Je dis pour la plupart, sans pouvoir affirmer, toutefois, que celles qui ont pourri l'ont fait sous l'influence du froid; elles avaient été rongées par les lapins et les mulots qui étaient nombreux dans mes cultures et les cultures voisines.

Cette année j'ai récolté des nouvelles graines pour poursuivre l'étude pratique de cette variation.

III. — COMPOSÉES

J'avais, une première fois, recueilli des graines de Grand Soleil modifié par sa greffe sur *Helianthus lætiflorus*. Mais les souris et les rats ne m'en laissèrent pas une après avoir percé mes sacs.

Une seconde fois, je pus, en renfermant ces graines dans un tiroir, les préserver des rongeurs et étudier la descendance comparée des greffons d'*Helianthus globulus* greffé sur *Helianthus lætiflorus*, qui avaient présenté un aspect trapu, mais ramifié de l'inflorescence comme le sujet.

J'ai constaté ici encore une transmission sensible, non seulement du nanisme produit par une variation de nutrition générale, mais aussi de la ramification de l'inflorescence, caractère spécifique (1901).

IV. — SOLANÉES

Un certain nombre de greffons de Solanées ne m'ont point fourni de graines, les ovules ayant avorté complètement ; d'autres ont donné des graines de mauvaise qualité qui n'ont pas germé. C'étaient justement les greffes qui avaient paru les plus intéressantes : aubergine sur tomate ; piment sur aubergine.

J'ai donc dû renoncer à étudier la transmission indirecte des caractères acquis dans ces plantes. Mais il n'en a pas été de même dans les tomates greffées entre elles, dont toutes les graines ont aussi bien germé que celles des témoins.

J'avais fait trois lots de graines de Tomate jaune ronde modifiée par la greffe sur Tomate rouge grosse : un 1er lot de graines récoltées sur les fruits côtelés ; un 2e lot récolté sur les fruits lisses aplatis ; un 3e lot recueilli sur les fruits lisses et ronds. Le tout, semé comparativement avec les graines des témoins, m'a fourni les résultats suivants.

Les plantes de chaque lot ont donné des fruits des trois catégories, mais avec prépondérance de la forme du fruit sur lequel avait été récolté chaque lot de graines.

Il n'y a rien d'étonnant à trouver ce mélange puisqu'il se retrouve dans le greffon.

J'ai sélectionné les plus gros fruits côtelés et, au bout de deux générations, j'ai obtenu des Tomates dont presque tous les fruits étaient côtelés et jaunes, de telle sorte que la variété va s'isoler complètement au bout de 4 ou 5 générations.

V. — LÉGUMINEUSES

J'ai étudié principalement l'hérédité des caractères acquis dans la greffe ordinaire et dans la greffe mixte du Haricot noir de Belgique greffé sur le Haricot de Soissons gros (voir plus haut, p. 44).

1. *Greffe ordinaire.* — J'ai fait trois lots de graines récoltées sur le Haricot noir de Belgique greffé en fente sur le Soissons gros : le 1er contenait les graines les plus grosses ; le 2e, les graines moyennes ; le 3e, les graines les plus petites. Un 4e lot, contenait les graines des témoins.

J'ai semé le tout comparativement. Les témoins ont conservé.

comme à leur habitude, les caractères de la race. Les haricots issus des greffons ont, au contraire, présenté une variation très marquée et, au milieu de plantes normales comme taille et graines se trouvaient des pieds beaucoup plus nains dont les graines étaient plus petites. La variation était marquée surtout dans le 3e lot. Dans le 1er lot, elle l'était bien moins, et elle était intermédiaire dans le deuxième.

J'ai fait une nouvelle sélection dans les 1er et 3e lots. J'ai choisi les plus belles graines dans les plus beaux pieds du 1er lot, et les plus petites graines bien formées dans le 3e lot, ceci pendant trois générations. A la 4e génération, les plantes du premier lot avaient fait retour à la variété originelle et celles du 3e lot fournissaient une race très naine, à gousses étroites, à graines moitié plus petites, parfaitement fixée. Une nouvelle race avait donc été créée à la suite de la variation ramenée par la greffe ordinaire dans une race précédemment fixée.

J'ai, depuis, abandonné ces expériences, les qualités sélectionnées n'offrant pas dans l'alimentation d'intérêt supérieur à la race mère. Le fait n'en conserve pas moins sa portée scientifique et pratique.

2. *Greffe mixte*. — Les variations dans la greffe mixte ont été plus marquées que dans la greffe ordinaire. J'avais fait quatre catégories de semis, à la même exposition, dans un terrain semblable, également fumé partout et ayant eu précédemment les mêmes cultures.

Dans le 1er lot j'ai placé les graines récoltées sur les greffons non modifiés, en apparence du moins, à la suite de la greffe mixte.

Le 2e lot contenait les graines récoltées sur le rameau à inflorescence mixte et à fleurs panachées, graines un peu plus petites que les autres.

Dans le 3e lot figuraient les graines récoltées à la suite de la greffe ordinaire et dans le 4e lot, celles des témoins, c'est-à-dire du Haricot noir de Belgique. Tous ces lots étaient suffisamment distants d'autres races de haricots pour que le métissage sexuel ne pût s'exercer.

Voici les résultats de ces nouvelles expériences, à la 1re génération. Les plantes du 1er lot étaient semblables comme appareil végétatif à celles du 4e lot. Seules, les modifications du fruit (parchemin et goût désagréable), avaient en partie persisté.

Les plantes du 2e lot se sont montrées moins vigoureuses que les précédentes ; les plantes à panachures sont, d'ailleurs, en général, plus faibles. La panachure de la fleur n'a pas été transmise ; les inflorescences avaient bien un peu plus de fleurs parfois, mais je n'ai point retrouvé le caractère mixte si net observé sur le greffon lui-même. Les caractères du fruit étaient ceux du fruit des haricots du 1er lot.

Dans le 3e lot, l'hérédité des caractères de taille était très marquée ; en revanche, les caractères spécifiques (parchemin et goût désagréable) avaient presque disparu.

A la 2e génération, j'ai conservé seulement mes graines du 1er, du 2e et du 3e lot. J'ai semé séparément ces graines.

Tandis que les exemplaires témoins conservaient intacts leurs caractères de race, les autres ont manifesté une variabilité singulière. Un certain nombre de pieds sont devenus **remontants**, c'est-à-dire qu'au lieu de se dessécher au mois d'août, après une première fructification complète et la récolte des graines mûres, ils se sont maintenus verts et ont présenté depuis août, à la fois sur le même pied, des gousses mûres, des gousses vertes, des fleurs et des débuts d'inflorescence. Seule une forte gelée, survenue vers le 15 novembre, les a fait périr en plein rapport. Trois pieds ont donné des graines marbrées. Les deux premiers étaient en tout semblables au Haricot noir de Belgique, sauf la panachure du grain, marbré de violet noir et de gris dans l'un, de bronze sale et de gris dans l'autre. Le 3e pied a donné une plante de 4 m. 50 de haut, à fleurs nombreuses disposées en longues inflorescences, et de couleur rouge carmin. Le fruit, un peu plus petit que celui du Soissons gros, était moins arqué et parcheminé comme lui. Les graines, de taille assez variable, variaient comme forme et étaient panachées de violet noir et de gris sale. En un mot, ce haricot nouveau présentait les plus grandes ressemblances avec le Haricot d'Espagne (*Phaseolus multiflorus*), considéré comme une espèce distincte du haricot ordinaire (*Phaseolus vulgaris*), espèce dans laquelle rentrent le Soissons et le Noir de Belgique. De plus, ce haricot nouveau s'est montré très tardif ; ses fruits ont mûri fin septembre, après l'époque de maturation des fruits du sujet, plus tardif lui-même que le greffon.

J'ai, depuis, cultivé ces variétés en essayant de les fixer. La propriété remontante s'est maintenue et j'ai aujourd'hui, à l'Ecole d'Agriculture de Rennes, des haricots remontants presque fixés (3e génération). Il en a été de même de la panachure des haricots nains.

Quant au Haricot à fleurs rouges, plus profondément modifié, il m'a fourni une variation désordonnée qui dure encore et dont est sortie une série de types nouveaux à rames ou nains qui permettront peut-être de créer une forme naine de Haricots de Soissons gros et une forme à rames de Haricots noirs de Belgique.

En résumé, ces faits montrent nettement l'existence d'une réaction du sujet sur la descendance des greffons qui n'est pas sans analogie, comme M. Gain l'a fait remarquer ainsi que Darwin (31), avec certains faits de télégonie observés sur les animaux (62).

Ce qu'il faut, en pratique, retenir de ces faits, c'est l'inégalité de la variation indirecte imprimée par la greffe, et l'inégalité du temps qu'elle peut mettre à se manifester. On remarquera aussi que la greffe a ramené dans une race fixée la variation désordonnée que la sélection avait fait disparaître.

Si l'on compare ces faits entre eux et avec les résultats du semis dans les arbres fruitiers, si l'on considère les variations, tant de nutrition générale ou de nature spécifique que d'origine indéterminée, on peut dire que la greffe amène presque toujours une variation dans la descendance des plantes greffées; que cette variation peut être **très minime** ou **très accusée,** suivant les cas ; qu'elle est surtout marquée dans les plantes cultivées qui ont fourni des variétés ou des races nombreuses dont l'état d'équilibre momentané des caractères se trouve ainsi remplacé par un état d'équilibre nouveau susceptible parfois de fixation par sélection.

La portée pratique de cette constatation n'échappera à personne. Il y a là une source nouvelle de variations possibles que l'on aurait tort de négliger et que l'on peut faire agir séparément ou combiner **avec** la fécondation croisée et les variations de milieu.

Enfin, au point de vue de l'hérédité des caractères acquis par influence directe ou indirecte du sujet ou du greffon, on peut classer les plantes en trois catégories, comme je l'ai fait pour la conservation des variations directes de greffe par multiplication végétative :

1º Les hybrides et métis de greffe qui se reproduisent intégralement à la suite du semis : *Helianthus globulus*, diverses races de choux, de tomates, de carottes, etc.

2º Les hybrides et métis de greffe qui ne se conservent qu'en partie, comme par exemple les haricots ;

3º Enfin ceux qui ne fournissent pas de graines sous notre climat et dans lesquels la variation à la suite du semis ne peut, par conséquent, se conserver, comme cela s'est montré dans les aubergines et les piments, par exemple.

Conclusions

De l'ensemble de tous les faits cités dans ce travail, je crois pouvoir tirer les conclusions suivantes :

I. — AU POINT DE VUE THÉORIQUE

1º L'hybridation axesuelle, ou influence spécifique entre le sujet et le greffon, quel que soit le nom qu'on lui donne, ne peut plus être mise en doute, les faits observés récemment et dûment contrôlés ayant surabondamment démontré son existence dans des familles de plantes très différentes.

Elle se traduit par l'apparition, brusque le plus souvent, dans l'une des plantes greffées, d'un ou de plusieurs caractères spécifiques de son conjoint (qu'il s'agisse suivant les cas de caractères de variétés, de races ou d'espèces) qui se mélangent ou se fusionnent avec les caractères ordinaires de cette plante.

Elle n'est ni **constante**, ni **régulière**, ni très **fréquente**, pas plus qu'elle n'existe identiquement dans tous les genres d'une même famille, ou toutes les espèces d'un même genre. Par l'inégalité de ses effets et de ses allures, l'hybridation asexuelle rappelle parfois la fécondation croisée, mais elle s'en distingue :

Par des limites plus étendues, puisque la possibilité de cette hybridation asexuelle dépend des conditions de réussite des greffes dont les limites (comme l'a indiqué Gaertner et comme je l'ai montré moi-même, particulièrement dans les greffes par rapprochement) dépassent de beaucoup celles du croisement et ne sont point toujours déterminées exclusivement par les affinités sur lesquelles sont basées les classifications;

Par son origine. En effet, tandis que, dans la fécondation croisée, la fusion ou la superposition des caractères apparaissent à la suite de phénomènes bien connus, grâce aux beaux travaux de MM. Strasburger, Nawaschine, Guignard, H. de Vries, etc.), le mélange des caractères provient, dans l'hybridation asexuelle, d'une cause toute différente qui est, d'après M. Armand Gautier et d'après mes vues personnelles, la réaction ou le mélange des protoplasmas ou de leurs produits qui peuvent pénétrer au travers des membranes cellulaires par osmose ou tout autre moyen, comme les communications protoplasmiques, par exemple.

Elle se rapproche de la fécondation croisée par une sorte de parallélisme dans la variation, par l'apparition imprévue de certains caractères, mais elle s'en rapproche encore par la possibilité d'en obtenir, dans certains cas, de nouveaux, **prévus** à l'avance, et que l'on peut produire alors d'une façon raisonnée.

2o Le peu de constance des résultats, leur irrégularité dans des greffes qui paraissent, au premier abord, se trouver dans des conditions identiques, tiennent à ce que ces conditions sont presque toujours différentes. En effet, en opérant sur des exemplaires différents d'un même semis, on se trouve en présence de tempéraments divers, d'aptitudes individuelles particulières à la variation, qui ne peuvent s'éliminer qu'en employant la multiplication végétative d'un même individu. Même dans ce cas, le plus favorable, l'inégalité de réaction pourra persister quand même pour des causes de variation dans le degré de perfection de la soudure au niveau de la greffe et dans la nature des divers tissus que le greffeur met fortuitement en regard ou qu'amènent en présence les hasards de la cicatrisation. La conduction des sèves varie et l'on conçoit alors qu'elles se répartissent inégalement, suivant la position des divers points d'appel végétatifs (feuilles et bourgeons) et des divers points d'appel fructifères (fruits et graines). Il y aura des différences dans la quantité et la nature de la sève destinée à ces points d'appel, si, au lieu, par exemple, de passer directement des vaisseaux du sujet dans ceux du greffon, ou inversement, cette sève doit traverser des parenchymes cicatriciels, parce qu'alors interviendront des phénomènes d'osmose où la nature des membranes jouera un rôle, comme aussi la nature même des substances présentes à ce niveau et qui pourront augmenter ou diminuer, permettre ou empêcher le passage d'une substance chimique morphogène donnée.

3o L'hybridation asexuelle peut s'exercer, soit sur les plantes greffées elles-mêmes (influence directe du sujet et du greffon), soit sur leurs descendants (influence indirecte du sujet sur la postérité du greffon et réciproquement). De là, deux catégories d'hybrides de greffe : les **hybrides directs** et les **hybrides indirects.**

4o La nature de l'influence spécifique est variable ; elle paraît plus marquée dans les hybrides indirects de greffe où cette réaction peut être assez forte pour faire avorter la graine ; c'est en partie à cette influence qu'il faut attribuer la mauvaise conformation ou l'avortement des pépins ou noyaux de Rosacées et la variabilité de ces graines que l'on a attribuée, d'une façon générale, à la culture ou à la fécondation croisée, en dehors de la greffe.

L'influence spécifique peut porter sur les caractères externes (forme, taille, etc.), ou sur les caractères internes (structure, saveur, etc.), ou des propriétés particulières (résistance). Parfois la **fusion des caractères** est complète ; parfois il y a **disjonction des caractères** (**Bizarria**, néflier de Bronvaux, **Cytisus Adami**, tomates, aubergines, piment, hybride 340^B Jurie, etc.). Très souvent ces modifications sont accompagnées de variations de nutrition générale ou de variations dont l'origine est difficile à préciser dans l'état actuel de la science. Certains caractères varient facilement : forme, saveur, structure, etc. ; d'autres difficilement, comme la couleur. Certains organes, comme les fruits, les tubercules, varient plus facilement que d'autres à squelette plus rigide.

5° La durée de l'influence spécifique directe ou indirecte est variable. D'après les données actuelles, la conservation et l'hérédité des caractères acquis par le greffage présentent trois cas :

a. La conservation ou l'hérédité sont **totales** et de longue durée : conservation intégrale des caractères du néflier de Bronvaux, de l'hybride 340$^{A.H.G}$ Jurie, etc. ; hérédité des soleils, choux, tomates, etc.

b. La conservation ou l'hérédité sont **partielles** seulement : conservation partielle du topinambour, de quelques variations de rosiers, etc. ; hérédité partielle dans les haricots, etc.

c. La conservation ou l'hérédité sont **nulles** : caractères fugaces de certaines variations du rosier ; absence de graines fertiles dans l'aubergine, les piments greffés et modifiés, etc.

II. — Au point de vue pratique

Les conclusions pratiques se déduisent tout naturellement des conclusions théoriques précédentes et des faits eux-mêmes.

1° La greffe n'est point toujours, quoique ce soit cependant le cas le plus fréquent, un moyen absolument certain, comme on l'enseigne, de fixer et de conserver la variation, puisqu'il arrive que, assez souvent, la greffe provoque une variation durable qui peut se conserver comme toute autre variation produite par les conditions de vie, le croisement, etc.

De là deux usages de la greffe.

Dans le premier cas, quand il n'y a pas variation sensible, la greffe sera employée utilement à la conservation directe des variétés. C'est là le cas le plus ordinaire ; loin de moi la pensée de contester cet usage au greffage.

Dans le deuxième cas, plus rare, l'utilité de la greffe change complètement de caractère : elle se prête à la création parfois **imprévue**, mais souvent **raisonnée**, de variétés nouvelles, soit qu'on l'emploie seule ou qu'on en combine les effets avec les modifications produites par l'action du milieu extérieur ou par l'hybridation sexuelle.

2° Les principes sur lesquels on devra s'appuyer pour réaliser semblables créations sont les suivants :

a. — Pour réaliser directement (hybrides ou métis directs de greffe) ou indirectement (hybrides ou métis indirects de greffe) une amélioration donnée dans une plante quelconque, lui faire acquérir une qualité qui lui manque (forme, saveur, etc.), il faut greffer cette plante sur une autre plante voisine qui lui soit supérieure sous ce rapport.

b. — Dans la greffe des hybrides dont les parents sont connus, comme pour la vigne, par exemple, on peut préciser beaucoup plus encore, comme l'a indiqué M. Jurie. Pour faire acquérir un caractère donné à un hybride, il faut le greffer sur une plante possédant une sève commune avec lui, de telle sorte que la somme totale de cette sève devienne prédominante dans l'association. Ainsi, si l'on possède un hybride sexuel possédant $\frac{3}{8}$ d'une sève A $+ \frac{1}{2}$ d'une sève B $+ \frac{1}{8}$ de sève C, et qui ne présente pas un caractère K de la sève A qui est en minorité, et qu'on le greffe sur un autre hybride sève de $\frac{1}{2}$ A $+ \frac{1}{8}$ B $+ \frac{3}{8}$ C, il pourra laisser apparaître ce caractère K parce que l'on aura les sommes $\frac{3}{8} + \frac{1}{2}$ A $= \frac{7}{8}$ A ; $\frac{1}{2}$ B $+ \frac{1}{8}$ B $= \frac{5}{8}$ B ; $\frac{1}{8}$ C $+ \frac{3}{8}$ C $= \frac{1}{2}$ C. La sève A, devenant prédominante sur B et C, le caractère K se montrera sur le greffon ou sur le sujet. C'est ainsi que l'on pourra amener, par exemple, dans la vigne, une série de modifications d'une grande importance dans la pratique : disparition ou, au moins, atténuation du goût de fox ; modification de la pulpe du grain ; augmentation de la résistance aux agents extérieurs ; changements de sexe, etc.

3° La méthode à employer pour perfectionner systématiquement

les plantes par greffage direct ou par greffage suivi de semis peut
être l'emploi de la greffe ordinaire ou la greffe par rapprochement.
Il paraît bien préférable, toutefois, de se servir de la greffe mixte ou
de la surgreffe mixte, en raisonnant ces greffes et en laissant au sujet
des feuilles en nombre proportionné à la vigueur du greffon. Si l'on
cherche à obtenir une variation indirecte, on aura soin de laisser
fructifier une seule plante, sujet ou greffon, de telle façon que l'appel
fructifère s'exerçant en une plante unique le mélange des sèves soit
rendu plus facile.

4° La conservation des variations, quand elle est possible, ce qui
arrive souvent, se fera, pour les variations directes, par les procédés
ordinaires de la multiplication végétative (bouturage, marcottage,
greffage, tubercules, en appliquant les données connues sur le choix
du rameau ou du bourgeon qui doit propager la variation, etc.). La
conservation des variations indirectes, si elle est possible, se fera,
tantôt par multiplication végétative (plantes vivaces), tantôt par
semis. Dans ce dernier cas, si l'hérédité est partielle, on fera intervenir la sélection.

Conclusions spéciales a la vigne

Les conclusions que je viens de donner sont générales et s'appliquent à toutes les familles de plantes étudiées dans le cours de
l'ouvrage. Je ne veux pas oublier que ce sont des viticulteurs qui
m'ont confié ce rapport sur l'hybridation asexuelle, et je terminerai
par des conclusions intéressant spécialement la vigne.

Jusqu'ici beaucoup de personnes ont considéré le greffage de la
vigne comme l'opération qui a permis aux vignerons de **sauver** le
vignoble français et de **conserver intégralement** les types de
vignes qui ont fait la réputation si justifiée de nos vins.

Il est un fait acquis, c'est qu'en effet, nos vignes greffées ont plus
ou moins résisté au phylloxéra et que malheureusement, malgré
ses nombreux inconvénients, la greffe est encore l'un des meilleurs
procédés dont on dispose pour la lutte actuelle. Mais il est, pour moi,
non moins certain, d'après les recherches que je viens d'exposer et
d'après les variations de nutrition générale amenées par l'opération,
que c'est le greffage, seul ou combiné avec une culture plus intensive, qui doit être rendu responsable, en grande partie, des désastres
qui atteignent le vigneron : abondance de vin inférieur, goût particulier désagréable des vins, diminution de la résistance aux agents

extérieurs, modification plus ou moins lente, plus ou moins profonde, mais **sûre** des cépages (1). L'on peut prédire, d'une façon presque certaine, la disparition d'un certain nombre de crus qui devaient leur principale réputation à ces raisins que nos pères avaient sélectionnés depuis des siècles.

Le greffage a donc **sauvé momentanément** nos cépages, mais en **engageant l'avenir**. Il **tuera** très probablement à la longue les cépages anciens : voilà le fait brutal ; bien coupable serait celui qui s'endormirait dans une trompeuse sécurité, comme celui qui, prévoyant ce résultat, resterait indifférent et ne jetterait pas un cri d'alarme.

Y-a-t-il des remèdes à cette situation ? Je le crois. La nature place

---

(1) Cette affirmation surprendra peut-être et demande une explication sommaire, puisque j'ai dû négliger, dans ce travail, l'étude des variations de nutrition générale.

Les partisans du greffage me diront que, pour supprimer les mauvais effets de cette opération, il suffit de choisir des greffons et des sujets ayant une affinité suffisante. L'affinité peut évidemment atténuer, mais elle ne pourra jamais supprimer les inconvénients signalés. Il est presque impossible de rencontrer deux plantes d'espèces ou de races différentes ayant le même fonctionnement physiologique ; je dirai plus : une plante greffée sur elle-même ne fonctionne plus de la même manière à cause du bourrelet. Les variations dans l'absorption et la sortie de l'eau sont différentes entre la plante normale et la plante greffée qui ne réagissent pas de la même façon vis-à-vis des agents extérieurs. Où la plante normale peut résister à la sécheresse ou à l'humidité excessives, la plante greffée meurt (voir mes livres : « La Variation dans la Greffe » et « Recherches anatomiques sur les Greffes herbacées et ligneuses » où sont discutées les conditions nouvelles de fonctionnement des plantes greffées, conditions qui favorisent les maladies cryptogamiques et peuvent produire le folletage, le coup de soleil, etc.).

A ces variations dans le régime de l'eau correspondent fatalement des modifications dans la composition chimique des tissus du sujet et du greffon. Le raisin lui-même ne peut faire autrement que d'être plus ou moins modifié, soit en bien, soit en mal, suivant les cas ; le vin sera donc de qualité plus ou moins différente du vin fourni par les vignes cultivées directement sans greffage. Que ces modifications varient avec les sujets et l'affinité qu'ils présentent avec leurs greffons, c'est tout naturel ; qu'elles soient plus ou moins profondes, *utiles* ou *nuisibles*, elles n'en amènent pas moins fatalement, à la longue, *un changement dans le cépage* et, par suite, dans ses produits. Il ne faut donc point considérer le greffage de la vigne comme le remède souverain, mais simplement, en attendant mieux, comme un moyen provisoire de conservation du crû et de lutte contre le phylloxéra. On ne doit pas oublier non plus que l'intérêt général est que ce provisoire fasse place le plus rapidement possible à une solution définitive.

souvent le remède à côté du mal. Un de ces remèdes, c'est évidemment la **création de types de remplacement**, conformément à la théorie du célèbre Knight. Dans ce but l'on a, depuis longtemps déjà, sur l'initiative de M. Millardet, employé l'hybridation sexuelle. Les hybrides obtenus ont assurément des qualités, mais ils sont plus ou moins bons et aucun d'eux ne peut rivaliser encore avec les vignes anciennes de nos meilleurs crus. On peut donc dire que l'hybridation sexuelle, à elle seule, n'a pas résolu la question, à l'heure actuelle. Y arrivera-t-elle un jour ? C'est le secret de l'avenir.

Pourquoi, dans ces conditions, les hybrideurs ne chercheraient-ils pas méthodiquement **un auxiliaire** dans la grande variabilité de l'hybride sexuel et de son fruit à la suite d'un greffage approprié ? Pourquoi ne pas demander, par exemple, la résistance de la racine à l'hybridation sexuelle, et la qualité du raisin, la résistance du feuillage, etc., à l'hybridation asexuelle ?

Des faits sont aujourd'hui acquis ; ils montrent bien que la vigne greffée se conduit comme les végétaux herbacés et qu'elle est modifiable dans certaines de ses parties ; que l'on peut améliorer systématiquement ses raisins, augmenter la résistance de ses feuilles, etc., et conserver les variations ainsi obtenues. Ce ne sont, évidemment, que les premiers jalons d'une solution, mais ils sont encourageants et font bien augurer de l'avenir.

En un mot, il semble, d'après ces faits, que si le problème qui consiste à combiner la résistance des racines de la vigne américaine avec les qualités du raisin français peut être résolu un jour par l'hybridation, **il pourra l'être probablement, non par l'hybridation sexuelle seule, mais par l'hybridation sexuelle modifiée, combinée rationnellement avec l'hybridation asexuelle dans le greffage et par la conservation, par bouturage ou marcottage, de la variation ainsi obtenue à la suite de l'influence spécifique directe ou indirecte s'exerçant entre le sujet et le greffon.** Aussi est-ce avec confiance que je me permets de recommander l'essai de cette méthode à tous ceux qu'intéresse la reconstitution du vignoble, et qui, ne jugeant pas *a priori*, mais d'après l'expérience, tiendraient à se faire une opinion personnelle sur la question.

INDEX BIBLIOGRAPHIQUE

1. *Dictionnaire Rh ya*, attribué au duc de Tcheou, 1100 ans avant notre ère; livres chinois anciens d'agriculture et d'horticulture.
2. ARISTOTE. — *De plantis*, I, 6; *De juventute*, c. 3, etc.
3. THÉOPHRASTE. — *De causis plantarum*, I, 6, 6; II, 17, 6.
4. CATON. — *De re rustica*, p. 18, et 19.
5. VARRON. — *Rerum rusticarum de Agricultura*, I, c. 1, 11 et 41.
6. COLUMELLE. — *De re rustica*, lib. V, 11.
7. VIRGILE. — *Géorgiques*, livre II, vers 35 et suiv.
8. PLINE. — *Histoire naturelle*, livre XVII, c. 22 et suiv.
9. PALLADIUS. — *De re rustica*, cap. de *Insitione*.
10. *L'Agriculture nabathéenne*, et le *Livre de l'Agriculture* de Ibn-al-Awam, chap. VIII.
11. Pierre de CRESCENS, Albert le Grand, Porta, Mirzaud, Charles Estienne, O. de Serres, etc.
12. *Avis du secret de greffer l'oranger sur le citronnier et le citronnier sur l'oranger et d'avoir par ce moyen un fruit en partie orange, en partie citron* (Transactions philosophiques de la Société royale de Londres, 1667). *Oranger de Florence portant à la fois oranges et citrons* (ibid.,1675).
13. Jacques BOYCEAU. — *Traité du jardinage*, Paris, 1638. — Voir aussi Dauy, du Mans : *La manière de semer et faire pépinière de sauvageons, enter toutes sortes d'arbres et faire vergiers*, Paris, 1572; Guillaume Lawson : *Traité des vergers et du jardinage*, 1626.
14. LE GENDRE, curé d'Hénonville. — *La manière de cultiver les arbres fruitiers*, Paris, 1662.
15. LA QUINTINYE. — *Instructions pour les jardins fruitiers et potagers*, Paris, 1690.
16. BRADLEY. — *Botanick Essays*, London, 1720.
17. DUHAMEL du MONCEAU. — *Physique des arbres*, Paris, 1758.
18. ADANSON. — *Familles des plantes*, Paris, 1763.
19. ROZIER. — *Dictionnaire d'Agriculture*, Paris, 1737.
20. KNIGHT. — *Observations on the Grafting of trees*, 1795; *On the effects of differents kinds of stocks in grafting* (Trans. of the hort. Soc, 1816, et mémoires divers.
21. CABANIS. — *Essai sur les principes de la greffe*, Paris, 1804.
22. GALLESIO. — *Traité des Citrus*, 1811, p. 359; *Teoria*, 1816, p. 125.
23. THOUIN. — *Monographie des greffes*, Paris, 1821.
24. SAGERET. — *Pomologie physiologique*, Paris, 1830.

25. Pépin. — *Influence du sujet sur les greffes d'arbres fruitiers* (Revue Horticole, 1848).
    Voir aussi les travaux de Van Mons sur l'influence du sujet sur le fruit de la greffe, dans son ouvrage : *Arbres fruitiers*, Louvain, 1835-1836.

26. Gaertner. — *Versuche und Beobachtungen über die Bastarderzeugung im Pflanzenreich*, Stuttgard, 1849.

27. Odart. — *Ampélographie*, 1849.

28. Caspary. — *Ueber pfropfhybriden (sur les hybrides de greffe)*, Bulletin du Congrès international de Botanique et d'Horticulture, Amsterdam, 1865.

29. Carrière. — *Influence du sujet sur le greffon* (Revue Horticole, 1865),

30. Briot. — *De la greffe et du sujet* (Revue Horticole, 1867). On pourra consulter encore sur la même question : Jorissenne, *Influence du sujet et de la greffe l'un sur l'autre* (Belgique Horticole, 1870); *Effects of graftings* (Gardener's Chronicle, 1881); divers articles de M. Sahut (59).

31. Darwin. — *La variation des animaux et des plantes*, Paris, 1868.

32. Bureau, *in* Bulletin de la Société Botanique de France, 1869, p. 372.

33. Strasbuger. — *Ueber Veredlungen* et *Ueber Verwachsungen und deren Folgen*, 1884 ; *Die Kontroversen der indireckten Kerntheilugen*, 1884; *Neue Untersuchungen über du Befruchtungsvorgang bei den Phanerogamen als Grundlage für eine Theorie der Zeugung*, Iéna, 1884, etc.

34. Guignard. — *Observations sur la stérilité comparée des organes reproducteurs des hybrides végétaux* (Bulletin de la Société botanique de Lyon, 1887, p. 66); *L'appareil sexuel et la double fécondation dans les tulipes*, Paris, 1900, etc.

35. Weissmann. — *Essai sur l'hérédité et la sélection naturelle*, Paris, 1892.

36. Bailey, in *Garden and Forest*, vol. IV, p. 247, 1891 et *La plante dans la conception évolutionniste*, 1895.

37. Vochting. — *Ueber Transplantation am pflanzenkorper*, Tubingen, 1892; *Ueber die durch Pfropfen herbeigeführte symbiose des Helianthus tuberosus und H. annuus*, 12 juil. 1894.

38. H. de Vries. — *Intracellulare Pangenesis*, Iéna, 1889; *Mutationstheorie; Lois de disjonction des hybrides*, 1900, etc.

39. L. Daniel. — *Sur la greffe des parties souterraines des plantes*, (C. R., 21 sept. 1891).
    — *Recherches sur la greffe des Crucifères* (C. R., 30 mai 1892).
    — *Sur la greffe des plantes en germination* (C. R., de l'Assoc. franç. pour l'av. des sciences, Congrès de Pau, 1892).
    — *De la transpiration dans la greffe herbacée* (C. R., 10 avril 1893).
    — *Recherches morphologiques et physiologiques sur la greffe* (Revue générale de Botanique, av., 2 pl. 1894).

L. DANIEL.— *Sur quelques applications pratiques de la greffe herbacée* (ibid. 2 pl. 1894).

— *Parasites et plantes greffées* (Revue des Sciences naturelles de l'Ouest, 1894).

— *Création de variétés nouvelles par la greffe* (C. R., 30 avril 1894).

— *Un nouveau chou fourrager* (Revue générale de Botanique, 1895).

— *Influence du sujet sur la postérité du greffon*, av. 6 pl., Le Mans, 1895.

— *Greffe de l'aubergine sur la tomate*, Rennes, 1895.

— *Note sur la greffe des arbres fruitiers; du choix des greffons dans les arbres fruitiers; la chématobie et la greffe du pommier*, av. 4 gr. (Cidre et Poiré,1895-1896).

— *Recherches anatomiques sur les greffes herbacées et ligneuses*, 106 p., 3 gr. pl., 18 gr., Rennes, 1896.

— *La greffe des choux cabus*, Rennes, 1896.

— *Histoire de la greffe depuis l'antiquité jusqu'à nos jours*, Le Mans, 1896.

— *Influence réciproque du sujet et du greffon* (La Pomologie française, Lyon, 1897).

— *Considérations théoriques sur la greffe*, Rennes, 1897.

— *La greffe mixte* (C. R., 2 novembre, 1897).

— *La greffe des Solanées*, Rennes, 1897.

— *Influence du sujet sur le greffon. Hybrides de greffe* (L'Année Biologique, 1897).

— *Influence de greffon sur le sujet et réciproquement* (Congrès Horticole, Paris, 1898).

— *Amélioration de la carotte sauvage par sa greffe sur la carotte cultivée* (C. R., 15 juillet, 1898).

— *La variation dans la greffe et l'hérédité des caractères acquis* (Annales des Sciences naturelles, cahier de mars 1899, 226 p., 10 pl. et 19 grav.).

— *Greffes nouvelles*, Rennes, 1899.

— *Greffes de quelques monocotylédones sur elles-mêmes* (C. R., 23 oct. 1899).

— *Le principe de la parenté botanique en fait de greffage* (C. R. de l'Afas, 1899).

— *Variations des races de haricots sous l'influence du greffage* (C. R., 5 mars 1900).

— *Conditions de réussite des greffes* (Revue générale de Botanique, Paris, 1900.

— *La concordance des sèves dans la greffe du rosier. — Influence du lieu où l'on place l'écusson sur le sujet*, Rennes, 1900-1901.

— *Sur les limites de possibilité du greffage chez les végétaux*, C. R., 16 juillet 1900.

L. Daniel. — *Recherches sur la décortication annulaire de diverses plantes herbacées et ses rapports avec la greffe*, Rennes, 1900, etc.

— *Structure comparée des branches à fruit et des branches à bois dans le poirier. — Nouvelles observations anatomiques sur la structure comparée des branches dans les arbres fruitiers ; sur la cicatrisation, l'effeuillage et le pincement dans les végétaux* (Bulletin de la Société scientifique et médicale de Rennes, 1901).

— *Le greffage mixte dans le greffage de la vigne française sur vigne américaine* (Revue des Hybrides, février 1901).

— *Comparaison anatomique entre le greffage, le pincement et la décortication annulaire* (C. R. 18 novembre 1901).

40. Y. Delage. — *Structure du protoplasma et théories de l'hérédité*, Paris, 1895.

41. Dʳ Armand Gautier. — *Le mécanisme de la variation des êtres vivants*, Paris, 1886 ; *le mécanisme intime de la variation des races et, en particulier, des divers cépages* (Revue de Viticulture, décembre 1896) ; *sur la variation des races et des espèces*, C. R., 14 octobre 1901.

42. Viala et Ravaz. — *Les Vignes américaines*, Paris, 1896 ; Viala, *Revue de Viticulture*, 1893-1901.

43. Dʳ R. Sernagiotto. — *La viticoltura dei tempi di Cristo secondo Columella comparata alla viticoltura razionale moderna*, Milan, 1897; *Divagazioni sugli Ibridi d'innesto* (Antologia agraria italiana), Alba, 1900.

44. Ville. — *Früchte und Blätter eines Pfropfbastardes von einer auf Weissdorn veredelten Birne* (Biol. Centralblatt, XVI, 126-127, 1896).

45. Rytov, in *Moniteur de la Société impériale d'horticulture de Russie*, 1898.

46. Comptes rendus du Congrès horticole organisé par la Société nationale d'Horticulture de France, en 1898, Paris, 1898.

47. Voir en particulier, Poubelle. — *Influence du greffage des vignes françaises sur pieds américains*, Carcassonne, 1900, et une série d'articles de journaux plus ou moins viticoles.

48. A. Jurie. — *Création d'un hybride producteur direct résistant*, av. pl. col. (Revue de Viticulture, 15 oct. 1898).

— *A propos d'un livre nouveau* (Revue des Hybrides franco-américains, mai 1900).

— *Les producteurs directs Jurie* (Revue de Viticulture, janvier 1901).

— *Sur un cas de déterminisme sexuel produit par la greffe mixte* (C. R., 2 septembre 1901).

49. Van Tieghem. — *Traité de Botanique*, Paris, 1892.

50. Par exemple, Pfeiffer, Hugo de Vries Baltet, etc.

51. Behrens. — Analyse de mon travail sur la variation dans le *Bot. Zeitung*.

52. P. Passy, in *Revue Horticole*, 1897.

53. Contant. — *Nouvel Eden*, 1628.
54. De Caylus. — *Histoire du rapprochement des végétaux*, Paris, 1806.
55. Tschudy. — *Essai sur la greffe de l'herbe des plantes et des arbres*, Metz, s. d.
56. Millot. — *Poires nouvelles obtenues par le surgreffage* (Revue Horticole, 16 août 1899).
57. Lorge. — *A propos de l'influence du sujet sur le greffon* (Revue Horticole, 16 octobre 1899).
58. *La Pomologie française*, Lyon, 1898.
59. Sahut. — *Les vignes américaines, leur greffage et leur taille*, Montpellier, 1887
    — *Quelques réflexions à propos des expériences de M. Daniel sur le greffage des végétaux herbacés* (Revue des Hybrides, mai 1900).
60. Henry. — *Note sur les formes intermédiaires entre néflier et aubépine* (Journal de la Société nationale d'Horticulture de France, 26 octobre 1899).
61. Le Monnier. — *Le néflier de Bronvaux*, Nancy, fin 1899.
62. Gain. — *La variation dans la greffe peut donner de nouvelles variétés de plantes herbacées*, Nancy, 9 juin 1901.
63. Millardet. — *Notes sur les vignes américaines*, 2e série, Paris, 1887.
64. Giard. — *De l'influence de certains parasites sur les caractères sexuels de l'hôte* (C. R., 1886), etc.
65. Lechartier. — *Sur la composition comparée d'une nouvelle variété de chou moellier et de divers choux fourragers*, Rennes, 1897.
66. Foussat. — *Rôle de la fécondation artificielle dans l'horticulture* (Congrès horticole de Paris, 1901).
67. Gy. de Istvanffi, publications en langue magyare (Budapest, 1882), et extraits en langue anglaise. — Tompa de Kis-Borosnyo, *Soudure de la greffe herbacée de la Vigne* (Budapest, 1900). — Le travail sur la soudure des greffes de la vigne vient de paraître (Travaux de l'Institut central ampélologique royal hongrois, publiés sous la direction du Dr Gy. de Istvanffi).

M. L. Daniel, maître de conférences de Botanique appliquée à la Faculté de Rennes. — Messieurs, la question dont je viens vous entretenir ne date pas d'hier.

Depuis la plus haute antiquité les greffeurs se sont partagés en deux camps : les uns ont voulu voir la variation partout, les autres n'en ont voulu voir nulle part.

Avant l'année 1890, c'est-à-dire au moment où j'ai commencé mes recherches, personne, pour ainsi dire, n'admettait la variation spécifique dans le greffage ; avait-on raison ? J'espère vous prouver le contraire.

Je vous demanderai la permission de ne pas vous faire une longue conférence, mais un simple résumé, puisque tous les faits sont décrits en détail dans mon rapport. Je tiens surtout à vous montrer en nature quelques-unes des expériences que j'ai faites et quelques spécimens de variations obtenues par le greffage.

Je vais, tout d'abord, vous parler d'un certain nombre de greffes bizarres, telles que celles des navets, des choux, des carottes, etc. Mais, me direz-vous, est-il vrai que l'on puisse greffer des navets et des choux ? Je vous apporte ici un échantillon d'une greffe de chou sur navet, vous pourrez vous le faire passer et voir ainsi que les greffes sont réalisés.

Voici, maintenant, une greffe de navet sur chou dans laquelle j'ai pu constater une variation intéressante. Les navets non greffés ont conservé toutes leurs qualités habituelles de saveur ; dans les navets greffés, au contraire, traités de la même manière que les navets non greffés, la saveur était mixte ; elle participait, jusqu'à un certain point, de la saveur du chou et de la saveur du navet. Cette transformation m'avait frappé et, pour être bien certain de ne pas me tromper, j'ai fait goûter comparativement les navets greffés et non greffés par des personnes non prévenues ; tout le monde a trouvé aux navets greffés une saveur de chou.

Ces variations de saveur ne sont pas les seules. D'autres portent sur des caractères de formes. M. Armand Gautier, dont la haute compétence vous est bien connue, citait tout à l'heure ma greffe de l'aubergine sur la tomate et celle du piment sur la tomate dont les fruits avaient changé de forme. Je ne puis vous faire voir les fruits d'aubergine et de piment modifiés, pour la bonne raison que je les ai brisés pour en extraire les graines, mais je vous communique leurs photographies. Avec une loupe on voit, sur les greffons, des fruits normaux et des fruits modifiés rappelant la forme de la tomate. Voilà donc une transmission très nette de caractère, de forme ; sur les tomates greffées entre elles j'ai obtenu des transmissions semblables. Je passe maintenant aux caractères de structure de l'appareil végétatif.

Voici deux exemplaires de grand soleil. Jamais, à première vue, vous ne croiriez que ces deux plantes sont identiques et proviennent d'un même semis. C'est, cependant, la vérité : l'une n'a pas été greffée, l'autre a été greffée sur un topinambour. Remarquez sur celui-ci le niveau de la greffe et vous verrez combien la couleur du greffon rappelle celle du sujet, comment sa structure est devenue ligneuse et son épiderme s'est modifié pour prendre les caractères du sujet. Vous verrez aussi que, dans ce cas, l'intensité de la réaction est proportionnelle à la distance du greffon au niveau de la greffe. Enfin, non seulement l'appareil végétatif a été modifié, mais aussi l'inflorescence ; le greffon, au lieu de donner trois ou quatre capitules, comme les témoins, en a donné une douzaine comme son sujet. J'ai obtenu, à la suite du greffage d'autres plantes herbacées, de nombreux faits d'influence analogue que j'ai cités dans mon rapport.

Je ne me suis pas borné à constater cette influence du greffage sur les plantes greffées elles-mêmes, j'ai voulu voir si elle se retrouvait dans leur descendance. J'ai obtenu, par semis des graines fournies par les greffons, des variétés nouvelles. Je vais faire passer sous vos yeux des photographies représentant un certain nombre de ces variétés ainsi obtenues et qui ne ressemblent certainement pas aux types sur lesquels elles ont été récoltées. Voici, en particulier, des tomates qui présentent une forme côtelée comme dans le sujet, d'autres qui ont une forme lisse et aplatie, d'autres qui sont lisses et rondes comme dans les greffons ; j'ai donc eu trois espèces de tomates sur le même pied, mais la couleur n'a jamais changé.

Autre exemple : j'ai greffé une carotte sauvage sur une

carotte cultivée, dans le but de produire une carotte fourragère qui résiste au froid. J'ai semé les graines du
greffon et obtenu une carotte qui a les caractères mélangés du sujet et du greffon. Cette carotte a résisté à une
température de — 5º. La photographie que je fais passer
vous donnera une idée de cette nouvelle variété que je
cultive en grand à l'Ecole d'Agriculture de Rennes.

En résumé, à la suite de ces recherches, j'ai formulé
deux principes : 1º lorsqu'on greffe une plante supérieure
sur une plante inférieure en qualité, on expose la première
à perdre de ses qualités ; 2º si, au contraire, on greffe une
plante inférieure sur une plante supérieure on a chance
de lui faire acquérir des qualités nouvelles.

Dans le greffage de la vigne on a, forcément, le plus
souvent, appliqué le premier principe. Aussi ne faut-il
pas être surpris de voir que la qualité du raisin en particulier ait pu parfois subir des modifications défavorables.

II

On m'a objecté que les plantes ligneuses ne se
comportent pas de la même manière que les plantes
herbacées.

L'objection n'est pas fondée. Voici des photographies
et des échantillons caractéristiques, concernant un cas
très remarquable d'influence spécifique fourni par une
greffe de néflier sur épine blanche, où l'on observe un
mélange complet des caractères des deux espèces (néflier
de Bronvaux).

On pourrait objecter que, par hasard, on a greffé le
néflier sur un hybride sexuel ; il y a une impossibilité
matérielle à ce qu'il en soit ainsi : le sujet donne des
rameaux d'aubépine à la base ; le greffon a toute sa
partie supérieure formée par du néflier pur, mais à
quelques centimètres du greffon se trouvent des rameaux
de néflier et des rameaux intermédiaires entre les deux.

Je puis ajouter que, non seulement ces modifications se conservent par la greffe avec tous leurs caractères, mais encore qu'elles ont une vigueur extraordinaire. Ces renseignements m'ont été fournis par M. Simon Louis, de Nancy ; je ne puis pas avoir des documents puisés à meilleure source, puisque c'est lui-même qui a propagé ces intéressantes variations et les a mises au commerce.

Le fait de la conservation de la variation à la suite du greffage a une haute portée pratique, et j'ai tenu à vous le faire remarquer.

Je pourrais vous citer d'autres faits ; je me bornerai à vous signaler les poires de M. Millot, de Nancy. Cet expérimentateur a obtenu, par surgreffage, des poires qui étaient en quelque sorte intermédiaires entre les fruits des deux poiriers greffés. Non seulement, la variation existait sur les poires, mais encore dans le feuillage. Par conséquent, vous voyez que, dans les plantes ligneuses, on trouve des faits analogues à ceux que l'on rencontre dans les plantes herbacées.

III

Je passe maintenant à la partie la plus intéressante pour vous, c'est-à-dire au greffage de la vigne. Je ne suis pas viticulteur, aussi n'ai-je point de documents personnels à vous offrir. Cependant, grâce à l'amabilité de mon excellent et savant ami, M. Jurie, je vais vous soumettre quelques documents précis au sujet de la variation spécifique dans le greffage de la vigne, documents que vous trouverez exposés plus en détail dans mon rapport.

M. Jurie a obtenu un hybride, qu'il a désigné par le numéro 340 A et qui fournit un raisin à goût foxé. Cette vigne, par sa racine, n'est pas très résistante au phylloxéra. Il a greffé cette plante sur Cordifolia-Rupestris, vigne plus précoce et plus résistante, à raisins non foxés. A la suite de ce greffage, le raisin a perdu son goût de fox et est devenu de première maturité, au lieu de rester tardif comme les témoins. Voilà une transformation excessivement intéressante en pratique ; le goût de fox qu'on a observé dans cet hybride producteur direct peut être atténué ou supprimé par la greffe. On voit de suite l'importance du fait, au point de vue de l'amélioration des vignes à raisins foxés, et des hybrides en particulier.

Voici une autre expérience qui porte, cette fois, sur une transmission de résistance dans cette même greffe.

M. Jurie a placé dans un même pot deux boutures de 340 A. L'une provenait du pied-mère et l'autre provenait du pied greffé. Entre les deux boutures il a placé des racines couvertes de phylloxéras. Il y a deux jours, M. Jurie a fait lever sous mes yeux ces boutures : l'une avait des nodosités sur ses racines, l'autre non. J'ai apporté ces boutures et, grâce à son obligeance, je puis vous faire constater, *de visu*, que la bouture de 340 A du pied-mère est couverte de nodosités, quand la bouture de 340 A greffée n'en présente pas. Cette possibilité de l'accroissement de la résistance phylloxérique est de la dernière importance en viticulture.

J'ai pu voir, dans le jardin de M. Jurie, un troisième fait intéressant. M. Jurie a obtenu un hybride qu'il a désigné par le n° 580, et qui se distingue par une immunité absolue vis-à-vis des maladies cryptogamiques. Il eut l'idée de greffer sur ce 580 des vignes non résistantes par leur feuillage. J'ai constaté que les greffons de ces vignes avaient acquis la résistance au mildew et que leur feuillage était devenu résistant, lorsque les témoins étaient attaqués comme à l'ordinaire.

Autre fait, qui a un intérêt plutôt scientifique. M Jurie possède un pied de 160 Millardet qui n'a jamais porté, chez lui, que des fleurs mâles. Jamais, d'ailleurs, ce pied ne donne de fleurs hermaphrodites, d'après M. Millardet lui-même.

M. Jurie a greffé ce 160 avec un greffon à fleurs hermaphrodites ; un rameau, parti en dessous de la greffe, a donné une grappe à fleurs hermaphrodites : c'est le premier fait de ce genre qui soit signalé.

Pour ne pas abuser plus longtemps de vos instants, je passe aux conclusions qui terminent mon rapport auxquelles je vous prie de vouloir bien vous reporter (voir page 345).

M. Castel. — J'ai une demande à faire à M. le Rapporteur : Pourrait-il nous donner une indication sur la manière dont il opère les greffages de choux et de navets?

M. Daniel. — C'est très simple. Je prends une jeune plante de semis, à l'état encore herbacé. Je la coupe comme on fait pour une greffe en fente de pommier ou de poirier,par exemple ; puis je fends au milieu ; je choisis un greffon de même âge que le sujet (supposons qu'il s'agisse d'un navet), je l'introduis dans la fente en ligaturant avec du coton à repriser.

Le greffon est mis sous cloche,à l'étouffée,et l'on a soin de ne pas laisser pourrir le sujet.

Ces greffes sont assez difficiles et ne réussissent pas toujours. Il ne faut pas être surpris de ces échecs.

L'insuccès prouve simplement que l'on ne s'est pas placé dans les conditions voulues pour réussir.

M. le Dr Grandclément. — Je voudrais vous citer un fait qui m'a surpris, cette année, et sur lequel l'exposé de M. Daniel va peut-être nous donner des éclaircissements.

Il y a trois ans, j'avais une certaine confiance dans l'Auxerrois-Rupestris ; j'ai greffé en écusson quelques centaines de pieds de Jacquez, de Terras, de 4401, etc., je n'ai obtenu que des Auxerrois-Rupestris, toujours coulards.

L'an dernier, j'avais continué à greffer sur des Noah.

J'avais placé quelques écussons, au nombre d'une centaine ; une vingtaine se sont montrés d'une fécondité et d'une beauté remarquables, sans aucune espèce de coulure, et ont porté des grappes splendides mûres quinze jours avant les autres.

En présence de ces faits, qui ne se sont produits que sur des Noah (je n'ai jamais trouvé un Auxerrois-Rupestris qui ne soit pas coulard), j'ai convoqué MM. Gaillard et Jurie, de vieux expérimentateurs, je les ai amenés chez moi pour me donner l'explication de ce fait.

Ces Messieurs m'ont dit que c'était la greffe à écusson qui avait produit l'effet de l'incision annulaire. Pourquoi cet écussonnage, pratiqué sur d'autres pieds, ne m'a-t-il pas donné des Auxerrois-Rupestris non coulards?

Ce que vient de dire M. Daniel m'explique peut-être ces faits. Dans quelques écussons d'Auxerrois il a peut-être passé quelques parties de Noah ; j'ai fait marquer tous ces pieds, j'ai fait recueillir des boutures et je verrai si ces caractères vont se reproduire et, dans quelques années, nous pourrons voir, avec M. Castel, si nous sommes dans le vrai.

M. Daniel. — Les résultats que vient d'indiquer notre distingué collègue vont me permettre de vous signaler des faits que j'ai laissés dans l'ombre tout à l'heure, pour ne pas allonger outre mesure mon exposé verbal.

M. Millardet a eu l'obligeance de me communiquer trois faits qui sont assez voisins de celui que vient d'exposer M. le Dr Grandclément, et que vous trouverez dans mon rapport. A la suite du greffage, les greffons ont aussi fourni des raisins en plus grande abondance.

Y a-t-il, là, variation spécifique, ou variation de nutrition générale? C'est ce qui me paraît assez difficile de préciser dans certains de ces cas. Cependant, en ce qui concerne les faits rapportés par M. le Dr Grandclément, je crois, comme lui, qu'il y a eu variation probablement spécifique.

D'autre part, l'inégalité des effets dans ses greffes s'explique, pour moi, par des soudures presque toujours différentes au niveau du bourrelet, étant donné que les mêmes tissus ne se trouvent pas toujours en regard, ce qui influe énormément sur la conduction des sèves. On comprend ainsi facilement qu'une variation existe dans une greffe et ne se retrouve pas dans la greffe voisine. D'ailleurs chaque plante a une aptitude individuelle à la variation dont on doit aussi tenir compte.

M. Couderc. — Je ferai remarquer qu'on peut provoquer, par une toute autre méthode, les mêmes variations par bourgeons que M. Daniel vient d'indiquer comme ayant pour cause l'influence du porte-greffe. Il suffit de lier fortement une souche un peu âgée avec un fil de fer, puis l'année suivante de récéper le cep au-dessus du bourrelet qui s'est formé : les rejets, partant du bourrelet. ou même du reste du cep, pourront varier absolument comme ceux qu'on provoquerait en récépant au dessus d'une greffe. Si on a à faire à un hybride, certains des rejets retournent à un ancêtre, d'autres à un autre. J'ai même indiqué les rejets ainsi provoqués, comme un vrai procédé d'analyse des hybrides dont les parents sont inconnus ou des plantes qu'on soupçonne hybrides (*Progrès Agricole*, 1894).

L'étranglement et la ligature sont des procédés que les hybrideurs emploient couramment pour provoquer des variations par bourgeons et mes n°s 28-112, 89-82, n'ont pas d'autre origine. J'ai indiqué depuis longtemps déjà que les variations par bourgeons ainsi obtenues étaient souvent peu vigoureuses, et qu'en tous cas leur résistance phylloxérique devait être étudiée à nouveau, absolument comme celle d'un hybride venu de semis.

J'ai cité comme exemple une variation à gros grains de 1203, obtenue par ligature, et qui, fixée par le bouturage, s'est montrée sans vigueur et peu résistante, alors que 1203 est extrêmement vigoureux et de première résistance au phylloxéra. Je vois donc dans les variations obtenues en récépant un plant greffé, plutôt l'influence de l'accumulation de réserves et de nourriture au point greffé que l'influence du porte-greffe et le mélange de plasmas différents, puisqu'on provoque des variations analogues par la simple ligature d'un hybride franc de pied.

M. Daniel. — Je sais que l'on peut obtenir des variations de nutrition générale et même des variations spécifiques par des procédés autres que le greffage, et je n'ai jamais dit le contraire. J'ai d'ailleurs montré qu'à la suite du greffage d'hybrides ou de métis on obtient parfois l'apparition de caractères qui peuvent être considérés comme des phénomènes ataviques (C. R., 5 mars 1900). Mais, à côté de cela, il y a autre chose que les procédés signalés par l'honorable M. Couderc ne peuvent produire : c'est l'orientation de la variation dans un sens donné, autrement dit la transmission très nette de caractère du sujet au greffon, ou inversement, transmissions que j'ai désignée sous le nom d'*hybridation asexuelle* et qui fait l'objet même de mon rapport (Voir à ce sujet : *Distinction entre la Variation de nutrition générale et la Variation spécifique*, pp. 25 et 26 de ce rapport ; voir aussi : *La Variation dans la greffe et l'hérédité des caractères acquis*, Paris, 1889).

M. Gervais. — Les très remarquables rapports de MM. Gautier et Daniel nous ont fait planer dans des sphères qui ne nous sont pas habituelles, et nous sommes un peu déroutés par la hauteur des vues exposées, mais il y a, dans le rapport de M. Daniel, deux points qui méritent d'être élucidés. Le premier est relatif à l'effet du greffage sur la qualité de nos vins. M. Daniel nous dit qu'en greffant un sujet supérieur (Vinifera) sur un sujet inférieur (Vigne américaine) nous avons diminué la valeur de nos vins.

C'est peut-être excessif. Il ne semble pas que, d'une façon générale, la valeur de nos produits ait été diminuée par le greffage ; nos vignes greffées nous donnent des produits analogues à ceux que nous donnaient nos vignes franches de pied. Dans le Midi, le fait est considéré comme certain. S'il n'en était pas de même partout, conviendrait-il d'en faire remonter la cause uniquement au greffage ?

D'autre part, et à propos de l'exemple de l'hybride n° 340 de M. Jurie, cité par M. Daniel, est-il possible d'admettre, d'une façon absolue, que le greffage puisse avoir pour effet d'augmenter ou de diminuer la résistance phylloxérique du sujet et du greffon ? Sans doute, certains greffons peuvent, dans des conditions particulièrement défavorables, exercer un action sur la résistance phylloxérique de leurs porte-greffe et la diminuer, comme d'autres peuvent l'acroître, par une espèce d'action spécifique de choc en retour du greffon sur le porte-greffe ; mais tout cela est fort relatif. Dans la pratique, nous n'avons point vu nos Vinifera diminuer la résistance intrinsèque de leurs porte-greffe américains, et nous avons toujours considéré que, à la suite du greffage, cette résistance restait entière.

M. A. Gautier. — J'ai entendu dire que les palais un peu délicats ont reconnu que certains plants français greffés sur plants américains ont un goût un peu plus foxé, ce qui viendrait à l'appui de la théorie de M. Daniel (*Protestations*).

Je ne l'affirme pas, c'est une question que je pose ; j'ai entendu dire que la résistance au phylloxéra des plants greffés est devenue sensiblement plus faible qu'au début.

M. Gervais. — En ce qui concerne la diminution de qualité de nos plants par le greffage, elle a été la première préoccupation dans l'emploi des vignes américaines. La première question qui s'est posée a été de savoir si la qualité de nos Vinifera ne serait pas diminuée. Lorsqu'il s'est agi de cépages communs, on n'a pas observé de modification. J'ose affirmer que, dans toutes les régions de la France, aussi bien en Languedoc que dans les crus les plus délicats qui sont la gloire de la viticulture française, jamais on n'a observé (quel que soit le porte-greffe américain employé), jamais on n'a remarqué une altération dans le goût des fruits, et je puis répondre à M. Gautier, avec une grande netteté, parce que la réponse est fournie depuis 25 ans, et que les faits sont venus confirmer la réponse.

Sur le second point de la résistance phylloxérique, je puis, d'une façon générale, donner la même assurance à M. Armand Gautier, et je voudrais que M. Castel et M. Couderc la donnent également.

M. Gaillard. — A propos de l'Auxerrois greffé sur du Noah, j'estime qu'il y a là une question d'affinité.

M. Durand, directeur de l'Ecole d'Ecully. — La première préoccupation des vignerons a été la conservation du goût. On a fait une expérience où des dégustateurs du dehors ont été mis en présence de crus qu'ils ne connaissaient pas ; ils ont retrouvé les caractères des crus et ont pu nommer les crus d'où provenaient les vins.

Pour dire que la greffe a diminué la qualité des vins, il faudrait pouvoir comparer des vignes greffées de même âge que des vignes franches de pied, établir la même comparaison. D'un autre côté, si on a pu dire que la qualité des vignes était diminuée, ne faudrait-il pas chercher cette diminution de qualité dans une autre direction ? Autrefois les vignerons pratiquaient une sélection au rebours de celle qu'on pratique aujourd'hui ; autrefois on pratiquait la sélection pour la qualité, maintenant on dirige la sélection vers la quantité ; c'est de là que provient la différence de qualité. Je ne conteste pas les vues de MM. Daniel et Armand Gauthier, mais je me place au point de vue pratique. Quant à la saveur de fox que certains de nos cépages auraient contractée par le greffage.

je ne crois pas qu'elle ait jamais existé d'une façon certaine.

M. Gaillard. — Pour répondre à la question qui a été posée au sujet des porte-greffe, permettez-moi de vous dire ce qui s'est passé au sujet des poiriers greffés sur des cognassiers ; vous avez des fruits beaucoup plus acides. Jamais le greffage n'a donné à la poire le goût du coing.

M. Rouget. — J'ai cru constater que les raisins de greffe étaient plus sucrés et moins acides qu'autrefois ; j'attribue ceci à l'influence de la sève américaine, moins acide que la sève française.

M. Guillon. — Nous avons, chaque année, comparé des vignes de même âge, greffées et non greffées ; les dégustateurs en sont arrivés à dire que l'eau-de-vie des vignes greffées était au moins aussi bonne que celle des vignes qui ne l'étaient pas.

Il est certain que, maintenant, les vins sont moins bons qu'autrefois, mais le greffage n'en est pas la seule cause, il y a aussi les maladies cryptogamiques.

M. le Président. — Quelqu'un désire-t-il la parole ?

M. Daniel. — Je crains que, dans la question, il se soit glissé une question commerciale...

Plusieurs voix. — Non, non !

M. Daniel. — Je crois que si vous greffez une vigne française sur une vigne américaine vous obtiendrez un changement plus ou moins marqué dans le raisin. Je dis que, dans ces conditions, le vin qui est fait avec des matériaux différents des matériaux habituels ne sera plus le même. Il pourra quelquefois être meilleur, mais, dans d'autres cas, il sera inférieur. Cette variation peut être faible ou élevée. Ainsi, je connais certains vignobles qui produisaient des vins se vendant autrefois 250 à 300 fr. ;

aujourd'hui les vins de vignes greffées, du même crû, se vendent 150 fr.

Le fait est frappant. Il y a encore, dans ce pays, deux catégories de vignes : les vignes franches de pied qu'on a pu conserver en partie et qui sont encore cultivées par la méthode d'autrefois ; ce sont ces vignes qui produisent des vins se vendant 250 à 300 fr. et ce sont les mêmes variétés de vignes greffées, cultivées à côté des précédentes, dont les vins se vendent 150 fr.

Cette question du changement de qualité du vin des vignes greffées n'est pas nouvelle, d'ailleurs. Au siècle dernier, Dussieux avait constaté que la qualité du vin est changée par le greffage ; il attribuait, il est vrai, ce fait, non au greffage lui-même, mais à l'âge du rameau greffé. Mais si, vraiment, la question de l'âge joue un rôle dans ce résultat, peut-on sûrement compter sur une longue durée des vignes greffées ?

Je ne le crois pas, si j'en juge par ce qui se passe dans le pommier à cidre, qui voit la durée de son existence singulièrement abrégée par le greffage.

Dans ce cas encore, le greffage de la vigne offrirait des inconvénients sérieux, puisque l'on ne pourrait plus guère espérer voir des vignes vieillir assez pour donner leurs meilleurs produits.

M. Faure. — Je pourrais apporter un fait qui va à l'encontre de ce qu'a dit M. le rapporteur. Le prix du vin n'a rien à faire avec sa qualité. Je veux citer un fait : dans le pays de mon père, sur la rive droite de la Garonne, les premiers vins qui ont été faits avec des vignes greffées (ces vignes étaient des Riparias) ont été trouvés meilleurs, par le commerce de Bordeaux, que ceux de quatre ou cinq années avant et on les a payés un prix plus élevé qu'on n'avait jamais payé auparavant pour les vins des vignes franches de pied ; c'est un simple fait que je veux apporter à la connaissance du Congrès.

M. Coutagne. — Tout à l'heure, M. Daniel nous disait que lorsqu'on greffe un poirier sur un cognassier, on laisse le poirier se développer, par conséquent, il était naturel que le poirier se développât aux dépens du cognassier; sur la vigne nous ne faisons pas autre chose ; par conséquent, la qualité de nos vignes ne peut pas être influencée plus que celle du poirier ne l'est par le cognassier; le fait est analogue : la qualité ne peut changer.

M. le Président. — Je me permets d'intervenir dans le débat. Je voudrais vous dire que tout dépend de la façon dont est faite l'expérience ; eh ! bien, dans la greffe telle qu'on la fait pour la reconstitution du vignoble il n'y a pas une symbiose absolument analogue à celle que produit le greffage mixte ; par conséquent, les phénomènes qui se produisent ne sont pas les mêmes dans les deux cas, et les faits cités sont vrais. Je crois que les observations de M. Daniel ne doivent donner aucune crainte à ceux qui ont reconstitué leurs vignobles par le greffage ; je crois que ses observations doivent avoir un intérêt scientifique d'où il pourra résulter, un jour, des affirmations dont profitera la vigne.

Avant de lever la séance, voulez-vous me permettre de vous rappeler que notre dernière réunion aura lieu demain matin ; ce n'est que si le travail n'est pas terminé qu'il y aura une séance le soir, mais, d'après l'ordre du jour, je pense que nous terminerons demain matin.

Messieurs, la séance est levée.

QUATRIÈME SÉANCE. — *Dimanche 17 novembre (matin)*

Présidence de M. le Dr Michon

M. le Président. — Notre ordre du jour porte rapport de MM. Ravaz et Bouffard, sur les *producteurs directs à l'Ecole de Montpellier cépages et vins*, puis observations diverses.

La parole est à M. Ravaz.

LES PRODUCTEURS DIRECTS
A L'ÉCOLE NATIONALE D'AGRICULTURE DE MONTPELLIER

Cépages : Par MM. Ravaz et Bonnet.

Vins : Par MM. Bouffard, Dupont et Rey.

Les résultats que nous exposons plus loin ont été obtenus à l'Ecole nationale d'agriculture de Montpellier, qui possède, dans ses collections et dans ses champs d'expériences, plusieurs milliers de variétés de vignes, fertiles ou non. Mais ils ne se rapportent qu'à un nombre relativement restreint d'entre elles. Celles que nous avons étudiées, pendant deux années consécutives, ont été choisies parmi les plus récentes et les plus intéressantes. Elles sont cultivées, depuis trois ans, dans une terre argilo-calcaire qui n'avait pas porté de la vigne depuis plus de vingt ans, aussi homogène que peut l'être une terre d'expériences ; côte à côte ; entremêlées de quelques variétés dont les aptitudes sont bien connues et qui servent de termes de comparaison ; et dans le voisinage des espèces pures dont elles sont issues. Les ceps sont à 1 m. 50 en tous sens ; ils reçoivent les soins de culture ordinaires.

Chaque variété est représentée par douze souches — six pour quelques-unes — dont neuf greffées sur Rupestris du Lot, afin de pouvoir apprécier sûrement leurs qualités fructifères en dehors de l'intervention du phylloxéra, et trois franches de pied ; elles sont conduites d'après trois systèmes de taille : le gobelet à taille courte de la plupart des régions de la France ; le cordon de Royat avec coursons, et qui a, lui aussi, ses caractères et ses exigences propres ; le système double Guyot pour la taille longue. Enfin une moitié des ceps de chaque variété reçoit les traitements cupriques d'usage ; l'autre moitié ne reçoit aucun traitement.

Ainsi disposés, ces essais permettent, ce nous semble, de comparer les variétés d'abord les unes aux autres, puis aux témoins, au point de vue :

1º De la vigueur ;

2º De l'adaptation du sol ;

3º De la taille qu'elles exigent ;

4º De la résistance au phylloxéra, au mildiou, à l'oïdium et à la pourriture grise ;

5º De la fertilité ;

6º Des qualités du fruit et des vins.

Ils ne sont pas à l'abri de toute critique. On peut leur reprocher de porter, pour chaque variété, sur un nombre de souches bien faible. On a certes plus d'autorité dans un Congrès tel que celui-ci quand on parle au nom de cent, deux cent mille souches ; c'est très vrai. Mais on ne voit pas bien pourquoi. En tout cas, les essais en petit doivent précéder les essais en grand ; ils évitent eux aussi des pertes de temps et d'argent.

La méthode qui nous a servi pour la détermination de la résistance phylloxérique n'est pas la meilleure. Nous savons bien ce qu'on peut lui reprocher. Mais enfin elle donne des indications, qui, bien interprétées, sont très utiles. D'abord, dans notre champ d'essais, le phylloxéra est très uniformément réparti ; sur toute son étendue, nous avons trouvé des variétés aux racines aussi atteintes que celles de l'Othello. Il est vrai que les variétés les moins résistantes drainent le phylloxéra, l'attirent à elles au profit des plus résistantes ; mais ne peut-on soutenir, comme on l'a fait du reste, qu'elles le multiplient aussi plus que ces dernières ? En fait, les différences d'état phylloxérique des racines nous font connaître la « réceptivité phylloxérique », et même, si l'on tient compte de la vigueur des plantes, la résistance relative ou comparée de toutes les variétés que le phylloxéra a attaquées ; elles permettent donc déjà un choix ou une élimination. Quant aux variétés indemnes, nous savons aussi qu'elles sont plus résistantes que les autres, mais nous ne pouvons encore connaître leur résistance exacte. De nouvelles recherches, faites d'après une autre méthode, la préciseront.

L'Othello et le Jacquez sont ici nos termes de comparaison, le premier parce qu'il est très répandu et très connu, le second parce qu'il résiste très suffisamment, sauf dans les sols secs ou superficiels.

Le mildiou fait d'ordinaire peu de dégâts dans le Midi de la France ; il ne se montre fréquemment qu'à la fin de la végétation ; et c'est ce qui a eu lieu cette année. S'il y avait une différence entre le mildiou d'automne et le mildiou de printemps, les indications que nous donnons sur la sensibilité à cette maladie seraient sujettes à caution. Mais il n'en est rien. Ce qui peut troubler les observations, ce sont les différences qui existent parfois dans l'état de la végétation. Telle variété est encore en voie de croissance quand telle autre a depuis longtemps cessé de pousser ; et c'est toujours la première, on le sait, qui est la plus envahie par la maladie. Cette cause d'erreur ne nous a pas paru exister dans nos essais.

Rien à dire sur la résistance à l'oïdium. La présence et l'intensité de cette maladie ont été constatées sur les souches non soufrées. Notons toutefois que les souches traitées contre le mildiou avec les bouillies cupriques sont beaucoup moins atteintes que les souches-témoins ; cela ne doit pas surprendre. L'oïdium comme toutes les maladies se développe surtout à la face supérieure des feuilles ; le cuivre qu'elles portent doit en retarder ou en arrêter l'évolution. Mais comment agit ici le cuivre sur les spores du parasite ? Celles-ci ne germent pas seulement dans l'eau ; elles germent aussi facilement dans l'air humide, et c'est pourquoi l'oïdium est si fréquent dans les régions sèches. Conséquemment, il ne peut agir sur elles comme sur les spores du mildiou, par ses solutions. Peut-être agit-il par contact, comme sur les spores du black-rot, d'après M. Prunet, ou de diverses ustilaginées, d'après M. G. Rumm. Mais qu'est-ce qu'une action de contact ?

Quoi qu'il en soit, le dessus des feuilles de toutes les variétés bien traitées contre le mildiou est demeuré exempt d'oïdium. Seule la face inférieure en a présenté — ce qui est encore une preuve que les spores n'ont pas besoin d'eau condensée pour se développer, — mais il y est toujours peu abondant. Les bouillies adhèrent peu aux grappes ; s'il était possible de les y fixer, on pourrait certainement combattre l'oïdium de la même manière et en même temps que le mildiou. Signalons, en passant, un document ancien peu connu, où l'idée de combattre l'oïdium avec le sulfate de cuivre est nettement exprimée. Il date de 1860; c'est une petite brochure qui a pour titre : *Maladie de la vigne : traitement par le sulfate de cuivre* (vitriol), par A. Barrière, propriétaire-cultivateur à Montpezat (Lot-et-Garonne). « C'est, dit l'auteur, de l'incontestable supériorité du vitriol sur la chaux contre le charbon des blés que me vint l'idée de mettre le soufre et le vitriol en présence sur des raisins également malades. Je me suis livré à cette comparaison pendant trois années de suite ; le vitriol m'a toujours procuré la conservation des raisins, et le soufre, jamais ». Suivent la manière de l'appliquer sur les grappes, les résultats obtenus par plusieurs personnes, etc., et déjà l'innocuité des raisins vitriolés pour le consommateur, leur faible teneur en cuivre constatée par des analyses, etc.

Il nous semble que cette action des sels de cuivre, qui n'est pas discutable puisque nous avons pu la constater nettement sur plusieurs centaines de variétés et pendant trois années successives, explique le faible développement de l'oïdium sur les variétés de Vinifera qui le redoutent le moins : l'Aramon, par exemple. Mais nous reviendrons ultérieurement sur cette question.

La pourriture grise n'attaque guère que les grappes, et suivant leur état de maturité, elle les attaque inégalement. Ce sont les variétés hâtives qui en souffrent le plus, quand elle se déclare hâtivement; les variétés tardives sont seules atteintes quand elle survient tardivement. Il est donc difficile d'attribuer sûrement, à la résistance de la plante, les différences qu'on peut constater dans l'intensité des dégâts de la maladie.

Afin qu'on puisse juger pendant très longtemps et même pendant l'hiver de la fertilité des cépages cultivés dans les champs d'expériences de l'Ecole, nous ne vendangeons pas au moins deux ceps de chaque variété; leurs grappes restent adhérentes aux sarments jusqu'à la taille suivante. On peut suivre de cette manière le développement de la pourriture sur toutes les variétés en expériences. Cette année, comme on le verra dans un travail de M. Rey, la pourriture grise s'est développée pendant une longue période, du 20 septembre environ à la fin octobre ; elle a pu atteindre même les variétés les plus tardives. D'autre part, les variétés du V. Vinifera ont été, dans leur ensemble, plus fortement envahies que les variétés américaines ; ce sont celles que nous avons prises comme termes de comparaison : Carignan, Aramon, etc.

Néanmoins, les indications relatives à la pourriture n'ont pas la précision de celles que nous donnons sur le mildiou, l'oïdium, etc.

L'anthracnose ne fait plus aucun dégât dans le Midi de la France ; cela est dû à la siccité du climat, mais cela est dû aussi aux remèdes cupriques appliqués contre le mildiou. Il en est de même du black-rot, et nous ne pouvons donner aucune indication sur la réceptivité à ces deux maladies des variétés en expériences. Cette lacune sera comblée certainement par M. de Malafosse, qui connaît si bien les producteurs-directs et les maladies.... auxquelles ils résistent.

Cette étude purement culturale devait être complétée par l'examen des vins donnés par ces hybrides.

Depuis 1875, l'Ecole d'agriculture de Montpellier n'a point cessé de s'occuper de la culture et de la vinification des cépages américains hybrides ou producteurs directs ; nous rappellerons les travaux de MM. Saintpierre, Foëx, Bouffard, etc...

Si, au moment douloureux où le vignoble français disparaissait sous les coups du phylloxéra, le besoin d'espérer, les désirs même du vigneron, faisaient apprécier les vins américains un peu au-dessus de leurs mérites réels, la possibilité de conserver nos cépages indigènes par la greffe nous ramenait peu à peu à un jugement plus exact. Un très petit nombre seulement de ces vignes exotiques contribuent aujourd'hui à l'alimentation, et beaucoup de celles qui, au début, paraissaient douées de si brillantes qualités et devaient remplacer nos vieux et bons cépages nationaux, ont disparu de la grande culture ou ne se rencontrent plus que rares et isolées dans les lieux où la reconstitution présente de multiples difficultés.

Cette ingratitude pour les américains producteurs de la première heure, cet exclusivisme dans le mode de reconstitution a aujourd'hui sa réaction. Certains de retrouver par la greffe, et au delà, notre production de jadis, avec sa qualité, on conçoit que de bons esprits aient repris avec ardeur la question des hybrides producteurs directs. Ce problème qui, d'ailleurs, n'a jamais été abandonné, a pris, dans ces dernières années, un caractère tout particulier d'actualité. Les rares hybrides d'il y a vingt ans, pour la plupart foxés et abandonnés, sont remplacés aujourd'hui par de nouveaux individus plus nombreux et capables de donner, par leur abondance et leurs qualités, des vins sinon identiques, mais comparables à nos vins français. Si le nombre de ces hybrides peut être multiplié à l'infini, en revanche il y a lieu d'en faire une sélection sévère et de les soumettre à de longues épreuves avant de les propager.

Les propriétés du vin sont les principaux facteurs déterminants dans le choix du cépage ; cependant, s'il est évident que l'hybride ne doit être accepté qu'autant que son produit présentera des avantages, à moins de ne le considérer que comme simple greffon, on devra toujours tenir compte de ses aptitudes culturales ; fructification, résistance aux maladies cryptogamiques, au phylloxéra, etc.

Notre tâche ici se bornera à l'étude des vins et comme, à ce point de vue, nous ne pouvons apporter une solution absolue et définitive, il n'est point inutile de faire quelques réserves dont nous donnerons tout d'abord la raison.

L'appréciation d'un cépage par la vinification de ses fruits est toujours chose fort délicate. Il faut tenir grand compte de tout ce qui tend à modifier en bien ou en mal la composition du raisin : le sol, le climat, la culture, les infections cryptogamiques, l'âge de la plante, etc..., et si on ajoute à cela les accidents de vinification souvent impossibles à prévoir et à surmonter, on se rendra compte de la difficulté d'un tel travail.

Il ne peut avoir de valeur comparative que pour le lieu où il a été entrepris ; encore est-il nécessaire de bien préciser le détail des opérations. Ces précautions oratoires ne sont pas inutiles, elles nous permettent de concevoir comment, suivant les régions ou les manipulations, ce qui est une qualité en deçà peut devenir un défaut au delà, et qu'un jugement, par conséquent, ne peut revêtir toujours un caractère définitif et sans appel. On peut espérer cependant approcher de la vérité en multipliant les essais sur des points très différents, en faisant varier les procédés de vinification, et en renouvelant les expériences avec patience pendant plusieurs années. De nombreux faits accumulés et comparés donneront seuls la solution complète du problème.

Actuellement, nous présenterons les résultats des deux années 1900 et 1901.

La récolte 1900, d'une maturité médiocre, envahie par la pourriture grise, a donné, le plus souvent, des vins douteux, dont la composition n'a pu servir que de terme de comparaison. Il n'en a pas été de même en 1901 : la maturité s'est accomplie dans les meilleures conditions, et la supériorité des produits a rendu possible une bonne étude; analyse et dégustation. Comme l'époque de maturité n'est point la même pour chaque cépage, nous avons eu soin d'opérer la vendange au moment où le raisin paraissait propre à une bonne vinification.

La vinification d'une quantité restreinte de vendange offre toujours de grandes difficultés, si on veut obtenir des vins comparables à ceux que donnerait une opération plus importante. Cependant, il est possible d'obtenir de bons résultats, si on s'entoure des précautions indiquées par les règles de l'œnologie.

Comme pour la plupart de ces hybrides à jus ou à peau colorés, il s'agissait de faire du vin rouge, nous avons cuvé peau et rafles dans des vases en verre de 15 à 20 litres.

L'ouverture de ceux-ci, assez large pour laisser passer la main, pouvait être facilement fermée par un bon bouchon de liège percé d'un très petit trou qui, tout en laissant passer le gaz acide carbonique, s'opposait à la rentrée de l'air nuisible et acétifiant.

De temps en temps on plongeait le chapeau de cette petite vendange dans le liquide sous-jacent pour obtenir une macération et une fermentation plus régulières et plus complètes. Toutes ces petites cuvées placées dans un local chauffé étaient maintenues à la température de 25° environ; enfin, une surveillance attentive était exercée pour constater la marche de la fermentation et empêcher l'apparition des voiles nuisibles du *mycoderma vini* ou *aceti*.

Huit à dix jours ont suffi pour amener la fin de la fermentation tumultueuse ou la disparition complète du sucre. Puis on a procédé au décuvage par décantation et au pressurage à l'aide d'une petite presse de laboratoire. Ces vins ont été enfermés dans des bouteilles maintenues droites d'abord, puis couchées ensuite. Après clarification des liquides par le repos, on a soutiré pour séparer les lies et aérer, suivant en cela les pratiques de la cave.

Au bout de deux mois on a procédé à l'analyse et à la dégustation d'après les méthodes indiquées plus loin.

Quelques critiques peuvent être adressées à cette manière de faire. La vinification aurait dû comprendre pour chaque cépage une cuvée sans rafle. Pour les cépages à jus très coloré, la peau même aurait pu être éliminée de façon à obtenir, en atténuant l'excès de couleur, sinon plus de finesse dans le goût, moins de grossièreté. Quelques cépages à faible couleur auraient gagné à être faits en blanc.

Enfin, les vins se développant et gagnant avec l'âge, il aurait été préférable, avant de les déguster, d'attendre plus longtemps en les conservant dans des fûts de bois, en les collant, soutirant, etc...

Nous reconnaissons que nombre de ces essais sont à continuer en variant les procédés de vinification, égrappant ou non, etc...; de même l'élevage du vin pourra être fait d'une façon plus complète.

Néanmoins, ces premiers essais nous conduiront à une sorte de sélection, indiquant déjà pour les études futures les cépages et les vins qui auront montré des qualités réelles.

Les méthodes analytiques employées sont assez connues pour que nous les indiquions sommairement.

Pour les moûts on a déterminé : densité, extrait sec, sucre, acidité.

Densité : on a employé un densimètre sensible.

Extrait sec et sucre : déterminés d'après la densité, ou bien pour l'extrait sec par évaporation au bain-marie, ou pour le sucre par la liqueur cupro-potassique.

Acidité totale : déterminée par une liqueur alcaline titrée d'eau de chaux ou par la méthode calcimétrique de Bernard ; les résultats sont exprimés en acide sulfurique et par litre.

Les vins ont donné lieu aux épreuves suivantes : densité, extrait sec, alcool, acidité totale, bitartrate de potasse, cendres, intensité colorante.

Densité : déterminée par un densimètre sensible.

Extrait sec : déterminé par la méthode Houdart ; pour quelques cépages, par la méthode du bain-marie à 100°, ou dans le vide à la température ordinaire. Ces divers procédés, qui donnent des résultats très différents, fournissent des comparaisons intéressantes.

Alcool : on a employé l'ébullioscope Salleron ou la distillation ; il y a entre ces deux essais de faibles différences, peu importantes au point de vue de la constitution du vin. On remarquera pour de nombreux cépages, et particulièrement pour les américains purs, combien l'alcool dosé diffère de l'alcool calculé d'après la densité des moûts. Nous ferons, à ce point de vue, des remarques intéressantes.

Acidité totale : difficile souvent à déterminer par le virage de la couleur ou le trouble du point de saturation (méthode Pasteur). Aussi, pour les vins d'hybrides très colorés, nous avons employé concurremment le procédé acidimétrique du calcimètre Bernard, très sensible et donnant facilement des résultats constants. Les acidités totales sont inscrites dans la colonne, en acide sulfurique.

Bitartrate de potasse : dosé par le procédé Berthelot.

Cendres : obtenues par calcination ; après avoir évalué la partie soluble, on a dosé dans celle-ci l'alcalinité exprimée ensuite soit en carbonate de potasse, soit en bitartrate équivalent.

L'acidité de ce bitartrate (équivalent au carbonate de potasse des cendres), calculée en multipliant son poids par le rapport des poids moléculaires du bitartrate et de l'acidité correspondante en acide sulfurique $\frac{188}{49}$, donne la valeur de l'acidité totale des sels acides (bitartrate de potasse, bimalate de potasse, etc.).En soustrayant cette acidité de l'acidité totale, on a en bloc l'acidité totale des acides libres: acides tartrique, malique, citrique, etc.

On peut penser qu'un vin est d'autant plus acide, plus frais et sa couleur plus stable, plus vive et moins bleue que l'acidité libre est plus considérable.

Il était du plus haut intérêt d'examiner la couleur de ces vins en déterminant la teinte et l'intensité.

Ces deux valeurs peuvent être données par le colorimètre Salleron en comparant ces vins aux disques de la gamme chromatique de Chevreul. Cette méthode, très exacte en soi, présente des difficultés dans son application,et nous avons trouvé plus pratique et suffisamment précis de rapporter sous épaisseur égale ces vins à un vin d'Aramon pris pour type et provenant d'une cuvaison de pieds de même âge et cultivés dans les mêmes conditions. Au colorimètre Salleron, la coloration de cet Aramon était semblable au 3ᵉ rouge et son intensité correspondait à 700 divisions.

La comparaison d'un vin quelconque à ce vin d'Aramon se faisait dans deux tubes en verre de 2 centimètres de diamètre et de 20 centimètres de longueur. Dans l'un de ces tubes on plaçait le vin type ; dans l'autre, gradué en volumes égaux de 3 centimètres cubes, un volume du vin à examiner ; à ce dernier on ajoutait de l'eau distillée jusqu'à ce que, par transparence, et à la lumière diffuse, on obtînt dans l'un et l'autre tube une intensité égale. Celle-ci est exprimée en nombre d'Aramons, dont l'intensité est prise pour unité, par le rapport du volume final du vin étendu d'eau au volume initial du vin pur. L'œil étant incapable d'estimer l'intensité de teintes dissemblables, ces observations, faites pour la plupart sur des vins de couleurs différentes, auraient été impossibles, sans la précaution d'ajouter goutte à goutte une solution concentrée d'acide tartrique, dont l'action, en faisant virer les couleurs plus ou moins violacées, amenait celles-ci à la teinte de l'Aramon type.

La stabilité de la couleur ou la possibilité d'une casse bleue (ferrique) ou jaune (oxydasique) méritait d'être prise en considération dans nos études. Aussi avons-nous, par une épreuve à l'air, jugé des changements apportés dans leur couleur et leur limpidité.

La dégustation a été faite par nous en comparant les vins soit aux types bien connus de la région, Aramon, Carignan, Bouschet, soit à leurs générateurs américains : Riparia, Rupestris, Labrusca, Berlandieri, etc...

LES ESPÈCES

Les qualités et les défauts, les aptitudes des espèces de vigne se retrouvent toujours, mais plus ou moins atténués, chez leurs hybrides. C'est pourquoi nous commençons ce travail par l'étude des espèces qui ont été le plus fréquemment utilisées dans l'hybridation : leur connaissance a pour conséquence la connaissance de leurs descendants.

V. Vinifera

Les propriétés du V. Vinifera sont connues : il croît et prospère dans tous les sols, il craint à peu près toutes les maladies, mais il est fertile et il donne des produits de bonne qualité en général.

Aramon.

L'Aramon figure ici comme terme de comparaison. C'est une vigne vigoureuse, très sensible au mildiou et à la pourriture grise, relativement peu atteinte par l'oïdium, à résistance phylloxérique nulle; très fertile, elle a produit cette année dans nos champs d'expériences 10 kil. par souche. Ses grappes sont grosses, de 500 grammes en moyenne, à gros grains (20 à 25 millimètres), peu colorés; la matière

colorante est localisée dans les 3-4 premières assises sous-épider-
miques, à saveur fraîche, assez agréable.

ANALYSE DU MOUT

	1900	1901
Densité à 15° C....................................	1068,8	1075
Sucre correspondant (table Salleron)............	153	170
Alcool correspondant.........................	8°9	10°
Sucre (par liqueur de Fehling)................		168,9
Acidité totale (en acide sulfurique).............	7,12	6,7

ANALYSE DU VIN

	1900	1901
Densité à 15° C....................................	996,8	995,4
Alcool (ébulliomètre Salleron)....................	7°7	9°3
Extrait sec : Houdart..........................	16,70	17,90
Extrait sec à 100°...........................		17,90
Acidité totale (en acide sulfurique).............	3,16	4,08
Couleur (vinocoloromètre Salleron).............		3° r, 700
Intensité colorante............................		1

REMARQUES ET DÉGUSTATION

Assez alcoolique malgré sa grande production, moyennement
acide.

Intensité colorante faible. Sa couleur et son intensité ont été prises
comme type et comme unité pour les autres vins. Ce choix est
justifié par le fait que ce cépage, les espèces et les hybrides ont été
plantés en même temps et dans les mêmes conditions. Tous d'ailleurs, suivant l'âge ou les conditions climatériques de l'année,
peuvent donner des vins de composition variables, inférieure ou
supérieure, mais toujours jusqu'à un certain point comparable.

Carignan.

Le Carignan occupe comme l'Aramon, auquel il est d'ailleurs
presque toujours associé, une étendue très considérable en France
et en Algérie. Il est entré fréquemment comme générateur dans les
croisements dont sont issus les hybrides étudiés plus loin ; il est
donc lui aussi un bon terme de comparaison.

C'est une vigne très vigoureuse, très sensible au mildiou, à l'oïdium et à la pourriture grise ; résistance phylloxérique nulle ; très fertile. 5,6 kil. par souche ; à grappes ailées, compactes, de 300 gr. en moyenne ; à grains ovoïdes, juteux, sucrés, à saveur fraîche et agréable ; à matière colorante abondante dans la pellicule.

ANALYSE DU MOUT

	1900	1901
Densité à 15° C.	1068,95	179,8
Sucre correspondant (table Salleron)	154	182,5
Alcool correspondant	9°	10°7
Sucre (par liqueur de Fehling)		178,6
Acidité totale (en acide sulfurique)	7°24	7,58

ACIDITÉ DU VIN

	1900	1901
Densité à 15° C.	996,2	996,4
Alcool (ébulliomètre Salleron)	7,8	10°15
Extrait sec : Houdart	16,20	21,70
Extrait sec à 100°		23,80
Acidité totale (en acide sulfurique)	4,71	4,02
Intensité color. rapportée à celle de l'Aramon...		5,5

REMARQUES ET DÉGUSTATION

Vin plus corsé que l'Aramon, bien qu'en différant relativement peu par l'alcool et l'acidité. Son intensité colorante est 5 fois et demie celle de l'Aramon, mais la teinte plus violacée a exigé un peu d'acide tartrique pour le virage ; stable à l'air comme l'Aramon.

Gamay Fréau

Le Gamay Fréau est une variété de Gamay à jus rouge. C'est le cépage teinturier de l'Est de la France ; il se répand beaucoup en ce moment partout où le climat impose des vignes à maturité hâtive.

Il a les qualités et les défauts des Gamays ; il est plus fertile que les variétés dites de qualité.

De même que l'Alicante-Bouschet, il est pris ici comme terme de comparaison des hybrides teinturiers.

ANALYSE DU VIN

	1901
Densité à 15° C	999,2
Alcool	9°5
Extrait sec : Houdart	26,40
Acidité totale (en acide sulfurique)	4,65
Intensité colorante rapportée à celle de l'Aramon	7

REMARQUES ET DÉGUSTATION

Se rapproche du Carignan. Acidité moyenne, neutre de goût, couleur de qualité médiocre.

Sous un climat moins chaud et moins lumineux, ces défauts devraient s'atténuer par une acidité plus grande.

Alicante-Bouschet

L'Alicante-Bouschet, ou Alicante-Henri Bouschet, est un métis de Petit-Bouschet (Aramon × Teinturier du Cher) et de l'Alicante. Il est assez vigoureux dans les régions où il aoûte bien ses bois ; sa résistance au phylloxéra est nulle, il est très sensible au mildiou et à la pourriture grise, un peu moins à l'oïdium. Mais il est particulièrement affecté par la maladie d'Oléron, qui le fait disparaître de tous les terrains humides ou même frais. Il ne peut être cultivé avec succès que dans les sols secs.

L'Alicante-Bouschet est très fertile, 6 à 7 kilogs par souche. Les grappes sont fortes, en moyenne du poids de 300 grammes, ailées, plutôt lâches, à grains ronds, de 15 à 16 millimètres, sucrés, à jus très rouge. La matière colorante occupe tous les tissus du grain.

ANALYSE DU MOUT

	1901
Densité à 15° C	1081,5
Sucre correspondant (table Salleron)	187
Alcool correspondant	10°95
Sucre (par liqueur de Fehling)	197
Acidité totale (en acide sulfurique)	10,37

ANALYSE DU VIN

	1901
Densité à 15° C.	988
Alcool	9°45
Extrait sec : Houdart.	24,2
Extrait sec à 100°	27,30
Acidité totale (en acide sulfurique)	5,57
Intensité colorante rapportée à celle de l'Aramon	12

REMARQUES ET DÉGUSTATION

Vin bien charpenté. Assez alcoolique. Acide. Couleur intense : 12 Aramons. A cependant besoin d'un peu d'acide pour virer au rouge vif à l'air. Couleur stable à l'air.

V. RIPARIA

Les variétés fertiles de cette espèce ont une vigueur moyenne, et d'ailleurs d'autant moindre qu'elles sont plus fertiles. Cela ne doit pas surprendre. Elles poussent de bonne heure et portent même, sur les rameaux nés sur vieux bois, des grappes au nombre de 2-3 sur chaque sarment, rarement plus. Ses contre-boutons sont également fertiles, et cette propriété se retrouve dans les hybrides de cette espèce.

En conséquence, le V. Riparia, quoiqu'il gèle comme les autres espèces de vigne, produit encore quelques fruits même après les fortes gelées du printemps. Sa résistance au phylloxéra est très élevée, elle est partout et toujours suffisante. Résistance au mildiou très grande, s'élevant presque à l'immunité : il faut des circonstances très favorables pour que les feuilles portent de petites taches ; résistance à l'oïdium également très grande, ainsi, semble-t-il, qu'à la pourriture grise.

Sa grappe est toujours très courte (10 à 12 centimètres), tantôt lâche, tantôt serrée, à très petits grains (7 à 10 millimètres), ronds ou discoïdes, noirs ; presque sans jus, d'une saveur herbacée ; matière colorante très abondante dans la pellicule ; de maturité très hâtive.

ANALYSE DU MOUT

	1900	1901
Densité à 15º C	1099,5	1100
Sucre correspondant (table Salleron)	235	235
Alcool correspondant	13º8	13º5
Sucre (par liqueur de Fehling)		205
Extrait sec à 100º		210
Acidité totale (en acide sulfurique)	8	14

ANALYSE DU VIN

	1900	1901
Densité à 15º C	1011,2	1011,5
Alcool	8º9	9º
Extrait sec : vide	54,7	
Extrait sec à 100º		58,3
Extrait sec : Houdart	47	47,4
Acidité totale (en acide sulfurique)	6,84	5,63
Acidité volatile (—)	2,28	2,62
Cendres solubles	4,24	5,52
Cendres insolubles	0,86	1,26
Cendres totales	5,10	6,78
Alcalinité des cendres (en carbon. de potasse)...	2,25	3,55
Alcalinité estimée en tartre	6,13	9,66
Acidité du tartre correspondant au carbonate de potasse	1,59	2,52
Intensité color. rapportée à celle de l'Aramon....		42

REMARQUES ET DÉGUSTATION

Vin moyennement alcoolique. Acide. Extrait sec considérable. Couleur extrêmement intense : Ton violet malgré une très forte acidité. Casse bleue et jaune à l'air. Cendres solubles et alcalinité considérables. Bouquet particulier différant du foxé, rappelant grossièrement le cassis. Saveur instringente, dure. Vin épais. La comparaison de la composition du moût à celle du vin offre des anomalies que nous ferons ressortir après l'étude de détail des espèces et des hybrides.

V. Rupestris

Les variétés de cette espèce ont une grande vigueur; elles portent des sarments longs et forts qui s'enracinent facilement. Elles jouissent d'une haute résistance au phylloxéra; leurs racines portent rarement des tubérosités qui, d'ailleurs, quand elles existent, restent toujours limitées aux assises superficielles de l'écorce; les nodosités, on le sait, sont sans importance. La résistance au mildiou est très grande; à peine quelques taches très petites apparaissent-elles pendant les fortes invasions; la résistance à l'oïdium est moindre, quoique encore notable, et la résistance à la pourriture est probablement plutôt faible; mais il est difficile de la préciser sur des grappillons. Redoute l'anthracnose. Facultés d'adaptation peu étendues.

Les grappes naissent en grand nombre sur la souche. Les yeux du vieux bois sont très fertiles, et cette qualité se retrouve nécessairement chez les hybrides de cette espèce. Ceux des bois de l'année sont très complexes, ils renferment plusieurs bourgeons; au printemps, le bourgeon central sur lequel sont insérés tous les bourgeons secondaires se développe ainsi que ces derniers. De chaque œil partent ainsi 3, 4, 5 rameaux qui portent chacun de 2 à 6 grappes. On voit de quelles ressources le V. Rupestris dispose en prévision des gelées du printemps.

Les grappes, fort nombreuses, sont aussi très petites et à fleurs plus ou moins bien constituées. Elles mesurent d'ordinaire 6 à 8 centimètres de longueur, et ne portent souvent que quelques grains; ceux-ci, petits (10 millimètres), ronds ou discoïdes, noirs, au moins jusqu'à présent, renferment une pulpe molle à peau colorée en rouge. La peau épaisse, mais peu résistante, renferme beaucoup de matière colorante. Les grains ont une saveur herbacée avant maturité complète, rappelant l'Aristoloche, ou fade à maturité.

ANALYSE DU MOUT

	1900	1901
Densité à 15° C.	1083,5	1064,5
Sucre correspondant (table Salleron)	192,5	141,5
Alcool correspondant	11°3	8°3
Extrait sec à 100		136
Acidité totale (en acide sulfurique)	7,66	7,9

ANALYSE DU VIN

Densité à 15° C	1011, 4	1006
Alcool	7o85	5o8
Extrait sec : vide	53, 6	
Extrait sec à 100°		32
Extrait sec : Houdart		30, 4
Acidité totale (en acide sulfurique)	5, 23	6, 03
Crème de tartre possible (méthode Berthelot)	2, 82	
Cendres solubles	4, 03	2, 4
Cendres insolubles	1	0, 66
Cendres totales	5, 03	3, 06
Alcalinité des cendres (en carbonate de potasse)	2, 2	1, 59
Alcalinité estimée en tartre	6	4, 35
Acidité du tartre correspondant au carbonate de potasse	1, 56	1, 12
Couleur rapportée à celle de l'Aramon		48

REMARQUES ET DÉGUSTATION

Faible en alcool, très acide, riche en cendres solubles. Couleur très intense, 48 Aramons, teinte violacée, couleur peu stable, casse bleue à l'air. Goût non foxé, mais herbacé, rude, astringent. La composition du moût et du vin donnera lieu à des remarques analogues à celles du Riparia.

V. LABRUSCA

Le V. Labrusca est aussi une espèce très vigoureuse et dont l'allure rappelle le V. Vinifera. Reprend très bien de bouture. Seulement, la résistance phylloxérique en est très faible. A peine dure-t-elle une ou deux années de plus que le V. Vinifera. Elle n'est pas indemne de mildiou, tant s'en faut; mais elle y est beaucoup moins sensible que le Vinifera. Les feuilles portent rarement des taches étendues; en tous cas, les grains sont peu atteints. La résistance à l'oïdium est notable, l'extension qu'a prise vers 1880 la culture de ses variétés dans des régions très exposées à cette maladie en est une preuve. Bien résistante à la pourriture grise. Les facultés d'adaptation au sol sont très faibles.

Les yeux du vieux bois sont fertiles. Les yeux des bois de l'année sont également multiples, et les rameaux qu'ils émettent portent de 2 à 4 grappes. Celles-ci sont grandes, plus ou moins serrées, à gros grains pulpeux ou charnus, très sucrés, à goût foxé, colorés. La matière colorante, plus ou moins abondante, est localisée dans la peau.

Isabelle

Ce qui précède s'applique à la variété Isabelle, qui est ici un de nos termes de comparaison. D'autres variétés ont des fruits plus colorés. Elle a produit 2 kilos 800 gr. par souche, le poids moyen d'une grappe étant de 122 grammes.

ANALYSE DU MOUT

	1900	1901
Densité à 15º C	1069,1	1082
Sucre correspondant (table Salleron)	154	188
Alcool correspondant	9º	11º
Extrait à 100º		
Sucre (par liqueur de Fehling)		195,2
Acidité totale (en acide sulfurique)	5,97	3,16

ANALYSE DU VIN

	1900	1901
Densité à 15º C	998,5	997,6
Alcool	7º5	9º9
Extrait à 100º		24,1
Extrait sec : Houdart	18,30	23,80
Extrait : vide	24	
Acidité totale (en acide sulfurique)	6,15	5,92
Crème de tartre possible (méthode Berthelot)	2,82	
Cendres solubles	1,2	1,60
Cendres insolubles	0.16	0,38
Cendres totales	1,36	1,98
Alcalinité des cendres (en carbonate de potasse)	0,98	1,26
Alcalinité des cendres estimée en tartre	2,7	3,43
Acidité du tartre correspondant au carbonate de potasse	0,7	0,89
Intensité color. rapportée à celle de l'Aramon		3

solidité que tout fabricant ne manquera point de promettre ? Les sociétés ne peuvent le faire elles-mêmes. Il faut donc s'adresser soit à l'État,
soit aux établissements placés sous son contrôle. Dès le début de nos
organisations en Beaujolais, nous y avions bien pensé et nous avions
eu le soin, dans tous nos contrats avec les fournisseurs, de stipuler que
nos canons seraient soumis au **banc d'épreuve**. Mais, avec les règlements existants, les culasses de nos divers appareils ne permettant
point l'emploi des charges de poudre et de plomb prescrites, cet
essayage fût impraticable.

Alors nous intervînmes auprès de l'Administration pour obtenir
d'elle qu'un règlement nouveau fût élaboré, afin de rendre possible
cet essayage. Après de longs pourparlers et de pressantes démarches
nous avons obtenu satisfaction. Une circulaire de M. le Ministre de
l'Agriculture, en date du 6 juin dernier, prescrit que tous les canons
agricoles, avant d'être mis en service, doivent être essayés au banc
d'épreuve des armes du commerce de Saint-Etienne. Et la Commission des substances explosibles, au ministère de la guerre, a été
chargée de fournir à cet établissement un règlement indiquant les
conditions dans lesquelles les épreuves seraient faites.

Aujourd'hui, il est donc défendu de se servir d'un canon quelconque, avant qu'il soit muni du poinçon du banc d'épreuve. En
sont seuls dispensés les appareils livrés par les fabricants antérieurement à la circulaire ministérielle du 6 juin. Sur ce dernier point,
la circulaire du ministre n'était point très explicite, mais, depuis,
sur notre demande, il a précisé davantage. Du reste, pour les
canons ayant déjà servi, on peut dire que la preuve de leur solidité
résulte des nombreux tirs qu'ils ont effectués.

Quant à l'entretien des appareils, il nécessite les plus grands soins
non seulement pour que la manœuvre soit plus facile, mais aussi
pour prévenir les accidents. Ils devront être tenus constamment
très propres, indemnes de rouille et bien graissés. Après chaque
orage on démontera culasse et percuteur et on rentrera le tout
dans la cabane. Les chefs de section exerceront à cet égard une
surveillance très active.

ACCESSOIRES DU TIR ET AGENCEMENT DES CABANES

Chaque poste doit être pourvu de tous les accessoires du tir
nécessaires. Il faut que les artilleurs aient à leur disposition tout
ce qui leur permettra de faire leur service de la façon la plus

commode, pour ne jamais être exposés à commettre des imprudences. A ce point de vue, aucune économie à réaliser. Ainsi, il y aura un caisson pour recevoir les douilles et la poudre et même un seau à munitions pour la réserve. Ce seau, du reste, servira pour aller au réapprovisionnement. Le nombre des douilles sera aussi élevé que possible, la perfection consistant à ne jamais être obligé de recharger pendant l'orage.

Les cabanes, enfin, seront spacieuses et garnies de rayons où tout sera placé en ordre.

MANIPULATION DE LA POUDRE

On ne badine pas avec la poudre. Voilà ce dont il faut se souvenir constamment.

Nous allons indiquer les principales précautions à prendre :

1º La poudre sera distribuée en charges dosées contenues dans de petits sacs en papier pouvant servir de bourron pour la charge.

Cette sage mesure supprimera tout à la fois le gaspillage et des accidents.

2º Pendant le tir, tenir la poudre éloignée des étincelles et flammèches qui peuvent retomber autour du canon.

Le seau à poudre et le caisson à munitions seront rigoureusement tenus fermés.

Le chargement des cartouches ne pourra s'opérer que dans l'intérieur de la cabane, la porte étant fermée ou l'artilleur ayant tout au moins le dos tourné à la pièce.

3º Pendant toute manipulation de la poudre, éviter soigneusement d'en répandre à terre pour éviter tout danger.

4º Le seau contenant la réserve de poudre ne sera ouvert qu'à la dernière extrémité, et en cas de besoin absolu, c'est-à-dire quand les cartouches et les sachets de poudre (30 environ) contenus dans le caisson auront été tirés.

5º Le caisson à munitions ne sera ouvert que pour les besoins du service ; il devra être refermé immédiatement et chaque fois.

6º Ne jamais placer une capsule à une cartouche déjà chargée, ni chercher à enlever une capsule ratée avant d'avoir, au préalable, sorti la bourre et toute la poudre contenue dans la douille.

7º En chargeant la cartouche, ne jamais appuyer la douille sur un corps dur ; la tenir suspendue horizontalement dans la main

gauche ; de la main droite, introduire la bourre en appuyant fortement avec le bourroir.

8° En bourrant ne pas frapper avec ou sur le bourroir. Une
simple pression vigoureuse de la main doit suffire.

9° Ne jamais employer comme bourre, de la terre, de la brique
pilée, ou d'autres bourres que celles fournies par la société.

10° Avoir le soin de recharger immédiatement toutes les douilles,
après chaque orage.

11° Ne jamais aller se réapprovisionner de poudre sans le seau à
munitions.

12° Ne rien toucher à la poudrière et ne faire que recevoir la poudre
du gardien.

13° S'abstenir complètement de tirer en dehors des orages, parce
que, dans ce cas, les accidents ne sont pas garantis par l'assurance.

14° Enfin, observer à la lettre le règlement pour la fabrication des
cartouches et la manipulation des munitions, qui est affiché dans les
postes.

INSTRUCTIONS PARTICULIÈRES

Voici, en outre, quelques instructions plus générales :

1° Il est rigoureusement interdit de fumer dès que la cabane est
ouverte, et aussi pendant les approvisionnements et les transports
de poudre et de munitions.

2° La nuit, les artilleurs devront allumer leur lanterne en dehors
de la cabane et la porte étant fermée.

Rejeter au loin l'allumette complètement éteinte.

3° Ne pas admettre d'étrangers ni de curieux, lesquels ne seraient
pas garantis en cas d'accident ; les éloigner pendant le tir.

Il ne doit jamais y avoir que les deux artilleurs de service présents
dans la cabane.

4° S'abstenir absolument d'apporter dans le poste : vin, eau-de-vie,
liqueurs, etc.

5° Ne jamais abandonner le canon chargé et ne pas quitter la
batterie sans avoir préalablement retiré la cartouche chargée pour
l'enfermer dans le caisson.

Ne jamais quitter le poste sans avoir fermé à clef le caisson et la
porte de la cabane.

M. Châtillon. — Avant de vous donner lecture des conclusions de mon rapport, permettez-moi, Messieurs, après avoir entendu les différents rapports qui ont été présentés et les discussions qui les ont suivis, de vous dire en deux mots mon sentiment sur la défense contre la grêle.

Je ne suis pas le moins du monde découragé, je suis aussi convaincu que je l'étais au commencement de ce congrès, et l'opinion que j'ai rapportée du congrès de Padoue, que je partage avec beaucoup de mes collègues, ne s'est pas modifiée.

Qu'avons-nous appris l'année dernière, à Padoue? Que, pour pouvoir lutter efficacement contre la grêle, il ne faut négliger aucun détail de l'organisation du tir, et que les principales conditions à remplir sont les suivantes : établir de vastes organisations, placer dans chacun des champs de tir des canons en nombre suffisant, et, enfin, par dessus tout, obtenir des artilleurs une bonne discipline. Voilà les trois conditions principales qui, à Padoue, ont été reconnues indispensables. Lorsque nous avons été de retour chez nous, qu'avons-nous fait? Nous avons cherché à réaliser ces conditions, et la preuve en est dans l'organisation qui existe aujourd'hui dans le Beaujolais, et qui comprend nos 18 sociétés soudées les unes aux autres par leurs canons placés à 400, 500 et rarement 600 mètres d'intervalle. Quant à la discipline, qui est rigoureuse, nous sommes très bien parvenus à la faire accepter par nos artilleurs. Et voilà pourquoi nous avons remporté de véritables succès.

Vous avez entendu ici plusieurs rapports signalant des insuccès, eh ! bien, Messieurs, je vous demande de juger ces rapports avec impartialité, et vous reconnaîtrez avec moi que ces insuccès étaient le fait d'organisations insuffisantes, c'est-à-dire ne disposant que de 4 ou 5 canons, ou d'organisations n'ayant pas tiré à temps, ou n'ayant aucune discipline. Dans ces conditions les insuccès ne sont pas faits pour nous étonner.

Retenez bien ceci, Messieurs : la défense contre la grêle n'est pas une tâche facile, elle est au contraire très difficile, et on ne doit l'entreprendre que dans les régions où l'on peut la mener à bien, c'est-à-dire en remplissant les conditions indispensables que j'ai indiquées. Ce n'est que de cette façon que vous serez assurés du succès.

Pendant les dix dernières années, sauf en 1894, toutes les communes de notre région ont été visitées par la grêle ; la deuxième exception s'est produite cette année.

Est-ce le fait du hasard ? Je n'en sais rien, mais, si l'année prochaine et pendant plusieurs années, nous ne revoyons pas la grêle, nous n'admettrons pas que l'on dise que c'est toujours grâce au hasard. Et si les savants viennent nous reprocher de ne pouvoir expliquer comment agissent nos canons, nous leur répondrons : Commencez donc à vous mettre d'accord vous-mêmes sur la théorie de la formation de la grêle.

Je me souviens d'avoir lu, dans un ouvrage de M. Houdaille, qu'il y a 7 ou 8 théories différentes sur la formation de la grêle ; soyez tranquilles, je ne veux pas vous les développer, car je n'y comprends absolument rien ; chaque savant à la sienne propre, il emprunte un peu à l'une, un peu à l'autre pour en faire une nouvelle. Peut-on reprocher aux praticiens, comme nous, de ne pouvoir expliquer les effets des instruments qu'ils ont entre les mains, lorsque soi-même on est si peu d'accord sur une théorie aussi importante que celle de la formation de la grêle ?

Je vous demande pardon, Messieurs, de cette digression, mais je l'avais sur le cœur et il fallait que je vous la communique.

CONCLUSIONS

Nous avons donné, dans ce rapport, de longs et nombreux détails sur toutes les questions que nous avions à traiter. C'est l'exposé de tout ce qui a été fait dans les sociétés de tir contre la grêle du Beaujolais, organisées par nos soins. Si, nous le répétons, nous avons parfois innové, le plus souvent, nous avons emprunté à d'autres, et principalement aux Italiens, ce que nous trouvions de bon dans leurs méthodes.

Voici maintenant comment nous formulons nos conclusions :

1o Les sociétés de tir contre la grêle devront être organisées avec les plus grands soins.

M. Châtillon. — J'ouvre ici, Messieurs, une parenthèse. Certaines personnes m'ont fait l'honneur de me consulter en vue de l'établissement d'organisations de tir pour 1902 ; je leur ai dit : si vous voulez marcher tout seuls, si vous ne devez posséder qu'un consortium de 20, 30 ou même 40 canons, ce n'est pas la peine, restez tranquilles, parce que vous ne pourrez vaincre que les orages locaux et non les orages généraux. Vous voyez que nous ne préconisons que les organisations qui, à notre avis, peuvent donner de bons résultats.

2o Chaque Société ne comprendra qu'une commune ; mais plusieurs Sociétés peuvent s'entendre en vue d'une défense générale.

3o Pour lutter efficacement contre les orages généraux, il faut une vaste organisation englobant un grand nombre de sociétés.

Les sociétés isolées ne peuvent triompher sûrement que des orages locaux, encore faut-il qu'elles soient un peu étendues.

M. Châtillon. — Je vous ai dit à ce sujet ce que nous avions fait dans le Beaujolais. S'il faut donner aux canons de plus gros calibres et tirer avec des charges plus fortes, nous sommes prêts à nous rendre.

4o Deux lignes au moins de gros canons seront placées en bordure du périmètre à défendre du côté des orages. Pour le surplus, les petits semblent jusqu'à ce jour suffisants.

5o Les canons doivent être répartis sur toute la zone à protéger et ne jamais être espacés de plus de 500 à 600 mètres.

6o Il faut tirer avec des charges de poudre convenables.

7º Les canons seront tous essayés au banc d'épreuve et l'agencement des postes ne laissera rien à désirer.

8º Les signaux, ayant une réelle importance, seront partout adoptés.

9º On maintiendra parmi les artilleurs une discipline parfaite, afin qu'ils ne se laissent jamais surprendre et pratiquent le tir avec intelligence.

10º Les plus grandes mesures de précaution seront prises pour prévenir les accidents — ce qui ne dispensera jamais de contracter une assurance.

11º Des instructions ou des règlements très précis pour la manœuvre des canons, pour le tir et pour les précautions à prendre en vue d'éviter les accidents, seront remis aux artilleurs et affichés dans les postes.

12º Dès que la preuve de l'efficacité du tir résultera de nombreuses expériences en France, il conviendra de demander au Parlement une extension des lois des 21 juin 1865 et 15 décembre 1888, pour pouvoir rendre obligatoire la défense contre la grêle.

13º L'Etat devra toujours fournir aux sociétés de tir la poudre la plus convenable et exempte de toute taxe de consommation intérieure.

<table>
<tr><td>Joseph CHATILLON,</td><td>Benoît BLANC,</td></tr>
<tr><td>président du Syndicat agricole des cantons de Villefranche et d'Anse, président de la Société de tir contre la grêle de Limas.</td><td>vice-président du Syndicat agricole des cantons de Villefranche et d'Anse, président de la Société de tir contre la grêle de Denicé.</td></tr>
</table>

M. le Président. — Messieurs, vos applaudissements donnent à M. Châtillon la plus belle récompense qu'il puisse désirer pour son inaltérable dévouement à la cause de la défense contre la grêle. Il nous a dit sa foi dans les canons lorsque l'organisation est parfaitement établie, et il nous a montré que cette dernière condition était indispensable pour obtenir le succès.

La discussion commence maintenant à prendre une forme décisive ; ce matin nous avons entendu un savant éminent, ce soir c'est le tour d'un praticien émérite, qui vient nous affirmer sa foi dans le tir contre la grêle. Vous vous trouvez donc en présence de deux éléments du problème que nous nous sommes posé, et bientôt vous aurez à vous prononcer, en formulant des conclusions sur lesquelles j'appelle toute votre attention et aussi toute votre impartialité.

Quelqu'un demande-t-il la parole?

Les faits rapportés par M. Châtillon sont tellement précis que je ne m'étonne nullement de ne voir surgir aucune observation. La discussion se produira, sans doute, à propos des ordres du jour et des vœux qui seront présentés à la fin du congrès.

Le rapport de MM. Châtillon et Blanc est adopté.

Je donne maintenant la parole à M. *Chardiny*, pour la lecture de son rapport sur la question des assurances.

LES TIRS CONTRE LA GRÊLE

DANS LEURS RAPPORTS AVEC LES COMPAGNIES D'ASSURANCES

Rapporteur: M. CHARDINY

MESSIEURS,

Le rapport dont le Comité d'organisation du Congrès m'a fait l'honneur de me charger comporte l'étude de deux ordres de questions très distincts. Le tir contre la grêle intéresse, en effet, et les Compagnies d'assurances-accidents, et les Compagnies d'assurances grêle.

Sans vouloir émettre ici une opinion personnelle, il me semble résulter de l'ensemble des travaux qui vous ont été soumis que, d'une façon générale, les tirs contre la grêle sont efficaces, lorsque les consortium fonctionnent régulièrement, rationnellement et avec des moyens suffisants, et lorsqu'il ne s'agit pas d'orages d'une exceptionnelle gravité.

De ce fait primordial de l'efficacité générale du tir dans les conditions sus-indiquées, il y a lieu de tirer une double conséquence :

1º Les stations de tir vont être multipliées. Malgré toutes les améliorations apportées au matériel et aux installations, il y aura certainement des accidents. Ne faut-il pas assurer les artilleurs contre ces accidents du tir? Dans quelles conditions doit être faite cette assurance ?

2º La croyance à l'efficacité du tir poussera beaucoup d'agriculteurs à renoncer à s'assurer contre la grêle. N'y a t-il pas lieu de maintenir cette assurance, et dans quelles conditions? A côté du tir, qui cherche à écarter le fléau, n'y a t-il pas place pour l'assurance qui en répare les effets, lorsque le tir n'a pu être suffisamment préventif?

Quelle doit donc être l'influence de l'installation des tirs contre la grêle sur l'assurance-grêle?

De là deux parties bien distinctes dans ce rapport :

1º De l'assurance-accidents de tir.

2º De l'assurance-grêle.

DE L'ASSURANCE CONTRE LES ACCIDENTS DU TIR

I. — DES ACCIDENTS DU TIR. — Malgré toutes les précautions préventives, et en dépit du sang-froid et de l'expérience des artilleurs, il n'est pas douteux que certains accidents ne soient appelés à se produire dans le tir.

Il n'y a pas de victoire qui ne comporte des deuils. Après l'éloge du tir vainqueur des éléments, il vous faut donc entendre le réquisitoire prononcé au nom des victimes humaines qu'il blesse ou qu'il tue, et chercher avec moi, dans l'assurance, le remède nécessaire à ces douloureuses infortunes.

A ne s'en rapporter qu'à l'expérience de cette année des Sociétés beaujolaises de défense contre la grêle, il semblerait que le nombre des accidents dût être minime : pour 500 canons, en chiffres ronds, il n'y a eu, cette année, en Beaujolais, qu'un seul sinistre, et encore d'une importance relativement peu grave ; on espère qu'il n'y aura pas incapacité permanente. — Je ne parle pas d'un second accident qui n'a même pas entraîné d'incapacité temporaire ni de déclaration. — Les 3 ou 400 canons qui existent en France en dehors du Beaujolais, notamment et surtout dans le département de Saône-et-Loire, n'ont également causé que 2 sinistres avec incapacité temporaire de quelques jours seulement. — En 1900, dans notre région, pour une soixantaine de canons, il y avait eu 4 sinistres, dont 3 incapacités temporaires et un accident grave.

Il faut croire que les Sociétés de tir françaises ont joui, pour cette année, d'une bonne fortune exceptionnelle, favorisée, sans doute, par les qualités de leur matériel et la prudence de leurs artilleurs.

L'expérience, plus ancienne, de l'Italie accuse des moyennes bien supérieures.

Au Congrès de Casale-Montferral de 1899, M. Rapetti, rapporteur de cette question, exposait qu'ensuite de l'enquête à laquelle il avait procédé, il avait reçu des réponses de douze groupes de stations de canons; que dans six groupes il n'y avait pas d'accidents, mais que, dans les six autres, on avait compté huit blessés, dont deux très grièvement. Il ajoutait, il est vrai, qu'avec un peu plus de prudence, la plupart de ces accidents auraient été évités.

Au Congrès de Padoue de 1900, on ne s'est pas occupé de cette question; mais je lis, dans le fascicule-supplément du *Mondo Industriale*, de Milan, paru à l'occasion de ce Congrès, que le nombre des accidents a été très considérable. Il est vrai que le *Mondo Industriale* semble, d'une façon générale, hostile à l'organisation du tir contre la grêle.

Mais, voici des statistiques certaines qui me paraissent aussi précises que graves.

La Société d'assurances à primes *L'Assicuratrice Italiana*, de Milan, m'écrit qu'en 1900, pour 6.000 assurés, elle a eu 97 sinistres, dont 2 cas de mort, 17 cas d'invalidité permanente et 78 cas d'invalidité temporaire.

La campagne de 1901 a été aussi désastreuse. Pour un peu moins de 6.000 assurés, il y a eu 102 sinistres, soient: 2 cas de mort, 13 cas d'invalidité permanente et 87 cas d'invalidité temporaire.

Mgr Gottardo Scotton qui, dans son Journal sur la grêle, a combattu et réfuté certaines statistiques du *Mondo Industriale*, et qui a fondé personnellement à Breganze, province de Vicence, une Société d'assurances mutuelles contre les accidents du tir, m'écrit, que, par suite des défectuosités d'un canon (il est vrai, aujourd'hui réformé), sa Société a eu à payer, en 1901, 7.000 francs d'indemnités pour 2.000 canons et 4.000 artilleurs. Ces 7.000 francs d'indemnités doivent correspondre à un chiffre relativement élevé de sinistres.

Les Compagnies suisses, la *Zurich* et la *Winterthur*, auxquelles je me suis adressé pour demander des renseignements analogues sur les accidents dans leur pays, m'ont écrit que le nombre des assurés, en Suisse, est encore trop restreint, et l'assurance trop récente pour qu'elles puissent m'envoyer des statistiques sérieuses.

L'expérience incomplète de cette année a pourtant permis de constater, chez la *Zurich*, une moyenne de plusieurs accidents temporaires par 100 canons.

II. — IL FAUT S'ASSURER. — LOI DE 1898. — En présence de ces incontestables conséquences du tir, l'hésitation n'est donc pas possible. L'assurance contre les accidents du tir, déjà très répandue en Italie, doit s'établir en France concomitamment avec l'installation des stations de tir.

L'assurance est d'autant plus nécessaire que l'on peut se demander si la loi du 9 avril 1898, sur les accidents du travail, n'est pas applicable en la matière.

La question est discutée.

D'une part, l'art. 1er de la loi du 9 avril 1898 la déclare applicable à « toute exploitation ou partie d'exploitation dans laquelle sont fabriquées ou *mises en œuvre* des matières explosives ». — Sans doute on a pu soutenir que l'accident résultant de l'emploi du sulfure de carbone dans les vignes ne tombait pas sous le coup de la loi, parce que cet emploi n'était pas une véritable *mise en œuvre* de la matière explosive, le viticulteur employant la sulfure non pas à raison de sa vertu explosive, mais à raison de sa vertu insecticide. — Mais, pour les poudres des canons paragrêles, c'est précisément leur caractère explosif qui en motive l'emploi ! Et, si la loi de 1898 était restée seule, il n'y aurait pas de doute que la cabane de tir et la vigne qui l'entoure ne soient une *partie d'exploitation* dans laquelle est *mise en œuvre* une *matière explosive*.

Mais, depuis la loi de 1898, est intervenue la loi du 30 juin 18 9, qui déclare formellement qu'en dehors de l'emploi de machines agricoles mues par des moteurs inanimés, la loi du 9 avril 1898 *n'est pas applicable à l'agriculture*.

Ce dernier texte nous semble décisif. Les commentaires qui ont accompagné et motivé son vote au Parlement sont absolument formels. La loi de 1899 a modifié celle de 1898 qui, dès lors, n'est pas applicable aux artilleurs agricoles.

Et, pourtant, certains tribunaux, encouragés par les avis du Comité consultatif établi auprès du Ministère du Commerce, ont essayé, à plusieurs reprises, de maintenir, en dépit de ce texte, l'application de la loi de 1898 à certaines exploitations agricoles. — Ils l'ont fait notamment pour les exploitations forestières importantes, sous prétexte qu'elles constituaient des chantiers et que les chantiers étaient visés d'une façon générale par la loi de 1898. — La jurisprudence n'a pas eu encore à se prononcer sur les accidents du tir. Mais il est prudent, dès à présent, de se mettre en garde contre les conséquences éventuelles d'une interprétation abusive qui, à côté du texte formel de 1899, paraîtrait vouloir maintenir celui de 1898.

Si cette interprétation était faite contre l'agriculture, il y aurait lieu de se demander, en second lieu, si les artilleurs chargés du tir doivent être considérés comme de véritables ouvriers ou salariés du propriétaire, dans le sens de la loi de 1898.

L'affirmation me paraît évidente pour les domaines où les vignerons-artilleurs sont de simples domestiques, travaillant moyennant salaire à la culture de la vigne, dont le propriétaire retire pour lui seul les produits.

Mais il en pourrait être autrement dans les régions comme le Beaujolais, où le vigneron est métayer. Le métayage est une véritable société, dans laquelle le colon partiaire est un associé du propriétaire et non un ouvrier de ce dernier. Les pertes, comme les gains, devant être partagées par moitié, il semblerait que les indemnités d'accidents devraient être supportées par l'association, le propriétaire devant en définitive n'en payer que la moitié.

Cette dernière solution paraîtrait certaine, si le matériel de tir était fourni en commun. Mais, dans la pratique, le plus souvent, le matériel sera fourni par le propriétaire ou par un syndicat de propriétaires, constitué sous forme de société de défense contre la grêle. On pourra donc soutenir que le propriétaire ou la société de défense sont entièrement responsables des conséquences de l'emploi du matériel confié aux métayers. D'où la nécessité de se garantir éventuellement, par l'assurance, contre cette tentative possible d'application de la loi de 1898.

Notons, à cet égard, qu'en Italie, où une loi du 17 mars 1898 a établi l'assurance obligatoire pour les ouvriers employés dans les industries qui traitent ou appliquent les matières explosives, une circulaire du ministère de l'Agriculture, en date du 21 juillet 1899, a déclaré que la loi était inapplicable aux tirs contre la grêle.

Le comité consultatif des assurances établi en France auprès du ministère du Commerce n'a pas encore émis d'avis sur cette question.

III. — Il faut s'assurer (art. 1382 du Code civil). — Si la loi de 1898 nous paraît inapplicable, il est incontestable que le texte

général de l'article 1382 du Code civil peut être appliqué en notre
matière comme en toute autre. Il est ainsi conçu:

« Tout fait quelconque de l'homme qui cause à autrui un dommage
« oblige celui par la faute duquel il est arrivé à le réparer ».

L'article 1383 ajoute que « chacun est responsable du dommage
qu'il a causé non seulement par son fait, mais encore par sa négligence ou par son imprudence ».

Enfin l'article 1384 porte que « l'on est responsable non seulement
« du dommage que l'on cause par son propre fait, mais encore de
« celui qui est causé par le fait des personnes dont on doit répondre
« ou des choses que l'on a sous sa garde ».

Il n'y a rien de plus élastique que la faute, et il est bien rare que
l'on ne puisse pas, avec un peu d'ingéniosité, relever, dans un accident quelconque, une apparence de faute même très légère, à la charge
du patron.

Les tribunaux français ont, depuis un certain nombre d'années,
une tendance croissante à élargir indéfiniment les cas de prétendue
faute; la moindre défectuosité dans le matériel confié à l'ouvrier,
l'absence de certains perfectionnements, alors même qu'ils ne sont
pas encore entrés dans la pratique ordinaire, l'inexpérience relative
de l'ouvrier auquel le travail a été confié, le fait qu'antérieurement
les prescriptions les plus impératives du patron n'ont pas été rigoureusement observées, tout, dans une matière où le tribunal juge
souverainement en fait, peut devenir matière à responsabilité du
patron.

Pour couvrir, à cet égard, la responsabilité éventuelle des sociétés
de tir et de leurs adhérents, vis à vis de leur personnel, l'assurance
contre les accidents s'impose comme une mesure de prudence
indispensable.

Elle s'impose également, sans qu'il y ait lieu d'insister à cet égard,
pour couvrir la responsabilité vis-à-vis des tiers voisins, spectateurs
ou passants.

On pourrait se demander à cet égard si l'article 1382 pourrait être
invoqué par un propriétaire qui, habitant une région où il n'a jamais
grêlé auparavant, se plaindrait de ce que, par l'effet du tir de son
voisin, un nuage de grêle est venu s'abattre sur ses récoltes. En admettant que le fait fût établi, il ne semble pas que l'article 1382 fût
applicable en l'espèce. Pour invoquer cet article, il faut non-seule-
ment justifier d'un préjudice, et d'une relation de cause à effet entre
ce préjudice et le fait du voisin, mais encore établir à la charge de

ce dernier une véritable faute, un quasi-délit. Or le fait de se défendre ou de défendre son bien contre un ennemi quelconque, animal ou élément naturel, constitue l'usage d'un droit ; *qui suo jure utitur, neminem lœdit.*

IV. — Il faut s'assurer. — Intérêt social. — Enfin, en dehors de ces considérations d'ordre *juridique* et *économique*, il y a un puissant *intérêt social* à stipuler contractuellement des indemnités réparatrices en faveur des agents du tir, pour le cas même où les accidents qui viendraient les frapper seraient attribuables, soit à leur faute ou imprudence, soit au cas fortuit.

Les propriétaires ruraux, les vignerons et leurs aides divers, constituent une véritable famille agricole ; ils ont les mêmes intérêts, et ils doivent être unis dans le malheur comme dans le succès. L'artilleur-vigneron fait preuve d'un véritable entrain dans l'organisation et l'exécution du tir. Il importe qu'il sache qu'en cas de malheur, la collectivité viendra en aide, soit à lui-même, soit à sa famille ou à ses enfants. En un temps où l'on oppose trop souvent la classe ouvrière à la classe patronale, il est bon que les propriétaires ruraux montrent, par leur exemple, que patrons et ouvriers agricoles ont des intérêts solidaires et que les premiers entendent, grâce à l'assurance, largement secourir les infortunes de leurs dévoués collaborateurs (1).

V. — Comment s'assurer ? — Assurances mutuelles. — Assurances a prime. — Il faut donc s'assurer.

Comment s'assurer ?

Il n'entre pas dans le cadre de ce rapport de comparer en détail les avantages réciproques des assurances mutuelles et des assurances à primes.

Théoriquement, il n'est pas douteux que l'assurance mutuelle basée sur les généreuses idées de fraternité et de coopération, ne soit socialement supérieure. Elle écarte toute pensée de lucre et, si elle comporte, le plus souvent, des frais généraux équivalents à ceux des sociétés à primes, elle n'a pas à rémunérer un capital-actions ; ce qui lui permet de diminuer les primes annuelles.

On peut croire que, dans l'avenir, les syndicats agricoles, au fur et à

---

(1) Le conseil d'Etat du canton de Vaud (Suisse) a décidé de participer pour un quart dans les frais d'installation des tirs contre la grêle, à condition que les artilleurs soient assurés.

mesure de leur développement si merveilleusement progressif, pourront constituer, soit dans leur propre sein, soit à l'aide de leurs Unions, des assurances mutuelles de diverses natures et, notamment, l'assurance-accidents. Ils pourront même le faire à des conditions particulièrement avantageuses, étant donnée la loi nouvelle de juillet 1900, qui accorde certaines faveurs aux Coopératives gérées gratuitement. L'Union du Sud-Est des syndicats agricoles, sous l'impulsion des hommes d'initiative et de dévouement qui la dirigent, est déjà entrée dans cette voie pour certaines branches d'assurances.

Nous ne croyons pas, néanmoins, qu'il soit prudent de s'y engager dès à présent, en ce qui concerne l'assurance contre les accidents et spécialement les accidents du tir. Les statistiques sont actuellement trop incomplètes, l'expérience est trop récente pour baser sérieusement une mutualité de ce genre. Seules des sociétés ayant par derrière elles des capitaux ou des réserves importantes, et répartissant leur portefeuille en des risques de natures différentes, peuvent tenter l'expérience et donner aux assurés une sécurité que ne comporterait pas une mutualité récente.

Je sais bien que Mgr Gottardo Scotton a créé, à Vicence, une Société mutuelle qui a assuré, cette année, 2.000 canons pour le prix minime de 3 fr. 50 par canon. Avec ses 7.000 francs de recettes il a pu indemniser toutes les victimes des graves accidents qui se sont produits. Mais je me demande quel a pu être le quantum de ces indemnités, et si elles ont constitué une réparation suffisante du préjudice subi ? Je serais très désireux d'entendre ce généreux et hardi novateur nous exposer les détails de cette œuvre excellente de fraternité chrétienne et sociale. Mais je crains qu'elle ne soit trop neuve pour être considérée par le Congrès comme une expérience absolument décisive.

Vous voulez être assurés largement, complètement contre les conséquences de votre responsabilité. Vous voulez que, dans tous les cas, vos collaborateurs aient la certitude d'une réparation sérieuse. Vous voulez enfin que les budgets de vos jeunes sociétés de tir puissent, à l'avance, être prévus et soient assurés que rien ne viendra en compromettre l'équilibre.

Seules, à l'heure actuelle, à notre avis, les grandes sociétés avec capitaux peuvent vous procurer cette sécurité. Si, après une étude de quelques années, lorsque vous aurez constitué un matériel présentant des garanties définitives de sécurité, lorsque l'expérience de vos artilleurs les aura mis à l'abri des imprudences que comporte l'emploi si délicat des poudres ; si, à ce moment, votre risque se classe comme peu dangereux, alors seulement vous pourrez songer à constituer des mutualités qui devront, pour réussir, d'une part comprendre, dès le début, un nombre important de sociétés de tir et, d'autre part, chercher d'abord le succès moins dans la diminution des primes que dans la constitution de fortes réserves.

Cette nécessité de s'assurer, et de s'assurer à des compagnies présentant de sérieuses garanties, a été parfaitement comprise jusqu'ici par les Sociétés de tir organisées en France depuis 18 mois. Diverses polices, auxquelles nous faisons allusion plus loin, ont été contractées avec les compagnies l'*Océan*, la *Zurich*, la *Préservatrice*, la *Foncière*, l'*Urbaine-Seine*, le *Patrimoine*, la *Mutuelle Générale Française*, la *Prévoyance*. — D'autres compagnies d'assurances importantes, consultées à cet égard, m'ont répondu qu'elles avaient préféré, jusqu'ici, ne pas assurer ce risque nouveau, d'une part, parce qu'il leur semblait, d'après l'expérience italienne, dangereux et aléatoire ; et, d'autre part, parce que cette branche nouvelle d'assurances ne leur paraissait pas, pour le moment, appelée à un développement bien considérable.

VI. — Durée de l'assurance. — En raison de l'incertitude actuelle de la fixation d'un taux normal de prime, il importe de ne pas faire avec les Compagnies d'assurances des contrats de longue durée, ou, ce qui revient au même, de stipuler des facultés de résiliation réciproques. La plupart des contrats d'assurances-accidents ordinaires stipulent qu'après chaque sinistre la Compagnie a le droit de résilier le contrat à quinze jours de date, sans que l'associé ait, de son côté, un droit de résiliation facultative pour certains cas ou pour certaines échéances données. D'après les renseignements qui nous sont parvenus de plusieurs Compagnies étrangères, ces Compagnies paraissent avoir maintenu cette clause dans leurs contrats-accidents de tir. Nous croyons que les syndicats de tir français ont bien fait de stipuler, dans la plupart de leurs polices, la faculté, pour les deux parties, de résilier le contrat à l'expiration de chaque période annuelle, en se prévenant réciproquement un mois d'avance.

VII. — Des risques a assurer. — Type spécial de police. — Les Compagnies d'assurances à prime étrangères, (sous réserve de renseignements complémentaires ou rectificatifs que je prie mes collègues étrangers de vouloir bien nous donner) ne paraissent pas avoir adopté un type spécial de police pour cette branche nouvelle d'assurance.

Les exemplaires de polices que quelques compagnies, et notamment l'*Assicuratrice Italiana* de Milan, la *Zurich* et la *Winterthur* ont bien voulu m'envoyer, rentrent dans le type général des assurances collectives admis par les Compagnies d'assurances françaises avant la loi de 1898, et maintenu, depuis, par elles dans les cas où la loi de 1898 n'est certainement pas applicable.

Elles garantissent ainsi les accidents survenus au personnel, en promettant d'allouer aux victimes certaines indemnités prévues d'avance, suivant la gravité du sinistre et la situation des ayants-droit.

En France, les divers syndicats de tir ont contracté des polices d'assurances très variées, suivant des types fort divers.

Les uns, paraissant considérer que la loi de 1898 était plutôt applicable en la matière, ont adopté le type nouveau créé depuis deux ans par les Compagnies, pour la garantie des conséquences de l'application de cette loi. Puis, prévoyant le cas où le sinistré, au lieu de se prévaloir des dispositions de la loi de 1898, invoquerait la responsabilité civile de l'article 1382 du Code civil, ils ont, soit par la même police, soit par avenant, stipulé cette seconde garantie. Mais ils n'ont prévu ni les accidents causés aux tiers ne faisant pas partie du personnel, ni l'allocation d'une indemnité contractuelle accordée en tout cas à la victime pour l'hypothèse où ni la loi de 1898, ni l'article 1382 ne seraient applicable. — C'est dans ces conditions qu'ont été contractées certaines polices avec l'*Urbaine-Seine*, la *Préservatrice* et la *Mutuelle Générale Française*.

D'autres syndicats ont stipulé d'abord la garantie de leur responsabilité civile, suivant le type ordinairement admis lorsque la loi de 1898 n'est pas en jeu, et se sont ainsi assurés d'une façon générale, et contre les accidents causés à leur personnel, et contre les accidents causés aux tiers. Puis, par un avenant, ils se sont faits relever de l'application éventuelle de la loi de 1898. Mais ils n'ont pas cru devoir stipuler pour tous les cas en faveur des victimes l'indemnité de réparation contractuelle. — Telles sont les polices contractées avec la *Zurich* et la *Foncière*.

D'autres, enfin, en traitant avec la *Prévoyance*, ont prévu la loi de 1898, l'article 1382, l'indemnité contractuelle, mais n'ont songé qu'aux accidents causés à leur personnel, sans se garantir contre les accidents causés aux tiers. Rentrent dans cette catégorie certaines polices collectives agricoles de l'*Urbaine-Seine*, contractées non pas par des Sociétés de tir, mais par des propriétaires isolés qui, en assurant leur personnel contre les accident ordinaires de leurs exploitations, ont déclaré avoir des canons paragrêles.

Nous estimons que, pour se couvrir complètement, et pour remplir en même temps leur devoir social, les propriétaires isolés et les Sociétés de tir doivent suivre l'exemple tracé par les Sociétés du Beaujolais dans leur contrat avec l'*Océan*, et adopter un *type spécial de police mixte* visant les quatre principaux éléments d'assurance que nous avons indiqués :

1º Responsabilité civile de la Société et de chacun de ses membres vis-à-vis du personnel du tir.

2º Application éventuelle de la loi de 1898.

3º Responsabilité vis-à-vis des tiers autres que le personnel.

4º Allocation au personnel de certaines indemnités contractuelles, pour le cas où l'accident serait dû soit au cas fortuit, soit à la faute même ou à l'imprudence de la victime.

Les Compagnies d'assurance fixent en général un maximum de garantie pour le cas de responsabilité de l'article 1382. En présence des tendances de la jurisprudence actuelle à allouer de fortes indemnités, nous croyons prudent de ne pas descendre à cet égard au-dessous de 15.000 ou 20.000 francs par personne, et de 50.000 francs par sinistre.

Les indemnités contractuelles peuvent être soit en *capital*, soit en *rentes*.

Les Compagnies italiennes paraissent accorder, dans tous les cas, un capital.

Ce capital qui, à l'*Assicuratrice Italiana*, est de 3.000 francs, est payé intégralement à la victime, en cas d'invalidité permanente totale, ainsi qu'à la femme ou aux enfants en cas de décès. Si l'invalidité est partielle, le *quantum* de l'indemnité est diminué et varie de 60 % à 3 % du capital total de 3.000 francs, suivant une série de degrés d'infirmité prévus au contrat.

Les Compagnies suisses allouent, en cas de décès, un capital dont le chiffre varie suivant la qualité des ayants-droits, femmes, enfants ou parents dans l'indigence. En cas d'invalidité permanente totale, la victime a droit à une *rente* viagère correspondant à la somme assurée et calculée conformément à une table de rentes reproduite dans le contrat. En cas d'invalidité permanente partielle, la rente est réduite en conséquence, proportionnellement au degré d'infirmité.

Le paiement d'un capital au lieu de la rente peut avoir lieu après entente entre les parties.

Les contrats français d'assurances collectives extra-loi, admettaient en général l'allocation d'un *capital* variable suivant l'infirmité, et représentant de 100 à 1.200 fois le salaire, avec un maximum.

Les Sociétés de tir du Beaujolais ont préféré dans leur contrat éviter ces distinctions et stipulations diverses. Elles ont convenu qu'en cas où l'accident n'engagerait leur responsabilité ni en vertu du droit commun, ni en vertu de la loi de 1898, les victimes auraient néanmoins contractuellement le bénéfice de la loi de 1898.

Il est certain que les indemnités éventuelles qui en résulteront sont, d'une façon générale, fort élevées, ce dont nous ne pouvons que nous féliciter dans l'intérêt des victimes.

On peut, néanmoins, faire à ce système une double objection.

Lorsque, dans le contrat, on a stipulé tant pour une main, tant pour une jambe, pour un œil, etc., on est sûr que l'infirmité une fois constatée, il n'y aura pas de procès. Il est à craindre, au contraire, que le renvoi à la loi de 1898 qui, à la différence des lois italiennes et autrichiennes, ne fixe pas d'échelle légale des infirmités, ne donne lieu à des procès, au moins pendant quelques années, jusqu'au jour où la jurisprudence, déjà si nombreuse, aura permis d'établir un tarif moyen de chaque infirmité.

D'autre part, on peut regretter, que, conformément à la loi de 1898, à laquelle on s'en est référé, les indemnités soient toujours payées en *rentes* (sauf rachat, au bout de trois ans, du quart de cette rente par un capital (art. 9 de la loi). Il est telles circonstances où l'allocation immédiate d'un petit capital rendrait à la victime plus de service que le paiement annuel d'une rente minime.

Il faut espérer que les parties tomberont facilement d'accord dès la consolidation de la blessure sur le rachat de tout ou partie de la rente.

A côté de l'invalidité permanente, ou de la mort, il y a lieu de prévoir le cas, heureusement bien plus fréquent, de simple incapacité temporaire.

Les polices étrangères allouent en général une indemnité fixe pour chaque jour d'incapacité (2, 3 ou 4 francs). Les polices collectives françaises extra-loi accordent le plus souvent le demi-salaire. Dans le système qui prend pour base de l'indemnité contractuelle la loi de 1898, le demi-salaire est de droit; mais comme beaucoup d'artilleurs sont des métayers, et non des salariés, il importe de stipuler qu'on s'en référera au salaire moyen agricole de la commune.

Notons en dernier lieu, que l'assurance devra couvrir non seulement le personnel desservant les canons, mais encore toutes personnes, officiers ou soldats, remplissant des fonctions accessoires ; qu'elle devra, notamment viser, tout travail exécuté en vue de l'organisation de la défense : transport du matériel et des poudres, détention, réparations ou manipulations diverses, etc... Elle devra aussi garantir les accidents survenus aux parents ou serviteurs des artilleurs. Vous entendez venir en aide à tous les membres de la grande famille agricole, qui pourraient être victimes des conséquences quelconques de vos installations nouvelles. Il faut le stipuler d'une façon précise, afin d'éviter dans l'avenir toute contestation possible.

A côté des dommages *corporels*, n'y a-t-il pas lieu de garantir les dommages *matériels* ?

Si les entrepôts de poudre étaient placés dans des habitations particulières, il n'y aurait pas d'hésitation à conseiller l'assurance des conséquences matérielles d'une explosion éventuelle. Mais, d'après les instructions ministérielles, la poudre ne peut être détenue que dans les poudrières ou dans les postes de tir ; la multiplicité des foyers de danger cût en effet compromis la sécurité publique et eût, d'autre part, élevé considérablement les primes.

Il n'y a donc à se préoccuper que des accidents matériels occasionnés à la poudrière ou aux postes, ainsi qu'au matériel de transport des engins et poudres. Mais, d'une part, ces accidents ne peuvent être bien graves et, d'autre part, les Compagnies qui assurent contre les accidents de personnes ne garantissent pas, généralement, les accidents matériels (1), ce qui obligerait à une double assurance. Nous nous contentons donc de signaler la question, en reconnaissant, d'ailleurs, que les précautions prises soit spontanément, soit en vertu des règlements administratifs (Voir notamment l'arrêté du préfet du Rhône du 5 octobre 1901) rendent les accidents graves peu probables en cette matière.

Il nous reste à dire quelques mots de la fort importante question du mode de calcul et du taux de prime.

---

(1) La police spéciale canons-grêle de la *Foncière* garantit les accidents matériels.

Il serait difficile de prendre pour base de la prime le *chiffre des salaires*, pour un double motif : d'abord, un certain nombre d'assurés ne sont pas des salariés. Puis cette base acceptée aurait pour conséquence des déclarations, tenues de livre de paie, vérifications qui sont inacceptables en matière agricole.

Vaut-il mieux calculer la prime à *tant par homme*, comme l'ont fait l'*Assicuratrice Italiana* et la *Winterthur*, ou à *tant par canon*, suivant le système de la *Mutuelle de Vicence*, de la *Zurich*, de l'*Océan* et de la plupart des *Compagnies Françaises* ?

Nous croyons ce second système préférable. Il est bien difficile de fixer, d'une façon exacte, le nombre des agents divers qui doivent être garantis, officiers et soldats du tir, artilleurs, observateurs et remplaçants, transporteurs ou manipulateurs d'engins. Des difficultés pourraient surgir sur la qualité de telle ou telle victime. Mieux vaut traiter sur la base fixe de tant par canon.

Quant au montant de la prime par canon, il est absolument impossible d'indiquer, même très approximativement, ce qu'il doit être. Il s'agit, en effet, d'un risque complètement nouveau ; il s'agit d'appareils très variés, présentant des conditions de sécurité différentes ; il s'agit, enfin, jusqu'ici, de contrats très divers, visant des cas de responsabilité non identiques et allouant des indemnités variables. En présence de cette variabilité des contrats, il n'y a pas de commune mesure qui permette même de préciser les prix moyens stipulés. — Je croirais, au surplus, sortir de mon rôle impartial de rapporteur en indiquant les tarifs que chacune des Compagnies a bien voulu me faire connaître.

Nous ne pouvons que souhaiter, en terminant, dans l'intérêt des assurés, des assureurs, et des victimes, que la perfection du matériel, la multiplicité des précautions prises et la prudence des artilleurs permettent de conserver longtemps l'excellente moyenne de sinistres constatée en France en l'année 1901.

M. le Président. — M. Châtillon désirant présenter quelques observations sur cette première partie du rapport de M. Chardiny, je lui donne la parole.

M. Châtillon. — M. Chardiny nous a dit que les accidents causés par le tir ne tombent sous l'application ni de la loi de 1898 ni de celle de 1899, mais nos paysans ne comprendraient pas que certaines catégories d'accidents ne soient pas assurées, et nous avons voulu que toutes les fois qu'un accident survient, il soit assuré, alors même qu'il ne rentrerait pas dans le cas de l'article 1382 et suivants du code civil ou des lois de 1898 et de 1899.

Il y a lieu de prévoir des indemnités contractuelles pour le cas où la loi de 1898 ne serait pas applicable, et même des indemnités analogues en faveur de ceux dont le cas ne tombe ni sous l'application de cette loi ni sous le droit commun.

Voilà la première observation que j'avais à faire et, puisque j'ai la parole, j'en profiterai pour dire aussi deux mots au sujet des accidents matériels.

Je me rappelle qu'au début, lors de la réunion du comité du contentieux du Sud-Est, qui comprenait six ou sept avocats, parmi lesquels se trouvait M. Chardiny, j'attachais une grande importance à ce que les accidents matériels fussent garantis; mais nous ne savions pas encore dans quelles conditions nous serions autorisés à détenir la poudre et à établir les poudrières. Vous n'ignorez pas, Messieurs, que, pour pouvoir conserver la poudre dans des endroits déterminés, il faut, au préalable, se prêter à de longues enquêtes et à de nombreuses formalités administratives; si l'Administration avait voulu exiger de nous l'accomplissement de toutes ces formalités, nous n'aurions jamais pu arriver à avoir la poudre nécessaire à nos tirs. Au commencement de cette année, nous avions donc dû envisager le cas où la poudre serait conservée chez nos artilleurs et nous avions, dès lors, deux sortes d'accidents à prévoir, les accidents corporels et les accidents matériels, ces derniers comprenant l'écroulement ou l'incendie des bâtiments que les polices d'assurances ne garantissent pas, lorsqu'ils sont déterminés par l'explosion de la poudre. Vous voyez combien la question était compliquée. Nous avons donc été appelés, avec le comité du contentieux, à examiner cette question des accidents matériels, telle que je viens de l'exposer; mais,

au mois de mars, nous nous sommes rendus à Paris,
pour accomplir les formalités qui nous étaient nécessaires pour commencer la campagne à la saison des
orages, et la question de la poudre nous a conduits au
Ministère de l'Intérieur, où nous avons été présentés à
M. Cavart qui, n'ayant jamais entendu parler du tir contre
la grêle, était assez étonné de ce que nous lui disions;
nous lui avons exposé les dangers qu'il s'agissait de
prévenir et la nécessité qu'il y avait à ce que l'Administration laissât fléchir un peu ses règlements en notre
faveur.

Il est certain que, pour pratiquer le tir contre la grêle,
il faut laisser disséminer la poudre un peu partout, et
que les règlements ne peuvent pas être appliqués rigoureusement. M. Cavart a reconnu qu'il y avait un danger
considérable à laisser détenir la poudre dans les habitations particulières; en effet, si une commune a 50 artilleurs, autant dire que toutes les habitations sont exposées à sauter. J'ai fourni à M. Cavart des explications à
la suite desquelles il nous a indiqué que la poudre
devrait être détenue dans des endroits déterminés, et
c'est le 26 avril que M. le Ministre de l'Agriculture, ayant
reçu de son collègue de l'Intérieur les renseignements
nécessaires, nous a envoyé des instructions qui devaient
régir la détention de la poudre. A partir de ce moment,
les difficultés avaient toutes disparu, et voilà pourquoi
nous n'avons plus songé aux accidents matériels, et
pourquoi aussi nous ne les avons pas prévus dans nos
polices d'assurances.

M. Chardiny. — Voici, Messieurs, la deuxième partie de
mon rapport :

DE L'ASSURANCE CONTRE LA GRÊLE

1. — LE CONGRÈS DE PADOUE. — Le compte rendu du Congrès
international de Padoue relate les vives discussions auxquelles
a donné lieu le rapport de M. Rapetti sur la question de l'Assu-

rance-grêle. M. le professeur Rapetti, avait exposé que, par suite de l'efficacité partielle des résultats du tir, il y avait lieu tout d'abord de demander à toutes les compagnies d'assurances-grêle une réduction de primes de moitié, en exigeant des consortium de tir l'engagement de ne s'assurer que dans ces conditions. Puis, prévoyant une certaine résistance des Sociétés par actions, il avait vivement attaqué leur caractère de sociétés de lucre, et relatant les diverses tentatives d'assurances mutuelles, il avait conclu à la création d'une vaste *Mutuelle de la Vallée du Pô*.

Ces conclusions furent combattues de divers côtés, d'une part par ceux qui pensaient que la création d'une pareille société impliquait un défaut de foi dans le succès du tir, et d'autre part, par certains partisans des sociétés d'assurances existantes qui redoutaient sans doute le préjudice causé à leur importante industrie.

Après le rejet de plusieurs ordres du jour divers, on aboutit à un ordre du jour de conciliation ainsi conçu :

« Considérant qu'en matière d'assurance, avec ou sans canons, pour des raisons culturales et économiques, les intérêts et les habitudes des régions sont différents, le Congrès affirme la nécessité d'une étude ultérieure des arguments qui tiennent compte des dites circonstances, et conclue à la présentation d'un projet concret à la réunion de l'année prochaine. »

II. — LES COMPAGNIES D'ASSURANCES GRÊLE EN ITALIE ET EN FRANCE. — Je crains bien, Messieurs, que le Congrès de Lyon n'apporte pas la solution définitive de la question soulevée à Padoue par le rapport de M. Rapetti. Aussi bien, la situation des compagnies d'assurances-grêle, soit par actions, soit mutuelles, n'est pas en France la même que la situation des compagnies italiennes, telle que l'indique le compte rendu de Padoue.

En ce qui concerne d'abord les *Sociétés par actions*, Mgr Scotton affirmait que, sur 11 millions de primes encaissées, les dix ou douze Sociétés italiennes n'avaient payé que 6 millions de sinistres, et avaient ainsi soustrait 5 millions à l'agriculture pour les employer en frais généraux et dividendes.

Tout autre est la situation des Sociétés par actions françaises. Leur nombre est aujourd'hui réduit à quatre. — Deux d'entre elles, relativement récentes, l'*Éternelle* (1883) et le *Conservateur* (1897) ne servent à leurs actionnaires qu'un dividende de 3 1/2 et de 5 0/0; et encore, ces deux compagnies pratiquant aussi l'assurance-accidents, on ne peut pas dire que ces dividendes soient intégralement prélevés sur l'agriculture. Leurs bénéfices respectifs, en 1900, ont été seulement de 150.000 et de 45,000 francs. — La troisième compagnie, la *Confiance*, qui date de 1878, a payé en 1900 plus de 500.000 fr. de sinistres, pour un bénéfice de moins de 100.000 francs et un dividende de 2,50 0/0. — Seule, la Compagnie *l'Abeille*, après 45 années d'existence, et après avoir payé en 1900 près de 2 millions 200.000 fr. de sinistres, a pu accuser un bénéfice d'environ 450.000 francs, qui lui a permis de répartir à ses actionnaires, à raison de 18 francs par action, un somme inférieure à 300.000 francs. On dit que cette année les bénéfices sont supérieurs.

En résumé les Compagnies par actions françaises n'ont eu depuis 10 ans qu'une moyenne annuelle d'excédent de recettes de 650.000 fr., et encore faut-il noter qu'en 1895 et 1897 l'excédent des dépenses a été supérieur à 1 million. Nous sommes bien loin des millions soustraits à l'agriculture italienne pour enrichir d'avides actionnaires.

En ce qui concerne les *Sociétés d'assurances mutuelles*, M. le professeur Rapetti exposait à Padoue qu'un grand nombre de Sociétés italiennes avaient dû liquider après avoir épuisé leur fonds de réserve; d'où la conclusion que d'une façon générale et sauf exceptions, dans cette Italie où les coopératives de crédit sont si prospères, les coopératives-grêle, malgré l'excellence de leur principe, céderaient de beaucoup le pas aux Sociétés par actions.

Il n'en est pas de même en France, où les vingt principales mutuelles ont réglé, en 1900, près de 4 millions de sinistres, contre 3 millions payés par les Sociétés à prime. — La plus importante mutuelle, la *Ferme*, a encaissé à elle seule 827.000 francs de primes et possède 810.000 francs de fonds de réserve. — Les valeurs assurées par l'ensemble de ces vingt mutuelles atteignent près de 400 millions, contre moins de 300 millions assurés par les Sociétés à prime.

Je ne veux pas renouveler ici le débat, soulevé par M. Rapetti à Padoue, concernant le mérite respectif des Sociétés par actions et des Sociétés mutuelles. J'ai déjà fait allusion à cette question à propos de l'assurance-accidents. Les sociétés par actions offrent en général plus de sécurité, mais ont des tarifs plus élevés. Les sociétés mutuelles, quand elles n'ont pas de fortes réserves, risquent, dans les mauvaises années, de ne payer que partie des sinistres; mais elles ont l'avantage d'assurer à plus bas prix. — J'estime, pour mon compte, que lorsqu'il y a lieu de lutter contre un fléau comme la grêle, toutes les bonnes volontés doivent être acceptées, et qu'il y a place pour toutes sous le soleil de la liberté.

III. — LE RISQUE VIGNES. — RARETÉ RELATIVE DE L'ASSURANCE. — Une observation générale qui s'applique à toutes les Sociétés d'assurances-grêle, mais surtout aux mutuelles, c'est qu'en présence d'un risque aussi dangereux que le risque-grêle, il importe que l'assurance rayonne sur une surface de pays aussi étendue que possible, afin que les sinistres d'une région frappée soient compensés par les primes des régions restées indemnes. Il ne faut donc pas croire au succès prolongé des petites mutuelles locales, communales, cantonnales et même départementales.

Une seconde observation générale, c'est qu'étant donné que le dommage causé par la grêle aux vignobles est, à raison de la valeur même de leur produit, plus important pour une superficie donnée que le dommage causé aux autres récoltes de la même superficie (sauf le tabac), il paraît utile, pour arriver à des moyennes compensatrices, que les Sociétés qui assurent les vignes assurent en même temps des récoltes d'une autre nature.

Ce n'est pas à dire qu'une mutuelle exclusivement viticole soit nécessairement appelée à ne pas réussir. L'exemple de l'ancienne *Vinicole Lyonnaise*, actuellement *La Vinicole*, qui depuis 14 ans a pu une dizaine de fois payer l'intégralité des sinistres, est la meilleure preuve du contraire. Mais si *La Vinicole* a pu obtenir de pareils résultats, c'est d'une part parce que son action s'étend non seulement dans la région lyonnaise, mais bien dans la France entière et notamment dans le Midi et le Bordelais, et c'est d'autre part parce qu'elle refuse d'assurer certaines régions particulièrement éprouvées par la grêle et spécialement une grande partie du Beaujolais.

Ceci nous amène à constater, qu'en dépit des progrès effectués, la majeure partie du vignoble français reste en dehors de l'assurance. Les régions de l'Est et certaines régions du Midi de la France sont sujettes à des orages de grêle plus fréquents et plus graves qu'ailleurs. L'assurance qui devrait y être plus répandue y est, au contraire, moins en usage, et cela s'explique facilement :

D'un côté, en effet, le risque est trop dangereux. La plupart des compagnies, les mutuelles comme les autres, préfèrent ne pas assurer les vignes, même à des taux élevés. Il y a dans le département du Rhône des communes et même des cantons entiers où l'assurance non seulement de la vigne, mais des récoltes de toute nature, est interdite aux agents par des instructions formelles. Dans d'autres, on n'assure la vigne qu'à condition d'assurer en même temps, au même propriétaire, d'autres récoltes en quantité suffisante pour compenser le risque.

D'un autre côté, lorsque les Compagnies veulent bien assurer, les primes sont très élevées. Si la moyenne des primes dans l'ensemble des vignobles français est de 6 0/0 de la valeur de la récolte, elles atteignent dans certaines communes les taux élevés de 10 et même de 15 0/0. Plutôt que de payer de pareilles sommes, beaucoup de viticulteurs préfèrent ne pas s'assurer.

Notons que pour ces très mauvais risques, on ne peut espérer que la concurrence ordinaire puisse dans l'avenir amener un abaissement sérieux des tarifs. Ces tarifs sont, en effet, établis rationnellement, d'après des statistiques exactement mises au point après chaque exercice.

A côté de ces causes naturelles de restriction de l'assurance des vignes, il ne faut pas oublier que, dans certaines régions où l'assurance serait possible à des taux modérés, l'indifférence ou l'apathie d'un grand nombre de viticulteurs, certaines idées d'économie mal comprise, les empêchent d'apprécier les avantages de la prévoyance par l'assurance.

Quoiqu'il en soit de ces divers motifs, il est certain qu'à l'heure actuelle la très grande majorité des vignes françaises reste en dehors de l'assurance mutuelle, aussi bien que de l'assurance à prime.

IV. — Combinaison du tir et de l'assurance-grêle. — En présence de cette constatation certaine, je me demande pourquoi il existerait, entre les promoteurs du tir contre la grêle et certaines sociétés d'assurances-grêle, une sorte d'antagonisme?

On a dit que si le tir contre la grêle est efficace, l'assurance-grêle n'a plus sa raison d'être. C'est une erreur profonde que de poser ainsi un principe absolu ; et cette erreur a eu l'inconvénient de pousser certains partisans des assurances à contester a priori les résultats indiscutables, obtenus dès à présent par le tir.

Un pareil antagonisme ne devrait pas exister. Sans doute il vaut mieux prévenir que réparer un dommage. Mais là où les mesures préventives ne sont pas possibles, il y a place pour les mesures réparatrices, et réciproquement. Bien plus, les unes et les autres peuvent et doivent être appliquées concomitamment.

On peut, à cet égard, classer les vignobles en trois catégories :

1º Ceux où la grêle est rare.
2º Ceux où la grêle est fréquente.
3º Ceux qui se placent entre ces deux extrêmes.

Pour les premiers, il n'est pas probable que de longtemps on songe à y effectuer des installations de canons paragrêles. Les frais de ces installations, les embarras et les obligations diverses qu'elles comportent ne seraient pas en rapport avec le risque couru. L'assurance y est d'ailleurs à bas prix, et s'y maintiendra sans difficulté.

Pour les communes où la grande fréquence du fléau a été constatée, l'installation des canons paragrêles s'impose. Mais ces mêmes communes étaient frappées par les compagnies d'assurances d'une véritable interdiction, ou tout au moins d'une demi-interdiction qui, par ses taux de primes fort élevés, écartait les viticulteurs de l'assurance. Il n'y a pas ici davantage antagonisme.

Reste la masse des risques moyens.

Pour ceux-là, il semble qu'en l'état des résultats obtenus, soit par le tir, soit par l'assurance, il y ait place pour l'un et l'autre pendant long-temps encore et que, bien loin de se combattre, leurs partisans réciproques devraient s'unir contre l'ennemi commun dans l'intérêt du viticulteur.

Le tir préventif bien organisé sera le plus souvent efficace. Mais il semble établi que, pour certains orages d'une gravité ou d'une rapidité exceptionnelle, ou bien dans le cas fréquent d'une organisation imcomplète du tir, le succès ne répond pas aux espérances et aux efforts des tireurs. C'est alors que doit intervenir l'assurance réparatrice. Cet orage exceptionnel, que l'on n'aura pu prévenir, suffit à lui seul pour détruire toute la récolte ! L'assurance indemnisera de cette perte. Et qu'on ne dise pas que le viticulteur ne pourra pas s'assurer à cause de l'élévation des tarifs ! Le risque étant amélioré, les tarifs seront considérablement réduits.

M. Rapetti nous a appris, dans son rapport de Padoue, que certaines sociétés d'assurances italiennes ont admis des restitutions de primes de 20 à 30 0/0, pour les membres de consortium, dans le cas où le tir a été complètement efficace.

Quelques-unes, plus convaincues, sont allées plus loin et, quel que fût le résultat futur du tir, ont réduit à l'avance leurs tarifs d'un tiers ou d'un quart pour les membres des consortium régulièrement installés (1).

Une compagnie enfin a concouru aux dépenses d'établissement des procédés nouveaux.

Il y a là une voie nouvelle, dans laquelle les compagnies d'assurances françaises contre la grêle (surtout celles par actions), devraient résolument entrer.

En matière d'accidents du travail industriel, les compagnies françaises accordent d'importantes réductions de primes, aux industries, qui soumettent leurs appareils ou usines à certaines inspections de comités spéciaux.

De même, les compagnies d'assurances-incendie réduisent leurs tarifs pour usines, lorsque les machines à vapeur sont munies de certains appareils protecteurs.

C'est le même principe qu'il s'agit d'appliquer ici, mais dans une plus large mesure, puisque les appareils de protection sont bien plus largement protecteurs. — L'assurance-grêle, en France, n'a pas le développement qu'elle devrait avoir. Elle a l'occasion de multiplier les contrats dans des régions où son abstention ou l'élévation de ses tarifs laissait la viticulture sans défense. Quand moyennant une prime de 3 ou 4 0/0, un propriétaire déjà protégé par les canons pourra obtenir un surcroît de sécurité, il n'hésitera pas à le faire, afin que cette sécurité soit complète.—D'après les renseignements qui nous sont parvenus, le nombre des contrats d'assurances-grêle, en Italie, aurait augmenté depuis quelques années. Ce succès peut être dû, soit à l'abaissement des tarifs, soit aussi au mouvement d'idées provoqué par les Congrès, qui ont réveillé l'apathie de certains propriétaires jusque-là réfractaires à l'assurance.

On fera sans doute une objection à cette combinaison du tir et de l'assurance, c'est que le zèle des canonniers assurés aura chance de se relâcher.

Nous ne croyons pas à ce relâchement. Les canonniers sont embrigadés, au moins dans le Beaujolais, sous la direction de chefs dont l'infatigable zèle entretiendra le leur. — On pourrait, au surplus, stipuler dans le contrat que, si après transmission des ordres, le tir

---

(1) On nous dit qu'en 1901, ces réductions auraient été diminuées au lieu d'être augmentées comme le demandait M. Rapetti, et que certaines compagnies d'assurances ne les auraient maintenues que pour lutter contre la concurrence.

n'a pas été exécuté, et si la perte de la récolte par la grêle en a été la conséquence, il n'y aurait pas lieu à réduction de prime. — Les compagnies pourraient également convenir que le viticulteur restera pour partie son propre assureur, et admettre une sorte de large franchise de 1 ou 2 dixièmes, afin d'intéresser le vigneron à la bonne exécution des tirs.

Pour arriver à cette entente de tous en vue de lutter contre le terrible fléau, nous ne croyons pas qu'il soit besoin de créer en France cette grande mutuelle dee consortium, dont M. Rapetti a esquissé le plan dans son rapport de Padoue.

Les cultures, les intérêts et les usages de l'ensemble de la vallée du Pô peuvent présenter une certaine homogénéité. Les cultures, les usages et les intérêts de la vallée du Rhône sont trop variés pour se plier aux exigences d'une institution de cette nature.

Nous avons en France plus de 20 sociétés mutuelles-grêle répandues sur l'ensemble du territoire. Pourquoi en créer une vingt-et-unième?

La grande mutuelle obligatoire de la vallée du Rhône, étant donné l'esprit français, risquerait d'avoir bientôt un caractère presque administratif, avec tous les inconvénients qu'on attache ordinairement à ce mot.

Je ne puis admettre que l'on fasse prendre aux consortium de tir l'engagement d'en faire partie, ou l'engagement de ne traiter qu'à tel ou tel taux avec les compagnies existantes. Nous sommes déjà surchargés d'obligations de diverses natures. Pourquoi nous forger de nouvelles chaînes ? La liberté, la concurrence, mettant en jeu la lutte des intérêts réciproques, sont les meilleurs facteurs des progrès économiques.

La liberté, d'ailleurs, n'exclue pas l'entente de certaines sociétés de tir, en vue de traiter aux meilleures conditions possibles avec les assureurs. Si les expériences de tir sont de plus en plus favorables, les sociétés obtiendront progressivement des conditions plus avantageuses.

Espérons que, dans quelques années, elles arriveront à faire réduire les primes de moitié et même des trois-quarts. Pour le moment, je ne crois pas qu'elles puissent obtenir une réduction de plus d'un quart ou d'un tiers. Que, de part et d'autre, on prenne d'ailleurs la précaution de ne signer que des polices de courte durée ! Nous sommes en présence d'un risque singulièrement modifié. Chacun, assureur et assuré, doit étudier les conséquences rationnelles de cette modification. C'est à cette étude que je vous convie, Messieurs, mais sans oser prétendre que vous puissiez dès à présent aboutir à un résultat absolu et définitif, pour lequel il faudra les longs tâtonnements de l'expérience.

M. le Président. — Je remercie M. Chardiny du brillant rapport qu'il vient de présenter au Congrès sur la question des assurances contre les accidents résultant du tir contre la grêle, et sur les modifications que la pratique du tir peut apporter dans les contrats d'assurance contre la grêle; il a envisagé cette question sous un jour qui n'avait pas encore été étudié, et je crois que ses idées nouvelles apporteront une modification sensible dans l'attitude que les compagnies d'assurance contre la grêle avaient prise vis à vis des associations de défense.

Personne ne demandant la parole je déclare close la discussion sur le rapport de M. Chardiny.

Le rapport de M. Chardiny est adopté.

M. le Président. — Avant de donner la parole à M. le député Decker-David, qui a bien voulu se charger de lire le rapport de M. Chevalier en l'absence de ce dernier, je tiens à lui dire combien le Congrès lui est reconnaissant d'avoir bien voulu suivre ses séances et s'intéresser à ses études et à ses discussions.

M. Decker-David. — Messieurs, je suis tout confus des remerciements que veut bien m'adresser M. le président pour l'intérêt que je porte à vos travaux, car je ne conçois pas que l'on puisse rester indifférent à un congrès dont l'organisation est tout à l'honneur de la Société de Viticulture de Lyon.

Il est, d'ailleurs, assez naturel que le parlement se préoccupe des associations de défense contre la grêle. Cette question a peut-être fait naître, au début, un peu trop d'enthousiasme, mais il n'est pas inutile de la reprendre sur un terrain neuf. Le remarquable rapport de mon excellent ami et collègue M. Chevalier résume la

législation italienne et prépare la législation française...
Je vous demande la permission de le lire en entier et,
après, je me permettrai d'apporter une modification aux
conclusions qu'il contient.

OPPORTUNITÉ DE DISPOSITIONS LÉGISLATIVES SPÉCIALES
RÉGLANT LA MATIÈRE DES

TIRS CONTRE LA GRÊLE

ET LA CONSTITUTION DES ASSOCIATIONS DE DÉFENSE

Rapporteur : M. Emile CHEVALIER

Député de l'Oise.

Des méthodes récentes de lutte contre divers fléaux des agriculteurs, tels que la grêle, la gelée, le phylloxéra ou d'autres maladies,
ont fait leur apparition et se sont développées depuis quelques
années dans plusieurs pays agricoles. Ces méthodes ont nécessité
pour leur application l'union et l'association des agriculteurs ; le
système de l'association a pris, pour ce but spécial, une importance
exceptionnelle dans ces contrées et l'attention des gouvernements a
déjà été maintes fois appelée sur la forme la plus heureuse à donner
à ces sociétés de défense et sur les facilités à leur accorder pour leur
complet développement.

De nombreuses lois ont consacré et facilité l'application des
méthodes de lutte contre le phylloxéra, depuis la loi du 15 juillet 1878,
jusqu'à celle du 15 décembre 1888. Une législation spéciale lui est
propre.

Mais, à part le phylloxéra, les autres et nombreux fléaux qui
atteignent l'agriculture n'ont pas été spécialement visés par le législateur et bien qu'à la plupart d'entre eux correspondent cependant
des procédés de défense particuliers, aucune loi ne régit ces nouvelles entreprises, aucune loi analogue à celle du 15 décembre 1888
n'en précise l'organisation légale. Le législateur, qui avait reconnu
l'insuffisance de la loi de 1865 sur les associations syndicales au
sujet du phylloxéra, avait tiré de cette loi une organisation
applicable aux entreprises de défense contre les maladies de la vigne,

REMARQUES ET DÉGUSTATION

.Vin léger, frais, fruité — un peu maigre. — Intensité colorante faible. — Casse jaune légère.

126-21 Couderc

(603 × Gamay noir)

Vigne d'une bonne vigueur, à port semi-érigé; les sarments s'enracinent facilement. Système radiculaire peu charnu, et jusqu'ici indemne de phylloxéra — ce qui ne signifie pas qu'il ne peut être atteint; mais, en plusieurs points bien phylloxérés, nous l'avons toujours trouvé indemne. Résistance assez bonne à l'oïdium et au mildiou. Grappe rappelant le V. Vinifera, moyenne, allongée, à grains ovoïdes, sous-moyens, craquants, à jus incolore, sucrés mais fades, de maturité extrêmement hâtive, mais se fendant facilement.

Vigne très intéressante pour les régions froides par sa précocité et par sa haute résistance au phylloxéra : peut-être constitue-t-elle un cas très curieux de mosaïque.

ANALYSE DU MOUT

	1900	1901
Densité à 15° C	1071,6	1084,5
Sucre correspondant (table Salleron)	160	195
Alcool correspondant (—)	9°1	11°45
Acidité totale (en acide sulfurique)	6,57	5,46

ANALYSE DU VIN

	1900	1901
Densité à 15° C	995,3	1006,2
Alcool (ébulliomètre Salleron)	7°5	8°6
Extrait sec : Houdart	14,30	37,50
Acidité totale (en acide sulfurique)	3,67	4,5
Intensité color. rapportée à celle de l'Aramon		8

REMARQUES ET DÉGUSTATION

Vineux, frais, très bien constitué comme alcool et acide — riche en extrait. — Intensité colorante marquée (8 Aramons). Belle couleur fixe à l'air, fruité, bon vin de consommation directe.

HYBRID. — 14

87-83 Couderc

Vigne vigoureuse quand elle est greffée ; fertilité médiocre ; résistance au phylloxéra égale à celle de l'Othello, au mildiou médiocre, à l'oïdium médiocre. Craint la coulure, d'où faible production ; grappes lâches, petites, souvent réduites à un grappillon ; à petits grains moyens, noirs, à jus incolore et francs de goût.

ANALYSE DU MOUT

	1901
Densité à 15ºC	1077,7
Sucre correspondant (table Salleron)	176,5
Alcool correspondant (—)	10º4
Acidité totale (en acide sulfurique)	6,16

ANALYSE DU VIN

Densité à 15ºC	998
Alcool (ébulliomètre Salleron)	8º75
Extrait sec : Houdart	22,20
Acidité totale (en acide sulfurique)	3,62
Intensité colorante rapportée à celle de l'Aramon	5,5

REMARQUES ET DÉGUSTATION

Vin léger, manque un peu d'acidité, défaut corrigeable sous un climat moins méridional. Belle couleur assez intense (5,5 Aramons), bouquet rappelant celui du Cabernet. Bon vin de consommation directe.

241-125 Couderc

Vigne de vigueur moyenne aussi attaquée que l'Othello par le phylloxéra ; résistance au mildiou médiocre, à l'oïdium médiocre, ainsi qu'à la pourriture grise.

Grappe moyenne, grains ronds, moyens, blanc-verdâtre, à saveur musquée agréable.

ANALYSE DU MOUT

	1900	1901
Densité à 15º C.	1062,8	1077
Sucre correspondant (table Salleron)	135	175
Alcool correspondant (—)	7º9	10º
Acidité totale (en acide sulfurique)	7,52	6,84

ANALYSE DU VIN

	1900	1901
Densité à 15º C.	997,1	994,4
Alcool (ébulliomètre Salleron)	7º2	9º6
Extrait sec : Houdart.	15,80	17,4
Acidité totale (en acide sulfurique)	4,18	4,82

REMARQUES ET DÉGUSTATION

Vin blanc bien équilibré comme alcool et acide, frais ; bouquet légèrement musqué, casse jaune sans pourriture grise de la vendange.

124-20 Couderc

Variété vigoureuse, à système radiculaire charnu, moins atteint par le phylloxéra que celui du Jacquez; résistance à l'oïdium médiocre ainsi qu'au mildiou, presque bonne à la pourriture grise.

Production, 800 gr. par souche; poids moyen des grappes, 70 gr.; grappe à grains peu serrés, moyens ou sous-moyens, ronds, noirs, entremêlés de quelques grains verts; de maturité tardive; goût neutre.

ANALYSE DU MOUT

	1900	1901
Densité à 15º C.	1069,8	1078
Sucre correspondant (table Salleron)	155	178
Alcool correspondant (—)	9º1	10º5
Acidité totale (en acide sulfurique)	7,87	8,65

ANALYSE DU VIN

Densité à 15° C....................................	999,8	1000,1
Alcool (ébulliomètre Salleron)....................	7°7	8°4
Extrait sec : Houdart.............................	23,80	25,3
Acidité totale (en acide sulfurique)...............	4,25	5,28
Intensité color. rapportée à celle de l'Aramon......		5

REMARQUES ET DÉGUSTATION

Beau vin moyennemnt alcoolique, frais, acide, intensité colorante suffisante (5 Aramons). Casse bleue très légère; stable à l'air avec une légère acidification. Neutre de goût; vin de consommation directe.

199-88 Couderc

Vigne de vigueur moyenne; à système radiculaire un peu moins attaqué par le phylloxéra que celui de l'Othello ; résistance au mildiou médiocre, assez bonne à l'oïdium.

Production faible, au moins à l'Ecole : 1 k. 500 par souche; grappes d'un poids moyen de 135 gr., ailées, à beaux gros grains blancs, ronds, peu serrés, juteux ou un peu craquants, sucrés, agréables.

ANALYSE DU MOUT

	1901
Densité à 15° C..	1071
Sucre correspondant (table Salleron).....................	150
Alcool correspondant (—).....................	9°3
Acidité totale (en acide sulfurique.....................	6,2

ANALYSE DU VIN

Densité à 15° C..	994
Alcool (ébulliomètre Salleron)..........................	9°1
Extrait sec : Houdart...................................	14,80
Acidité totale (en acide sulfurique)....................	4,70

REMARQUES ET DÉGUSTATION

Bon vin blanc, vineux, frais, fruité, de bonne conservation. Couleur stable à l'air.

82-32 Couderc

Hybride vigoureux, à système radiculaire puissant; état phylloxérique semblable à celui du Jacquez. Doit donc avoir une résistance au phylloxéra assez élevée; résistance au mildiou très faible, à la pourriture grise médiocre, à l'oïdium assez bonne.

Assez fertile. Produit assez de grappes, mais qui coulent un peu; production par cep, 2 k. 500; poids moyen d'une grappe. 153 gr. Grappe moyenne, longue, non ailée, à grains ovoïdes, gros, 16-18 millimètres, blanc doré, charnus, à goût agréable rappelant le V. Vinifera.

ANALYSE DU MOUT

	1901
Densité à 15° C	1073
Sucre correspondant (table Salleron)	164
Alcool correspondant (—)	9°6
Acidité totale (en acide sulfurique)	6,98

ANALYSE DU VIN

Densité à 15° C	996
Alcool (ébulliomètre Salleron)	9°
Extrait sec: Houdart	18,90
Acidité totale (en acide sulfurique)	4,48

REMARQUES ET DÉGUSTATION

Vin blanc ordinaire. Peu stable à l'air, casse jaune forte sans pourriture de la vendange.

84-10 Couderc

Vigne de vigueur moyenne, à nombreux rameaux plutôt courts. L'état phylloxérique n'a pu être déterminé. Résistance au mildiou médiocre, à la pourriture grise nulle, à l'oïdium médiocre.

Produit 3 k. 300 par souche de grappes du poids moyen de 143 gr., cylindriques, ailées, à grains ronds, sous-moyens, peu serrés, noirs, à jus incolore, à saveur neutre.

ANALYSE DU MOUT

	1900	1901
Densité à 15° C.	1085,8	1081
Sucre correspondant (table Salleron)	198	186
Alcool correspondant(—)	11°6	10°9
Acidité totale (en acide sulfurique)	4,08	5,49

ANALYSE DU VIN

	1900	1901
Densité à 15° C.	995,6	995,2
Alcool (ébulliomètre Salleron)	10°⁻	9°6
Extrait sec : Houdart	21,20	18
Acidité totale (en acide sulfurique)	3,90	3,50

REMARQUES ET DÉGUSTATION

Vin médiocre. Couleur rose instable à l'air ; casse jaune. Conservation difficile.

198-21 Couderc

Hybride jusqu'ici peu vigoureux, mais ses sarments s'enracinent facilement. Le système radiculaire est charnu, moins atteint par le phylloxéra que celui du Jacquez. — Mais quelle est exactement sa résistance ? Nous ne pouvons le préciser encore. Par contre, résistance médiocre au mildiou, assez bonne à l'oïdium, médiocre à la pourriture grise.

Production de 2 kilos par souche. Les grappes ont atteint 15 centimètres de longueur ; elles sont simples, coniques, à grains sur-moyens, 16-17 millimètres, juteux, à jus incolore, saveur neutre. Cépage intéressant.

ANALYSE DU MOUT

	1900	1901
Densité à 15° C.	1076	1071,8
Sucre correspondant (table Salleron)	172	161
Alcool correspondant (—)	10°1	9°4
Acidité totale (en acide sulfurique)	6,86	6,95

ANALYSE DU VIN

Densité à 17° C...............................	997,7	1003,7
Alcool (ébulliomètre Salleron)..................	8°7	7°5
Extrait sec : Houdart........................	19,70	27,60
Acidité totale (en acide sulfurique).............	4,47	4,36
Intensité color. rapportée à celle de l'Aramon...		15,5

REMARQUES ET DÉGUSTATION

Vin un peu faible en alcool. Intensité colorante élevée (15 Aramons) assez stable à l'air, goût grossier. Vin de coupage.

82-12 Couderc

Plant vigoureux à beaux sarments qui s'enracinent facilement. Etat phylloxérique analogue à celui du Jacquez ; paraît donc suffisant dans les terrains relativement peu phylloxérants. Résistance au mildiou médiocre, ainsi qu'à la pourriture grise, assez bonne à l'oïdium.

Fertile, a produit 3 k. 300 par souche ; les rameaux portent 2, 3 ; 4 grappes, du poids moyen de 86 gr., rappelant la Clairette blanche, moyennes, à grains petits, ovoïdes, 10-11 millimètres, blanc-jaunâtre, peu serrés très souvent, par suite de la coulure.

ANALYSE DU MOUT

	1900	1901
Densité à 15° C..............................	1078,4	1078
Sucre correspondant (table Salleron)............	179	178
Alcool correspondant (—)............	10°55	10°,5
Acidité totale (en acide sulfurique).............	3,67	4,63

ANALYSE DU VIN

Densité à 12° C..............................	993,2	992,4
Alcool (ébulliomètre Salleron)..................	9°1	10°1
Extrait sec : Houdart........................	14,25	14,20
Acidité totale (en acide sulfurique).............	4,01	3,16

REMARQUES ET DÉGUSTATION

Vin blanc bien constitué, fruité, moelleux, ne se trouble pas à l'air. Couleur stable.

85-113

ANALYSE DU MOUT

	1900	1901
Densité à 15° C	1084,5	1079,2
Sucre correspondant (table Salleron)	195	181
Alcool correspondant (—)	11°5	10°6
Acidité totale (en acide sulfurique)	5,05	6,81

ANALYSE DU VIN

	1900	1901
Densité à 15° C	995,9	996,7
Alcool (ébulliomètre Salleron)	9°95	9°4
Extrait sec : Houdart	20,7	20,3
Acidité totale (en acide sulfurique)	4,42	3,73
Intensité color. rapportée à celle de l'Aramon		3

REMARQUES ET DÉGUSTATION

Suffisant en alcool ; pauvre en acide. Intensité colorante moyenne pour un vin de consommation directe. Maigre, goût grossier, vin commun. Stable à l'air.

LABRUSCA-RIPARIA-VINIFERA

Othello

(Clinton ✕ Black Hambourg)

Variété très vigoureuse, à sarments longs, gros, rappelant le V. Labrusca. Résistance phylloxérique insuffisante à peu près partout, excepté dans les sols sablonneux ou submergés; résistance du feuillage au mildiou assez bonne, presque médiocre à l'oïdium, dont il craint surtout le remède ; résistance presque bonne à la pourriture grise.

Très fertile. Les grappes sont moyennes, ailées, peu compactes, à grains ovoïdes, gros, noirs, pruinés, pulpeux et nettement foxés.

ANALYSE DU MOUT

	1900	1901
Densité à 15° C	1080,5	1078
Sucre correspondant (table Salleron)	184	178
Alcool correspondant(—)	10,8	10°5
Acidité totale (en acide sulfurique)	4,60	6,26

ANALYSE DU VIN

	1900	1901
Densité à 15° C	997	998,1
Alcool (ébulliomètre Salleron)	9°5	9°25
Extrait sec : Houdart	21,80	23
Acidité totale (en acide sulfurique)	5,37	4,25
Intensité color. rapportée à celle de l'Aramon		6

REMARQUES ET DÉGUSTATION

Vin bien constitué ; couleur assez forte (6 Aramons), mais bleuissant à l'air, peu acide. Foxé, mais gagne avec le temps.

Autuchon

(Clinton × Chasselas doré)

Vigne de vigueur plutôt faible, à sarments allongés, presque grêles ; système radiculaire charnu ; état phylloxérique semblable à celui de l'Othello ; résistance au mildiou médiocre, à l'oïdium assez bonne, à la pourriture grise assez bonne.

Grappes coniques très lâches par suite de la coulure, à grains ronds, moyens ou sous-moyens, blanc-rosé, pulpeux, agréables.

ANALYSE DU MOUT

	1900	1901
Densité à 15° C	1083	1091,5
Sucre correspondant (table Salleron)	101	221,5
Alcool correspondant(—)	11°2	12°95
Acidité totale (en acide sulfurique)	7,76	5,6

ANALYSE DU VIN

Densité à 15º C..................	994,4	992,3
Alcool (ébulliomètre Salleron)..................	9º8	12º6
Extrait sec : Houdart...........................	17,20	20,1
Acidité totale (en acide sulfurique)..............	5,97	4,77

REMARQUES ET DÉGUSTATION

Vin blanc remarquable, vineux et frais ; bouquet légèrement musqué et agréable, belle couleur jaune. Gagne en vieillissant, comme nous l'avons constaté dans la cave de l'Ecole où nous conservons de l'Autuchon depuis une dizaine d'années.

Pourrait entrer dans la consommation comme vin de qualité.

3917 Castel (Noah $\times$ Carignan)

Plante vigoureuse, à sarments longs, forts, rappelant le V. Labrusca. Etat phylloxérique aussi bon que celui du Jacquez. Résistance au mildiou médiocre, à l'oïdium presque bonne, à la pourriture grise très bonne. Ses raisins sont restés deux mois sur la souche après maturité sans prendre la pourriture grise.

Bien fertile à la taille courte. Production de 3 k. 100 par souche. Grappes moyennes, ailées, peu serrées, ayant la compacité d'un joli raisin de table; à grains gros, moyens, noirs, pruinés, à peau épaisse et renfermant la matière colorante, juteux et à peine foxés.

ANALYSE DU MOUT

	1901
Densité à 15º C...................................	1083,5
Sucre correspondant (table Salleron)......................	192,5
Alcool correspondant —	11º3
Acidité totale (en acide sulfurique)......................	8,28

ANALYSE DU VIN

Densité à 15º C...................................	999,5
Alcool (ébulliomètre Salleron)........................	9º0
Extrait sec : Houdart	26,60
Acidité totale (en acide sulfurique).....................	4,48
Intensité colorante rapportée à celle de l'Aramon............	8

REMARQUES ET DÉGUSTATION

Vin bien constitué comme alcool et acide, assez intense de couleur
(8 Aramons), mais peu stable à l'air. Casse bleue. Fruité, bouquet
agréable. Bon vin.

RIPARIA-RUPESTRIS-VINIFERA

201 Couderc

Plante de vigueur moyenne, à sarments courts et de grosseur
moyenne, reprenant très bien de bouture. Etat phylloxérique moins
bon que celui du Jacquez; résistance au mildiou assez bonne; résistance assez bonne à la pourriture grise. Fertile, production 1 k. 700
par souche; les grappes, d'un poids moyen de 75 gr., sont petites et
courtes, à grains moyens, pulpeux, fades.

ANALYSE DU MOUT

	1900	1901
Densité à 15° C.....................	1076,2	1075
Sucre correspondant (table Salleron)..............	172,	170
Alcool correspondant —	10°1	10°2
Acidité totale (en acide sulfurique)................	6,89	7,87

ANALYSE DU VIN

	1900	1901
Densité à 15° C.................................	998,2	999
Alcool (ébulliomètre Salleron)...................	8°65	8°
Extrait sec : Houdart..........................	22,45	23
Acidité totale (en acide sulfurique).............	4,13	5,16
Intensité color. rapportée à celle de l'Aramon....		13

REMARQUES ET DÉGUSTATION

Vin un peu faible en alcool, assez acide, intensité colorante assez
élevée (17 Aramons). Couleur peu stable à l'air; casse bleue forte,
assez rebelle aux acides : de goût grossier, médiocre.

302-60 Couderc

Plante vigoureuse, à sarments longs, de reprise facile au bouturage ; aussi atteint par le phylloxéra que l'Othello ; résistance médiocre au mildiou ainsi qu'à l'oïdium, assez bonne à la pourriture grise.

Produit 2 k. 600 par souche ; ses grappes, d'un poids moyen de 163 gr., sont moyennes, longues, peu serrées, à grains ronds, sous-moyens, 12-13 millimètres, noirs et entremêlés de nombreux grains verts (défaut si marqué qu'il nous paraît s'opposer à la culture de ce cépage), à jus incolore.

ANALYSE DU MOUT

	1900	1901
Densité à 15° C	1084,5	1087
Sucre correspondant (table Salleron)	195	202
Alcool correspondant (—)	11°4	11°9
Acidité totale (en acide sulfurique)	6,14	7,61

ANALYSE DU VIN

	1900	1901
Densité à 15° C	997,6	997,4
Alcool (ébulliomètre Salleron)	9°5	9°4
Extrait sec : Houdart	22,20	22
Acidité totale (en acide sulfurique)	3,37	3,67

REMARQUES ET DÉGUSTATION

Vin de qualité médiocre, en rouge s'est mal conservé ; se ferait mieux en blanc. Bouquet rappelant celui du Cabernet.

252-14 Couderc

Vigne très vigoureuse, à longs sarments ; système radiculaire charnu moins atteint par le phylloxéra que le Jacquez. Résistance au mildiou assez médiocre, assez bonne à l'oïdium et à la pourriture grise. De maturité très tardive.

Grappe moyenne assez serrée, ailée, à grains ronds, moyens, blanc-verdâtre, juteux. Production de 3 k. 1/2 par souche.

ANALYSE DU MOUT

	1900	1901
Densité à 15° C	1068,5	1058
Sucre correspondant (table Salleron)	152,5	124
Alcool correspondant (—)	8°95	7°3
Acidité totale (en acide sulfurique)	4,77	6,38

ANALYSE DU VIN

	1900	1901
Densité à 15° C	993,5	997
Alcool (ébulliomètre Salleron)	7°9	7°1
Extrait sec : Houdart	10,80	15°
Acidité totale (en acide sulfurique)	5,74	5

REMARQUES ET DÉGUSTATION

Vin blanc faible en alcool, frais, léger.

84-61 Couderc

Vigne faible, à sarments courts, grêles, reprenant fort bien de bouture. Résistance au phylloxéra à peine supérieure à celle de l'Othello; résistance au mildiou mauvaise; coule.

Très fertile, 4 k. 800 par souche de grappes d'un poids moyen de 290 gr., très longues (0 m. 40), rappelant les grappes de la Terre promise, sauf la couleur, à grains noirs, moyens, ronds, juteux, à jus rouge.

ANALYSE DU MOUT

	1900	1901
Densité à 15° C	1083,4	1083
Sucre correspondant (table Salleron)	192,5	191
Alcool correspondant (—)	11°3	11°2
Acidité totale (en acide sulfurique)	5	4,88

ANALYSE DU VIN

Densité à 15° C....................................	996,4	996,2
Alcool (ébulliomètre Salleron)...................	9°65	9°85
Extrait sec : Houdart...........................	20,95	21,8
Acidité totale (en acide sulfurique).............	3,79	4,02
Intensité color. rapportée à celle de l'Aramon.		15

REMARQUES ET DÉGUSTATION

Beau vin très bien constitué, forte intensité colorante (15 Aramons). Couleur mal fixée ; casse bleue, arrêtée par une acidification ménagée. Vin de consommation directe.

132-11 Couderc

Vigne très vigoureuse, à sarments gros et presque érigés ; à système radiculaire bien développé, moins atteint par le phylloxéra que celui du Jacquez. Il est aussi très résistant au mildiou ; c'est un des derniers atteints par cette maladie, il est cependant moins résistant que le V. Riparia ou le V. Rupestris. La résistance à l'oïdium est assez bonne de même qu'à la pourriture grise.

Bien fertile, 3 k. 300, produit de nombreuses grappes, de densité inégale, tantôt compactes, tantôt lâches et entremêlées de grains verts et petits ; grains ronds, sous-moyens, noirs, à jus peu coloré, d'une saveur presque franche. Doit être taillé long.

ANALYSE DU MOUT

	1900	1901
Densité à 15° C..................................	1072,2	1099
Sucre correspondant (table Salleron)...........	162	234
Alcool correspondant (—)...........	9°5	13°8
Acidité totale (en acide sulfurique).............	4,66	7,41

ANALYSE DU VIN

Densité à 15° C..................................	998,3	999,3
Alcool (ébulliomètre Salleron).................	7°9	11°95
Extrait sec : Houdart...........................	19,60	32,50
Acidité totale (en acide sulfurique).............	5,05	4,31
Intensité color. rapportée à celle de l'Aramon..		6

REMARQUES ET DÉGUSTATION

Vineux, manque un peu d'acide, belle couleur mais peu fixée ; casse jaune forte et bleue légère. Bouquet agréable, vin de consommation directe.

RUPESTRIS-LINCECUMII-VINIFERA

71-20 Couderc

Plante vigoureuse ; résistance phylloxérique non encore établie, résistance au mildiou presque bonne, ainsi qu'à l'oïdium et à la pourriture grise.

Bien fertile, 3 k. 300 par souche ; grappes d'un poids moyen de 118 gr., grains moyens, serrés, noirs, avec quelques rares grains verts.

ANALYSE DU MOÛT

	1900	1901
Densité à 15° C.		1087,5
Sucre correspondant (table Salleron)		203
Alcool correspondant (—)		11°95
Acidité totale (en acide sulfurique)		5,57

ANALYSE DU VIN

	1900	1901
Densité à 15° C.	996	995,9
Alcool (ébulliomètre Salleron)	10°8	10°5
Extrait sec : Houdart	23,6	21,7
Acidité totale (en acide sulfurique)	5,60	3,96
Intensité color. rapportée à celle de l'Aramon		6

REMARQUES ET DÉGUSTATION

Vin bien constitué, alcoolique, moyennement acide. Belle couleur assez intense (6 Aramons), fixe, stable à l'air. Goût plein, droit ; bon vin de consommation directe.

71-06 Couderc

Hybride vigoureux, à sarments gros reprenant bien de bouture ; système radiculaire atteint par le phylloxéra sensiblement comme le Jacquez ; résistance assez bonne au mildiou et à l'oïdium ; presque bonne à la pourriture grise.

Plant fertile, 3 k. par souche ; poids moyen des grappes 114 gr., grappe moyenne, compacte, à grains noirs ou rouge-noir, juteux, matière colorante dans la pellicule.

ANALYSE DU MOUT

	1900	1901
Densité à 15° C............................	1075,5	1079,5
Sucre correspondant (table Salleron)...........	171	181,5
Alcool correspondant (—)	10°	10°7
Acidité totale (en acide sulfurique).............	7,13	6,15

ANALYSE DU VIN

Densité à 15° C................................		996,2
Alcool (ébulliomètre Salleron).................	8°2	9°7
Extrait sec : Houdart...........................		20,40
Acidité totale (en acide sulfurique).............	3,85	4,31
Intensité color. rapportée à celle de l'Aramon...		4,5

REMARQUES ET DÉGUSTATION

Bonne constitution, jolie couleur fixe à l'air. Intensité colorante (4,5 Aramons). Léger, fruité. Vin de consommation directe.

1 Seibel

Plante déjà très répandue et, par conséquent, à peu près connue. De vigueur moyenne ou sous-moyenne ; système radiculaire charnu, puissant, peut-être moins atteint par le phylloxéra que celui du Jacquez. Il est douteux, cependant, que sa résistance phylloxérique soit aussi élevée que celle de ce dernier cépage : c'est qu'elle est beaucoup plus fertile et moins vigoureuse. La résistance au mildiou est assez bonne ; elle résiste médiocrement à l'oïdium et à la pourriture grise.

Très fertile, 4 kilos par souche ; grappes d'un poids moyen de 154 gr. serrées, ailées ou non, à grains moyens ou surmoyens, noirs, juteux, à peu près francs de goût ; matière colorante abondante dans la pellicule (1).

ANALYSE DU MOÛT

	1900	1901
Densité à 15° C.	1066,3	1069,5
Sucre correspondant (table Salleron)	147	155
Alcool correspondant (—)	8°65	9°1
Acidité totale (en acide sulfurique	6,66	6,2

ANALYSE DU VIN

	1900	1901
Densité à 15° C.	997,9	998,3
Alcool (ébulliomètre Salleron)	7°8	7°9
Extrait sec : Houdart	19	20
Acidité totale (en acide sulfurique)	5,07	4,65
Intensité color. rapportée à celle de l'Aramon		5

REMARQUES ET DÉGUSTATION

Moyennement alcoolique, acide, frais. Intensité colorante (5 Aramons), à casse jaune, sans pourriture grise à la vendange. Droit de goût, consommation directe.

2 Seibel

Hybride très vigoureux, rappelant plus le V. vinifera que le V. Lincecumii ; sarments forts, reprenant bien de bouture, à système radiculaire puissant, mais aussi atteint par le phylloxéra que celui de l'Othello ; résistance à l'oïdium assez bonne ; peut-être bonne à la

---

(1) La faible richesse en couleur et en sucre de ce cépage dans les vignes de l'Ecole tient peut-être à l'influence du sujet (Voir plus loin les conclusions de ce travail).

pourriture grise. Perd ses feuilles de bonne heure quand il est greffé sur Rupestris.

Très fertile : a produit 5 kilos par souche de grappes d'un poids moyen de 143 gr., allongées, peu serrées, ailées, à grains ronds, moyens, noirs, à saveur presque franche matière colorante abondante dans la peau.

ANALYSE DU MOUT

	1900	1901
Densité à 15° C.	1087,3	1093,8
Sucre correspondant (table Salleron)	202	217
Alcool correspondant (—)	11°9	12°7
Acidité totale (en acide sulfurique)	7,81	8,76

ANALYSE DU VIN

	1900	1901
Densité à 15° C.	999,6	999
Alcool (ébulliomètre Salleron)	10°2	10°55
Extrait sec : Houdart	28,60	30,2
Acidité totale (en acide sulfurique)	4,36	6,89
Intensité color. rapportée à celle de l'Aramon		30

REMARQUES ET DÉGUSTATION

Bien équilibré comme alcool et acide. Intensité colorante très forte (30 Aramons), mais couleur violacée, instable à l'air (casse bleue). Saveur grossière par son excès de couleur. Vin de coupage.

4 Seibel

Plante vigoureuse, mais très atteinte par le phylloxéra : comme l'Othello. Résistance assez bonne au mildiou, à l'oïdium et à la pourriture grise.

Fertile. Produit 3 kilos 200 par souche ; grappes d'un poids moyen de 91 grammes, petites, à grains noirs, moyens.

ANALYSE DU MOUT

	1900	1901
Densité à 15° C.	1083,6	1075
Sucre correspondant (table Salleron)	192	170
Alcool correspondant (—)	11°3	10°
Acidité totale (en acide sulfurique)	6,26	8,22

ANALYSE DU VIN

Densité à 15° C.. 999,6
Alcool (ébulliomètre Salleron)................................. 8°6
Extrait sec : Houdart... 24,30
Acidité totale (en acide sulfurique)........................ 6,38
Intensité color. rapportée à celle de l'Aramon............... 10,5

REMARQUES ET DÉGUSTATION

Moyennement alcoolique, vert, frais. Intensité colorante (10,5 Aramons). Couleur stable à l'air. Vin remarquable par la tenue de sa couleur, bien que celle-ci soit assez forte. Fruité, agréable au goût.

8 Seibel

Variété faible, à racines charnues. Résistance au mildiou presque bonne, à l'oïdium presque bonne ; craint beaucoup la pourriture grise, et succombe à la thyllose, greffée sur Rupestris.

Assez fertile. Produit 3 kilos 300 par souche ; les grappes, d'un poids moyen de 220 gr., sont assez compactes, à grains moyens, noirs ; matière colorante peu abondante, goût presque neutre.

ANALYSE DU MOUT

	1900	1901
Densité à 15° C....................................	1086,8	1082,5
Sucre correspondant (table Salleron)	200	189,5
Alcool correspondant (—)	11°8	11°1
Acidité totale (en acide sulfurique)..............	4,94	5°95

ANALYSE DU VIN

Densité à 15° C.................................... 996,9
Alcool (ébulliomètre Salleron) .... 9°75
Extrait sec: Houdart.............................. 22,10
Acidité totale (en acide sulfurique).............. 3,62
Intensité color. rapportée à celle de l'Aramon ... 7

REMARQUES ET DÉGUSTATION

Vin bien équilibré, bonne couleur, intensité (7 Aramons), stable à l'air ; fruité, droit de goût. Comme le précédent, on peut remarquer que la couleur est tout à la fois riche et fixe à l'air.

14 Seibel

Plante très vigoureuse à sarments longs, forts et dont l'ensemble rappelle le V. Vinifera. Système radiculaire très charnu, puissant, mais aussi attaqué par le phylloxéra que celui de l'Othello. Résistance au mildiou assez bonne, à l'oïdium assez bonne, presque nulle à la pourriture grise ; souffre de la thyllose.

Plante peu fertile, c'est-à-dire donnant peu de grappes. Production, par souche 3 kilos. Grappes grosses, cylindriques, très compactes, à grains presque gros, ronds, peu colorés, juteux francs de goût.

ANALYSE DU MOUT

	1900	1901
Densité à 15° C	1064,8	1071,5
Sucre correspondant (table Salleron)	143	160,5
Alcool correspondant (—)	8°35	9°4
Acidité totale (en acide sulfurique)	6,20	7,38

ANALYSE DU VIN

	1900	1901
Densité à 15° C	997,2	999,4
Alcool (ébulliomètre Salleron)	7°1	8°6
Extrait sec : Houdart	16	24°10
Acidité totale (en acide sulfurique)	3,67	4,88
Intensité color. rapportée à celle de l'Aramon		1,5

REMARQUES ET DÉGUSTATION

Ce cépage s'est mal vinifié. La couleur, quoique faible, a cassé jaune à l'air sans pourriture de la vendange. Ce vin paraît, par ses qualités et sa constitution, ressembler à celui de l'Aramon.

25 Seibel

Plant de vigueur moyenne ; les racines sont peut-être moins atteintes par le phylloxéra que celle du Jacquez. Résistance au mildiou assez bonne, presque bonne à l'oïdium, presque médiocre à la pourriture grise.

Plante fertile. Ses grappes, d'un poids moyen de 160 gr., sont allongées, à grains ronds, sous-moyens, serrés, noirs, à saveur de Lincecumii très marquée ; matière colorante abondante sous la pellicule.

ANALYSE DU MOUT

	1901
Densité à 15º C.	1096
Sucre correspondant (table Salleron)	226
Alcool correspondant (—)	13º3
Acidité totale (en acide sulfurique)	7,2

ANALYSE DU VIN

Densité à 15º C.	1001,3
Alcool (ébulliomètre Salleron)	10º5
Extrait sec ; Houdart	33,10
Acidité totale (en acide sulfurique)	4,65
Intensité colorante rapportée à celle de l'Aramon	30

REMARQUES ET DÉGUSTATION

Vineux. Intensité colorante considérable (30 Aramons) ; mais couleur instable, casse bleue forte que son acidité normale ne peut empêcher. Un peu plat ; a besoin d'être relevé par une acidification convenable. Ferait un beau vin de coupage.

29 Seibel

Plante très vigoureuse, à sarments longs et forts, rappelant le V. Lincecumii ; système radiculaire puissant, charnu, moins atteint que celui du Jacquez par le phylloxéra ; résistance assez bonne au mildiou et à l'oïdium, presque bonne à la pourriture grise.

Plante fertile. Production de 4 kilos 700 par souche; les grappes, d'un poids moyen de 160 gr., sont oblongues, cylindro-coniques, compactes, ne craignant pas la coulure, à grains sous-moyens arrondis, mais à goût de Lincecumii très marqué; matière colorante très abondante dans la pellicule.

ANALYSE DU MOUT

	1900	1901
Densité à 15° C.	1089,5	1079,2
Sucre correspondant (table Salleron)	11,2	9,3
Alcool correspondant (—)	12°2	10°6
Acidité totale (en acide sulfurique)	5,27	7,53

ANALYSE DU VIN

	1900	1901
Densité à 15° C.	996	997
Alcool (ébulliomètre Salleron)	11°2	9°3
Extrait sec : Houdart	23,80	21,80
Acidité totale (en acide sulfurique)	3,56	4,88
Intensité color. rapportée à celle de l'Aramon		15

REMARQUES ET DÉGUSTATION

Vin corsé, assez alcoolique, forte couleur (15 Aramons), stable malgré son intensité. Plat, malgré une acidité normale, caractère général des vins trop colorés. Goût foxé.

41 Seibel

Variété vigoureuse, à système radiculaire puissant. Résistance au mildiou assez bonne, médiocre à la pourriture grise ; succombe à la thyllose, greffée sur Rupestris.

Plante fertile. Production de 4 kilos 200 par souche ; grappes d'un poids moyen de 175 gr., compactes, allongées, à grains sous-moyens, ronds, goût presque neutre.

ANALYSE DU MOUT

	1900	1901
Densité à 15° C.	1066,1	1079,5
Sucre correspondant (table Salleron)	146	181,5
Alcool correspondant (—)	8°6	10°7
Acidité totale (en acide sulfurique)	7,64	8,45

ANALYSE DU VIN

Densité à 15° C...............................	1001	1001,1
Alcool (ébulliomètre Salleron)...................	7°15	8°9
Extrait sec : Houdart........................	24,40	26,30
Acidité totale (en acide sulfurique)............	5,05	5,23
Intensité color. rapportée à celle de l'Aramon...		23

REMARQUES ET DÉGUSTATION

Assez alcoolique, acidité marquée lui donnant de la fraîcheur, droit de goût. Couleur 23 Aramons, mais peu stable à l'air ; casse bleue forte. Vin de coupage.

54 Seibel

Plante de végétation moyenne. Système radiculaire charnu, un peu moins atteint par le phylloxéra que celui de l'Othello, résistance presque assez bonne au mildiou, médiocre à l'oïdium. Production faible. Grappe sous-moyenne, à grains noirs.

ANALYSE DU MOUT

	1901
Densité à 15° C...	1075,8
Sucre correspondant (table Salleron)........................	171,5
Alcool correspondant (—).......................	10°05
Acidité totale (en acide sulfurique).........................	6,61

ANALYSE DU VIN

Densité à 15° C...	999,1
Alcool (ébulliomètre Salleron)...............................	8°6
Extrait sec : Houdart..	24
Acidité totale (en acide sulfurique).........................	4,42
Intensité colorante rapportée à celle de l'Aramon...........	3

REMARQUES ET DÉGUSTATION

Couleur faible. Casse jaune forte sans pourriture grise à la vendange. Goût foxé désagréable.

70 Seibel

Hybride de vigueur moyenne, à racines charnues, puissantes, un peu moins atteintes par le phylloxéra que celles de l'Othello. Résistance assez bonne au mildiou, à l'oïdium, et presque assez bonne à la pourriture grise.

Très fertile. Production de 7 kil. 300 par souche ; grappes d'un poids moyen de 144 gr., allongées, serrées, à grains ronds, sous-moyens, presque neutres.

ANALYSE DU MOUT

	1901
Densité à 15° C.	1082, 5
Sucre correspondant (table Salleron)	189, 5
Alcool correspondant (—)	11°1
Acidité totale (en acide sulfurique)	7, 21

ANALYSE DU VIN

Densité à 15° C.	998, 3
Alcool (ébulliomètre Salleron)	9°8
Extrait sec : Houdart	35, 20
Acidité totale (en acide sulfurique)	4, 08
Intensité colorante rapportée à celle de l'Aramon	24

REMARQUES ET DÉGUSTATION

Remarquable par l'intensité et la qualité de sa couleur. Intensité 24 Aramons, stable à l'air, ne casse pas bleu. Bon goût, fruité. Vin de coupage, très recommandable.

78 Seibel

Plante très vigoureuse, à système radiculaire puissant, atteint par le phylloxéra sensiblement comme le Jacquez. Résistance assez bonne au mildiou, médiocre à l'oïdium et presque assez bonne à la pourriture grise.

Très fertile. Production de 4 k. 530 par souche ; les grappes, d'un poids moyen de 206 gr., sont ailées, très serrées, à grains presque petits, ronds, noirs.

ANALYSE DU MOUT

	1900	1901
Densité à 15° C............................	1067,8	1069,7
Sucre correspondant (table Salleron)............	150	156
Alcool correspondant (—)...........	8°8	9°2
Acidité totale (en acide sulfurique).............	7,24	7,53

ANALYSE DU VIN

	1900	1901
Densité à 15° C............................	993,5	998,9
Alcool (ébulliomètre Salleron)...................	7°7	7°065
Extrait sec : Houdart........................	21	20,90
Acidité totale (en acide sulfurique).............	5,43	5,34
Intensité color. rapportée à celle de l'Aramon....		6

REMARQUES ET DÉGUSTATION

Manque un peu d'alcool, vert, frais, bonne intensité colorante (6 Aramons). Couleur stable à l'air, ne casse pas. Vin de consommation directe.

128 Seibel

Plante assez vigoureuse, à système radiculaire charnu, mais aussi atteint par le phylloxéra que celui d'une variété de Vinifera; résistance presque bonne au mildiou et à la pourriture grise; assez bonne à l'oïdium.

Production de 3 k. 700 par souche; grappes d'un poids moyen de 148 gr., coniques, allongées, serrées, à grains sous-moyens, ronds, noirs, presque de saveur neutre, à matière colorante abondante dans la pellicule.

ANALYSE DU MOUT

	1900	1901
Densité à 15° C............................	1074,3	1079
Sucre correspondant (table Salleron)...........	168	180
Alcool correspondant (—)...........	9°9	10°6
Acidité totale (en acide sulfurique).............	7,87	6,9

ANALYSE DU VIN

Densité à 15° C...	999	998,3
Alcool (ébulliomètre Salleron)...	8°5	9°5
Extrait sec : Houdart...	23,20	24,60
Acidité totale (en acide sulfurique)...	5,17	5,05
Intensité color. rapportée à celle de l'Aramon...		26

REMARQUES ET DÉGUSTATION

Vineux, frais, un peu âpre. Forte intensité colorante (26 Aramons). A cassé bleu et légèrement jaune : bon goût. Vin de coupage.

150 Seibel

Plante vigoureuse, à système radiculaire charnu. Aussi attaquée que l'Othello par le phylloxéra. Résistance médiocre au mildiou, ainsi qu'à l'oïdium et à la pourriture grise.

Production de 2 kil. 600 par souche ; grappes d'un poids moyen de 133 gr., serrées, courtes, à grains ronds, sous-moyens, noirs, peu agréables.

ANALYSE DU MOUT

	1901
Densité à 15° C...	1079
Sucre correspondant (table Salleron)...	180
Alcool correspondant (—)...	10°6
Acidité totale (en acide sulfurique)...	7,56

ANALYSE DU VIN

Densité à 15° C...	996,7
Alcool (ébulliomètre Salleron)...	9°45
Extrait sec : Houdart...	20,50
Acidité totale (en acide sulfurique)...	5,74
Intensité colorante rapportée à celle de l'Aramon...	10,5

REMARQUES ET DÉGUSTATION

Assez alcoolique, acide, frais, forte couleur (10 Aramons), matière colorante peu stable à l'air ; a cassé bleu ; médiocre de goût. Vin de coupage.

156 Seibel

Variété vigoureuse, à beau feuillage ; système radiculaire puissant, atteint par le phylloxéra sensiblement comme le Jacquez ; résistance assez bonne au mildiou et à l'oïdium : presque médiocre à la pourriture grise.

Production de 3 kil. 300 par souche ; les grappes, d'un poids moyen de 92 gr., sont longues, mais lâches, par suite de la coulure, à grains sous-moyens, noirs, à saveur presque neutre, riches en matière colorante contenue dans la pellicule.

ANALYSE DU MOUT

	1900	1901
Densité à 15° C	1072,3	1087
Sucre correspondant (table Salleron)	162,5	202
Alcool correspondant (—)	9°5	11°9
Acidité totale (en acide sulfurique)	7,47	7,12

ANALYSE DU VIN

	1900	1901
Densité à 15° C	999,1	998,9
Alcool (ébulliomètre Salleron)	8°1	10°3
Extrait sec : Houdart	22,25	27,20
Acidité totale (en acide sulfurique)	4,65	4,71
Intensité color. rapportée à celle de l'Aramon		34

REMARQUES ET DÉGUSTATION

Vin très remarquable, vineux, frais, grande intensité colorante (34 Aramons). Casse bleue très légère, arrêtée par une faible addition d'acide. Goût neutre. Vin de coupage.

181 Seibel

. Plante vigoureuse, mais aussi attaquée par le phylloxéra que l'Othello. Résistance assez bonne au mildiou et à la pourriture grise ; résistance à l'oïdium médiocre.

A produit 2 kil. 380 par souche ; grappes d'un poids moyen de 148 gr., assez serrées, à grains sous-moyens, ronds, noirs, à saveur spéciale marquée, matière colorante peu abondante.

ANALYSE DU MOUT

	1900	1901
Densité à 15° C.	1079	1080
Sucre correspondant (table Salleron)	180	183
Alcool correspondant (–)	10°6	10°8
Acidité totale (en acide sulfurique)		7,15

ANALYSE DU VIN

	1900	1901
Densité à 15° C.	997	997
Alcool (ébulliomètre Salleron)	8°7	9°65
Extrait sec : Houdart	21,80	21,60
Acidité totale (en acide sulfurique)	4,48	4,88
Intensité color. rapportée à celle de l'Aramon		12

REMARQUES ET DÉGUSTATION

Assez alcoolique, un peu vert. Couleur intense (12 Aramons), mais casse bleue. Neutre de goût.

182. Seibel.

Plante vigoureuse et fertile, mais à peine plus résistante au phylloxéra qu'une variété de V. Vinifera. Résistance assez bonne au mildiou et à l'oïdium, presque médiocre à la pourriture grise.

A produit 3 kilos 800 par souche ; ses grappes, d'un poids moyen de 165 gr., sont allongées, ailées, assez serrées, avec des grains sous-moyens, noirs, à saveur un peu marquée ; matière colorante abondante dans la pellicule.

ANALYSE DU MOUT

	1900	1901
Densité à 15° C	1068,3	1088,5
Sucre correspondant (table Salleron)	152	205,5
Alcool correspondant (—)	8°9	12°1
Acidité totale (en acide sulfurique)	5,17	5,05

ANALYSE DU VIN

	1900	1901
Densité à 15° C	999,2	997,9
Alcool (ébulliomètre Salleron)	7°8	10°75
Extrait sec : Houdart	23,20	26,80
Acidité totale (en acide sulfurique)	4,3	4,54
Intensité color. rapportée à celle de l'Aramon		35

REMARQUES ET DÉGUSTATION

Alcoolique, un peu plat, grande intensité colorante (35 Aramons), couleur peu stable à l'air, casse bleue forte. Vin de coupage.

200 Seibel.

Plante vigoureuse, mais aussi peu résistante au phylloxéra que l'Othello. Résistance assez bonne au mildiou, à l'oïdium, presque médiocre à la pourriture grise. Succombe à la thyllose, greffée sur Rupestris.

Peu fertile : 1 kil. 620 par souche; produit des grappes plutôt petites, coniques, assez serrées, à grains ronds, sous-moyens, à saveur de Lincecumii ; matière colorante plutôt peu abondante.

ANALYSE DU MOUT

	1900	1901
Densité à 15° C	1082	1092
Sucre correspondant (table Salleron)	188	215
Alcool correspondant (—)	11°	12°6
Acidité totale (en acide sulfurique)	6,95	6,69

ANALYSE DU VIN

Densité à 15° C..............................	996,5	996
Alcool (ébulliomètre Salleron).................		10°4
Extrait sec : Houdart.........................	26,20	22,20
Acidité totale (en acide sulfurique).............	5,34	5,57
Intensité color. rapportée à celle de l'Aramon..		10

REMARQUES ET DÉGUSTATION

Vin alcoolique, vert, frais, belle couleur (10 Aramons), fixe à l'air, ne casse pas ; goût foxé.

209 Seibel

Plante vigoureuse, à racines puissantes un peu moins atteintes par le phylloxéra que celles de l'Othello ; résistance presque bonne au mildiou et à l'oïdium ; médiocre à la pourriture grise. Succombe à la thyllose, greffée sur Rupestris.

Plante fertile : a produit 3 kil. 500 par souche; les grappes, d'un poids moyen de 130 gr., sont peu serrées, à grains ronds, sous-moyens, noirs, à matière colorante très abondante dans la pellicule; saveur à peu près neutre.

ANALYSE DU MOUT

	1901
Densité à 15° C........................	1080
Sucre correspondant (table Salleron)	183
Alcool correspondant (—)......	10°8
Acidité totale (en acide sulfurique)	5,92

ANALYSE DU VIN

Densité à 15° C	997,4
Alcool (ébulliomètre Salleron).............................	9°8
Extrait sec : Houdart....................................	23,20
Acidité totale (en acide sulfurique).......................	5,28
Intensité colorante rapportée à celle de l'Aramon...........	17

REMARQUES ET DÉGUSTATION

Vin bien constitué, vineux, frais, fruité. Forte coloration (17 Aramons), stable à l'air. Très bon vin de coupage et même de consommation directe.

1014 Seibel

Variété de vigueur médiocre, à système radiculaire charnu, atteint par le phylloxéra comme celui de l'Othello : résistance assez bonne au mildiou, ainsi qu'à la pourriture grise et à l'oïdium. Succombe à la thyllose, greffée sur Rupestris.

Fertilité moyenne : a produit 2 kil. 640 par souche. Les grappes, d'un poids moyen de 138 gr., sont assez serrées, à grains moyens, juteux, peu colorés.

ANALYSE DU MOUT

	1900	1901
Densité à 15° C	1066,6	1079,2
Sucre correspondant (table Salleron)	147	181
Alcool correspondant (—)	8°6	10°6
Acidité totale (en acide sulfurique)	6,54	5,75

ANALYSE DU VIN

	1900	1901
Densité à 15	998,6	996
Alcool (ébulliomètre Salleron)	7°25	9°5
Extrait sec : Houdart	19,70	20
Acidité totale (en acide sulfurique)	4,13	4,13
Intensité color. rapportée à celle de l'Aramon		7

REMARQUES ET DÉGUSTATION

Vineux, frais, fruité, belle couleur (7 Aramons), stable à l'air; bon vin de consommation directe.

1015 Seibel

Plante plutôt faible, même greffée. Son système radiculaire est charnu; un peu moins atteint par le phylloxéra que celui de l'Othello.

Il a perdu ses feuilles de bonne heure sous l'action de la thyllose, et c'est pourquoi sa résistance aux maladies cryptogamiques n'a pu être notée.

Plante plutôt peu fertile. Production : 3 kil. 800 par souche de grappes pesant en moyenne 96 grammes.

ANALYSE DU MOUT

	1901
Densité à 15° C..	1072
Sucre correspondant (table Salleron).......................	162
Alcool correspondant (—).......................	9°5
Acidité totale (en acide sulfurique).........................	5,25

ANALYSE DU VIN

Densité à 15° C..	997,7
Alcool (ébulliomètre Salleron).............................	7°8
Extrait sec : Houdart......................................	22,5
Acidité totale (en acide sulfurique).........................	3,10
Intensité colorante rapportée à celle de l'Aramon...........	1,5

REMARQUES ET DÉGUSTATION

Vin pauvre en alcool et acide, maigre, mauvaise couleur, faible et peu stable à l'air.

1020 Seibel

Plante vigoureuse, à système radiculaire puissant, charnu, aussi atteint par le phylloxéra que l'Othello; résistance assez bonne au mildiou et à la pourriture grise, médiocre à l'oïdium; malheureusement desséché, greffé sur Rupestris.

Assez fertile. Produit 3 kil. 800 par souche; grappes petites, peu serrées, à grains sous-moyens, ronds, noirs, matière colorante très abondante dans la pellicule.

ANALYSE DU MOUT

	1900	1901
Densité à 15° C.................................	1075	1084,3
Sucre correspondant (table Salleron)...........	170	194,5
Alcool correspondant(—).............	10°	11°4
Acidité totale (en acide sulfurique).............	7,53	7,58

ANALYSE DU VIN

Densité à 15° C.	9£8,1	998,8
Alcool (ébulliomètre Salleron)	8°85	9°8
Extrait sec : Houdart	22,5	26,30
Acidité totale (en acide sulfurique)	4,13	5,86
Intensité color. rapportée à celle de l'Aramon		40

REMARQUES ET DÉGUSTATION

Vin assez alcoolique, assez acide, mais cependant plat par suite de son grand excès de couleur. Intensité colorante très élevée (40 Aramons). Couleur rouge-violacé, oxydable à l'air, casse bleue forte, empêchée par les acides. Vin de coupage.

CONCLUSIONS

A. — Les Espèces.

Les variétés des espèces pures que nous avons examinées ne peuvent guère être utilisées dans la pratique. Elles ont beaucoup de qualités, comme on l'a vu ; mais elles produisent si peu ou donnent des produits si particuliers qu'on ne peut, pour le moment, leur attribuer aucune place dans la culture.

VINS DES ESPÈCES. — Bien qu'il n'y ait entre les espèces aucune parenté ou qu'une parenté très éloignée, il est intéressant, en comparant leurs vins entre eux, de montrer en quels points ils diffèrent. Ces observations permettront peut-être d'établir dans la suite si leurs qualités ou leurs défauts, correspondant à une composition chimique caractéristique, se retrouvent dans les produits des hybrides soit atténués, soit dominants, ou bien encore fondus dans une sorte de moyenne arithmétique. Par exemple, c'est ce que vérifiera l'étude des demi-sang.

Quand on compare dans les américains le moût au vin, on est frappé du peu de concordance entre l'alcool prévu par le sucre déduit de la densité du moût et l'alcool obtenu dans du vin. Si pour les Vinifera il y a déjà un écart sensible, pour les américains cet écart est encore plus accusé. Comme ces vins ont été faits avec peaux et rafles, et que ces parties, très abondantes dans les raisins à petits grains, n'apportent qu'un liquide aqueux et sans sucre, il est juste de reconnaître de ce fait, par un simple phénomène mécanique, une diminution sensible de la richesse alcoolique du vin entier fait avec peaux et rafles. Ainsi le moût fermentant seul a donné un titre alcoolique plus élevé de 1°5 environ, tout en restant encore au-dessous de celui indiqué par le moût.

La formule qui permet de déduire la richesse en sucre de la densité est donc ici en défaut pour la plupart des espèces américaines; le dosage direct par la liqueur de Fehling conduit à des chiffres encore moins forts, 30 gr. en moins environ, pour le Riparia, le Rupestris et le Berlandieri; les chiffres sont plus normaux pour le Monticola et l'Isabelle.

Malgré cette correction (205 gr. pour le Riparia), l'analyse du liquide complètement fermenté montre que, dans un certain nombre de cas, la matière réductrice n'est pas entièrement, et il s'en faut, transformée en alcool; on peut donc supposer dans le Riparia, par exemple, la présence d'une matière réductrice non fermentescible.

On notera également l'état sirupeux, épais, des moûts américains, dû probablement à des matières gommeuses, de nature pectique; une addition d'alcool fort donne un abondant précipité floconneux se rassemblant en une sorte de gelée; enfin, le résidu sec de ces vins, beaucoup plus élevé que dans les Vinifera, confirme cette remarque.

On fera aussi, relativement à l'acidité, d'intéressantes observations; elle est plus élevée dans les américains que dans les Vinifera cultivés, bien entendu, dans les mêmes conditions. Si, de l'acidité totale on déduit l'acidité due aux sels acides que la calcination des liquides donne sous forme de carbonate, traduit ensuite par le calcul et en bloc en bitartrate de potasse, on trouve des acides libres (tartrique, malique, citrique, etc) en quantité notable et supérieure à celle que renferment les Vinifera. Il y a, à la fois, pour ces dernières, infériorité d'acidité totale et des sels acides et l'écart entre ces deux valeurs reste cependant toujours plus faible que dans les américains purs. Nous n'insisterons pas davantage sur ces faits d'ordre analytique, mais ils montrent déjà des différences assez sensibles entre les vignes sauvages et nos vieilles vignes européennes.

C'est surtout par leur couleur que les cépages américains s'éloignent des Vinifera, dont les plus colorés n'ont pas dépassé, pour l'Alicante-Boûschet, 12 Aramons, alors que le Rupestris et le Riparia variaient en 42 et 48 Aramons, le Berlandieri, 11. Labrusca et Monticola se rapprocheraient davantage d'un Aramon de coteau, mais plus intense que celui que nous cultivons dans nos collections.

Si nous comparons la grosseur des grains à l'intensité colorante des américains et des Vinifera, en admettant, par exemple, pour le Rupestris 8 à 10 millimètres de diamètre et pour l'Alicante-Bouschet 10 à 12 millimètres, nous trouverons que la matière colorante du Rupestris, diluée dans le grain plus gros de l'Alicante, n'est diminuée d'intensité que de moitié.

Enfin, nous verrons plus loin, particulièrement pour le Rupestris, et il en serait de même pour le Riparia, que cette forte intensité colorante, dépendant d'une puissante fonction colorigène des feuilles, se manifeste également dans les hybrides nouveaux ; elle sera même, dans beaucoup de cas, supérieure à celle d'un ancien hybride, le Jacquez, chez lequel elle ne dépasse pas 15 à 18 Aramons.

La matière colorante du Rupestris et du Riparia est peu stable à l'air, elle casse facilement de la casse bleue comme le Jacquez, malgré une acidité totale élevée, supérieure aux autres vins d'espèce Vinifera du même groupe. Si de l'acidité totale on retranche pour ces deux cépages l'acidité du tartre correspondant au carbonate de potasse donné par les cendres et provenant des sels acides, on a une acidité libre totale de 4 gr. 5 pour le Rupestris et 5 gr. 3 pour le Riparia. Le Berlandieri, dont la maturité n'était pas encore complète, a donné le chiffre élevé de 8 gr. La même considération conduit à des chiffres bien moins importants pour les Vinifera, Aramon, Carignan, etc., dont la nature colorante est en général plus stable. Cette constitution acide, qui paraît assez caractéristique chez les américains, n'a donc point d'heureuses conséquences sur la fixité de leur matière colorante. Cela tient, sans doute, tout à la fois à la quantité de matière colorante, à sa nature et à sa richesse en fer.

A la dégustation, la platitude de ces vins, leur manque de fraîcheur, que devrait corriger leur forte acidité naturelle, doivent aussi être attribués à l'excès de substance colorée, celle-ci impressionne désagréablement le palais par une saveur âpre et grossière. Ajouter à cela un goût herbacé pour le Rupestris, rappelant vaguement le cassis pour le Riparia. Le vin de Labrusca, représenté par l'Isabelle, était seul franchement foxé.

Nous dirons peu de chose des vins de Vinifera ; leurs caractères sont bien connus : ils sont, en général, beaucoup moins colorés, mais la couleur est plus stable ; bien que moins acides, ils sont plus frais au goût, plus neutres, ou d'un bouquet plus fin et plus délicat. La richesse alcoolique relative est à peu près la même ; cependant, le volume plus considérable des grains de Vinifera nous amène à penser que ces derniers cépages ont, en général, une activité saccharigène plus grande, qu'ils produisent plus de sucre que les vignes américaines sauvages, alors que celles-ci, au contraire, donnent des vins plus acides.

B. — Les Hybrides.

Les hybrides que nous avons étudiés dérivent tous partiellement du V. Vinifera. C'est que cette espèce apporte les qualités fructifères qui manquent à la plupart des espèces américaines. Celles-ci n'interviennent que pour donner la résistance au phylloxéra et aux maladies cryptogamiques. L'hybride idéal sera donc celui qui aura des racines de Vinifera, des feuilles et surtout des racines américaines. Peut-il en être ainsi ?

Les lois quelque peu contradictoires qui régissent pour l'instant l'hybridité ne s'y opposent pas toutes également. Si l'on admet qu'un hybride est un mélange intime des unités spécifiques ou des espèces composantes, ce résultat ne peut être atteint. Les proportions du mélange pourront bien être quelconques : l'hybride sera toujours, dans toutes ses parties, également rapproché ou éloigné des composants. Mais la loi de Naudin, la loi de de Vries ou de Mendel autorisent les constitutions les plus variées. D'après Naudin, l'hybride est une mosaïque, c'est-à-dire que les caractères des composants y sont juxtaposés ; et comme les dimensions des éléments de la mosaïque peuvent être quelconques, l'on entrevoit la possibilité de l'obtention de plantes chez lesquelles les caractères de l'espèce américaine sont groupés sur les racines et les caractères du V. Vinifera sur la partie aérienne. Disons tout de suite que, parmi les demi-sang, aucun hybride de vigne connu ne présente une telle constitution. Ce que nous avons, et encore peut-on l'affirmer en ce moment ? c'est un demi-sang Vinifera dont le système radiculaire pourrait bien être identique et par ses caractères extérieurs et par sa réceptivité phylloxérique au V. Berlandieri ; mais sa partie aérienne tient à la fois des deux composants. C'est d'ailleurs un porte-greffe : le 41 B.

D'après la théorie de de Vries, « les qualités du père et celles de la mère sont réunies dans l'hybride. Considérons, dit-il, le cas des monohybrides. Les deux formes ne se distinguent que dans un seul caractère manquant à l'une, développé dans l'autre. Je prends pour exemple un hybride d'une fleur bleue et d'une fleur blanche. On appelle ces deux qualités antagonistes ; elles sont dues à la présence et à l'absence d'une seule propriété : la couleur bleue. L'hybride n'a pas une couleur intermédiaire, il est du même bleu que le parent bleu, car les unités ne sont pas visibles ; l'une des deux qualités est visible, l'autre se trouve nécessairement à l'état latent. »

Au lieu des caractères morphologiques, envisageons les propriétés ou les qualités qui, d'après H. de Vries, se transmettent de la même manière, par exemple, la résistance au phylloxéra et la résistance aux maladies cryptogamiques. On doit donc obtenir soit des plantes n'ayant aucune résistance au phylloxéra et aux maladies comme le V. Vinifera, soit des plantes ayant la résistance de la vigne américaine. En fait, sauf l'exception indiquée plus haut pour le 41 B. et qui peut toujours disparaître, les hybrides obtenus *jusqu'ici* ne possèdent ces propriétés que très atténuées. Les qualités des composants ne sont donc pas superposées dans l'hybride, l'une masquant l'autre, mais bien fondues, se neutralisant l'une l'autre, au moins dans la grande généralité des cas. Les demi-sang n'ont guère que des qualités ou des caractères mitigés.

. « Les grains de pollen, dit H. de Vries, et les oosphères des mono hybrides ne sont pas hybrides eux-mêmes. » Il en résulte que les 3/4 de sang Vinifera, produits du croisement des 1/2 sang que nous venons d'examiner avec leur générateur Vinifera, doivent nous donner des plantes à qualités superposées ; l'une étant apparente, l'autre latente, comme pour les demi-sang. Il se peut qu'il en soit ainsi : un 3/4 de sang Vinifera, le 126-21 Couderc, pourrait justifier ces vues au moins jusqu'ici. Toutefois, de tels hybrides sont beaucoup moins nombreux que ne l'autorise la loi de de Vries. Ils devraient, d'ailleurs, être obtenus aussi facilement par l'auto-fécondation.

Ce n'est pas tout que d'obtenir des hybrides 1/2 sang ou 3/4 de sang résistant au phylloxéra, aux maladies, etc. ; il faut encore pouvoir, pour en tirer parti, les multiplier sans modifier ni leur composition, ni leurs propriétés. On doit évidemment renoncer au semis, qui donnerait autre chose que ce que l'on sème ; on est dans l'obligation de n'avoir recours qu'au bouturage. Si l'hybride est un mélange intime de ses composants, ou s'il a la constitution qui résulte de la loi de Mendel, les nouveaux plants obtenus de cette manière seront certainement semblables au pied-mère issu de graine. Mais il en ira autrement, s'il est une mosaïque. Et voici pourquoi :

Les racines issues de l'embryon ont la résistance ou les caractères de la vigne américaine ; les tiges, les caractères de la vigne européenne. Or, par bouturage, ce sont les tiges qu'on multiplie, et l'on peut se demander comment des tiges de vigne européenne pourraient donner des racines de vigne américaine.

Notons d'ailleurs, en passant, qu'un tel hybride mosaïque, qui est l'hybride idéal, est exactement semblable à une vigne greffée, et qu'il en a, par suite, toutes les qualités et tous les défauts.

En somme, ce que l'on sait des hybrides de vignes ne justifie pleinement aucune des lois qui régissent pour l'instant l'hybridité chez les végétaux ; la question nécessite donc de nouvelles études.

a) Les Riparia-Vinifera connus jusqu'à ce jour présentent peu d'intérêt.

b) Les Vinifera-Rupestris demi-sang sont plus remarquables, ils sont intermédiaires à leurs générateurs et en ont à la fois, mais atténués, les qualités et les défauts.

Les « têtes de lignes » sont :

1º Pour la résistance au phylloxéra,

      601

      501

      1202

      603

      3905

2º Pour la résistance au mildiou,

      601   3103

      3601   503

      3905   Auxerrois-Rupestris

      501

3º Pour la résistance à l'oïdium,

      601

      101

      3103

      Auxerrois-Rupestris

4º Pour la résistance à la pourriture grise,

      3905

      4308

      H. Franc

      3103

Vin. — La grande intensité colorante de ces vins les classe, pour la plupart, comme vins de coupage destinés à colorer les vins de plaine; c'est surtout la couleur que l'on doit priser chez eux; les autres éléments ne jouent qu'un rôle secondaire, et l'on ne peut leur demander qu'une neutralité bienveillante.

Cette abondance de pigment coloré est due certainement au sang américain, et l'on peut remarquer pour quelques-uns : Franc, 1202, 4308, 101, etc., combien est grande son influence colorigène. Nous pourrons tenter d'en faire la mesure en prenant par exemple le N° 101 qui est un hybride Aramon $\times$ Rupestris. Pour cela, nous ferons quelques hypothèses dont nous ne nous dissimulerons pas d'ailleurs la fragilité. Comme données de nos calculs nous prendrons : pour l'hybride, son intensité 24 et le rayon de son grain 7 millimètres, pour l'Aramon l'intensité $= 1$ (unité conventionnelle d'intensité colorant) et le rayon du grain $= 12$ millimètres, pour le Rupestris, intensité $= 48$, rayon $= 5$ millimètres.

1° Si on suppose le grain de Rupestris avec toute sa couleur atteignant le volume de l'hybride, son intensité diminuera alors dans le rapport $=$ des volumes, c'est-à-dire d'après une loi mathématique bien connue, suivant le rapport des cubes des rayons, soit :

$$\frac{135}{343} \times 48 = 17.$$

2° D'autre part on admettra que l'Aramon, dont l'intensité est 1 en passant au volume plus petit de l'hybride, concentrera sa matière colorante et d'après le raisonnement précédent, dans le rapport de $\frac{1728}{342} \times 1 = 5$.

Nous aurions donc ainsi deux nouveaux grains qui, fermentant séparément, donneraient pour le Rupestris une intensité 17, et pour l'Aramon, 5. Mais si ces grains sont cuvés ensemble ou si, dans le travail de l'hybridation, ils fusionnent de façon à former deux grains de même composition moyenne, l'intensité de la couleur deviendra la moyenne, non des deux intensités primitives, mais des deux intensités calculées plus haut, soit $\frac{17 + 5}{2} = 11$.

En réalité dans l'hybride, l'intensité est beaucoup plus considérable puisqu'elle atteint 34. On peut donc penser que, malgré le croisement avec l'Aramon, les fonctions colorigènes du Rupestris dominent encore dans le produit.

Le même raisonnement nous conduirait à des conséquences analogues pour les autres numéros. Cependant il est possible de rencontrer des hybrides dont l'intensité soit inférieure à la moyenne réelle telle que nous venons d'établir.

Ce n'est pas une loi que nous avons eu l'intention d'exprimer, c'est une simple image, car il est très probable que les choses ne se passent pas ainsi ; les lois de l'hybridation sont encore mal connues. En ce qui concerne la matière colorante, il faudrait tenir compte des fonctions de la feuille, car c'est dans cet organe qu'elle se forme tout d'abord ; de même sa composition chimique, la structure de sa molécule, comme l'a fait remarquer M. Armand Gautier, est modifiée par le croisement.

En prenant l'ordre décroissant d'intensité colorante (comparée à celle de l'Aramon), nous citerons, en plaçant en première ligne l'hybride Franc plus coloré même que le Rupestris dont il est issu :

	Intensité en Aramons	
Franc	54	
1202	46	
4308	44	Casse bleu légère. Stable à l'air.
Fournié	30	
4306	27	
101	24	Ne casse pas bleu. Stable à l'air.
3601	22	
4516	19	
28-112	18	Ne casse pas bleu.
601	17	
603	16	
3905	16	
4401	10	Casse bleue légère
Jouffreau	5	Casse bleue légère.
Pardes	2,5	Ne casse pas bleu. Stable à l'air.

La dégustation des vins n'est pas toujours satisfaisante ; beaucoup rappellent la saveur herbacée du Rupestris, ou sont grossiers et plats ; on signalera cependant le fruité, le bouquet et la finesse de quelques-uns : Nos 4308, 101, 109-4, Jouffreau, Pardes, etc. Il faut remarquer que ces vins, faits avec peaux et rafles, perdraient en partie leur grossièreté et gagneraient en finesse par l'égrappage.

En résumé, comme producteur de vin de coupage, on tiendra

grand compte des qualités présentées par les Nos 4308, Franc. 3905, 4401, 101, 28-112. Puis, dans les vins moins colorés, pouvant aller seuls comme vins de consommation : Jouffreau, Pardes, etc.

Au-dessus de l'intensité 10, ces vins n'ont plus les qualités exigées pour la consommation directe; la trop grande couleur nuit plutôt à leur goût, le rend grossier ou fade. Ce sont des vins de coupage utilisables pour leur matière colorante.

La plupart de ceux que nous avons récoltés à l'Ecole cassaient bleu par une exposition à l'air ; un très petit nombre étaient à couleur stable ou pouvant aisément se fixer par une légère acidification ; nous signalerons les Nos 101, 28-112, 4308, 4401, Jouffreau. Pardes, etc. Pour les autres, la stabilité de la matière colorante ne peut être assurée que par une acidification sensible d'acide tartrique ou mieux d'acide citrique.

L'acidité totale. en général au-dessus de la moyenne, est encore insuffisante pour beaucoup, probablement en raison de l'excès de couleur.

Le titre alcoolique varie, dans ce groupe, en moyenne de 9 à 10°; avec des vignes plus âgées, il pourrait atteindre un chiffre supérieur.

c) Les 3/4 de sang Vinifera paraissent avoir une constitution variée. Par le fruit et toutes les propriétés du feuillage, ils se rapprochent surtout du V. Vinifera : le fait est constant. A côté des 1/2 sang Vinifera ils se distinguent de ces derniers par leur sensibilité aux maladies cryptogamiques ; ils sont toujours les premiers défeuillés par le mildiou, etc. ; par contre, le système radiculaire, par ses caractères et ses propriétés, semble se rapprocher quelquefois davantage du générateur américain.

Les « têtes de lignes » sont :

1° Pour la résistance au phylloxéra,

        132-11 (hybride complexe)

126-21	252-14
124-20	82-32
198-21	82-12

        Alicante-Ganzin.

2° Pour la résistance au mildiou.

        126-21

        7229

        Clairette dorée.

— 458 —

3º Pour la résistance à l'oïdium,

        198-21

        82-32

        199-88

        126-21

        Clairette dorée.

4º Pour la résistance à la pourriture grise,

        Alicante-Ganzin

        7229

        124-20

Vin. — Dans ce groupe, l'intensité colorante a considérablement diminué sous l'influence répétée du sang Vinifera moins riche en couleur.

Il y a cependant quelques exceptions, et on peut être étonné de rencontrer ici un très beau vin de coupage d'une coloration très intense (46 Aramons), l'hybride Alicante-Ganzin, mais il a cassé bleu assez fortement. Viennent ensuite le 198-21, encore très riche (15 Aramons) et assez stable à l'air, le 7229 (13 Aramons), cassant bleu, mais d'un goût assez agréable.

Les autres hybrides ont une intensité inférieure à 10 Aramons ; le 126-21 encore assez intense (8 Aramons) et très stable à l'air sans casse bleue pouvant faire un bon vin de consommation directe : le 124-20 (5 Aramons) assez stable à l'air, le 87-83 (5,5 Aramon) stable à l'air. Enfin, des hybrides d'une intensité inférieure et même faible ont cassé bleu ou jaune, accident qu'une acidification convenable ou une légère addition de bisulfite de potasse aurait évité.

La richesse alcoolique est plutôt moyenne ; l'acidité le plus souvent insuffisante pour maintenir la couleur. Cependant, soit en tenant compte de leurs qualités culturales, soit en les considérant comme simples greffons, on trouvera dans ce groupe des producteurs directs donnant des vins de consommation courante de valeur réelle.

Dans le groupe des hybrides complexes, 84-61 et 132-11 offrent une couleur assez riche, mais mal fixée ; il conviendrait d'acider. Par son bouquet agréable, le 302-60 rappelle le Cabernet.

d) Les hybrides de Lincecumii sont, on l'a vu, des producteurs directs remarquables, dans l'ensemble, par leur vigueur, leur fertilité, la beauté de leurs grappes, la couleur et le corps de leur vin, et même leur résistance aux maladies cryptogamiques ; et c'est pourquoi ils tendent actuellement, à tort ou à raison, ce n'est pas le lieu d'en décider, à prendre une place de plus en plus grande dans beaucoup de vignobles.

Seulement la résistance phylloxérique de la plupart d'entre eux laisse à désirer ; elle est nettement insuffisante dans les terrains superficiels, secs, « phylloxérants » ; elle ne peut guère être satisfaisante que dans les terrains profonds et riches ou sablonneux, où la vigne se défend bien et où, d'ailleurs, elle est peu attaquée.

D'autre part, le V. Lincecumii est très sensible à la chlorose, et ce défaut se retrouve nécessairement, plus ou moins atténué, il est vrai, dans ses descendants. Ses hybrides sont donc doués de facultés d'adaptation au sol plutôt restreintes.

Voilà deux inconvénients notables. En réalité, et si l'on veut bien, ils n'ont pas une importance capitale ; ils ne s'opposent pas à la culture de ces nouvelles vignes, si on estime qu'elles peuvent être cultivées pour leurs qualités aériennes. C'est qu'en effet, en les greffant sur divers sujets résistants au phylloxéra, il est facile de leur donner, et au degré que l'on veut, la résistance phylloxérique qui leur manque, ainsi que les facultés d'adaptation au sol les plus variées.

Mais voilà que vient de surgir une difficulté inattendue et qui, si elle était autre chose qu'un accident, s'opposerait à l'extension de la culture de ces vignes.

On a vu plus haut la disposition des essais dont nous avons relaté les résultats culturaux. Les souches franches de pied et les souches greffées se développent également bien, au moins pendant un certain temps. Les premières souffrent du phylloxéra. Quant aux secondes, elles croissent pendant quelques mois, ou 1 an, ou 2 ans..., très vigoureusement, sans rien présenter d'anormal jusqu'à septembre généralement, quelquefois octobre. Mais alors, brusquement ou peu à peu, elles se dessèchent, leurs feuilles se fanent et tombent. Dans le premier cas, elles paraissent succomber comme frappées d'apoplexie ou de folletage. L'apoplexie peut même quelquefois, mais rarement, ne porter que sur un bras ou deux. Dans le deuxième cas, les sarments se dépouillent peu à peu de leurs feuilles en commençant par les plus basses, les feuilles du sommet persistent plus longtemps.

Dans les deux cas, la souche atteinte est une souche perdue. Quand l'accident arrive avant la vendange, les raisins ne peuvent mûrir, et le vin ne vaut rien. Quand il se produit après la vendange, la plante n'en est pas moins endommagée. Mais rien à l'extérieur, surtout pendant l'hiver, ne la distingue des souches saines; à la taille, le bois est un peu plus sec, mais vert encore. Seulement, rien ne pousse au printemps ou, si quelques bourgeons se gonflent, ils avortent bientôt.

Cette affection n'atteint pas que quelques souches disséminées — à la manière du folletage; elle détruit, chez certaines variétés, toutes les souches greffées dans l'espace de quelques jours, les francs de pied restant toujours sains; et c'est ainsi que, depuis deux ans, nous avons perdu beaucoup d'hybrides de Lincecumii. Elle s'est manifestée surtout dans un groupe dont tous les représentants proviennent d'une même souche.

Nous avons d'abord pensé qu'elle était spéciale aux descendants de cette souche-mère, mais nous l'avons retrouvée sur des hybrides de Lincecumii d'origines très diverses. C'est ainsi qu'elle atteint quelques hybrides de M. Castel, qui ne sont pas d'ailleurs dans la culture, et qui ont pour générateur l'Herbemont d'Aurelles. Le Jacquez d'Aurelles, qui est originaire de l'Algérie et que l'Ecole cultive en un point depuis trois ans, est encore vigoureux franc de pied; ses greffes sont mortes brusquement cette année avant la vendange. Quelques hybrides de M. Munson ont fait de même. Un ancien producteur direct, l'Eumelan, a disparu cette année de la même manière.

Et dans toutes ces vignes, dans tous ces hybrides, il y a du V. Lincecumii; où il n'y en a pas, l'affection ne se manifeste pas (nous reviendrons tout à l'heure sur une exception).

Si on examine les souches qui se dessèchent lentement ou celles qui viennent de perdre leurs feuilles brusquement, on voit dans le greffon, à partir du plan de soudure, et sur une longueur de quelques centimètres, aussi bien dans les bois de l'année que dans les bois de deux, trois ans, ainsi qu'aux points d'union des sarments d'un an et des coursons à longs bois qui les portent, des parties brunes altérées plus ou moins étendues. Elles sont spéciales au greffon; elles s'arrêtent net au plan de soudure. Le sujet reste donc sain. Sur les racines, rien; les parties malades sont localisées au greffon, c'est-à-dire à l'hybride de Lincecumii.

Le microscope ne nous a montré jusqu'ici aucun parasite dans les les tissus malades, non plus que sur les racines du sujet ou sur les feuilles. Mais les vaisseaux du bois du greffon sont remplis, sur une grande longueur, par des thylles normales, qui les ferment complètement.

Et il apparaît nettement que la dessication brusque ou lente de la plante a pour cause la formation de ces cellules intra-vasculaires qui jouent, en définitive, le rôle de bouchon. Ce point nous paraît suffisamment établi par l'examen de nombreuses souches que nous avons eues sous les yeux.

L'affection qu'elles provoquent et que nous venons de décrire peut être appelée *thyllose*.

Mais à quelle cause est due la formation de ces thylles? Les expériences que nous avons entreprises pour élucider ce point ne sont pas encore assez avancées pour l'indiquer avec précision.

D'après M. Mangin (1), les thylles gommeuses se forment dans les vaisseaux lorsque la pression y est faible. En est-il de même pour les thylles normales ? M. Mangin ne le dit pas. En tout cas, il n'y a pas ou il n'y a qu'exceptionnellement de la gomme dans les vaisseaux des plantes malades ou mortes ; rien que des thylles normales. Des expériences déjà anciennes ont montré que celles-ci se forment dans les rameaux coupés maintenus à l'air humide. Ces conditions, nécessaires à la production des thylles, se sont-elles présentées chez nos vignes greffées ? Nous ne serions pas éloignés de le penser. Remarquons, en effet, que la thyllose n'apparaît ou du moins n'est apparue jusqu'ici qu'à partir du mois de septembre. Le 30 août de cette année, les variétés qui sont aujourd'hui disparues étaient encore ou paraissaient saines. Elles n'ont commencé à succomber qu'après les fortes pluies de la fin août ou commencement septembre. On entrevoit maintenant ce qui s'est passé.

Le sujet Rupestris expose, comme on sait, à la sécheresse les greffons qu'il porte. Pendant les mois de juillet-août, tant que la sécheresse a été intense, et elle l'a été cette année, les vaisseaux de la plante ont dû être surtout remplis d'air. En septembre, surviennent des pluies très abondantes, l'absorption doit être plus grande et les vaisseaux deviennent plus riches en eau ; ils passent donc par les mêmes conditions que les rameaux coupés placés dans l'air humide. Mais nous reviendrons plus tard sur ce point.

S'il en est ainsi, la thyllose peut être fréquente dans les régions fraîches.

En est-il de même sur tous les porte-greffes ? C'est un point qui n'a pas encore été éclairci.

---

(1) Comptes rendus de l'Académie des Sciences, 29 juillet 1901.

Les « têtes de lignes » sont :

1º Pour la résistance au phylloxéra :

1	78
25	156
29	71-06

2º Pour la résistance au mildiou :

71-20
8
209

3º Pour la résistance à l'oïdium :

71-20
8
25
209

4º Pour la résistance à la pourriture grise :

2
29
71-20

Vins. — Tout d'abord, dans ce groupe, on trouve des vins de grande intensité colorante dont l'instabilité de la couleur (casse bleue) peut être combattue avec succès par l'acidification.

Nous signalerons les numéros suivants :

	Intensité colorante en Aramons
Seibel 1020	40
— 182	35
— 156	31
— 2	30
— 25	30
— 128	26

Viennent ensuite des vins qui, bien qu'encore très colorés, se sont montrés exempts de casse et d'une grande stabilité à l'air.

Intensité colorante
en Aramons
—

Seibel	70.......................	24	goût fruité agréable
—	209........................	17	identique
—	29........................	15	foxé
—	4........................	10	fruité agréable
—	200........................	10	foxé
—	1014........................	7	neutre agréable
—	8........................	7	fruité agréable
—	78........................	6	identique
—	71-20........................	6	identique
—	71-06........................	5	identique

Quelques vins sans cause de pourriture, les Nos 1, 14, 54, ont présenté une casse jaune facile d'ailleurs à éviter par une faible addition de bisulfite de potasse.

La plupart de ces vins sont généralement d'une richesse alcoolique suffisante : en moyenne 9o5 ; ils auraient également assez d'acidité si leur forte couleur n'en exigeait point davantage ; quelques-uns, et nous l'avons noté plus haut, ont un goût légèrement foxé. Jusqu'à 10 Aramons, ils peuvent entrer avec profit dans les coupages ; au-dessus, on peut les considérer comme vins de consommation directe.

En résumé, au point de vue de la qualité des vins, nous appellerons l'attention sur les Nos 71-20, 71-06, Seibel, 2, 35, 70, 78, 128, 150, 156, 182, 209, 1014, 1020.

e) Dans les Labrusca-Riparia-Vinifera, le 3917 est particulièrement remarquable par sa haute résistance à la pourriture grise et sa fertilité.

Son vin présente quelques mérites par son bouquet et son fruité : sa couleur assez abondante (8 Aramons) casse bleu à l'air, elle gagnerait à être fixée par un peu d'acide. Bon vin de consommation directe.

Dans le même groupe, l'Othello est bien connu depuis longtemps. Vin assez coloré (6 Aramons), légèrement foxé ; conservé en bouteilles depuis une dizaine d'années, il prend un bouquet plus acceptable.

L'Autuchon, cépage blanc, a contre lui sa faible production, mais son vin a du caractère, du corps, de la vinosité. Son bouquet, d'un musqué tout particulier, est agréable, et prend de la distinction en vieillissant.

C. — Conditions d'utilisation des producteurs directs.

Les producteurs directs assez résistants au phylloxéra pour être cultivés francs de pied dans la plupart des terrains dans lesquels nos vignobles sont établis sont relativement peu nombreux. Mais la résistance au phylloxéra est parfois une qualité secondaire.

La recherche du producteur direct franc de pied, c'est-à-dire vivant sur ses propres racines, ne s'impose pas toujours. La greffe est une opération si simple, si facile à faire — on peut très bien y employer des aveugles, — si peu coûteuse, — le bas prix des greffés-soudés en témoigne actuellement — et si bien entrée dans les habitudes des vignerons ! Et elle présente tant d'avantages ! N'est-on pas maître avec elle de la fructification : ne peut-on pas l'augmenter ou la diminuer à volonté, supprimer ou atténuer la coulure, supprimer ou retarder, bref, assurer la bonne maturation des fruits et augmenter la qualité des produits, suppléer encore avec elle à la richesse, à la fraîcheur du terrain, et à la culture même? Et ne peut-on aussi cultiver, avec le même succès partout, les cépages qui autrefois exigeaient des terrains spéciaux soit pour y prospérer, soit pour y donner de bons produits? A ces questions, on ne peut répondre que par l'affirmative. C'est qu'en effet le sujet agit sur le greffon qu'il porte comme le sol sur les vignes franches de pied qu'il nourrit.

Il suffira pour s'en convaincre de se rappeler que toutes les particularités, toutes les variations dans la végétation, la fructification, la qualité des produits que nous avons énumérées plus haut sont également subordonnées à la nature du sol. Un sol maigre diminue la végétation et augmente souvent la qualité, de même un sujet faible..... Un sol fertile, riche, accroît la végétation et diminue souvent la qualité; de même un sujet vigoureux...; un sol sec expose la plante à la sécheresse, de même un sujet qui craint la sécheresse : d'où diminution de la qualité des produits ; et nous pourrions continuer le parallèle sur tous les points... Il en résulte pour les vignes greffées que l'action du sujet s'ajoute algébriquement à celle du sol ; on voit comment on peut augmenter ou diminuer les effets de l'un ou de l'autre : la pauvreté du terrain sera compensée en partie par un sujet vigoureux ; l'excès de fertilité par un sujet faible ; la sécheresse par un sujet adapté aux terrains secs ; l'humidité en excès par un sujet craignant la sécheresse.

Telle variété ne peut donner de bons produits que dans les terrains frais ; c'est qu'elle craint la sécheresse. Donnons-lui des racines ou un sujet l'irriguant bien, et cette vigne greffée sera dans un terrain sec comme franche de pied dans un terrain frais, etc. La greffe affranchit le vigneron de l'influence du sol ; elle multiplie ses moyens d'action sur la plante ; elle en fait le maître absolu du développement de la vigne. Pourquoi la considérer comme un pis-aller, alors qu'elle est un progrès réel ? Revenir exclusivement aux francs de pied, c'est revenir en arrière. Conservons donc la greffe et appliquons-la même aux vignes dites producteurs directs, si parmi celles-ci il y en a qui méritent d'être propagées.

Ceci établi, voyons quels services les producteurs directs peuvent rendre.

Beaucoup d'entre eux pourraient être employés comme greffon :

1º Où les gelées de printemps sont fréquentes, étant établi qu'ils ont presque tous la faculté de produire sur le vieux bois des pousses fertiles.

2º Où les maladies cryptogamiques sont particulièrement nuisibles, soit qu'elles se développent avec intensité, soit qu'elles soient mal combattues.

3º Où la maturité du V. Vinifera est trop tardive.

4º Quelques-uns d'entre eux pourraient être aussi utilisés francs de pied, pour les raisons qui viennent d'être énumérées, où la greffe ne sera jamais une opération courante.

En conséquence, c'est dans les régions où la vigne est une culture de second plan que les producteurs directs francs de pied ou à l'état de variétés-greffons rendront des services.

Dans les régions essentiellement viticoles, les producteurs directs résistants au phylloxéra pourront être employés pour le remplacement des manquants ; mais c'est là un rôle très restreint. Ils pourront être aussi employés pour compléter les qualités des variétés locales cultivées, soit en leur apportant un parfum spécial ou plus de sucre, ou plus de couleur, etc. Et, ici, les qualités du système radiculaire ou du feuillage passent au second plan ; il ne faut tenir compte que des qualités du fruit. Ainsi considérées, en effet, ces vignes ne peuvent entrer que pour une part restreinte dans la composition d'un vignoble : mettons 1/10 par exemple. Et il est clair qu'il n'en coûte guère plus de greffer ou de traiter contre les maladies 10 hectares de vignes au lieu de 9. Leur rôle dans la viticulture sera donc relativement peu important.

De l'examen d'ensemble de tous les vins donnés par les différents groupes d'hybrides, il ressort que, pour un grand nombre, l'intensité colorante se montre bien supérieure à celle des Vinifera purs. Pour la plupart des cépages très riches en couleur, celle-ci, par son excès, est souvent mal fixée ; l'acidité naturelle du raisin et du vin, quelle qu'en soit la valeur, est impuissante à lui assurer une stabilité complète.

L'expérience montre que leur vinification exige généralement une judicieuse acidification (acide citrique ou tartrique). Cette pratique est évidemment susceptible de discussion, mais nous ferons remarquer que ces vins sont des vins de coupage, estimés par leur excès de matière colorante qui, dans un vin de consommation directe, serait un défaut.

Si leur utilité est démontrée, il faut se résoudre à les bien faire, et les inconvénients qui résultent d'une acidification sensible disparaissent, si l'on songe que ces vins n'entrent que pour une faible fraction dans les coupages. La place de ces hybrides à forte couleur doit donc être limitée dans l'encépagement.

Après ces vins à forte couleur se placent les vins de consommation directe ; nous les avons notés au cours de notre étude, et il en est aussi de remarquables, mais moins que les précédents· L'égrappage, les cuvages courts, l'influence de certains climats, peuvent évidemment exercer une heureuse influence sur la finesse, le bouquet et la qualité des vins. Certains défauts sous le climat méridional peuvent disparaître et même se transformer en qualités ailleurs.

En ce qui concerne les vins que l'intensité colorante rapproche de notre Aramon, leur emploi est plus délicat, moins démontré ; leur supériorité ou leur égalité moins affirmée.

En résumé, si nos anciens cépages par la nature de leur vin méritent encore toute notre sollicitude, il faut reconnaître qu'un certain nombre d'hybrides nouveaux ont quelques droits à prendre place parmi eux. Dans certains cas, par leur couleur et leur corps, ils pourront être un allié très utile. Le choix d'un hybride est évidemment bien embarrassant ; la qualité de son vin, sa fertilité, sa plus ou moins grande résistance aux maladies cryptogamiques suffisent pour en faire un bon greffon. Mais si on ajoute à tous ces avantages la résistance au phylloxéra, la solution du problème posé par l'hybridation est alors complète.

M. le Président. — Je me fais l'interprète du Congrès en remerciant MM. Ravaz et Bouffard pour leur remarquable étude, qui sera un guide précieux pour la viticulture

Dans l'ordre d'inscription, la parole est à M. Guillon.

M. Guillon. — Dans les observations de M. Ravaz, il y a une chose que j'ai constatée : c'est la différence des rendements avec ceux obtenus à Cognac, où le plus gros rendement ne dépasse pas 3 kil. sur une greffe de 5 ans.

M. Ravaz. — Cela prouve que le Midi est toujours le pays de la quantité.

M. le Président. — La parole est à M. de Mars.

M. de Mars. — Lorsque j'ai eu l'honneur de présenter ma note, je n'avais pas entendu les orateurs précédents. Je renonce à la parole.

M. le Président. — La parole est à M. Dumas.

M. Dumas. — Messieurs, je remercie infiniment la Société régionale de Viticulture de Lyon, etc.

M. le Président. — Je ferai remarquer à M. Dumas que l'heure des considérations est passée, et que nous ne pourrions entendre la lecture d'un aussi long travail. Je le prie de résumer son mémoire.

M. Dumas reprend sa lecture.

M. le Président.— Il nous serait impossible d'entendre, ce matin, la lecture de vos observations, la séance a été très longue, puis l'ordre du jour porte observations diverses et non mémoires divers. J'outrepasserais mes pouvoirs en vous laissant continuer. Je propose de renvoyer à la séance de ce soir la suite de vos observations.

A ce soir, 2 heures.

PRÉSIDENCE DE M. LE Dr MICHON

M. le Président. — La séance est ouverte.

Je vais donner la parole aux personnes qui se sont fait inscrire, je leur demanderai seulement de nous dire tout ce qui est intéressant, mais de le résumer le plus possible.

La parole est à M. Marius Dumas.

M. Dumas. — Je vais être aussi bref que possible. J'avais préparé un mémoire dans lequel j'avais condensé les remarques que j'avais faites, mais je vous demanderai la permission de parler seulement au point de vue phylloxérique.

J'estime qu'on ne saurait être trop prudent dans l'appréciation de la résistance de certains cépages et de certains producteurs ; il ne suffit pas de conclure, après trois ou quatre ans de résistance, de l'immunité des cépages, il faut un temps d'observation plus long, pour avoir la certitude d'une résistance parfaite. Cette nécessité s'impose, non seulement pour les terrains à contamination rapide de nos régions méridionales, mais même dans toutes les régions où on trouve des champs d'expérience extrêmement contaminés.

Les quelques considérations qui m'ont fait donner la préférence aux produits des producteurs directs sont les suivantes. La question de précocité ne me paraît pas devoir être laissée à l'écart ; vous savez combien on a été ennuyé par les pluies au moment des vendanges ; partout où elles ont été commencées de bonne heure on a fait du bon vin ; par la culture de certains producteurs directs on peut arriver, dans les régions méridionales, à commencer la récolte huit jours avant et se trouver ainsi en bonne posture sur le mauvais temps.

En outre de cela, je suis tenté d'accorder une préférence aux producteurs directs, à cause d'une certaine régularité dans la production ; j'ai remarqué qu'ils me donnent sensiblement la même récolte, et même une récolte améliorée, sans que le degré alcoolique soit modifié. Sans raisons valables, j'ai eu des vignes qui m'ont donné presque la moitié moins que l'année dernière, tandis que les producteurs directs ont leur récolte améliorée ; il y a là un avantage que vous apprécierez certainement.

Maintenant, j'estime qu'une santé aérienne et une production bonne doivent marcher de pair dans la préoccupation des viticulteurs ; je cultive mes producteurs directs greffés (ils ne sont plus producteurs directs) et les cépages auxquels j'ai donné la préférence sont les suivants, que j'ai admis cette année-ci en grande culture, et qui sont tous pris dans la collection de M. Seibel : nº 1, nº 14, nº 60, nº 128, nº 156, nº 209, nº 1020, nº 1077, nº 2003 ; ce dernier, qui est un cépage de valeur, m'a donné un échec que j'attribue à la mauvaise conservation de son bois.

Je tiens à appeler l'attention sur un résultat particulier qui ne manquera pas de surprendre, car il est en contradiction avec ce qu'on avait l'habitude d'admettre comme règle. Les hybrides Seibel nᵒˢ 2041, 2042 et 2044 sont issus du croisement du Rupestris-Lincecumii par l'Aramon × Rupestris-Ganzin nº 1. Il semblerait donc qu'un greffage de ces cépages, très vigoureux du reste, sur Aramon × Rupestris-Ganzin nº 1, devrait trouver une affinité parfaite ; or, il n'en a rien été, on peut le voir, ce qui prouve bien que l'affinité ne doit jamais se présumer.

Le Seibel 1 me donne toujours une satisfaction complète et absolue, je le considère comme un cépage d'abondance et je le destine à remplacer l'Aramon ; il m'a donné des résultats supérieurs à ceux de l'Aramon, et le vin est supérieur.

Ceci ne veut pas dire, naturellement, que ces renseignements s'appliquent à toutes les régions ; ils sont propres à la mienne, c'est-à-dire au Gard ; ils doivent être pris comme se rapportant à la région où ils se sont produits. Par exemple pour le Seibel 1, j'ai reçu une lettre des Landes où on me dit qu'il donne de mauvais résultats, et le Couderc 4401 qui, chez moi donne des résultats inférieurs, a la prime là-bas.

Le n° 2 est un cépage de grande valeur ; je ne puis pas le cultiver parce qu'il ne vient bien que franc de pied ; je suis obligé d'abandonner sa culture.

Dans son rapport, M. Roy-Chevrier cite, d'après M. de Malafosse, le n° 28 comme ayant un jus rouge foncé ; il y a là une erreur : le n° 28 n'existe pas, le n° 38 donne un jus clair, genre Aramon ; enfin le 128 donne bien un vin corsé et c'est probablement celui-ci qu'il a voulu dire.

Le 41 est un cépage qui donne un exemple de ce qu'on peut obtenir en variant les cultures ; ainsi, chez M. de Brezenaud, dans l'Ardèche, le 41 est magnifique et, chez moi, il donne des résultats minables ; eh ! bien, c'est un fait particulier d'adaptation.

Le n° 56 est un cépage qui a été perdu de vue, et qui n'a pas donné de résultats particuliers ; cette année-ci il y a eu un renouveau, il m'a donné 4 kilos par pied, avec moût suffisamment alcoolique et un ensemble de santé assez bon.

Le 200 mérite un certain intérêt, le moût a titré 13 et demi chez moi ; le plus fort est le 80 qui m'a donné 14 degrés de sucre.

Le 156 donne, chez moi, également, des résultats parfaits, sa santé aérienne est très bonne.

Quant au n° 209, je le cultive avec une préférence marquée ; ce cépage me donne une production remarquable : 4 kilos par pied, soit 100/110 hectolitres à l'hectare, il donne un vin alcoolique, titrant $10°8$; sa couleur en fait un vin de coupage de bon goût ; en un mot j'ai obtenu des résultats merveilleux.

Le 1020 a un mérite réel : sa santé aérienne est parfaite, mais, en le cultivant greffé, il est d'une affinité difficile ; je l'ai greffé sur Aramon-Rupestris Ganzin n° 1 (qui se montre dans mes terres un porte-greffe très médiocre) ; le 1020, greffé sur Aramon-Rupestris Ganzin, n° 1, donne des résultats appréciables ; le vin est excellent.

Le 1077 est remarquable à cause de l'intensité colorante de son jus, sa santé et sa vigueur ; je crois que, lorsque M. Bouffard l'aura vinifié, il le trouvera supérieur à ceux qui ont obtenu la plus forte note comme intensité colorante ; je l'ai greffé sur plusieurs cépages pour augmenter sa production.

Dans la nouvelle collection de M. Seibel, il y a les n°s 2006, 2007, 2033 ; le 2041 et 2044 sont remarquables, un certain avenir leur est réservé. Voilà pour la collection de M. Seibel.

Dans les plants de M. Couderc, il y a des cépages d'une certaine valeur.

Le 201 donne, chez M. Caille, une certaine production, franc de pied, il est plus résistant que chez moi.

Le 503 est dans le même cas ; il est supérieur comme production au précédent, mais je ne le multiplie pas.

Le 4401 est un peu insuffisant chez moi comme quantité, tandis que, dans d'autres endroits, il donne de très belles récoltes.

Les 4306, 4308, pour les débuts, s'annoncent bien comme des cépages intéressants, et méritent d'être suivis.

Le 7103 et 7106, depuis deux ou trois ans, ne m'ont

donné que 1 k. 2 à 1 k. 5 ; c'est insuffisant ; ils sont un peu améliorés cette année.

Quant au 28-112, M. Couderc a livré deux cépages sous ce numéro, ayant une santé aérienne assez vigoureuse ; le deuxième cépage livré sous ce numéro me paraît avoir un certain avenir et j'estime qu'il serait peut-être bon d'abandonner le premier et de ne conserver que le second.

Le 82-32 n'a, chez moi, aucune santé aérienne, il ne résiste pas au mildiou ; le 85-113, le 87-115 (ce dernier a été très atteint par le mildiou) le 89-23 peut avoir un certain intérêt en raison de sa couleur ; il a une résistance assez bonne et doit donner un bon vin ; le nᵒ 101 a une production qui laisse à désirer. M. Couderc l'a alors abandonné dans son catalogue et j'estime qu'il vaut mieux suivre son exemple.

Le 117-4 peut avoir de l'intérêt ; chez M. Caille il il était très beau ; chez moi, pour une première récolte, il a donné des résultats appréciables et qui pourraient s'améliorer.

Le 132-11 est un cépage dont on vous a dit beaucoup de bien que je ne puis que vous confirmer ; je l'ai vu dans des conditions de qualité tout à fait exceptionnelles ; un de mes amis me disait qu'il avait eu une production phénoménale comme quantité.

Le 199-88 est un cépage qui a un grand intérêt en raison de sa couleur, mais qu'on me dit tardif. Il craint le mildiou.

Le 126-21 est un cépage très précoce, mais qui voit ses fruits se fendiller avant leur maturité, pour cela il est difficile de l'utiliser.

Dans la nouvelle collection de M. Couderc voici le 90-38 qu'on m'a indiqué comme un cépage de valeur et qui me paraît assez résistant au mildiou.

Le 117/3 ; ce cépage a, chez M. Roy-Chevrier, une certaine résistance phylloxérique, tandis que M. Couderc l'indique comme n'ayant aucune résistance ; voilà encore une preuve de ces particularités d'adaptation (1).

Autre exemple : le 139 Seibel, crevé du phylloxéra chez son obtenteur, en terrain bien moins phylloxérant que le mien, est, chez moi, le plus vigoureux franc de pied et serait suffisant comme résistance phylloxérique ; s'il était meilleur producteur je le multiplierais franc de pied.

Dans la collection Castel je vous signalerai les principaux sur lesquels j'ai quelques renseignements :

Le 120, qui est un cépage vigoureux, n'a pas de fruits chez moi ; la maturité paraît devoir être tardive, sa santé n'est pas encore définie.

Le 1028 peut être considéré comme suffisamment résistant au mildiou.

Le cépage suivant, le 1720, présente tous les caractères du Noah : les fruits et la feuille, fox compris.

Le meilleur de la collection Castel c'est le 1832 ; il a une belle santé aérienne et promet d'être bon producteur à juger par ses débuts ; il donne de belles grappes mûrissant en deuxième époque et ayant un bon goût.

A signaler, les numéros 1113, 3534, 3520, 9030 ; ce dernier est un cépage rouge très vigoureux, sa végétation est presque aussi abondante que celle de l'Auxerrois-Rupestris ; on aurait besoin d'effeuiller de manière à laisser les raisins plus exposés aux ardeurs du soleil ; ils mûrissent mal et la récolte, qui est presque impossible, ne m'a donné que 7 degrés 1/2 de sucre.

Le 11115 est un cépage blanc, à maturité tardive, qui donne de belles et nombreuses grappes ; c'est un excellent producteur, mais je doute que sa santé aérienne donne satisfaction.

Le 13317 est un cépage rouge qui me paraît intéressant, sa production est suffisante et il donne un bon vin.

---

(1) M. Couderc reconnaît, dans son catalogue de 1902, qu'il s'est trompé à son égard et il lui accorde une bonne résistance phylloxérique (note de M. Roy-Chevrier).

Le 18311 est vigoureux, mais il a une santé aérienne douteuse. Quant aux hybrides Malègue je les ai greffés sur des pieds un peu jeunes et je ne puis pas encore donner sur leur compte des appréciations sérieuses ; j'attendrai que M. Malègue se soit prononcé sur le sort qu'il leur réserve.

Nous arrivons au Terras nº 20, cépage bien connu. Chez moi je constate qu'il est faible et que le phylloxéra en est la cause, par conséquent il ne faut pas le considérer comme indemne; il faut être prudent et ne pas le placer dans des milieux très phylloxérés. Dans la grande culture ce cépage est difficile à cultiver à cause de sa vendange ; chez moi, le prix de revient de la vendange est de 1 fr. 25 p. 0/0 kilos, le vinifera me coûte la moitié moins ; ceci se traduit par une différence de 75 centimes par hectolitre, ce qui, au prix actuel du vin, mérite d'être tenu en considération ; il y a non seulement cette difficulté de la vendange, mais il y a aussi celle de trouver des vendangeuses pour faire cette cueillette, car elle est très fatigante.

Quant à l'Auxerrois-Rupestris, tout a été dit sur son compte et j'estime qu'il ne faut pas faire la part trop large à ce cépage ; son grand défaut est d'être excessivement coulard : il est incorrigible; je l'ai étudié franc de pied, il se trouve à côté des Terras. Sa végétation faiblit autant que celle des Terras, sinon plus, ce qui met en doute sa résistance phylloxérique et, malgré son peu de vigueur, ses grappes sont tout aussi vides que celles des pieds greffés. La coulure est donc pour lui un vice originel, des sélections ou variations seules pourront devenir intéressantes.

Ce que je vous ai dit pour le Terras se vérifie pour l'Auxerrois-Rupestris il est presque impossible de le vendanger, il faudrait passer une demi-journée sous chaque souche et ce défaut mérite d'être envisagé.

Quant à la sélection Jouffreau vous devez être fixés ;

cette sélection est caractérisée par une différence manifeste dans la maturité et dans la grosseur du fruit, mais, s'il y a des grappes pleines, il y a encore beaucoup de coulards.

J'en ai fini avec les producteurs directs et je compléterai cette explication par la vinification d'une quinzaine de variétés; j'ai fait déguster ces vins, chez moi, par des personnes compétentes, qui ont agi dans la plus complète indépendance; les dégustateurs ignoraient la provenance des vins, j'avais intercalé les vins du pays et ceux de ma récolte, et certains vins ont eu une évaluation presque double de celle des vins du pays. Vous voyez donc l'avantage de connaître ces vins et de les apprécier.

Le meilleur vin, mais je ne puis pas le cultiver, c'est le numéro 2 Seibel; on l'a trouvé délicieux; le numéro 1 suivait comme qualité; les vins de coupage sont les numéros 156, 1020, 4401, 128, 209.

Au sujet du vin de Terras n° 20, voilà encore un défaut de ce cépage : ce vin est difficile à vinifier; je croyais avoir trouvé une formule en ajoutant des grappillons verts ou verjus à sa vendange à la cuve. Je croyais au bon effet de cette addition, il n'en a rien été, la couleur semble suspendue, et j'ai dû ajouter de l'acide tartrique pour la fixer.

Je voudrais vous dire encore, au point de vue de la vinification, un mot sur une méthode qui pourrait corriger l'excès de couleur de certains producteurs directs. J'ai rencontré un viticulteur qui m'a dit avoir vinifié en blanc le 4401, et cela a fait un bon vin ; quand on n'aura plus besoin de la couleur, chez les producteurs directs, on n'aura qu'à les vinifier en blanc, on réglera leur excès de couleur et on arrivera à avoir des vins qu'on pourra utiliser, selon les besoins de l'année, soit comme coupages, soit comme vins courants.

Messieurs j'ai terminé, et je vous remercie de votre attention.

M. le Dr Michon. — Messieurs, la parole est à M. de Malafosse.

M. de Malafosse. — Messieurs, l'on a dit, et peut être avec raison : « Il y a quelqu'un qui a plus d'esprit que M. de Voltaire, c'est M. tout le monde ».

Nous venons d'entendre de savants dissertateurs, des analyses, des expériences personnelles, on a même assez largement ouvert des horizons lointains, mais personne encore n'est venu dire : « Je suis un de ceux qui luttent, qui souffrent et sont tous les jours à la bataille, écoutez-moi ».

Je vous permets de vous le faire remarquer, je suis le premier représentant de tout le bassin de la Garonne, Midi ou Sud-Ouest que vous voyez à cette tribune. Or, aucune partie de la France n'a si énergiquement lutté, n'a autant souffert des maladies cryptogamiques que ces huit ou dix départements viticoles, et je dis plus : dans la question qui nous occupe celle des hybrides, aucun groupe de départements ne peut offrir ni d'aussi longues expériences, ni d'aussi nombreuses plantations de producteurs directs; j'ajouterai ni autant de souffrances, car ce n'est pas de la mévente de l'an passé que nous souffrons seulement, c'est de cinq ou six années d'invasions du black-rot, cet effroyable dévastateur. Les remèdes contre lui ne sont que des palliatifs localisés. Notre salut, nous le cherchons dans le cépage résistant, et le viticulteur qui, avec six ou sept traitements, ne peut sauver sa récolte, appellera cépage résistant le plant qui, avec deux sulfatages, lui apportera la sécurité.

Ne vous étonnez pas si je n'imite pas le précédent orateur et ne vous apporte pas mes expériences ou mes appréciations seulement personnelles. Ce n'est pas de mes seules collections, que j'étudie cependant beaucoup et qui sont assez belles, que je viens vous entretenir. Je ne veux pas faire une analyse, mais une synthèse. C'est des rives de l'Adour aux montagnes du Cantal que je vais vous entraîner. Je suis ici le délégué de nombreux syndicats agricoles de ces régions qui demandent quelque chose qui les soulage dans leur lutte, un peu de lumière qui ne laisse pas toujours planer sur leurs dépenses l'incertitude ou l'indifférence. Tout à l'heure, notre honorable président, M. le docteur Michon, m'a appelé l'apôtre des hybrides. M. Roy-Chevrier m'a surnommé le Juif errant de la viticulture, j'accepte ces deux titres dont l'un est bien grand et l'autre trop modeste. Oui, j'ai pris souvent la parole dans des villes ou de simples villages, oui, j'ai parcouru bien des vignobles et je vais les revoir tous les ans, si j'y trouve des sujets d'études. Quoique vieux naturaliste, je suis loin de me donner comme un homme de science, mais je suis un bon inspecteur, bien renseigné. Quant à mon apostolat, ma plume y joue un grand rôle, mais il m'arrive bien souvent de parler devant un auditoire que j'appellerai anxieux, car on veut savoir, on veut appliquer tout de suite quelque chose, l'on m'interrompt, l'on me presse. Je vous demande pardon de vous parler avec tant d'abandon, Messieurs, mais vous n'avez pas vu ces populations du pays que M. Roy-Chevrier appelait le pays des vignes bleues, azur qui n'était pas celui du ciel, laissant un rayon de soleil, mais le caustique mélange qui ne pouvait vaincre le plus caustique black-rot.

C'est ce que j'ai vu, ce que j'ai appris dans ces régions que je vous apporte. Parmi vous il en est de militants et de souffrants, ils en profiteront et, tout d'abord, merci, non seulement à notre président qui, président aussi de la Commission des nomades de la Société des Agriculteurs de France, fait partie des errants viticoles (pas besoin du mot juif) et a vu de près ceux que je vais décrire, merci, dis-je, de leur avoir donné d'aussi jolies couleurs au milieu de quelques ombres bien naturelles. Mais aussi merci à trois orateurs officiels qui nous ont montré, avec M. Guillon, que certains de ces hybrides

résistaient à la chlorose, même à Cognac. Avec
M. Bouffard, qu'ils apportaient aux anémiques les vins de
Vinifera au moins de belles couleurs, si leur extrait sec
ne leur donnait pas toujours la santé. Quant à M. Ravaz,
il me permettra de lui dire que si son rapport n'est qu'une
exploration restreinte dans les champs d'étude de
l'Ecole de Montpellier, il nous a ouvert cependant de
larges horizons où il me permettra de pénétrer après
lui, et il a méthodiquement défini des faits qui peuvent
être des plus utiles dans une généralisation. Il a admis
que, dans les cultures mixtes, les producteurs directs
résistants pouvaient rendre de grands services, surtout au moment des travaux. La voilà reconnue cette
vigne économique que l'on m'a vu prôner depuis
cinq ans, vigne qui peut donner du vin à la famille, sans
détourner des bras au moment des fauchaisons ou des
moissons.

Je le répète trop souvent peut être, mais, dans beaucoup
de départements, assurer du vin dans la famille ce n'est
pas seulement la resserrer et, en la resserrant, la morali-
ser, c'est aussi travailler à arrêter la dépopulation. La
disparition des petites vignes de famille a fait perdre
plus de cent mille habitants aux cinq départements du
Lot, du Tarn-et-Garonne, de la Dordogne, du Lot-et-Garonne et du Gers. Puis, il a bien voulu regarder, en certains cas, le produit de ces hybrides comme vins médecins à l'égard des Vinifera trop faibles. L'ai-je assez dé-
fendue cette théorie, et comme je vous remercie, M. Couderc, vous, le grand hybrideur, d'avoir, dans une des dernières séances, adressé une apostrophe virulente aux
drogues dont on veut nous faire l'objectif accessoire.
Non, certes, je ne fais pas des nouveaux hybrides une pa-
nacée universelle, non, certes, je ne les crois pas appelés
à remplacer notre vieille vigne française là où elle prospère encore. Mais, au milieu des maladies si variées, de
la débilité générale et de la fragilité de tant de vins, je les

crois des auxiliaires indispensables dans une foule de cas
et devant guérir nos vins en danger avec du vrai vin,
plus solide, destiné à écarter des remèdes souvent mal-
faisants, plus souvent mal appliqués par des viticulteurs
ignorants. J'oppose une vigne rustique, endurante, résistante, devant donner des vins corsés et riches en extraits
à toute une pharmacopée dont on voudrait faire le cortège ordinaire de nos vins, comme autrefois, dans l'Almanach Royal, figuraient le médecin et le pharmacien ordinaires de Sa Majesté. Mais je m'arrête, n'ai-je pas entendu
des hommes d'un autre savoir que le mien venir proclamer que l'Aramon était un hybride et que Cabernet-Sauvignon, cette gloire de la Gironde, était un demi-sang
américain!! Dès lors, voyez comme le grand livre de no-
blesse ampélographique s'ouvre devant les nouveaux venus qui ont demandé des places plus modestes et que
j'appellerai complémentaires. Pardon si je me transporte
sans transition du domaine des généralités dans la technique pratique. Il y a a peine huit jours, je publiais, dans
un journal de Toulouse très répandu dans la région, une
chronique où je me permettais de dire : « J'ignore ce qui va
se dévoiler au Congrès de Lyon, mais, après ce que j'ai vu
dans vingt départements, je crois que les premières places seront, dans les Couderc rouges, pour le 132-11, le
4401, le 7104 et, pour les blancs, le 74-17, le 199-88
(le Panache blanc) et le 117-3 ; pour les Seibel, le
numéro 1, le 128, le 156, le 1020 et le 2010. Je
n'osais pas me prononcer sur les Castel (j'ai maintenant plus d'assurance), quoique ayant été l'un de
leurs premiers promoteurs ; mais je signalais l'Auxerrois-Rupestris et son grand frère le Jouffreau et le Duranthon encore peu connu, mais que je distingue de plus
en plus chaque année. Or, voilà que M. Ravaz nous
signale comme à peu près indemne de phylloxéra le
numéro 132-11, quoique trois-quarts sang français,
nous donne une bonne note sur les racines du 199-88 et

place au premier plan des résistants de M. Seibel le 128 et le156, en reconnaissant la beauté des fructifications et des produits, le 1020 et le 2010. Pour l'Auxerrois Rupestris, l'on a contesté sa production, mais tout le monde ici a reconnu la valeur de son vin que l'on a placé au premier rang des vins d'hybrides et qui est peut-être le seul digne d'être bu sans coupage.

Quand nous entendons les ennemis ou les railleurs des hybrides nous dire que nous n'avons pas de plant irréprochable : « Est-il déjà venu ce plant, nous répondons peut-être, mais assurément il viendra (le Cabernet-Sauvignon est là pour le prouver) nous ne réclamons aujourd'hui qu'une place dans les coupages et mélanges, à la cuve surtout, comme complément ou base, si vous voulez, et cela non seulement avec des Vinifera, mais même entre hybrides. Quant à ce plan universel, on peut, avec la poésie de M. Roy-Chevrier, l'appeler l'oiseau bleu ; mais, dans les vinifera, où se trouve le plant universel ? Voyez-vous l'Aramon à Bordeaux et le Sauvignon à Béziers ? » Pour ma part je déclare que c'est défigurer, maltraiter (mettez le mot que vous voudrez) un produit d'un hybride que de conclure d'une fermentation en petit pot où il est seul, tandis qu'il y a à peine quatre ou cinq espèces de français qui puissent, sans mélange, produire un bon vin et que vous leur donnez des cuves ou des foudres pour faire normalement leur ébullition.

Je reviens à mon catalogue d'hybrides résistants.

Le pays qui a peut-être le plus d'anxiété sur sa replantation est l'Armagnac. Non seulement parce qu'il est le pays du black-rot, mais parce que beaucoup, je pourrais dire la majorité de ses vignes blanches sont encore des vignes françaises ; depuis deux ans on les abandonne, la plupart ne produisent plus ; le même fait, mais sans black-rot, se produit dans le Nantais. Ils ont aussi la Folle-Blanche qu'ils appellent le Gros-Plant et la Muscadelle de Sauterne ou le Muscat-Fou de Montbazillac qu'ils nomment le *Muscadet*. Ce sont des vignes à remplacer; aussi le regard des viticulteurs se tourne-t-il vers les cépages blancs et, s'ils résistent au black-rot, vous voyez l'avantage. En ce moment ce sont quatre cépages de M. Couderc qui sont les plus étudiés et le plus demandés. Oh! je ne parle pas en pépiniériste, je ne les vends pas. En premier lieu, le 199-88, celui des blancs qui a les plus belles grappes et un goût excellent, de bonnes racines, une grande vigueur et qui résiste au black-rot autant que le Terras. Il lui faut deux sulfatages contre le mildiou, que craignent un peu ses feuilles. Son vin, que l'on a pu faire normalement cette année (vous en avez à l'Exposition), équivaut à peu près à celui de la Folle-Blanche; cependant, cette année, comme la Folle-Blanche a été endommagée par la pourriture, il a donné un degré de plus. Malheureusement, quoique son vin soit un véritable vin de table, c'est un vin un peu plat. Aussi tourne-t-on les yeux, pour l'améliorer, vers le 117-3 que j'ai surnommé le *Bâtard de Sauternes*. Il a un vrai goût de Sauvignon. Quel est-il ? Ce serait à M. Couderc, qui tient un peu dans l'ombre la généalogie de ses hybrides, à nous le dire. Ayant, pour ses racines, la résistance intermédiaire entre le Jacquez et l'Othello, il a une tête très résistante au mildiou. Avec un soufrage (on lui sait un peu d'oïdium) en juin, je le crois indemne. Au début il paraît peu productif, mais sa production va grandissant chaque année et donne de belles grappes à goût musqué; très agréable au début, il tourne un peu au *fox* si on le laisse surmûrir. Ce n'est pas un mauvais fox et c'est de lui que parlait M. Roy-Chevrier lorsqu'il disait qu'un inspecteur espagnol, don Garcia de los Salmones, en visitant mes collections, après avoir goûté ce bâtard de Sauternes un peu trop mûri, me dit brusquement : « Vous appelez cela du *fox*, mais c'est du Malaga ! ». Au reste, ce cépage n'est qu'un appoint et, mis pour un septième ou huitième dans le vin du Panache blanc, il en fait un excellent vin de

table. C'est ce 117-3 qui produit le plus haut titre d'alcool :
même cette année il a donné 14 degrés. Si on le laisse
mûrir il ne peut fermenter seul sans contenir beaucoup
de sucre libre. Un cépage s'est révélé, cette année, au
milieu des diverses maladies et de la pourriture qu'il bra-
vait, et cela avec de bonnes racines et une belle vigueur :
c'est le 74-17 Couderc.

Il est dans beaucoup de collections, mais je crois qu'il
n'a été multiplié en grand que chez M. Ducos, à Moncin
(Gers) ; M. Ducos est, du reste, un des premiers expérimentateurs de M. Couderc qui, lui-même, doit avoir ce
cépage en assez grande quantité. Il ne se révèle qu'à sa
troisième année de production ; ses jolies grappes rosées
prennent alors de l'ampleur et il devient bon producteur,
avec un excellent vin, par exemple, très fruité et d'un
haut degré. On ne peut le dire absolument résistant qu'à
la pourriture, quoiqu'en beaucoup d'endroits il ait mûri
son fruit d'un joli rose sans traitement. Un sulfatage,
toutefois, assurerait sa vie aérienne et je le crois appelé
à un grand avenir. Le 89-23 de M. Couderc s'est aussi
révélé par sa bonne tenue parmi les blancs. N'y aurait-il
pas du Chasselas dans ses parents ? Sa grappe en a la
forme et son goût le rappelle. Il n'est pas à négliger
et je regrette de n'avoir pu goûter son vin fait en
assez grande quantité. Il en est de même du 89-82, toujours de M. Couderc, qui, avec une bonne production, a
l'air très résistant et que j'ai vu très beau, chez M. Gra-
bias-Bagneris, dans sa riche collection ; il faut, je crois,
encore un an à ces deux derniers Couderc pour
s'affirmer.

Je le répète, la valeur exacte du vin ne sera bien
connue que si on peut le faire en assez grande quantité.
On sera peut-être étonné de ne me voir rien dire du 82-32
de M. Couderc, si beau d'aspect, si vigoureux des racines
et possédant de si belles grappes sucrées. Il a **deux**
défauts : c'est d'abord de craindre beaucoup le mildiou,

puis de se crevasser à la maturité, comme le 126-21, et avec la pourriture grise ! Je ne puis laisser sans mention les Castel dont l'un d'eux figure avec honneur dans le rapport de M. Ravaz. Je n'en connais que trois qui aient été faits ensemble sur une assez large proportion : le 120, le 6011 et le 3540. Ce dernier de beaucoup meilleur, le 6011, gros producteur mais tenant un peu du Noah qu'il a dans ses ascendants. J'ai chez moi le 3540 que j'ai surnommé la *Folle Américaine* et qui m'a paru recommandable ; j'en dirai autant du 11115 et du 18311 que je compte étudier tout spécialement. Il est regrettable que nous n'ayions pas de faits assez anciens sur la collection des blancs de M. Malègue, si remarquables à première vue ; mais nous ne pouvons fonder sur eux qu'un espoir très sérieux pour l'avenir.

Vous me permettrez d'ouvrir la série des noirs par le 132-11 le Bayard de M. Couderc. C'est la résistance à tout ; bon vin, un peu dur, mais rouge vif sans la moindre addition. Peut-être cette faculté lui vient-elle de ce qu'il a toujours quelques grains verts. Mais toutes ces belles qualités ne peuvent lui permettre une trop grande marche vers le Nord, car il est tardif.

Donnez-lui un coteau sec, ses racines vous satisferont pleinement. Un vin franchement à goût de vinifera, mais manquant un peu de couleur, une résistance sérieuse, superbe, de jolies grappes, des racines un peu douteuses en mauvais sol, très suffisantes en sol ordinaire, tel est le lot du 7104 Couderc, frère du Seibel n° 1 et tenant dans la série de cet hybrideur le rôle que le n° 1 tient dans la longue série de M. Seibel. C'est un des rares dont le vin cuvé seul soit agréable à boire. Je citerai le 126-8 comme très résistant au black-rot, j'apporterai plus tard des notes sur le 4401, et vous me permettrez de passer de suite à la longue liste des Seibel. Dans cette assemblée, j'aperçois un homme plus à même que moi de révéler la valeur spéciale de chacun. Je me

permets de dire : « Je les ai tous vus et goûtés », puisque
M. Seibel a bien voulu me faire étudier sa collection ;
mais en dehors du 14 avec ses grandes feuilles de
figuier et du nᵒ 1 avec ses feuilles de Rupestris, ils ont
un tel air de famille qu'il faut plusieurs années pour se
familiariser avec eux ; je dirai plus, pour les classer,
car la question culturale joue ici le plus grand rôle, et
entre les jardins de M. Seibel et le champ de bataille
il y a une grande page à remplir. Je puis cependant
répéter ce que je disais tout à l'heure : le 128 et le 156 dont
M. Ravaz constatait hier la valeur des racines, ont donné
dans le Sud-Ouest de grandes satisfactions : le 1020, le
2007 et le 2010 ont fourni des vins superbes. J'ai apporté
en mars dernier à la Société des agriculteurs de France
des échantillons de 1020 que M. Aubin, directeur des
laboratoires, a trouvés peser 14 degrés ; ajoutez-y la robe
pourpre et vous pourrez juger.

Le nᵒ 1 est répandu partout, partout son vin rend de
grands services, et nous en avons bu de trois ans chez
M. Seibel qui était vraiment remarquable. Sa résistance
aérienne, sauf à l'anthracnose, est incontestée ; restent
ses racines. Je dois dire pourtant que, très répandu dans
les mauvais sols calcaires ou les graves du bassin de la
Garonne, je ne l'y ai vu faiblir (je ne dis pas périr) que
sur de bien rares points ; le nᵒ 2 n'est pas, je crois, à
propager à côté de ses frères. Et maintenant laissez-moi
revenir à ce que vous me permettrez d'appeler la *vieille
garde*, c'est-à-dire les nᵒ 101, 503, 4401 de Couderc et le
Terras, qui depuis dix ans s'étalent chez tant de petits
paysans comme de grands propriétaires. Certes, voilà
des rustiques et des économiques ; cependant je me
permettrai de vous dire que le Terras, très recherché
encore de nos paysans, malgré sa rusticité, ne peut être
propagé en grande culture ; il est trop long à vendanger
et s'égrène trop vite dès qu'il est mûr ; il faut le prendre
à point, et l'on n'a pas toujours une armée de vendangeurs

sous la main. Mais pour les autres trois Couderc, vous me permettrez avant toutes descriptions d'en appeler aux faits.

Il y a onze ans, je faisais, sous la présidence de M. Joubert, qui venait de fonder un syndicat à Puy-l'Evêque, une conférence dans ce gros chef-lieu du canton du Lot. A la suite de cette conférence, où je ne pouvais parler encore que du Rupestris ou du Gamay Couderc, je fus entraîné par l'un et par l'autre à visiter les causses ou plateaux calcaires de ce canton et des voisins. C'était l'image de la désolation. Les vignes françaises étaient mortes ou mourantes ; les premiers Riparia jaunis, et l'on essayait timidement avec les Rupestris qui devaient prendre le nom de ce département et les premiers Gamay Couderc. Depuis, nommé arbitre par le tribunal de Cahors, pour le procès de l'Auxerrois Rupestris, je revins sur cette côte du Lot et sur ces grands plateaux. C'était en 1898, et j'y suis revenu chaque année. Ce pays désolé et dépeuplé ne s'est guère repeuplé encore, car les émigrants d'Amérique ne sont pas revenus. Mais si, dans les bonnes terres, on a planté l'Auxerrois du vieux Cahors greffé sur bon américain, les terres pauvres, les causses brûlés, montrent au milieu de leur aridité de grandes taches vertes dues aux vignobles de producteurs directs cités plus haut. J'ai pu constater que, même le 503, soutiré de trois ans, constituait dans les calcaires désolés un bon vin supérieur aux mixtures des cabarets.

Depuis lors, l'Auxerrois Rupestris a bien grimpé sur les causses, mais il n'a pas détrôné les 503 et 4.401. Je me permets de mettre en doute le jugement que l'on a porté ici sur les racines de l'Auxerrois Rupestris. Dans ces calcaires jurassiques ou même crayeux de la lisière de la Dordogne, le dosage atteint des degrés dignes des Charentes ; la siccité y est terrible. Lors de notre enquête, en 1898, nous constatâmes des pieds de 10 ans. Trois ans se sont écoulés depuis et pas un n'a faibli ! Treize ans de vigueur en mauvais sol valent un certificat de docteur.

J'aborde donc enfin cet enfant perdu que, dans son langage imagé, M. Roy-Chevrier a déclaré être un bâtard royal. Il y a deux jours, M. Couderc l'a déclaré fils d'Aramon et venu probablement des collections de M. Ganzin. S'il était fils d'Aramon, il n'aurait pas un degré si élevé et un goût si accentué de Cot ou Malbec; mais comme élément d'information (et je crois être celui qui a le plus cherché), je puis apporter des faits précis. Ce cépage a été envoyé dans le Lot, en 1888 ou 1889, par M. Peyredès, pépiniériste à St-Hyppolyte-du-Fort, toujours mêlé à des paquets vendus comme Othellos et toujours accompagné de Secretary, d'York, d'Herbemont et de Noah. M. Peyredès m'a déclaré, par écrit, qu'il ne possédait pas de pépinières et que tous les Othellos expédiés par lui dans le Lot avaient été achetés racinés sur le marché de Montpellier, sans qu'il en connût la provenance; le seul renseignement qu'il me fut possible d'obtenir fut que divers ouvriers de M. Bourgade, pépiniériste à Montblanc, avaient dû dérober des plants et les mettre en pépinière chez des amis.

Or M. Bourgade à cette époque faisait venir beaucoup de plants du Texas; il y a donc une certaine probabilité que le plant ait été hybridé naturellement ou non en Amérique; tout est encore en conjectures.

Quant au Jouffreau qui donne un vin semblable mais si différencié par la grosseur de son grain, sa maturité hâtive et surtout la charpente de sa grappe, il montre depuis huit ou neuf ans ses pieds mères en un sol où la vigne française n'a résisté que deux ans au phylloxéra. Le seul reproche que l'on puisse faire à l'Auxerrois Rupestris, c'est sa coulure. MM. Pardes et ses voisins y ont remédié en le greffant sur lui-même ainsi que cela se fait pour beaucoup de fruits ; d'autres se sont très bien trouvés d'un système un peu empirique, mais qu'il faut bien signaler ici, c'est d'enfoncer une fine pointe de Paris dans son tronc de façon à atteindre la moelle ; l'excès de sève fluide du printemps, qui d'après diverses expérimentations serait cause de sa coulure, se trouve ainsi arrêtée. La vigueur de l'Auxerrois Rupestris et de tous ses congénères est, je crois, incontestée; son vin reste en tête de ligne des vins hybrides. Il me faut bien parler maintenant d'un plant qui n'a mérité ni les excès d'éloges, ni les excès de mépris qu'on lui a décernés, je veux parler du plant des Carmes, très foxé sorti d'un semis de Clinton ; son endurance au froid et aux maladies lui a fait donner par moi le nom de Grand Cuirassé. Son semeur, M. Destruel, lui a donné son nom parce qu'il est né dans le jardin d'un ancien couvent des Carmes ; le soutirage atténue beaucoup son goût de fox. Je n'ai pas à vous parler des hybrides de MM. Gaillard et Jurie, M. Michon ayant traité cette matière; mais j'ai à vous signaler un rustique entre les rustiques né dans les pays désolés du Gers ;c'est l'hybride Morisse que ce président du syndicat de Montfort-du-Gers a obtenu d'un Riparia; son vin ne peut encore être apprécié, ayant été fait en trop petite quantité; mais comme résistance et vigueur, cet hybride est des plus remarquables.

Je vois que je me suis égaré dans des détails quoique parlant devant une grande assemblée. Je m'arrête, mais avant, vous me permettrez de proclamer un fait qui me paraît être comme la conclusion des longs débats de ce congrès.

Depuis trois jours nous délibérons dans un palais bâti par Henri IV et ayant sur nos têtes la statue de ce roi. Eh ! bien, savez-vous ce que nous venons de faire à notre tour par analogie? C'est un véritable édit de Nantes viticole que nous venons de promulguer. Oui, les excommuniés d'hier, les plants directs, viennent de voir s'ouvrir pour eux, comme pour les huguenots de cette époque, le giron de la grande famille des vins français. Les protestants, après cet édit, entrèrent dans les conseils de la nation, là pour tiers, là pour la moitié. Le fruit des hybrides, blanc ou rouge, va aussi pour un tiers ou une moitié bouillonner dans la cuve des Viniferas.

A l'ouverture de cette assemblée, M. Gaillard, notre vice-président, nous avait dit : Jusqu'ici les professeurs ont fait grève vis-à-vis des producteurs directs. Après avoir entendu des rapports tels que ceux de MM. Ravaz, Bouffard et Guillon et les discussions qu'ils ont amenées, comme les découvertes qu'ils ont fait surgir, nous les voyons désormais à l'œuvre avec nous. Je le répète, c'est un véritable édit de Nantes viticole, et la grande statue de Louis XIV de la place Bellecour ne quittera pas son piédestal pour venir le révoquer.— *(Applaudissements).*

M. le Président. — La parole est à M. Gaillard.

M. Gaillard. — J'ai chez moi un hectare de Seibel n° 1 ; eh ! bien, je dis que notre devoir, et c'est une des causes pour lesquelles nous avons convoqué ce Congrès, est de ne pas nous enthousiasmer pour ce plant. Dans les sols profonds, il donne des résultats remarquables, beaucoup trop remarquables, parce qu'on sera obligé de le tailler trop court, comme le Gamay, et, de cette manière, il aura une mauvaise maturité ; chez moi, il est dans un terrain très sec. Seibel n° 1 peut rendre des services, mais à condition de ne pas le mettre dans des sols profonds.

Eh ! bien, Messieurs, je crois que notre devoir est de renseigner le public, afin qu'il ne s'enthousiasme pas et qu'il ne fasse pas fausse route, et je répète que MM. les professeurs ont eu raison de recommander la greffe du Seibel ; il rendra d'immenses services, à la condition de le mettre à sa place.

Maintenant, Messieurs, j'ai des Auxerrois Rupestris venant de chez MM. Lacoste, Pardes et Soulages ; quelques pieds ont donné des raisins plus gros, plus précoces, moins coulards ; je crois que ce cépage greffé ne donnera pas d'aussi bons résultats qu'on veut bien le dire. Ces cépages sont tous coulards ; l'an dernier j'avais contremarqué les pieds qui avaient le moins coulé ; cette année ils sont devenus coulards. Par conséquent, il ne faut pas exagérer la valeur de l'Auxerrois au point de vue de la résistance et de la fructification.

M. le Président. — La parole est à M. Chenivesse (1).

M. Chenivesse. — Messieurs, il est bien téméraire à moi d'oser élever la voix dans cette enceinte, où vous avez entendu tant de savants et de grands viticulteurs pour lesquels j'ai une profonde admiration, due à leur caractère et à l'œuvre considérable qu'ils ont accomplie.

Simple viticulteur, je vais vous apporter non toutes mes observations sur les hybrides de MM. Couderc, Seibel, Castel présentement en expérience dans nos vignobles, cela dépasserait le cadre de ma communication, puis, ces cépages n'ont encore que deux années de greffe, trop jeunes pour pouvoir être jugés d'une manière certaine.

MM. les membres de la commission d'enquête sur les hybrides producteurs directs de la Société des Agriculteurs de France, MM. Grandclément, de Fournas et Marius Dumas et légion de professeurs les ont suivis attentivement ; il vous suffira de savoir que toutes les variétés ont été établies par greffage sur Rupestris, du Lot plantées en terrain de plaine silico-argileux, qu'elles viennent de perdre leur deuxième feuille de greffe. Sauf Seibel 1, vieux vétéran chez nous, toutes sont traitées à la bouillie bordelaise une seule fois fin juillet, aucune n'a été soufrée ; elles sont soumises à la taille courte, à l'exception d'environ la moitié de nos pieds de Seibel 1 dont la vigueur parut exiger la taille Guyot, et quelques lignes des plants Jouffreau où furent essayés divers modes de taille longue.

---

(1) Résumé du discours de M. C. Chenivesse, publié *in extenso* dans sa brochure.

Les observations recueillies ne vous donneraient encore rien d'assez décisif, je les réserve pour l'avenir : puis je suppose que vous êtes impatients de connaitre les résultats obtenus par les grandes cultures que nous avons tentées les premiers avec Seibel n° 1 et le plant Jouffreau. Je vais donc vous dire aussi brièvement que possible ce que je sais et l'avenir qui est réservé à ces deux magnifiques cépages.

Nous avons présentement en culture 25.000 pieds de Seibel n° 1 greffé sur Rupestris du Lot, la majeure partie greffée en 1898 à la deuxième feuille de greffe, la coulure de la grappe fut presque totale ; depuis, ce cépage nous a donné les plus belles récoltes de notre vignoble, et cela sans aucun traitement d'aucune espèce, à aucune époque et presque sans fumure.

Tous ceux qui ont eu l'occasion de voir notre vignoble à la dernière et à l'avant-dernière récolte furent émerveillés.

Je dois, pour la vérité, vous signaler que, sur deux points où la végétation était excessive, j'ai trouvé sur quelques pieds quelques traces d'anthracnose sur les bois et les feuilles, sans influence sur les fruits.

La dernière récolte sur nos 25.000 pieds a donné 97.000 kil., soit une moyenne de 3 kil. 880 ; alors que l'Aramon, sur même porte-greffe et de 2 ans plus âgé, pour 5 000 pieds m'a donné 15.800 kil., soit 3 k. 160. Le grand noir 2.200 pieds, 4.100 kil., soit 1 kil. 860 ; enfin le Durif 20.000 pieds, 33.700 kil. ou 1 kil. 160.

Seibel 1 donne donc un rendement supérieur en poids avec une différence en moins de frais considérable.

Le rendement en vin est aussi plus fort qu'avec les viniferas, étant donné le petit volume des rafles.

Le vin de Seibel est beau et bon, riche en couleur, d'un degré élevé, 9° pour la dernière récolte. Je n'ai pas du reste à faire son éloge, fait depuis longtemps par la médaille d'or obtenue en 1893 à Privas.

Nous devons être reconnaissants et le témoigner bien hautement à M. Seibel d'avoir si bien su pressentir toute la valeur de ce cépage et de l'avoir mis ainsi en tête de sa remarquable collection.

Messieurs, de même que j'ai été le premier à cultiver sur une vaste échelle Seibel 1, je suis le premier à avoir multiplié le plant Jouffreau sur une plus vaste échelle encore ; à 2.050 pieds primitifs j'ai ajouté ce printemps 1901, 45.000 greffes.

Il est bien acquis que le Jouffreau est une sélection de l'Auxerrois Rupestris, non par un rameau varié de ce dernier, mais, par ce que l'on peut présumer, que contemporain de ce dernier il a eu avec lui une ténébreuse origine.

Mais les grappes bien plus allongées, un grain plus gros, mais par-dessus tout une maturité de huit à dix jours plus précoce, le distingue d'une manière absolue de l'Auxerrois Rupestris et en font un plant parfaitement distinct.

Ces faits ont été vus et constatés par M. le Dr Grand-clément, par un grand viticulteur de Sicile, M. de Salvo, par MM. de Fournas, Marius Dumas et beaucoup d'autres.

Quelles que soient les ressemblances entre les deux parents, une appellation différente est complètement justifiée, ne serait-elle qu'Auxerrois Rupestris Jouffreau.

La récolte de nos 2.050 pieds de deuxième feuille a donné 2 kil. 100; cette simple indication fait voir quel espoir on peut concevoir. Ces espérances seront peut-être dépassées par une variation observée sur deux plants de Jouffreau, qui, si elle se maintenait, ne permettrait plus qu'on lui adjoignît le nom d'Auxerrois Rupestris.

Sur nos greffes de deuxième feuille, nous avons eu comme sur celles de même âge de Seibel 1, la coulure d'un certain nombre de grappes; mon impartialité me fait un devoir de vous le signaler.

Je m'arrête, ne voulant pas abuser plus longtemps de votre attention, vous ayant signalé les résultats obtenus et les espérances que je conçois pour la viticulture de ces deux superbes plants cultivés sur des étendues jusqu'ici inconnues. — *(Applaudissements.)*

M. le Dr Granclément. — Je demande à dire un mot : je suis allé visiter les Jouffreau, et voici pourquoi : il m'est arrivé ce que j'ai déjà eu l'honneur de dire, que j'ai dû greffer des Auxerrois Rupestris au moyen de la greffe à écusson sur des Noahs, et j'ai eu cette année-ci quelque 25 rameaux qui ont eu une production extraordinaire, de belles grappes, très bien fournies, mûres 15 jours en avance , ne sachant pas pourquoi j'avais ces 25 pieds si beaux, alors que les autres n'avaient rien de particulier, la curiosité m'a fait aller chez M. Chenivesse, pour savoir si, par hasard, je me trouvais l'auteur involontaire d'un nouveau Jouffreau.

J'ai voulu comparer et j'avoue, Messieurs, que j'ai trouvé chez M. Chenivssse ses Jouffreau bien fournis, moins coulards, et ayant une avance de maturité de 8 à 10 jours.

Je dois dire pourtant que je n'en suis pas revenu avec entière satisfaction ; j'ai bien vu qu'il y avait une différence entre le Jouffreau et l'Auxerrois Rupestris au point de vue de la maturité plus précoce, mais je ne crois pas que le Jouffreau soit encore le dernier mot de la science viticole.

M. Rougier. — Messieurs, l'heure est avancée, et je ne veux pas retenir longtemps l'attention des membres du congrès. Je désire cependant lui faire part de quelques réflexions que l'étude d'un certain nombre de producteurs directs m'a suggérées.

Mon ami Ravaz, au cours de son remarquable rapport, a posé une question très importante, c'est celle qui se rapporte à l'emploi des hybrides producteurs directs pour rectifier d'anciennes plantations ; j'estime, en effet, qu'il y a beaucoup de rectifications à faire dans les vignes nouvellement plantées et que dans pas mal de cas les hybrides américains pourront être d'un grand secours pour corriger des erreurs commises.

Tout le monde reconnait maintenant que l'une des causes principales de la crise dont nous souffrons en viticulture est l'exagération de la production des vins de qualité inférieure. Dans beaucoup de régions on a dirigé la réconstitution des vignobles et les nouvelles méthodes culturales en vue d'augmenter la quantité. Ce sont d'abord les terrains riches et profonds dans lesquels on ne cultivait pas la vigne autrefois, que l'on a reconstitués. Dans ces milieux on a employé surtout le Riparia comme porte-greffe. Ce sujet, merveilleux dans les sols de cette nature, augmente encore la fructification des cépages les plus fertiles, et par des tailles longues, des fumures intensives on a pu arriver à ces rendements prodigieux de plusieurs centaines d'hectolitres par hectare. On a pu ainsi obtenir un poids total de sucre dans les raisins bien supérieur à celui que l'on obtenait jadis, dans les meilleures côtes, avec des fruits beaucoup plus riches ; mais ce sucre et les autres principes constitutifs des raisins étaient trop dilués pour donner un bon vin. On est arrivé alors à avoir beaucoup de vin mais surtout beaucoup trop de vins inférieurs, ainsi que cela a déjà été dit par les voix les plus autorisées.

Cet excès de production de vins faibles a eu une répercussion dans beaucoup de régions. Comme exemple j'indiquerai ce qui se passe dans un canton que je connais bien et qui, situé aux environs de Grenoble où le Provareau, cépage français peu réputé, rejeté même par la plupart des ampélographes qui se sont occupés de lui, a fait cependant la fortune de beaucoup de viticulteurs. Ce cépage, en effet, trop tardif pour la région où on le cultive, donne en abondance un vin léger, acide, avec un goût fruité particulier. Je dois avouer que, seul, ce vin n'a rien de remarquable, il est même tout à fait inférieur. Cependant il était apprécié par les marchands de vins qui alimentent les régions voisines où la vigne n'est pas cultivée et où l'on fait venir en grande quantité des vins du Midi de la France. Le vin de Provareau, mélangé aux vins corsés du Languedoc, donne à ces derniers une saveur particulière les rend bien plus frais et plus agréables à consommer.

Mais, maintenant, les vins du Midi de la France ont beaucoup moins besoin d'être rendus légers; beaucoup d'entre eux, au contraire, demandent à être renforcés. La conséquence, c'est qu'il y a lieu, dans le Midi même, de planter des cépages à vins colorés et très corsés parmi lesquels les producteurs directs peuvent avoir un rôle à jouer. Et il en sera de même aussi dans la région où il y aura beaucoup de Provareau ou des cépages analogues, pour donner à ces derniers les éléments qui leur manquent. Beaucoup de producteurs directs que je connais amélioreront le vin de Provareau non seulement en le rendant plus étoffé et plus coloré, mais en lui communiquant un goût que l'on trouvera certainement plus agréable que le sien.

Je pourrais aussi citer des vins de Gamays cultivés dans des milieux où la maturité n'est pas toujours complète et où la pourriture lui fait beaucoup de mal dans les années pluvieuses, qui seront améliorés sérieusement par des producteurs directs.

Je citerai plus particulièrement parmi les producteurs directs déjà répandus dans les cultures quelques-uns des numéros de Seibel comme vins de coupage, parce que ce sont ceux que je connais le mieux : les 1, 2, 29, 41, 80, 84, 128, 156, 209, 254, 1020, 1077, 2007 et 2041.

En ce qui concerne la résistance à la pourriture, 1, 2, 48, 84, 156, 2006, 2055 et 2056 sont ceux qui se sont le mieux comportés jusqu'ici.

Tous ces numéros n'arrivent pas à maturité en même temps, et l'on devra, dans chaque région, s'attacher à ne multiplier que ceux qui sont assurés de bien mûrir tous les ans. C'est ainsi que, dans cette collection, le n° 1, qui est plus tardif que le Gamay d'une dizaine de jours, est souvent planté dans des régions où ce cépage est juste assez précoce. On obtient alors un vin trop acide, trop faible en alcool, bien que suffisamment coloré. Dans tous ces milieux où l'on adopte à tort, je crois, le n° 1, quelques-uns de la collection, tout en ayant des qualités comme le 156 ou le 80, donneraient bien plus de satisfaction, car ces deux numéros sont de première époque.

M. Gaillard, un de ceux qui, dès la première heure, ont eu confiance dans l'avenir des producteurs directs et qui, depuis, malgré les vicissitudes que la viticulture à traversées, n'a jamais perdu cette confiance, veut bien me poser une question, relativement à la taille à long bois appliquée au n° 1.

Ce cépage, comme d'ailleurs un grand nombre de numéros de la collection, est très fertile, et on peut obtenir avec lui des rendements qui surprendraient beaucoup de viticulteurs. Mais, comme tous les cépages d'une grande fertilité, il demande à être ménagé par une taille plutôt restreinte, si on veut lui conserver sa vigueur. Il présente, au sujet de ses allures de végétation, une grande analogie avec le Gamay qui est un cépage à court bois. On taillera donc le Seibel n° 1 à court bois, c'est-à-dire en lui laissant des coursons de deux yeux. Dans les plantations rapprochées, il pourra être conduit en gobelet. de trois ou quatre branches; mais si l'espacement est suffisant, il se comportera très bien à la taille de Royat, c'est-à-dire à la taille en cordon unilatéral avec coursons de deux bourgeons. Ce n'est pas, en effet, le développement donné à un cep qui l'épuise, mais le trop grand nombre de rameaux qu'il porte, surtout si ceux-ci sont chargés de raisins, par suite de l'adoption d'une taille longue. On sait que cette dernière augmente beaucoup la fructification. Donc, taillons le Seibel nº 1 comme le Gamay, c'est-à-dire à coursons. — (*Très bien. Applaudissements.*)

M. de Malafosse. — J'ai greffé sur des Noahs, et cela m'a donné une fructification très abondante. M. Castel m'ayant fait l'honneur de m'envoyer une de ses collections, il s'est produit ce fait que tout ce qui a été greffé sur ces hybrides qui avaient du sang de Labrusca, a été très productif, et a résisté assez longtemps.

M. Ravaz. — Je ne crois pas que les hybrides de Labrusca augmentent la fertilité. Le Noah a été recueilli comme porte-greffe, les vignes greffées sur Noah sont moins fertiles que celles greffées sur Riparia.

M. Couderc. — En principe tous les hybrides qui ont en quantité notable du sang de Labrusca ne valent pas grand'chose comme producteurs directs. Si ce sang est assez dilué, le raisin peut parfois ne pas être foxé, mais le vin en provenant l'est presque toujours beaucoup ; et le fox du Labrusca est très désagréable et très persistant. Cependant comme certaines formes du Vitis Labrusca sont de tous les vitis (Vinifera compris) les plus riches en sucre, ces formes introduites à très petites doses peuvent rendre des services en élevant le degré d'alcool sans parfois introduire de goût foxé dans le vin. Mes hydrides 117-3, 117-4, 74-17, 146-51, 6301 sont des exemples de ce fait, d'ailleurs assez rare.

Messieurs, puisque ce Congrès touche à sa fin, permettez à celui que vous avez appelé à une de vos présidences d'honneur, de vous remercier, et en même temps de vous dire que parmi les impressions diverses que chacun de vous va emporter de ce Congrès, il désirerait qu'une impression commune fût emportée par vous tous. C'est celle de la bonne foi des hybrideurs. Tout n'est pas rose dans le métier d'hybrideur, quand on veut le faire sérieusement s'entend ! Car je ne regarde pas comme de vrais hybrideurs ceux qui lancent un plant quelconque à grand renfort de réclame. Les hybrideurs se sont souvent trompés ; nous nous tromperons certainement encore ; mais nous nous sommes toujours trompés de bonne foi, et nous croyons avoir rendu quand même de grands services à la viticulture. Elle nous a demandé d'abord des porte-greffes pour les terrains calcaires qui étaient irré-constituables, vous le savez ; nous en avons fourni une riche gamme. Maintenant, elle nous demande des pro-ducteurs directs, et nous faisons de notre mieux pour satisfaire ce nouveau desideratum. Mais, de même que pour les porte-greffes, les uns n'ont voulu que des ame-rico $\times$ américains, les autres que des Franco, d'autres que du Berlandieri et de ses hybrides, anathématisant tout le reste, de même pour les producteurs, les uns ne veulent que des plants résistants aux maladies aériennes, sans s'occuper de la résistance phylloxérique, d'autres veulent des cépages le plus colorés possible, d'autres à jus incolore, d'autres rien que des blancs, d'autres rien que des précoces, d'autres de gros producteurs avant tout, d'autres de petits grains parce que dans les Vinifera ce sont les plus riches en sucre. Sans compter les idées particulières à chaque hybrideur, idées parfois plus justes qu'on ne le croit, car, la main constamment à la pâte, il voit des choses qui échappent parfois à l'en-semble du public viticole.

Quant à moi, j'avais cru à une solution très simple pour satisfaire tout le monde : Comme j'ai effectué à peu près toutes les combinaisons possibles, je me suis dit : propo-sons les têtes de lignes de chaque catégorie d'hybrides demandés ; chacun choisira ce qui lui convient le mieux et me laissera tranquille. Mais quelle erreur a été la mienne d'avoir voulu, comme le meunier de la fable, contenter tout le monde et son père : chacun au contraire m'est tombé dessus. Je ne peux ouvrir un journal agricole sans y trouver l'article ou le rapport d'un Monsieur, parfois quelconque, le plus souvent reflet d'idées préconçues ou de spéculations, et dont le sens est à peu près ceci: Quel âne, et quel entêté ce Couderc, avec ses Franco, il n'y a que les Americo de bons ou que le Berlandieri. Est-il absurde avec ses 3/4, il n'y a de bons que les hybrides greffons, etc. Les hybrides greffons, mais c'est moi qui les ai proposés le premier au Congrès de Lyon de 1894 et, si j'en suis revenu, c'est que je les ai vu se rabougrir rapidement sur Riparia et sur Rupestris.

Je m'arrête sur cet exemple : il me paraît suffisant pour faire comprendre que les hybrideurs font du mieux qu'ils peuvent dans une matière très difficile et très délicate ; pris entre la résistance phylloxérique, celle aux maladies aériennes, la fertilité, le degré alcoolique, les exigences de chaque région viticole, ils se meuvent comme ils peuvent au milieu de tout cela. Ne serait-il pas juste de leur savoir gré de leurs efforts et de leur pardonner leurs erreurs et leurs défaillances inévitables? Il y a plusieurs voies dans l'hybridation ; pour moi, j'ai cru qu'il était sage et prudent de les suivre toutes parallèlement, ne pouvant guère prévoir où chacune aboutit ; d'autres ont pris seulement celle qui leur apparaissait comme la meilleure ; peut-être ont-ils bien fait, car s'ils ont pris une bonne voie, ils peuvent l'épuiser à fond. Que chacun choisisse donc, dans les hybrides proposés par les divers hybrideurs sérieux, ce qu'il juge lui convenir le mieux, d'après ses idées préconçues ou la vogue du moment, mais qu'il ne jette la pierre à rien, ni à personne ; ce qu'il méprise et condamne peut être excellent et très utile à d'autres. Je me permets de vous le répéter : les hybrideurs sont de bonne foi, même dans leurs erreurs, et ils ont droit à beaucoup d'indulgence, si vous voulez bien vous rappeler le vieux proverbe : La critique est aisée mais l'art est difficile.

M. le Président. — Messieurs, nous sommes arrivés au terme de nos travaux.

Je disais l'autre jour, en prenant la présidence, que j'étais sûr de votre sympathie ; elle ne m'a, en effet, pas manqué ; ma tâche a été facile, parce qu'elle a consisté simplement à suivre les indications que vous m'avez données avec tant de compétence et de bonne volonté.

Messieurs, lorsque, dans des congrès comme ceux qui se sont tenus à Lyon, on traite de questions nouvelles, on est certain que tant d'hommes qui travaillent apporteront des renseignements précis d'où jailliront de nouvelles lumières.

Nous avons eu, dans ce Congrès de l'hybridation de la vigne, une bonne fortune que je souhaite à tous les autres congrès ; nous avons, au début de la session, entendu des savants qui, au nom de la science pure, ont ouvert des aperçus nouveaux ; nous avons entendu ensuite des praticiens qui sont venus nous apporter les résultats positifs de leurs essais ; j'insiste surtout sur les expériences faites en terrain défavorable, suivies avec une scrupuleuse exactitude, interprétées avec une science profonde, telles que celles de MM. Ravaz et Bouffard.

Nous pouvons donc dire aujourd'hui que la question des hybrides producteurs directs a fait un pas ; nous savons maintenant que nous avons des hybrides producteurs directs résistant suffisamment, dans un certain nombre de terrains, aux attaques du phylloxéra ; nous savons que nous avons des hybrides dont le feuillage est moins atteint que celui de nos vignes anciennes par les maladies cryptogamiques ; nous savons enfin que, parmi les hybrides, les uns donnent seulement un vin qui a besoin de coupage, les autres un vin de consommation, que ces vins sont naturels, et que, par conséquent, ils sont d'un bon secours pour les viticulteurs qui veulent faire du vin, sans fraude, avec du pur raisin.

Nous avons donc gagné quelque chose, et ce Congrès aura été utile à la viticulture : si, d'ici à quelques années, vous vous réunissez en de pareilles assises, ce nouveau Congrès tiendra compte, je l'espère, des jalons que nous avons posés.

C'est dans ces conditions que je vous dis non pas adieu, mais au revoir. (*Applaudissements.*)

M. Gaillard. -- Avant de nous séparer il nous reste un devoir à remplir c'est d'adresser nos plus vifs remerciements à M. le Dr Michon qui a présidé cette Assemblée avec tant de talent, de tact et d'impartialité.

La Société Régionale de Viticulture du Rhône lui exprime toute sa gratitude pour l'éclat qu'il a apporté à ce congrès. — (*Applaudissements prolongés.*)

TABLE DES MATIÈRES

DU TOME SECOND

Pages

Programme du Congrès.. 5

PREMIÈRE SÉANCE... 7

Discours de M. Gaillard... 8

Discours de M. Michon.. 9

Rapport sur les hybrides producteurs directs passés, présents
    et futurs, par M. J. Michon.................................. 16

Conseils pratiques sur l'hybridation de la vigne, par M. P.
    Castel... 31

Résultats généraux de l'hybridation des vignes, par M. G.
    Couderc.. 59

L'hybridation à Beblenheim, par M. Ch. Oberlin................ 78

DEUXIÈME SÉANCE... 93

Rôle de l'hybridation dans la reconstitution des vignobles,
    par M. P. Gervais.. 93

Les hybrides producteurs directs en terrain calcaire, par
    M. J.-M. Guillon... 128

Sur la reconstitution des terrains secs par les hybrides, par
    M. G. Grimaldi... 136

Sur l'affinité du V. vinifera avec le V. Berlandieri, par J.-V.
    Munson... 139

Vinification des hybrides, par M. J. Roy-Chevrier............. 142

Pages

TROISIÈME SÉANCE... 205

Discussion rapport Roy-Chevrier : MM. Maurin, Armand
Gautier, M. le président............................... 205

Dangers des analyses rapides de mouts et de vins, par
M. L. Mathieu... 207

Note sur la fausse hybridation chez les ampelidées, par
M. M. Millardet....................................... 219

Du rôle des hybrides producteurs directs dans la reconstitution des vignobles du Gouvernement de Koutaïs (Caucase),
par M. Victor Thiébaut................................ 224

Les mécanismes moléculaires de la variation des races et des
espèces, par M. Armand Gautier....................... 233

La variation spécifique dans la greffe, ou hybridation asexuelle,
par Lucien Daniel..................................... 262

Discussion : MM. Castel, Grandclément, Couderc, Gervais,
Gaillard, Durand, Guillon......................... 352

QUATRIÈME SÉANCE.. 367

Les producteurs directs à l'École nationale d'Agriculture de
Montpellier, par MM. Ravaz et Bonnet, et MM. Bouffard,
Dupont et Rey... 367

Discussion : MM. Guillon, Ravaz, de Mars, Dumas, M. le
président................ 467

CINQUIÈME SÉANCE.. 469

Discours de M. Dumas..................................... 469
Discours de M. de Malafosse.............................. 477
Discours de M. Gaillard.................................. 489
Discours de M. Chenivesse................................ 490
Discours de M. Grandclément.............................. 493
Discours de M. Rougier................................... 493
Discussion : MM. de Malafosse, Ravaz, Couderc............ 497
Clôture par M. le président.............................. 500

Imp. P. LEGENDRE & Cie, rue Bellecordière, 14, Lyon.

ATELIERS FOURNEYRON

CROZET & Cie, Constructeurs au Chambon-Feugerolles

Machines à vapeur, Turbines, Ventilateurs, Matériel de Forges et de Mines, Matériel d'Artillerie, etc., etc.

Canon Paragrêle, système Vaffier

BREVETÉ S. G. D. G.

Récompenses obtenues pour les Canons paragrêles

GRANDS DIPLOMES D'HONNEUR

Le Puy — Vichy — Montauban — Castelsarrasin — Castelnaudary — Moissac

MÉDAILLE D'ARGENT, FEURS-LYON

Le canon le plus simple, le plus solide, simplicité de tir, de chargement, d'entretien, le seul ayant le cône établi d'après le principe de la diffusion des gaz et donnant, par suite, le maximum d'effet pour le minimum de poudre. Ce canon peut recevoir une charge allant jusqu'à 200 grammes et, par conséquent, des cones de 2, 3, ou 4 mètres, suivant les charges que l'on veut adopter.

Pour obtenir un bon résultat il ne suffit pas d'avoir un canon, mais un canon produisant le maximum d'effet. Seul, jusqu'à ce jour, le **CANON VAFFIER** remplit ce but.

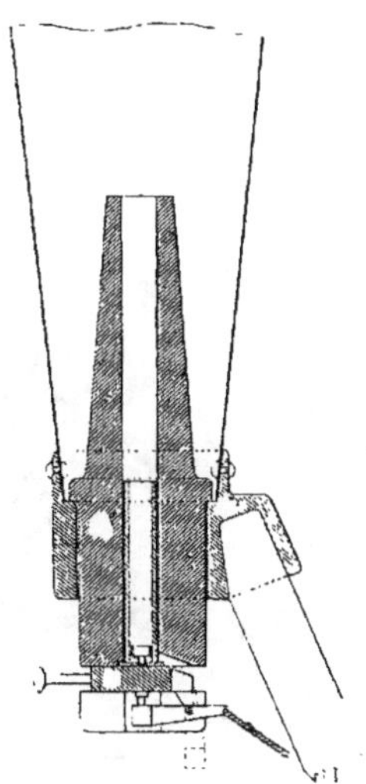

*Pour renseignements et prix, s'adresser à **MM. CROZET et Cie**, au Chambon-Feugerolles (Loire)*

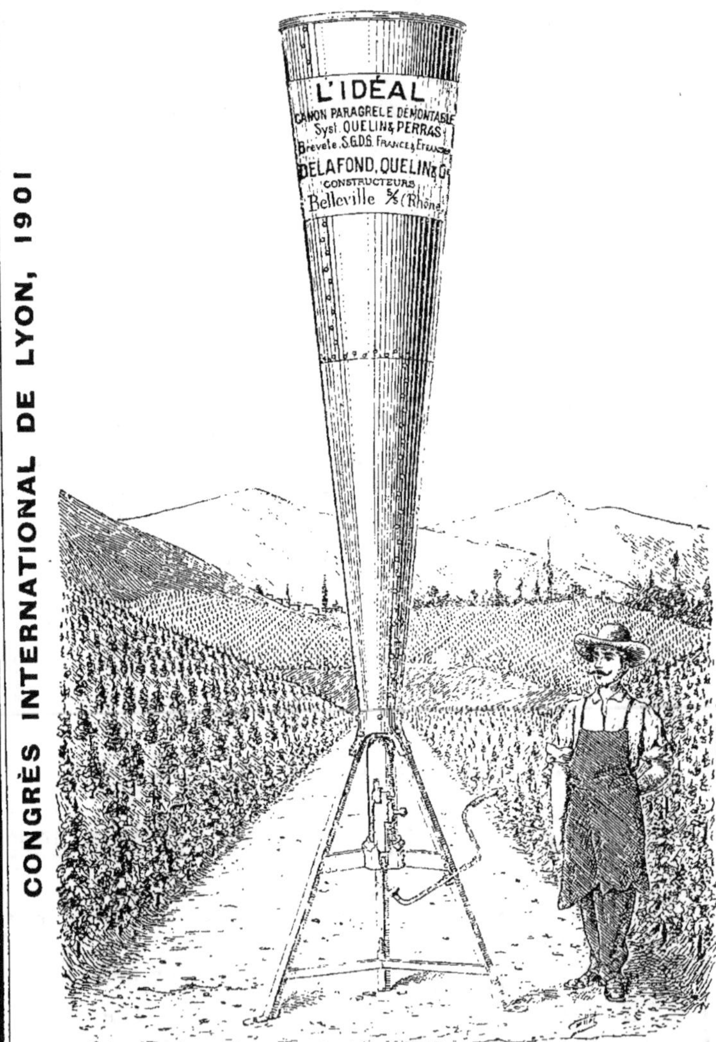
L'IDÉAL
Canon démontable, Système QUELIN & PERRAS. Breveté France et Étranger
L'IDÉAL
CANON PARAGRELE DÉMONTABLE
Syst. QUELIN & PERRAS
Brevete. S.G.D.G. France & Etranger
DELAFOND, QUELIN & Cie
CONSTRUCTEURS
Belleville S/S (Rhône)
CONGRÈS INTERNATIONAL DE LYON, 1901
GRAND PRIX D'HONNEUR
DELAFOND, QUELIN & Cie, Constructeurs, Belleville-sur-Saône (Rhône)

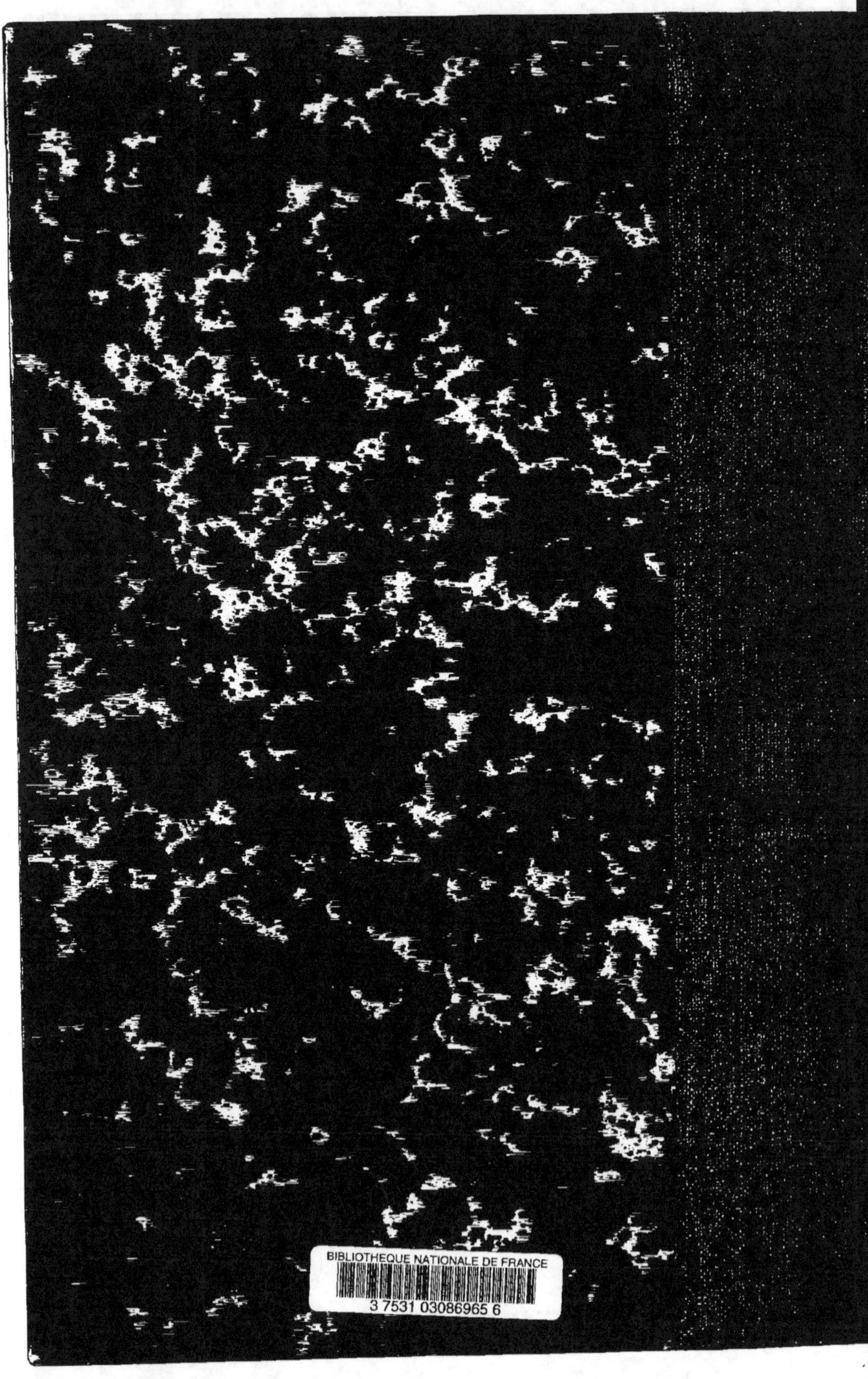

www.ingramcontent.com/pod-product-compliance
Lightning Source LLC
LaVergne TN
LVHW050125060726
842524LV00001B/99